规矩方圆 天地之和

中国古代都城、建筑群与单体建筑之构图比例研究

（文字版）

王南 著

中国城市出版社
中国建筑工业出版社

序一

清华大学王南老师长期从事中国古建筑史、北京城市规划及古建筑研究，是一位勤于治学的青年学者，曾出版国家重大出版工程项目“十二五”国家重点图书《中国古建筑丛书》中的《北京古建筑》，深得好评。

这一本书稿我看了之后感到学术价值很高，与近年来出版有关古代空间文化、有关古代人居环境等新作可以并驾齐驱，均为新世纪开拓之作。

20世纪对中国古代建筑大多宏观研究或个案考察，到60年代开始对其设计规划规律有所探求。前辈陈明达先生曾指出“当时匠师设计必有一定方法……现在我们要追究这一方法，也只有从实测结果中去寻求线索。”傅熹年院士也认为“我们只能通过这些城市、建筑群、单体建筑的实测数据进行分析、归纳、找出共同点，才能逐步把这些原则、方法、规律反推出来。”

《规矩方圆　天地之和　中国古代都城、建筑群与单体建筑之构图比例研究》对中国古代都城、建筑群与单体建筑构图比例的研究方法正是延续先辈指点的途径，在多位专家研究的基础上，进而通过对6座都城、118处建筑群和276座单体建筑（共计400个实例）的大量实测图进行几何作图、数据分析，找出一系列构图比例，以探索古代规划设计的原则、方法、规律。我对其研究方向、方法与成果的深度与广度，十分赞赏，期冀《规矩方圆　天地之和　中国古代都城、建筑群与单体建筑之构图比例研究》进入中国古建筑研究佳作之林。

張錦秋

序二

清华大学建筑学院王南博士的研究成果《规矩方圆　天地之和　中国古代都城、建筑群与单体建筑之构图比例研究》是一部关于中国古代建筑史方面的重要著作，其内容涉及中国古代城市规划与建筑设计方法论方面一些重要探索。该论著在前人研究的基础上，对400余例中国古代城市、建筑群与单体建筑的实测图进行几何作图与实测数据分析，以大量令人信服的实证分析，证实了规矩方圆作图是中国古代匠人一以贯之的规划设计手法，其所生成的$\sqrt{2}$等经典构图比例，是与西方黄金分割比并驾齐驱，体现了东方文化及其哲学思想（尤其是“天圆地方”的宇宙观及追求天、地、人和谐的文化理念）的经典设计比例。这是一项极具突破性的研究，回应了以往几代建筑史学人寻找中国古代设计方法与规律的殷切期待。

本人1980年代在对唐宋木结构建筑的平、立、剖面设计进行研究时发现，诸多单体建筑设计中存在$\sqrt{2}$比例关系，并认为方圆关系涉及古代中国人“天圆地方”的宇宙观念，具有相当深刻的文化内涵。王南博士在这部专著中对这一课题作出了更加广泛而深入的研究，不但对大批现存重要的古代单体建筑作了实证分析，还对具有代表性的古代建筑群、古代都城作了实证分析，书中所引用案例，上迄新石器时代，下至清代，规模宏大，论述精密，充分运用古代文献，揭示了规矩作图法与中国古代天地阴阳哲学相表里，是中国古代建筑设计与城市规划的基本方法。

这一研究成果的出版，必将推动中国古代建筑史研究的深入，也将为当前建筑设计与城市规划工作提供参考，增进国内外学术界交流，产生多方面成效。

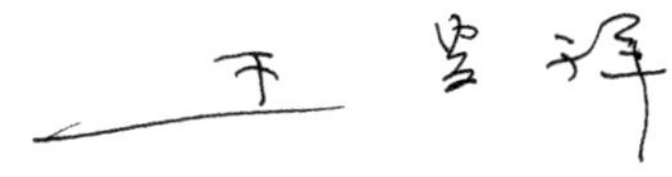

前言

本研究可谓是对一个老课题的新发现。所谓老课题，即对中国古代城市与建筑规划设计方法的研究，尤其是规划设计中的构图比例问题的研究。此方面研究由中国营造学社先辈们肇始，八十余年来几乎从未停止。而本书的新发现，实际上是在前人富于启发性的一系列研究成果的基础之上，研究并指出：基于规矩方圆作图的一系列构图比例，尤其是$\sqrt{2}$与$\sqrt{3}/2$比例，在中国古代都城规划、建筑群布局及单体建筑设计中有着极为普遍地运用。

本书通过对四百余个实例的分析来对上述发现进行论证。这批为数众多的实例，在时间跨度上，从五千年前的新石器时代直至清末；在地域分布上，遍及北京、天津、河北、河南、山西、山东、陕西、辽宁、内蒙古、甘肃、青海、新疆、四川、云南、湖北、湖南、安徽、江苏、浙江、福建等20个省（或自治区、直辖市）；在建筑类型上，则涵盖了中国古建筑的绝大部分类型（还包括城市中的都城这一类型）；在典型性方面，所选实例包括各个类型之中大量最具代表性的作品。此外，在许多宗教建筑实例中，我们甚至发现建筑空间与其中的塑像之间，同样存在方圆作图比例关系（本书称之为“度像构屋”）。

综上可知，方圆作图比例在中国古代城市与建筑的规划设计中运用极为广泛。不仅如此，本书的实例分析还可以证明，方圆作图比例的运用，与前人做过大量研究的中国古代城市与建筑规划设计中的“模数化”方法（包括模数网格的运用）实际上相辅相成、并行不悖。

本书的实例分析，主要通过对实测图进行几何作图，结合对实测数据的演算加以讨论。故全书在形式上分为“文字版”和“图版”两册：“文字版”的主体部分即对四百余个实例的文字分析与数据计算，“图版”则是与之相对应的以实测图作为底图的几何作图分析——将二者对照阅读、相互参看，可以对本书讨论的中国古代城市与建筑之构图比例问题同时获得直观印象与理性把握，颇似中国古人所谓的“左图右史”。

特别需要指出的是：如果说从大量实例中总结出的方圆作图比例规律，仍属于我们对中国古代规划、建筑匠师所采用的规划设计方法的大胆猜测的话，那么本书所引用的一些关键古代文献，则成为可以与实例分析互为印证的重要文字证据。其中，尤为关键的是北宋《营造法式》第一幅插图“圆方方圆图”所包含的要义（以往似乎未引起《营造法式》研究者的足够重视）。《营造法式》的作者李诫在全书开篇即援引《周髀算经》的此幅插图及相关文字“**数之法出于圆方。圆出于方，方出于矩，矩出于九九八十一**”、“**万物周事而圆方用焉，大匠造制而规矩设焉**”，已经充分暗示出规矩方圆作图对于匠人营造之重大意义。耐人寻味的是，这幅“圆方方圆图”与汉代画像石（如典型的武梁祠画像）中广为流传的伏羲女娲分执规矩、规天矩地的图像形成了有趣的呼应。

本书在实例分析与文献研究的基础上认为：中国古代匠师广为运用的基于方圆作图的构图比例，蕴含着中国古人“天圆地方”的宇宙观与追求天地和谐的文化理念，可谓中国古代城市规划与建筑设计中源远流长的重要传统。

这项研究同时亦可看作是对中国古代城市、建筑之美的几何/数学证明。对比于西方古典建筑（以及其他造型艺术）中大量运用并为西方建筑师、艺术家奉为圭臬的“黄金分割比”，本书将中国古代匠师基于方圆作图的这套比例称为“天地之和比”。“天地之和比”可谓中国古代大匠设立的“规矩”，不仅是中国传统城市与建筑规划设计的伟大遗产，更有可能成为中国当代城市与建筑创新的宝贵源泉。

目录

引　言：天圆地方与方圆作图

本书旨在探讨中国古代都城规划、建筑群布局与建筑设计中的构图比例，尤其是基于方圆作图手法而形成的一系列经典比例。

这些基于方圆作图的比例，贯穿于长达五千年之久的中国古代建筑史之中，[1]频繁出现在都城规划及宫殿、坛庙、墓葬、寺观、民居、祠堂、园林等各类建筑群的布局中，也广泛蕴含在殿堂、厅堂、门屋、楼阁、城楼、佛塔、经幢、牌楼、牌坊、棂星门、亭榭、墓祠、墓阙、墓表、祭坛、石窟、无梁殿、铜殿、石碑、华表等类型丰富、蔚为大观的单体建筑的设计中，可谓中国古代城市规划与建筑设计的重要传统或者“遗传基因”。

出现在本书标题中的“规矩”、“方圆”、“天地之和”，都是中国人耳熟能详的字眼：“规矩”二字是中国古代工匠的口头禅，正所谓“没有规矩不成方圆”；而“天圆地方”这一中国古人朴素的宇宙观更是深入人心；追求天、地、人之间的“和谐”则是中国古人对待人与自然关系的基本态度。中国古代都城、建筑群与单体建筑中所包含的基于方圆作图的构图比例，正是中国古人“天圆地方”的宇宙观和追求天、地、人和谐共处的文化观念的反映。

一、圆方图与方圆图

中国古代用建筑来象征“天圆地方”的例子可谓俯拾皆是。最典型的是古都北京的天坛与地坛——天坛祭天的圜丘平面为圆形，地坛祭地的方泽坛平面为方形，正是“天圆地方”这一古老观念的形象体现。实际上，早在五千年前新石器时期的辽宁牛河梁红山文化遗址中，即有圜丘和方丘遗存，大约是目前所知最早的“天坛”和“地坛”。[2]

但本书所要讨论的方圆作图，绝不仅限于平面是方形或圆形的城市和建筑。实际上，中国古代绝大多数都城、建筑群和单体建筑，尽管外观并非方形或圆形构图（其实以矩形构图最为普遍），却在其整体轮廓或局部构图中隐含着大量方圆作图所形成的构图比例；而即便是外观呈方形、圆形的城市或建筑，其内部所蕴含的诸多方圆作图比例，也尚未得到充分的了解与探讨。[3]

1. 本书引用的最早实例是辽宁牛河梁红山文化的圜丘与方丘，为古人祭祀天地之所，两处遗迹的碳十四测定年代（树轮校正）为距今5000±130（公元前3050年）。参见辽宁省文物考古研究所.辽宁牛河梁红山文化“女神庙”与积石冢群发掘简报［J］. 文物，1986（8）.

2. 参见冯时. 红山文化三环石坛的天文学研究——兼论中国最早的圜丘与方丘. 北方文物［J]，1993（1）；冯时. 中国天文考古学［M］. 北京：中国社会科学文献出版社，2001（第七章）；冯时. 中国古代的天文与人文［M］. 北京：中国社会科学出版社，2006（第五章）。

3. 较早探讨中国古代建筑设计中所蕴含的方圆作图比例的学者是王贵祥，他在《$\sqrt{2}$与唐宋建筑柱檐关系》（1984）、《唐宋单檐木构建筑平面与立面比例规律的探讨》（1989）、《唐宋单檐木构建筑比例探析》（1998）三篇论文中探讨了中国唐宋木构建筑中蕴含的$\sqrt{2}$构图比例，并且认为这一构图比例有可能广泛运用于更多建筑类型、更长历史时期以及建筑群体关系和庭院尺度之中，有待深入探讨。详细讨论见下文。

耐人寻味的是，中国现存最重要的古代建筑专书——北宋的《营造法式》一书中，出现在图版中的第一幅插图[1]即是“圆方方圆图”，分别为一幅“圆方图”（绘一圆与其内接正方形）与一幅“方圆图”（绘一正方形与其内切圆）（图0–1）。该图不仅是全书第一幅插图，也是“总例”中的唯一插图——这幅图的重要性远非一般，作者李诫的这一编排实际上含义深远。结合《营造法式》“总例”的文字可知，此图实为李诫所引《周髀算经》之插图（图0–2），与此图密切配合的文字，是《营造法式》正文开篇即“营造法式看详”[2]第一条目“方圆平直”下所引《周髀算经》中的两段话：

“数之法出于圆方。圆出于方，方出于矩，矩出于九九八十一。”

“万物周事而圆方用焉，大匠造制而规矩设焉。”

以往研究《营造法式》的学者们常常表示遗憾，认为该书虽然详细阐明了木结构建筑（特别是大木作制度）“以材为祖”的要义，对于理解中国古代建筑的“材分°”[3]模数制意义重大，然而除此之外，对建筑单体设计中十分重要的总轮廓及开间、进深、柱高等重要尺寸及比例关系（即书中所谓“屋宇之高深”）却鲜有提及。[4]所幸的是，李诫对这些建筑设计中的重要内容虽未明言，却还是在“总例”的字里行间和这幅重要的“圆方方圆图”中，为我们研究中国古代建筑（包括城市）的基本构图比例留下了一条极其重要的线索。

其实，《营造法式》所引《周髀算经》“圆方图”和“方圆图”中所包含的方圆作图手法，正是中国古代都城规划、建筑群布局与建筑设计中重要而根本的设计方法，而其背后所蕴含的则是中国古人“天圆地方”[5]的宇宙观与追求天、地、人和谐的文化理念。《周髀算经》中的另一段话正好诠释了“圆方图”和“方圆图”所代表的文化内涵及基于此的方圆作图法：

“方属地，圆属天，天圆地方。方数为典，以方出圆。”

《周髀算经》中所谓“万物周事而圆方用焉，大匠造制而规矩设焉”，则为基于“圆方图”、“方圆图”这两幅最基本的方圆作图而衍生的一系列重要构图比例——这一中国历代匠师（即“大匠”之传人）所遵循与恪守的“规矩”之道——写下了注脚。

1.《营造法式》称插图作“图样”。

2.“营造法式看详”之前还有“进新修《营造法式》序”和“劄子”，正文应从“看详”算起。有学者指出“看详”是《营造法式》全书正文的总说明。参见王其亨、成丽.《营造法式》“看详”的意义［J］. 建筑师，2012（4）：66–69.

3.“分”（音“份”）是《营造法式》的重要概念。为了和长度单位尺、寸、分的“分”相区别，梁思成特地用“分°”这个符号来表示之。也有的学者用“份”字来代替之，如陈明达。本书均用“分°”。

4. 如陈明达在《营造法式大木作制度研究》一书中指出：“在《法式》第四、五两卷中，对大木作的各个部分、各种构件——即‘名物之短长’——虽然都严密地规定了份数，而对于房屋的最基本的尺度——间广、椽架平长、柱高、檐出等——即‘屋宇之高深’——却缺少明确的材份规定……显然是一项重大的遗漏。”参见陈明达. 营造法式大木作制度研究（上册）［M］. 北京：文物出版社，1981：7。

5.《周髀算经》有云：“天圆如张盖，地方如棋局。”

二、$\sqrt{2}$与$\sqrt{3}/2$构图比例

在对多达四百余例中国古代都城、建筑群和单体建筑的实测图与实测数据的分析研究中，我们发现运用最为广泛的比例是$\sqrt{2}$与$\sqrt{3}/2$构图比例——这两种比例皆可由简单的方圆作图获得。

（一）$\sqrt{2}$比例

$\sqrt{2}$比例是中国古代都城、建筑群和单体建筑中运用得最为广泛的构图比例之一。这一比例直接蕴含在《周髀算经》、《营造法式》的“圆方图”和“方圆图”中：“圆方图”中正方形的边长与其外接圆的直径（同时等于正方形的对角线长）之比就是1：$\sqrt{2}$；“方圆图”中的正方形边长等于其内切圆直径，而正方形对角线与内切圆直径之比则为$\sqrt{2}$：1；如果叠合“圆方图”和“方圆图”，则呈现为一个边长为1的正方形和一个直径为$\sqrt{2}$的外接圆，以及一个边长为$\sqrt{2}$的外切正方形——“圆方图”的方，与“方圆图”的方，边长之比为1：$\sqrt{2}$。

其实，中国古人对于方圆作图及$\sqrt{2}$比例之谙熟与运用，远比《周髀算经》成书之时要早得多。据冯时研究指出：辽宁牛河梁红山文化圜丘的三环石坛，直径分别为11米、15.6米、22米，构成相当精确的1：$\sqrt{2}$：2的比例关系，即每一环石坛与其内环石坛直径之比值皆为$\sqrt{2}$。而这一构图比例恰恰可以通过反复运用“方圆图”和“圆方图”所示的方圆作图手法来获得，并且具有了“天圆地方”的象征意义——这样的构图比例和象征意义皆与圜丘作为祭天的场所密切相关。[1]（图0-3、图0-4）

与红山文化圜丘约略同时期的、公元前3000年左右的良渚文化玉琮即为方圆相含的造型（断面犹如《周髀算经》的“方圆图”），并且明显带有天圆地方、天地贯通的象征含义。

$\sqrt{2}$比例实际上是方形和圆形之间的基本比例关系之一，也是运用方圆作图可以轻易完成的一种构图比例。如果在上述“方圆图”的基础上，绘制一个以方形边长为短边，方形对角线长为长边的矩形，则该矩形的长宽之比为$\sqrt{2}$，下文称之为“$\sqrt{2}$矩形”，这是中国古代都城、建筑群、单体建筑构图中运用最广泛的图形之一。

1. 此外，冯时还从天文学立表测影、观象授时的视角指出：红山文化圜丘本身便是一幅说明两至两分日行轨迹的“盖天图解”，内、中、外三环（三衡）分别为夏至、春秋分和冬至日道。参见冯时. 中国古代的天文与人文［M］. 北京：中国社会科学出版社，2006：288-306.

（二）$\sqrt{3}/2$比例

$\sqrt{3}/2$比例是另一种可以由简单方圆作图获得的构图比例。如果以一个正方形底边两个顶点为圆心，分别以正方形边长为半径作圆弧，两条圆弧在正方形内的交点将与底边两个顶点形成一个等边三角形；而包含这个等边三角形的矩形，短边与长边之比（相当于等边三角形的高与边长之比）等于$\sqrt{3}/2$，下文称此种内含等边三角形的矩形为“$\sqrt{3}/2$矩形”（图0–5）。

$\sqrt{3}/2$比例是中国古代都城、建筑群与单体建筑中又一重要的构图比例，[1]从本书第一章的分析可以看出，这一比例在偃师二里头的宫殿遗址中已经出现，而且广泛运用于历朝历代的都城与建筑之中。

与方、圆类似，等边三角形其实也很早就被中国古人广泛运用：新石器时期的陶器已有三足器以及等边三角形纹饰。直接运用简单的方圆作图获得等边三角形（或者正六边形）构图，可以在河北定兴县北齐石柱中发现清晰的证据——石柱盖板底面和石室侧面的若干幅装饰图案完美展现了用纯粹的圆形作图获得正六边形（当然也包含大量等边三角形）的构图手法。[2]（图0–6）中国古代建筑中广为运用的六边形平面、小木作门窗槅扇中的大量等边三角形、六边形纹样以及辽金建筑中的60°斜栱等，都说明中国古代匠人对等边三角形或者$\sqrt{3}/2$构图比例的熟悉——山西朔州崇福寺弥陀殿珍贵的金代槅扇门中就有一组运用$\sqrt{3}/2$矩形构图的装饰纹样（图0–7）。

尤其值得注意的是：内含等边三角形的$\sqrt{3}/2$矩形构图的运用，使得中国古建筑中的大量庭院或者建筑室内取得了观看主体建筑或者主要室内空间（包括宗教造像）的60°视角，取得一览无遗、一目了然的视觉效果，下文将详细讨论。

（三）$\sqrt{2}$、$\sqrt{3}/2$比例的整数比近似值

今天具备中学数学知识的人皆知，$\sqrt{2}$与$\sqrt{3}/2$均为无理数（即无限不循环小数）。但中国古人并不一定认识“无理数”这一概念，所以在运用这些方圆作图产生的比例时，常常是以整数比的近似值取代之——最典型者，即$\sqrt{2}$可以用“方五斜七”或

1. 最先注意到$\sqrt{3}/2$比例的学者是王树声，他在《隋唐长安城规划手法探析》（2009）一文指出隋大兴–唐长安的宫城、皇城和郭城为三个内含等边三角形的矩形。其后，张杰在《中国古代空间文化溯源》（2012）一书中对此图形及其文化内涵做了进一步探讨。详见下文。

2. 值得一提的是，在清华大学艺术博物馆2016年展出的达·芬奇手稿中有十分类似该图的一幅手稿，时间则要比北齐石刻晚了九百多年。

者“方七斜十”这类广为流传的口诀来表示，意思是正方形边长为5，则对角线长为7；边长为7，则对角线长为10。这样一来，即可用5：7：10取代红山文化圜丘三环石坛形成的1：$\sqrt{2}$：2之间的$\sqrt{2}$比例关系。有趣的是，7：5＝1.4，10：7≈1.4286，二者的平均值为1.4143，与$\sqrt{2}$（≈1.4142）极为接近——因此，古人实际上是以靠近$\sqrt{2}$上下的两组简单整数比来取而代之。在对中国古代建筑或城市实测图的几何作图与实测数据分析中，我们可以发现大量以7：5或者10：7表示$\sqrt{2}$的实例。当然，如果嫌“方五斜七”、“方七斜十”不够精确，还可以进一步采用二位数整数比（如17：12）。

李诫在《营造法式》中则提出了141：100和100：71这两个较“方五斜七”、“方七斜十”更精确的整数比值。他特意在“营造法式看详”的“取径围”条目中写道：

“今来诸工作已造之物及制度，以周径为则者，如点量大小，须于周内取径，或于径内求周，若用旧例，以‘围三径一，方五斜七’为据，则疎略颇多。今谨按《九章算经》及约斜长等密率，修立下条。圆径七，其围二十有二；方一百，其斜一百四十有一；……圆径内取方，一百中得七十有一……”

从中可见，古人对待圆周率π这一无理数，同样采取整数比“围三径一”（即π≈3）取而代之。李诫觉得当时大多数匠人所用“围三径一”、“方五斜七”疎略颇多，故采取更精确的22：7（≈3.1429）取代圆周率π（≈3.1416）；而以141：100（≈1.41）和100：71（≈1.408）两组数值取代$\sqrt{2}$，即所谓“密率”。与《营造法式》类似，由梁思成整理的清末匠人抄本《营造算例》中也同样以141：100代表$\sqrt{2}$（如谈到举架时称“十举一四一因”）。[1]

与此类似，$\sqrt{3}/2$也可以用以下近似的整数比代替，如6：7、7：8等。其中，6：7≈0.857，7：8＝0.875，二者的平均值为0.866，同样十分接近$\sqrt{3}/2$（≈0.866）。在对中国古代建筑或城市实测图的几何作图与数据分析中，我们同样可以发现大量以6：7或7：8表示$\sqrt{3}/2$的实例。[2] 还有其他一系列二位数整数比（如13：15）也十分接近$\sqrt{3}/2$。而李诫在《营造法式》“取径围”条目下关于六边形的计算法中则以87：100这一近似值来取代$\sqrt{3}/2$，即所谓“六棱径八十有七，每面五十，其斜一百”——实际上，$\sqrt{3}/2$这一比例也是六边形内切圆直径与外接圆直径的比值，一如$\sqrt{2}$是正方形内切圆直径与外接圆直径的比值一样。李诫以50、87、100三个数来代替六边

1. 参见梁思成. 梁思成全集（第六卷）[M]. 北京：中国建筑工业出版社，2001：129.

2. 此外，《营造算例》第一章“斗栱大木大式做法”中也有檐柱高与明间面阔为6：7的大致规定。参见梁思成. 梁思成全集（第六卷）[M]. 北京：中国建筑工业出版社，2001：129.

形边长0.5（即1/2）、内径$\sqrt{3}/2$、外径1三个数值（图0–8、图0–9）。

特别需要指出的是，由于使用整数比代替$\sqrt{2}$、$\sqrt{3}/2$这些“无理数”，方圆作图形成的典型构图$\sqrt{2}$矩形、$\sqrt{3}/2$矩形就可以用长宽比为7∶5（或者10∶7、100∶71、141∶100等）的矩形与长宽比为7∶8（或者6∶7、87∶100等）的矩形来表示——这符合《周髀算经》“圆出于方，方出于矩，矩出于九九八十一”所定义的方圆推算之道，方圆构图比例最终可以用一系列整数比来实现。而在中国古代城市规划、建筑群布局与建筑设计中，这些代表了方圆作图比例的整数比，又可以与规划设计中所经常运用的模数网格（清代“样式雷”图样中称之为“平格”）相对应，如一个$\sqrt{2}$矩形的平面构图，可以对应长7格、宽5格（或长10格、宽7格，长141格、宽100格等等）的模数网格布局。

事实上，使用模数网格进行规划设计的历史很可能和运用方圆构图一样早，因为就在牛河梁红山文化圜丘旁边的方丘，就是使用模数网格进行布局的典型实例：据冯时的复原研究，方丘构图为三重正方形相套，边长之比为1∶3∶5，因此整个建筑平面是以内部正方形为模数，中方占地9倍于内方，外方占地25倍于内方（图0–10）。[1]

本书下文的研究将进一步揭示，方圆作图形成的构图比例与模数网格在中国古代城市与建筑的规划设计中相辅相成、并行不悖。

（四）由$\sqrt{2}$、$\sqrt{3}/2$衍生的常见比例

$\sqrt{2}$与$\sqrt{3}/2$这两种方圆作图形成的比例“原型”，进一步排列组合，则衍生出中国古代城市与建筑中一系列常见的构图比例，最主要的包括以下两组。

1．$\sqrt{2}$比例系列

一组以$\sqrt{2}$比例为原型，包括：

$2\sqrt{2}$——即两个$\sqrt{2}$矩形以短边相连接，形成的新矩形长宽比为$2\sqrt{2}$（约等于14∶5或20∶7）；[2]

（$\sqrt{2}$+1）∶$\sqrt{2}$（或者1+1/$\sqrt{2}$）——即一个正方形加一个以正方形边长为长边的小$\sqrt{2}$矩形形成的新矩形，其长宽比为（$\sqrt{2}$+1）∶$\sqrt{2}$（约等于12∶7或17∶10）；

$2\sqrt{2}-1$——即两个$\sqrt{2}$矩形的正方形部分重

1．冯时还进一步探讨了方丘构图与古代勾股定理证明的深刻联系。参见冯时. 中国古代的天文与人文［M］. 北京：中国社会科学出版社，2006：306-332。冯时还曾指出：牛河梁方丘显现的以内方为基本模数的构图方法，与中国古代都城营造以宫城为基本模数的设计手法相合。参见王军. 北京历史文化名城保护与文化价值研究（北京市总体规划专题研究报告）［R］，2016.

2．两个$\sqrt{2}$矩形以长边相连接，则形成一个新的$\sqrt{2}$矩形，这是$\sqrt{2}$矩形的特殊性质所致。

叠，形成一个新矩形，长宽比为$2\sqrt{2}-1$（约等于9：5或13：7）；

$\sqrt{2}+1$——即一个正方形加一个以正方形边长为短边的大$\sqrt{2}$矩形形成的新矩形，其长宽比为$\sqrt{2}+1$（约等于12：5或17：7）。

2．$\sqrt{3}/2$比例系列

另一组以$\sqrt{3}/2$比例为原型，包括：

$\sqrt{3}$——即两个$\sqrt{3}/2$矩形以长边相连，形成的新矩形长宽比为$\sqrt{3}$（约等于12：7或7：4），该形状与（$\sqrt{2}+1$）：$\sqrt{2}$十分接近；

$4/\sqrt{3}$——即两个$\sqrt{3}/2$矩形以短边相连，形成的新矩形长宽比为$4/\sqrt{3}$（约等于16：7或7：3）；

$2\sqrt{3}$——即四个$\sqrt{3}/2$矩形以长边相连，形成的新矩形长宽比为$2\sqrt{3}$（约等于24：7或7：2）（图0–11）。

有趣的是，以上基于$\sqrt{3}/2$矩形的各种构图比例，均能在山西朔州崇福寺弥陀殿的小木槅扇装饰纹样中找到。（图0–7）

三、中国古代城市与建筑构图比例的主要研究成果

在正式开始对中国古代城市与建筑构图比例的讨论之前，有必要扼要回顾一下以往学者在该领域做出的一些主要成果，作为下文进一步论述的重要参照系和出发点。

对中国古代单体建筑设计中比例问题的关注，始于中国营造学社的先辈们。

梁思成在《清式营造则例》（1932年3月脱稿，1934年出版）一书中，对清工部《工程做法》中所规定的清代建筑的“斗口制”、柱高与柱径之比、以斗栱攒数定修广、举架等问题进行了讨论。[1]而从《蓟县独乐寺观音阁山门考》（《中国营造学社汇刊》第三卷第二期，1932）一文开始，梁思成的一系列古建筑调查报告[2]对唐、宋、辽、金的建筑实例进行了详细测绘，并将实测数据与宋《营造法式》所规定的“材分°制”进行比较；而且报告中大多会附上大木作各部件的“尺寸表”、“权衡表”等，以讨论木结构建筑中各构件的比例关系——尤其注重（斗栱）铺作总高与柱高的比例关系，以此作为木结构断代之重要依

1. 1932年，梁思成还将中国营造学社搜集的众多匠师秘传抄本整理成《营造算例》一书，该书对建筑各部分的权衡比例规定了各种计算程式。

2. 参见梁思成《蓟县独乐寺观音阁山门考》（《中国营造学社汇刊》第三卷第二期，1932）；梁思成《宝坻县广济寺三大士殿》（《中国营造学社汇刊》第三卷第四期，1932）；梁思成、刘敦桢《大同古建筑调查报告》（《中国营造学社汇刊》第四卷第三、四期，1933）；林徽因、梁思成《晋汾古建筑预查纪略》（《中国营造学社汇刊》第五卷第三期，1935）；梁思成《记五台山佛光寺建筑》（《中国营造学社汇刊》第七卷第一、二期，1944）等文。

据；其次十分注意梁枋断面之高宽比例（由此认为唐、宋、辽木构梁枋受力之科学性优于清代木构）；此外还经常涉及举折坡度、檐高与出檐之比、柱高与柱径之比等比例问题。梁思成、刘敦桢合著的《大同古建筑调查报告》一文则罗列了大同善化寺、华严寺中6座主要建筑的平面比例，指出其面阔与进深之比位于5：3.6至5：1.89之间。[1] 在《图像中国建筑史》（英文版，1946年完稿）一书中，梁思成开始注意密檐式砖石塔的比例问题，并指出密檐式塔的“各层檐总高度常为塔身的两倍”。[2]

梁思成通过将《营造法式》与唐、宋、辽、金木构建筑实例相互印证，揭示出《营造法式》所反映的“材分°制”在中国古代建筑设计中的重要作用以及斗栱比例对于中国古建筑断代的重要性。他还敏锐地指出“材分°制”与希腊—罗马建筑中Order（今译“柱式”）的异曲同工。在1943年完成的《中国建筑史》一书中，梁思成总结道：

“斗栱之制日趋标准化，全部建筑物之权衡比例遂以横栱之‘材’为度量单位，犹罗马建筑之Order，以柱径为度量单位，治建筑学者必习焉……斗栱之组织与比例大小，历代不同，每可借其结构演变之序，以鉴定建筑物之年代，故对于斗栱之认识，实为研究中国建筑者所必具之基础知识。”[3]

林徽因在为梁思成《清式营造则例》（1934）一书所作的“绪论”中也同样强调了“材分°制”和“斗口制”为中国古建筑之精髓：

“斗栱不唯是中国建筑独有的一个部分，而且在后来还成为中国建筑独有的一种制度。就我们所知，至迟自宋始，斗栱就有了一定的大小权衡；以斗栱之一部为全部建筑物权衡的基本单位，如宋式之‘材’‘栔’与清式之‘斗口’。这制度与欧洲文艺复兴以后以希腊罗马旧物作则所制定的Order，以柱径之倍数或分数定建筑物各部一定的权衡（proportion），极相类似。所以这用斗栱的构架，实是中国建筑真髓所在。”

此外，在该文中林徽因还特别谈到了建筑比例权衡之重要性：

“至于论建筑上的美，浅而易见的，当然是其轮廓、色彩、材质等，但美的大部分精神所在，却蕴于其权衡中；长与短之比，平面上各大小部分之分配，立体上各体积各部分之轻重均等，所谓增一分则太长，减一分则太短的玄妙。”[4]

1. 梁思成、刘敦桢《大同古建筑调查报告》(《中国营造学社汇刊》第四卷第三、四期，1933）
2. 梁思成. 梁思成全集（第八卷）[M]. 北京：中国建筑工业出版社，2001：145.
3. 梁思成. 梁思成文集（三）[M]. 北京：中国建筑工业出版社，1985：9.
4. 早在《论中国建筑之几个特征》(载于《中国营造学社汇刊》第三卷第一期，1932）一文中林徽因已经指出“美观者：具有合理的权衡”，强调比例对于美观的重要性。

刘敦桢同样在其一系列调查报告[1]中对北京智化寺如来殿（即万佛阁）、定兴县慈云阁、苏州圆妙观（今称玄妙观）三清殿、上海真如寺正殿的平面之面阔与进深比例进行了讨论，并将大木构架诸构件实测尺寸、比例与宋《营造法式》和清工部《工程做法》相比较。其《定兴县北齐石柱》(《中国营造学社汇刊》第五卷第二期，1934）一文则对石柱柱高与底径之比（4.12：1)、上部石屋面阔与进深之比（1：0.86)、明间与次间面阔之比（约4：3)、檐高与出檐之比（约7：3）等进行了计算。刘敦桢是中国古代佛塔构图比例研究的重要开拓者之一，尤其是其《河北定县开元寺塔》(约1936年）一文，首次援引《营造法原》等文献，讨论塔高与塔围（包括塔台基周长、首层塔身周长）的比例关系。他指出：《营造法原》称“**塔盘外阶沿口周围总数，即塔葫芦尖至地高低**”，即指塔高等于阶台周长；而河北易县宋千佛塔有明正统十四年《重修舍利塔记》称“**塔高一百又十尺，围以称之**”,《图书集成》神异典记述山西应县木塔亦称“**塔高三十六丈，周围如之**”，都是指塔高等于第一层塔身周长。而经过测量，北宋开元寺料敌塔的塔高与第一层塔身周长正好相等，符合文献中塔高等于塔围（第一层塔身周长）的记载。当然，出于严谨考虑，刘敦桢称“**不过此塔的宝珠，曾经明嘉靖间一度重修，是否和原来的高度相等，实属疑问。故此问题决非今日根据少数之例所能解决的。**”[2] 此文可谓是中国古塔构图比例研究的一篇开创性文献。[3]

陈明达一方面继续前人对《营造法式》“材分°制”的探索，特别是其《营造法式大木作制度研究》(1981）一书通过将法式与实物相验证，推算出一些蕴含在《营造法式》中却没有以条文形式明确记载下来的关于单体建筑的比例关系，如铺作间距、间广、椽长、柱高、檐出的模数值（即分°数)；尤其是发现了柱高与建筑总轮廓尺寸有关，如木构架中平槫高为檐柱高之2倍的规律。

更重要的是，针对一座单体建筑的构图比例及设计方法进行全面剖析，也始于陈明达的研究，尤其是他对应县佛宫寺木塔和独乐寺山门、观音阁这三个实例细致深入的讨论。他在《应县木塔》(1966）一书中指出，应县木塔第三层每面面阔8.83米（后来

1. 刘敦桢：《北平智化寺如来殿调查记》(《中国营造学社汇刊》第三卷第三期，1932)；刘敦桢：《河北省西部古建筑调查记略》(《中国营造学社汇刊》第五卷第四期，1935)；刘敦桢：《苏州古建筑调查记》(《中国营造学社汇刊》第六卷第三期，1936)；刘敦桢：《真如寺正殿》(《文物参考资料》1951年第8期）。
2. 刘敦桢. 刘敦桢全集（第十卷）[M]. 北京：中国建筑工业出版社，2007：114。本书第九章讨论佛塔总高时均包含塔刹在内——古代佛塔能保留初建时塔刹的毕竟十分难得，然而从本书的研究可以发现，就现状而言，大量佛塔包含塔刹在内的总高与佛塔其他尺寸之间通常具有良好的比例关系，因此很可能历代修复或更换塔刹时，其高度大多还是保持了原始设计高度，或者在修复或更换时考虑了佛塔整体比例，而非任意为之。
3. 此外，刘敦桢《江苏吴县罗汉院双塔》一文又对双塔各层直径与层高之比例进行了比较分析。参见刘敦桢. 刘敦桢全集（第十卷）[M]. 北京：中国建筑工业出版社，2007：89-108.

傅熹年指出合辽代3丈），为木塔设计的重要模数，全塔许多重要尺寸由此确定；尤其塔之总高（67.31米）约为8.83米这一模数的7.625倍，同时也接近第三层平面（边长8.83米的八角形）的内切圆周长——这一结果与《营造法原》中提及的塔高与塔围的比例关系接近（图0–12）。[1]陈明达在《独乐寺观音阁、山门建筑构图分析》（1986）中，不仅对独乐寺观音阁和山门的“材分°制”进行了深入研究，而且对其大木构架的整体比例进行了分析，指出观音阁木构架正立面高宽比为6：8，侧立面高深比为6：6，首层平面长宽比近于$\sqrt{2}$：1；并且分析了观音阁纵剖面中一个为了瞻仰观音像而形成的等边三角形构图（图0–13、图0–14）[2]。

陈明达与莫宗江在二人合著的《巩县石窟寺雕刻的风格及技巧》（1989）[3]一文中，已经开始关注石窟的空间设计，指出巩县（现为巩义市）石窟“综观各窟雕刻之构成，可以看出每一窟在开凿前都曾有过周密的思考和设计，诸如窟形、规模、外观立面、窟内壁面、中心柱、平棊及地面等”，因而“是长、宽、深三个方向的立体构图”——本书对一批石窟平、立、剖面构图比例的研究，正可印证上述看法。除了石窟的空间，该文也关注了雕像的比例，并总结出坐佛头高与总高之比为1：4和1：3.5，立佛、弟子和菩萨头高与总高之比为1：5.5至1：6；金刚头高与总高之比为1：4.5至1：5之间，浮雕《立佛图》中的侧立像头高与总高之比为1：6至1：6.5之间。[4]

王贵祥对唐宋木构建筑单体平、立、剖面的比例关系——尤其是$\sqrt{2}$比例进行了极富开拓性的研究。其《$\sqrt{2}$与唐宋建筑柱檐关系》（1984）一文，通过对26座唐、五代、宋、辽、金木构建筑实例的实测数据分析，指出唐宋木构建筑的檐高（取橑檐方上皮至台明距离）与柱高之比多取$\sqrt{2}$比例（图0–15），[5]并且进一步推测这种对比例关系的控制“不会只是限于柱檐关系中，在建筑物的平面、立面乃至群体组合等大的比例关系中，都可能存在着各种不同形式的控制线，而这些控制线中，还会有运用1与$\sqrt{2}$的关系来确定的”——应该说这一推测是相当敏锐的。其《唐宋单檐木构建筑平面与立面比例规律的探讨》（1989）一文则进一步指出

1. 陈明达甚至在应县木塔立面中找出一组$\sqrt{2}$比例：“自塔阶基八角座底至五层檐口，自五层檐口至刹顶，各作一对角线，则此二线为平行线。且此两线的交点，正在第三层塔身中部。自此交点至阶基下层上皮与自此交点至塔刹之比，恰为1：$\sqrt{2}$。恐怕都不是偶然的现象。”从本书第九章的分析可知，应县木塔立、剖面设计中大量运用$\sqrt{2}$比例，相比之下虽然陈明达指出的这组$\sqrt{2}$比例不能算是构图重点，但毕竟提出应县木塔的立面设计中存在$\sqrt{2}$比例是一个极具启发性的观点。参见陈明达. 应县木塔［M］. 北京：文物出版社，1966：49.

2. 参见陈明达. 独乐寺观音阁、山门建筑构图分析//文物与考古论集——文物出版社三十年纪念专刊. 北京：文物出版社，1986.

此后，陈明达又将此文拓展为《独乐寺观音阁、山门的大木作制度》（1990年定稿，2002年发表）一文，参见：陈明达. 独乐寺观音阁、山门的大木作制度（上）//张复合主编. 建筑史论文集（第15辑）. 北京：清华大学出版社，2002:71–88；陈明达. 独乐寺观音阁、山门的大木作制度（下）//张复合主编. 建筑史论文集（第16辑）. 北京：清华大学出版社，2002:10–30.

3. 该文原载《中国石窟・巩县石窟寺》（文物出版社1989年版），后收入陈明达. 陈明达古建筑与雕塑史论［M］. 北京：文物出版社，1998：269–283.

4. 其中，坐佛头高与总高之比为1：3.5的发现，已经符合“方五斜七”比例，即头部以下高与总高之比为5：7（约为1：$\sqrt{2}$），可惜该文并未指出——本书将进一步讨论佛像的这一经典比例。

5. 26个实例中，檐高与柱高之比在1.41左右的约占总数的50%；如果再加上一批檐高减去普拍枋高与柱高之比为1.41左右的实例，则占到总数的73%以上。

“古代中国人对于建筑比例的把握，早已深入到平面、立面、剖面乃至群体关系与庭院尺度的把握之中去了”；“除了在檐高与柱高之间，存在着这种$\sqrt{2}$与1的确定关系外，以1为短边，以$\sqrt{2}$为长边组成的矩形，在平、立面的构图中也运用得比较多”。文中列举了独乐寺山门明间面阔（约等于檐高）与檐柱高（约等于进深间宽）之比约为$\sqrt{2}$；山门台基为$\sqrt{2}$矩形；观音阁平面为$\sqrt{2}$矩形；华林寺大殿明间面阔与次间面阔（约等于檐柱高）之比约为$\sqrt{2}$；中平槫高与内柱高之比约为$\sqrt{2}$；许多五开间大殿（包括广济寺三大士殿、下华严寺薄伽教藏殿、下华严寺海会殿等）的平面通面阔与通进深之比约为$\sqrt{2}$等一系列$\sqrt{2}$比例关系（图0–16）。

在《唐宋单檐木构建筑比例探析》（1998）一文中，王贵祥更进一步将$\sqrt{2}$比例阐释为正方形边长与其外接圆直径之比，于是与中国古人“天圆地方”的观念联系起来。王贵祥认为“天圆地方又恰恰浓缩了古代中国人‘天覆地载’的朴质的宇宙观”，并列举了古代文献中大量关于建筑之方圆及其象征意义的例子；此外“古代工匠习惯上将建筑的平面叫作‘地盘’，而将屋架梁宇叫作‘天盘’……唐、宋建筑单檐建筑中较多存在的$\sqrt{2}$：1的比例关系，很可能就暗含了檐部象征天宇、立柱象征大地的内涵。”

在该文结尾，王贵祥写道：“由上文可知，以1：1或1：$\sqrt{2}$为特征的表征古代中国人天地方圆关系理念的比例形式，在唐、宋时期，不仅在单檐建筑中，而且在楼阁或塔幢建筑中也可能相当普遍地存在着，只是由于现存资料与数据有限，也尚未作深入的研究。但如果将可能搜集到的现存建筑的各种数据加以系统的梳理分析，相信也能够有令人兴奋的收获。由唐、宋时代向前追溯至秦、汉，或向后下延至明、清，是否也可能发现类似或相关的比例处理规律，仍是一个未解之谜，有待学界同仁的继续努力。”事实上，本书很大程度上就是对上述“未解之谜”的一次尝试性的探索，同时研究的对象从建筑单体进一步拓展至建筑群布局、城市规划乃至雕塑与建筑内部空间之整体设计等更广阔的范围。

值得注意的是，王贵祥在研究中还援引了日本学者关于$\sqrt{2}$比例的讨论，如小野胜年在1964年与中国文物界学者的交流会中就曾指出：“作长方形时，在其一边用里尺（矩尺）度量，另一边用‘黄金分割’的办法来量。里尺，就是指日本木匠所用的曲尺。这个名字来自它的刻度和普通尺的刻度有$\sqrt{2}$的关系”；“至于（法隆寺）各堂的大小，也有一定的比例的说法。例如，塔的基坛的对角线的长度等于金堂的进深；把金堂的进深或对角线的长度当作讲堂的宽度或进深的长度等。”[1]

1. 小野胜年. 日唐文化关系中的诸问题[J]. 考古，1964（12）.

关于天圆地方与建筑的关系，龙庆忠在《天道、地道、人道与建筑的关系》（1990）一文中也指出中国古人“把‘天圆地方’的概念运用于建筑上”、“中国的古建筑常以天、地、人的观念进行布局”、“是天地人合一的建筑哲学”。此外，龙庆忠在《中国塔之数理设计手法及建筑理论》（1990）[1]一文中，对一批中日古代佛塔（包括楼阁式塔14例、密檐式塔9例）的比例进行了探讨。尤其是根据《营造法原》记载的“测塔高低：可量外塔盘外阶沿之周围总数，即塔总高数（自葫芦尖至地坪）；测塔顶层上檐至葫芦尖高度：可量塔身周围总数即得”，对一系列中国古塔的总高与地面周长之比进行讨论（可以看作对刘敦桢、陈明达佛塔比例研究的延续），并发现若干方塔总高等于4倍底层边长、八角塔总高等于8倍底层边长的实例[2]。与此类似，王寒枫的《泉州东西塔》（1992）一书亦指出泉州开元寺东、西塔总高与一层周长实测数据十分接近。

龙庆忠的《中国古建筑“材分”的起源》（1990）一文推测唐代断面7寸×5寸的材为常用材（或曰橦），这篇文章揭开了在“材分°制”中探讨$\sqrt{2}$比例的序幕。[3] 张十庆对北宋《营造法式》的“材分°制”和清工部《工程做法》的“斗口制”中所蕴含的$\sqrt{2}$比例进行了进一步探讨。在《〈营造法式〉材比例的形式与特点——传统数理背景下的古代建筑技术分析》（2013）一文中，张十庆指出《营造法式》规定的足材（21分°）与单材（15分°）之比为7：5，约为$\sqrt{2}$（方五斜七）；散斗立面长（14分°）与高（10分°）之比为7：5，约为$\sqrt{2}$（方五斜七）；清工部《工程做法》单材高（14分°）与斗口（10分°）之比为7：5，约为$\sqrt{2}$（方五斜七）；足材高（20分°）与斗口（10分°）之比为2：1——因此《工程做法》中斗科的斗口、单材和足材形成1：$\sqrt{2}$：2的关系。张十庆还进一步指出日本对“方五斜七”这一惯常比例的运用：“同属东亚文化圈的日本，自古以来也注重和习用这一比例关系，并视其为日本的传统比例形式，称之为‘大和比’。现代日本学者更有称其为白银比，与西方黄金比并提”。[4] 张十庆列举了法隆寺中门面阔（34尺）与进深（24尺）之比约为$\sqrt{2}$，法隆寺五重塔底层明间面阔与次间面阔之比为10：7（方七斜十）等实例（图0–17）。[5]

1. 参见龙庆忠. 中国建筑与中华民族［M］. 广州：华南理工大学出版社，1990.
2. 此外，文章还讨论了塔各层高宽比、各层层高之比、通面阔之比等，对于研究佛塔比例很有示范作用。可惜的是该文中所引佛塔的各项尺寸数据均未能注明出处，且有些与已发表的实测数据不符，不失为一大遗憾。
3. 陈明达于1990年完稿的《独乐寺观音阁、山门的大木作制度》一文也指出，观音阁、山门用材的广厚比均为15：10.6，即$\sqrt{2}$：1，并指出这是符合力学原则的断面比例。
4. 张十庆.《营造法式》材比例的形式与特点——传统数理背景下的古代建筑技术分析［J］//建筑史（第31辑）［M］. 北京：清华大学出版社，2013：9–14.
5. 特别值得一提的是，在一部关于法隆寺总木匠（日本称“栋梁”）西冈常一的口述史中，西冈常一提到“栋梁”需要熟练掌握“规矩数”的计算。规矩数又称可造数，是指可以用尺规作图方式做出的实数。这是日本大木匠师谙熟规矩方圆作图比例的又一重要例证。参见［日］盐野米松著. 英珂译. 树之生命木之心［M］. 桂林：广西师范大学出版社，2016：144.

通过王贵祥、陈明达、张十庆等学者的研究，$\sqrt{2}$比例在中国（乃至日本）古代单体建筑大木构架中得到较为广泛运用的事实已经逐渐被揭示出来。

傅熹年的《中国古代城市规划、建筑群布局及建筑设计方法研究》（2001）一书将陈明达对建筑单体所蕴含的构图规律与设计方法的研究，进一步拓展到城市规划与建筑群布局等更广阔的领域，同时也对数量更多的单体建筑实例进行了分析。该书强调了模数化思想在城市规划、建筑群布局与建筑设计中的一以贯之。在对城市（包括都城）规划的分析中强调了以宫城或里坊作为规划设计面积模数的手法。在对建筑群布局的分析中，讨论了50丈、10丈、5丈、3丈、2丈模数网格对于不同尺度规模的建筑群布局的控制作用，并指出主体建筑常常位于建筑群总平面几何中心的规律，对一些主要庭院的60°视角也进行了初步分析（图0–18）。此外，在分析汉长安辟雍遗址构图时，傅熹年指出："古人认为天圆地方，又以为祭天是天人之间的交通，故把祭天的明堂的图案设计成方圆图形的反复重叠。从总图上就可以看出，自外而内为圜水、方墙、圆基、方堂，最后为上层圆顶，共三圆二方，这和古人以外方内圆的琮为通天地之器的想法是一脉相承的，明堂平面实即琮的图形的重复。汉以后历代所建明堂虽形制各异，但脱不了方圆图形的大轮廓，直到明清的祭天圜丘，仍是以外方内圆表示天地交通之义。"[1]

在对单体建筑设计的分析中，该书强调了柱高作为立面、剖面扩大模数（相对于基本模数"材"、"分°"或"斗口"而言）的设计规律并探讨了各间面阔之比例关系、面阔与柱高之比例关系以及立面模数网格之运用等（图0–19）。

对于中国古代建筑群布局中模数网格之运用的强调，来自王其亨对"样式雷"图档的研究。王其亨以风水形势说的"千尺为势、百尺为形"为依据，探讨了千尺、百尺在紫禁城建筑规划设计中的运用；同时结合"样式雷图档"中的百尺"平格网"，强调了平格网的运用对中国古代建筑群规划布局的重要意义。[2] 孙大章则以承德普宁寺、须弥福寿之庙为例，讨论了$\sqrt{2}$构图比例在建筑群总平面规划布局中的运用。[3]

以傅熹年为代表的学者们，还将单体建筑、建筑群布局、城市规划的一些重要实测数据折合成其所处时代的尺数、丈数，可以发现很多比例关系是颇为简洁的。尤其是刘畅，借助三维激光扫描仪结合传统手工测量，精密测绘了一批木结构单体建

1. 傅熹年. 中国古代城市规划、建筑群布局及建筑设计方法研究（上册）[M]. 北京：中国建筑工业出版社，2001：39.
2. 参见王其亨《风水形势说和古代中国建筑外部空间设计探析》、《清代陵寝风水：陵寝建筑设计原理及艺术成就钩沉》（王其亨主编. 风水理论研究[M]. 天津：天津大学出版社，1992）；王其亨《清代陵寝建筑样式雷图档的整理研究》（王其亨. 当代中国建筑史家十书：王其亨中国建筑史论选集[M]. 沈阳：辽宁美术出版社，2014）。
3. 参见孙大章. 承德普宁寺——清代佛教建筑之杰作[M]. 北京：中国建筑工业出版社，2008.

筑，详细分析实测数据，从而推测出较为可靠的营造尺，进而对木结构建筑的材分°和比例等设计规律（特别是大木作中下昂的斜度设计）进行了深入探讨。[1]此外，在对北京紫禁城的研究中，刘畅通过对总平面实测图的数据分析提出：午门至体仁—弘义阁轴线距离为90丈，体仁—弘义阁至景运—隆宗门轴线距离为90丈，文华、武英殿中轴线东西相距约129丈，三座门桥至紫禁城中轴线约90丈，这一系列数据是否与紫禁城规划设计理念相关[2]——这一问题的提出对于本书讨论紫禁城总平面规划构图比例极具启发意义。

除了材分°制（或斗口制）、模数网格与$\sqrt{2}$比例之外，一些学者开始注意到$\sqrt{3}/2$比例在中国古代城市规划、建筑群布局及建筑单体设计中的运用。

王树声在《隋唐长安城规划手法探析》（2009）一文中指出隋大兴–唐长安规划设计中使用了三个内含等边三角形的矩形，即郭城、皇城（含宫城）和太极宫。虽然根据实测数据分析，上述结论并不完全准确（详见本书第一章第四节），但该文却首次将内含等边三角形的矩形（即$\sqrt{3}/2$矩形）这一重要构图手法纳入中国古代城市规划研究的视野（图0–20、图0–21）。

张杰在《中国古代空间文化溯源》（2012）一书中进一步强调了$\sqrt{3}/2$矩形的重要性，并且试图在更多的实例中寻找这一构图，包括十余处考古遗址和若干城市、建筑实例，其中尤其重要的发现是元大都的平面形状也近似于内含等边三角形的矩形。[3]该书还试图为内含等边三角形的矩形这一图形的广泛使用找到文化来源，分别从立表测影和节气方面对其加以解释。[4]更重要的是，张杰进一步将这一图形的运用与现代视觉心理学理论加以结合：

“现代医学认为，在正常情况下，人双眼同时看景物时，能见视野范围为120°。在视线周围60°的视环境内可以看得比较清楚，而更清楚的范围则为30°视野，在60° ～120°之间的物体开始有所变形。可见30° ～60°的方位控制……其实高度概括了人眼视觉心理学的基本规律……如果说黄金比例是古希腊人从人体的比例推演出的美学原则，那么……30°～60°的方位角度就是我们的先民从人的视觉心理规律归纳出的美学法宝，正像《淮南子》（卷二十）所说：‘仰取象于天，俯取度

1. 参见刘畅. 浙江宁波保国寺大殿大木结构测量数据解读//中国建筑史论汇刊（第一辑）[M]. 北京：清华大学出版社，2010；刘畅. 河南登封少林寺初祖庵实测数据解读//中国建筑史论汇刊（第二辑）[M]. 北京：清华大学出版社，2010；刘畅. 福建福州华林寺大殿大木结构实测数据解读//中国建筑史论汇刊（第三辑）[M]. 北京：清华大学出版社，2011；刘畅、廖慧农、李树盛. 山西平遥镇国寺万佛殿与天王殿精细测绘报告[M]. 北京：清华大学出版社，2013；等等。刘畅等学者关于大木结构实测数据解读的论著尚有许多，不再一一罗列。此外，郭华瑜对数十例明代建筑的平面通面阔与通进深之比，举高与架深之比，檐柱、斗栱、举高之比，檐出与檐高之比，檐柱高与明间面阔之比进行了统计。参见郭华瑜. 明代官式建筑大木作[M]. 南京：东南大学出版社，2005.

2. 刘畅. 北京紫禁城[M]. 北京：清华大学出版社，2009：61-67.

3. 张杰从谷歌地球（google earth）量得元大都南北7592米（该书插图误作2592米），东西6691米，大致为内含等边三角形的矩形。参见张杰. 中国古代空间文化溯源[M]. 北京：清华大学出版社，2012：60.

4. 张杰. 中国古代空间文化溯源[M]. 北京：清华大学出版社，2012：29-33.

于地，中取法于人。’”[1]

关注规划层面模数、比例问题的还有姜东城的博士论文《元大都城市形态与建筑群基址规模研究》（2007），该文对元大都规划的模数网格（平格网）进行了探讨，并指出元大都的基本居住地块与都城整体为相似形。[2] 王世仁的《金中都历史沿革与文化价值》（2013）一文则对金中都的平面比例进行了初步分析。[3] 此外，武廷海、王学荣的《秦始皇陵规划初探》（2015）一文通过数据分析认识到秦始皇陵内外垣为相似形。[4]

四、图解营造——本书的基本研究方法

陈明达早在《应县木塔》（1966）一书中就曾指出“从实测很多辽代建筑物的结果，可以确信辽代建筑的立面，有完善的构图。当时匠师设计必有一定方法，而不是机械从事或任意为之的。现在我们要追究这一方法，也只有从实测结果中去寻求线索。”

傅熹年同样认为“我们有理由推测，在古代必有一套规划设计原则、方法和艺术构图规律”。他进一步指出：“城市、建筑群和建筑物都要通过施工来实现，施工需要准确的数据，而那些规划设计的原则、方法、规律也就含蕴在这些数据中。我们只能通过对这些城市、建筑群、单体建筑的实测数据进行分析、归纳，找出共同点，才能逐步把这些原则、方法、规律反推出来。我们所得到的数据愈全备、准确，从中反推出的结果的可信性就越大；这些结果越具有共同性和普遍性，也就越接近古代实际的原则、方法、规律。当无法取得具体的数据时，在精确的图纸上用作图法进行分析，也能取得较近似的结果。这是我们目前进行这些研究所能采用的主要方法。”[5]

傅熹年的研究一方面从建筑单体拓展到建筑群布局、城市规划，另一方面尽可能寻找实测图进行几何作图与数据分析，试图找出其中普遍存在的、一以贯之的设计手法。

本书的研究方法还是基本延续了这一特点，通过对6座都城、120处建筑群和333个单体建筑（共计459个实例）的大量实测图进行几何作图，结合实测数据进行分析，试图找出

1. 张杰. 中国古代空间文化溯源[M]. 北京：清华大学出版社，2012：56-57.
2. 姜东成. 元大都城市形态与建筑群基址规模研究［D］. 清华大学博士学位论文，2007.
3. 王世仁推测金中都东西9里，南北8里，比例约1：0.9，认为与中国古人的“象数”学说相关，并指出其与唐长安、元大都平面形状比例接近。参见王世仁. 金中都历史沿革与文化价值//中国建筑史论汇刊（第八辑）［M］. 北京：中国建筑工业出版社，2013.
4. 武廷海、王学荣. 秦始皇陵规划初探［J］. 城市与区域规划研究，2015（2）：147-203.
5. 傅熹年. 中国古代城市规划、建筑群布局及建筑设计方法研究（上册）［M］. 北京：中国建筑工业出版社，2001：5~6.

其中蕴含的基于方圆作图的一系列构图比例。书中所探讨的459个实例，除了西汉长安建章宫及唐长安兴庆宫遗址仅有数据而无实测图以外，其余实例均有实测图作为几何作图的底图。可惜由于条件所限，能取得足够的实测数据来证明实测图中几何作图结果的实例仅有210例（约占所有实例的46%），其余实例只能停留在对实测图进行几何作图分析的程度。书中凡是同时有实测数据和实测图的案例，皆在案例的小标题后面加注“*”，仅有实测图而无实测数据的案例小标题不加“*”，以示区别。[1]

由于本研究主要关注构图比例，所以对于实测图的几何作图分析重在寻找都城、建筑群总平面图以及单体平、立、剖面图中的方圆作图比例。方圆作图比例（如$\sqrt{2}$比例系列或$\sqrt{3}/2$比例系列）具有简明直观、一目了然的特点，因此用几何作图法能十分清晰地呈现在读者面前。本书所引用的实测图，除了少部分为清华大学建筑学院历史理论与文物保护研究所的老师们主持、清华大学建筑学院多届研究生与本科生参与测绘的CAD电子文件之外，绝大部分引自各类书籍和已发表的期刊论文，并采取直接将各类书籍、期刊论文中的实测图扫描成电子版，并用CAD软件依据实测数据或所注比例尺将其放缩为1：1的图形文件，再在其上绘制由红、蓝、黄三色线条组成的构图比例分析图——其中大多以红线表示整体比例，蓝线表示局部比例，黄线表示对细节的分析，希望能让读者更好地辨别中国古代都城、建筑群与单体建筑中所包含的方圆作图比例。

而对于有实测数据发表的实例，则结合数据计算来验证分析图中的几何关系——因此对实测数据的分析计算构成本书“上篇”正文中很重要的一部分内容，每一项实测数据的计算均附上了与理论值（如$\sqrt{2}$、$\sqrt{3}/2$等）的吻合度，并且本书所收录的实例，实测数据与理论值的吻合度绝大部分均高于98%，甚至大部分都超过99%，将这些实测数据分析与几何作图的结果相参照，可以看出书中的许多实例都极可能运用了方圆作图所形成的一系列经典比例。

特别需要指出的是，由于本书着重讨论的是都城规划、建筑群布局和建筑单体设计中的构图比例，所以对于实测数据，无须深入探讨其所处时代的实际丈尺，或将尺寸换算为大木构架设计时所使用的材、分°或斗口（除了少数案例之外，本书对大多数实测数据均直接使用而不换算为丈尺、材分°或斗口）。即便是暂时无法取得实测数据的案例，只要有较为精确的实测图，依然可以在一定程度上反映其基本构图比例——这是本书得以对大量实例进行讨论分析的基础。

1. 有些实例虽然能找到一些实测数据，但并不足以说明几何作图所呈现的主要构图比例，则仍列为无实测数据的一类。如果计入此类有不完全实测数据的实例，则略超过所有实例的一半。

上篇　都城规划与建筑群布局

中国古代城市[1]与建筑群的总平面规划布局中包含着十分丰富的基于方圆作图的构图比例。在本书上篇所讨论的最早实例——河南洛阳偃师二里头夏代晚期的1号和2号宫殿遗址中，已经出现了在总平面规划设计中运用$\sqrt{2}$和$\sqrt{3}/2$构图比例的手法。

通过对6座都城，以及宫殿（14例）、祭祀建筑（16例）、陵墓建筑（31例）、宗教建筑（20例）、民居祠堂（32例）、苑囿园林（7例）等共计120例各类建筑群（包括考古遗址）总平面的分析，我们可以清晰地看到基于方圆作图的构图比例在中国古代城市与建筑群总平面规划布局中的广泛运用。[2]

1. 由于中国古代大量地方城市目前仅有总平面简图（无实测数据），故本书对城市总平面规划的分析仅限于一些发表了总平面实测图和实测数据的都城。

2. 此外，各类建筑群遗址中的单体建筑平面构图比例也在本书上篇中结合建筑群总平面布局一并讨论，而不纳入下篇单体建筑设计之中，原因是这些考古遗址中的单体建筑仅存平面信息，其立面、剖面信息大都不存，而本书下篇对单体建筑设计构图比例的讨论往往结合平、立、剖面进行综合讨论，故将仅存平面信息的建筑单体考古遗址在上篇进行简要分析，特此说明。

第一章 都城宫殿

历代都城与宫殿，可谓是中国古代城市与建筑最高成就的代表。宫殿（或宫城）通常是都城规划的重要组成部分，多数时候甚至先于都城或者与都城同时进行营建。因此，本书对历代都城与宫殿总平面规划设计构图比例的研究，不仅试图揭示二者自身的构图规律，还包括二者之间的比例关系。为了更好地揭示二者自身和相互之间的比例关系，本章将都城与宫殿的总平面规划放在一起进行讨论，依次探讨：偃师二里头夏代晚期宫城及1、2号宫殿遗址；偃师商城大城、小城、宫城及3、4号宫殿遗址；西汉长安城及未央宫、建章宫遗址；隋大兴—唐长安城及太极宫、大明宫、兴庆宫遗址；隋唐洛阳城及宫城、皇城、大内遗址；元大都及皇城、大内；明北京、中轴线、皇城与紫禁城；清代的行宫或离宫——承德避暑山庄正宫与颐和园东宫门及排云殿—佛香阁建筑群。

第一节 偃师二里头

河南洛阳偃师二里头遗址为夏代大型都邑遗址，其中最重要的建筑基址是位于遗址中心区的1号和2号宫殿基址（属于二里头文化三期，相当于夏代晚期）。[1]

下面分别来看1号、2号宫殿基址以及二里头宫城遗址所包含的构图比例关系。

一、偃师二里头1号宫殿基址*

二里头1号宫殿基址是一座由主殿、南大门、东侧门、北侧门、四周回廊（包括单廊和复廊）、东回廊辅助建筑以及广阔庭院组成的大规模“廊院式”建筑群，系我国迄今为止已发掘的年代最早且规模较大的宫殿建筑基址。有学者推测其为夏王发布政令的场所，为王权之象征。

据《偃师二里头：1959年—1978年考古发掘报告》（1999）一书：建筑群基址西边长98.8米，北边长90米，东边北段长47.8米，南段长48.4米（东侧总长96.2米），南边长107米，东边南段和北段之间的东西向短边长20.8米（北侧总长110.8米），总面积达9585平方米。建筑群东北隅独缺一角，原因尚不明晰。由上述实测数据可知：建筑群基址总进深平均值为97.5米，总面阔平均值为108.9米。

通过对《河南偃师二里头早商宫殿遗址发掘简报》（载于《考古》1974年第4期）中的实测图进行几何作图，以及对《偃师二里头：1959年—1978年考古发掘报告》（1999）一书中的实测数据进行分析，可得如下结论。

（1）主殿位于基址北边的南北中轴线上，南大门则位于基址南边的南北中轴线上，二者并未正对。其中，主殿中轴线至基址西边距离为基址北边长的二分之一，即45米；中轴线至基址东边北段距离同为45米，至东边南段距离则为108.9−45＝63.9米。由此可知：

建筑群主轴线（即主殿南北中轴线）东侧面阔：西侧面阔＝63.9/45＝1.42≈$\sqrt{2}$（吻合度99.6%）。

因此1号宫殿建筑群虽看似不对称，但

1. 二里头文化三期的年代，根据碳十四测定，经树轮校正，年代为公元前1450±155年，相当于夏代晚期，为二里头文化的繁荣阶段。参见中国社会科学院考古研究所 编著. 偃师二里头：1959年—1978年考古发掘报告［M］. 北京：中国大百科全书出版社，1999：151；391-392.

建筑群主轴线却是精心规划设计的（图1–1）。

（2）建筑群总进深：主轴线东侧面阔＝97.5/63.9＝1.526≈3：2（吻合度98.3%）。

建筑群总进深：总面阔＝97.5/108.9＝0.895≈9：10（吻合度99.4%）。不过基址各边并非完全平行或垂直，由实测图作图可知，包含建筑群基址的矩形接近边长7：8的矩形（或$\sqrt{3}/2$矩形）。

如果按照“方五斜七”这一1：$\sqrt{2}$的近似比值，总面阔＝5＋7＝12，总进深＝7×1.5＝10.5，则总进深：总面阔＝10.5/12＝7：8——与作图结果吻合（图1–2）。

（3）主殿台基面阔（36米）：进深（25米）＝1.44≈$\sqrt{2}$（吻合度98.2%）。

主庭院（北至主殿台基南沿，东、西、南三面至回廊檐柱）面阔：进深≈$\sqrt{2}$，且主庭院面阔、进深分别为主殿台基面阔、进深的2倍，主庭院面积为主殿台基的4倍（图1–3）。

（4）主殿台基面阔（36米）：建筑群总面阔（108.9米）＝0.331≈1：3（吻合度99.2%）；主殿台基进深（25米）：建筑群总进深（97.5米）＝0.256≈1：4（吻合度97.6%）（图1–4）。

综上可知：二里头1号宫殿建筑群中，主殿的南北中轴线将建筑群总面阔分为东、西两个部分，两部分面阔之比为$\sqrt{2}$：1；建筑群总进深为主轴线东侧面阔的1.5倍；主殿台基约为$\sqrt{2}$矩形，其南部的主庭院与之为相似形，且长宽各为其2倍；主殿台基同时又是建筑群总平面的规划模数，其面阔为建筑群总面阔的1/3，进深约为建筑群总进深的1/4，面积为建筑群总面积（如果计入所缺的东北角）的1/12（同时等于主庭院面积的1/4）；建筑群总平面接近长宽比为8：7的矩形（近似于$\sqrt{3}/2$矩形）。这座目前已发掘的最早的中国古代宫殿建筑群的总平面布局中，已经呈现出颇为娴熟的运用$\sqrt{2}$、$\sqrt{3}/2$比例以及模数化的规划设计手法。

二、偃师二里头2号宫殿基址*

二里头2号宫殿基址由主体殿堂，东、南、西三面回廊及四面围墙，南面的门屋（包括东西塾房）、东侧塾房和主庭院共同组成“廊院式”建筑群。[1]

1. 有学者根据其位居1号宫殿之东（左）以及大门两侧有塾等特征，推测其为宗庙。参见刘庆柱，李毓芳. 汉长安城宫殿、宗庙考古发现及其相关问题研究——中国古代的王国与帝国都城比较研究之一//中国社会科学院考古研究所、陕西省考古研究院、西安市文物保护考古所 编. 汉长安城考古与汉文化：汉长安城与汉文化——纪念汉长安城考古五十周年国际学术研讨会论文集［M］. 北京：科学出版社，2008：62-63。

通过对《偃师二里头：1959年—1978年考古发掘报告》（1999）一书中的实测图进行几何作图以及实测数据分析，可得如下结论。

（1）建筑群总面阔（取东墙外皮至西墙外皮）：总进深（取南回廊南沿至北墙外皮）≈6：7≈$\sqrt{3}/2$。

（2）主庭院进深（取南回廊北沿至主殿堂台基南沿，40.1米）：面阔（取东、西回廊内沿距离，45米）＝0.89≈8：9≈$\sqrt{3}/2$（吻合度97.2%）。由此可知，主庭院接近$\sqrt{3}/2$矩形，这是后世大量建筑群主庭院的重要构图手法（详见下文），偃师二里头2号宫殿是目前所知最早的实例（图1-5）。

（3）大门中轴线西侧面阔：东侧面阔≈$\sqrt{2}$；

建筑群总进深：大门中轴线西侧面阔≈2。

由此可知2号宫殿与1号宫殿布局手法接近，不同之处在于1号宫殿是主殿偏在一侧，而2号宫殿是大门偏在一侧；1号宫殿由1.5个长宽比为（$\sqrt{2}$＋1）/$\sqrt{2}$的矩形组成，而2号宫殿由2个长宽比为（$\sqrt{2}$＋1）/$\sqrt{2}$的矩形组成。

同样取“方五斜七”这一1：$\sqrt{2}$的近似值计算，总面阔＝5＋7＝12，总进深＝7＋7＝14，则总面阔：总进深＝12：14＝6：7≈$\sqrt{3}/2$，与作图结果相同（图1-6）。

（4）主殿通面阔：通进深≈2$\sqrt{2}$。

（5）主殿台基北边长32.75米，南边长32.6米，面阔平均值为32.675米；建筑群总面阔57.5—58米，平均值为57.75米。由此可知：

主殿台基面阔：建筑群总面阔＝32.675/57.75＝0.566≈5：9（吻合度98.1%）。

综上可知：二里头2号宫殿建筑群中，总平面和主庭院形状均接近$\sqrt{3}/2$矩形，且二者互相呈90°扭转关系；大门偏东，其南北中轴线将建筑群面阔分为$\sqrt{2}$：1的两部分；建筑群总面阔与主殿台基面阔之比接近9：5，应是象征“九五之尊”，这一手法在后世高等级建筑群中颇为常见。2号宫殿建筑群的总平面布局不仅综合运用了$\sqrt{2}$和$\sqrt{3}/2$比例，而且平面布局较1号宫殿更加完美。

值得特别注意的是：偃师二里头1号、2号宫殿中共同出现的以南北轴线将建筑群总面阔分成$\sqrt{2}$：1的两部分的构图手法，在西汉未央宫规划设计中得到了延续（详见本章第三节），而由此形成的长宽比为（$\sqrt{2}$＋1）/$\sqrt{2}$的矩形构图更是广泛出现在后世大量建筑群布局以及建筑单体设计之中。

三、偃师二里头宫城遗址*

1号宫殿与2号宫殿外有矩形的宫城城墙环绕（其中宫城东墙与2号宫殿东墙重合）。据《河南偃师市二里头遗址宫城及宫殿区外围道路的勘察与发掘》（载于《考古》2004年第11期）一文中的实测数据：东、西墙分别长378米、359米，南北墙分别长295米、292米，由此可知：

宫城面阔（平均值293.5米）：进深（平均值368.5米）＝0.796≈4：5（吻合度99.6%）。

第二节 偃师商城

一、偃师商城遗址*

偃师商城（汤都西亳）北依邙山，南临洛河，呈宫城、小城、大城三重城相套之格局，其中小城西墙、南墙与大城西墙、南墙重合，宫城位于小城中部偏南。就年代而言，宫城最早，小城次之，大城最晚。大城南北（取完整平直的西城墙长度）长1710米，东西（取北部最宽处）宽1215米，形如刀把，之所以形状不规则，应是在小城基础上扩建并受周围自然地理状况限制所致，总面积约190万平方米。

通过对《河南偃师商城小城发掘简报》（载于《考古》1999年第2期）一文中的实测图进行几何作图以及实测数据分析，可得如下结论。

（1）大城南北（1710米）：东西（1215米）＝1.407≈$\sqrt{2}$（吻合度99.5%）。

（2）小城南北（1100米）：东西（740米）＝1.486≈3：2（吻合度99.1%）（图1–7）。

（3）宫城东西（216米）：小城东西（740米）＝0.292≈（$\sqrt{2}$–1）：$\sqrt{2}$（吻合度99.7%）——这一特殊构图比例还将在隋唐长安、洛阳城中见到（详见本章第四、五节）。

二、偃师商城宫城遗址

偃师商城宫城形状近方形，南北长约230米，东西最宽216米，总面积约达4.5万平方米。宫城由南向北依次为宫殿区（占宫城三分之二左右，包括朝堂、寝宫和宗庙）、祭祀区和池苑区（主体为一东西130米、南北20米的人工矩形水池）。

其中宫殿区分作东、西两路，东路由南向北依次为五号（下部为六号）、四号宫殿基址，学者推测五号、四号宫殿为宗庙建筑群，六号为庖厨；西路由南向北依次为三号（七号）、一号、二号（九号）、十号、八号宫殿基址，学者推测为朝寝建筑群，呈“前朝后寝”格局：其中三号（七号）宫殿为外朝，二号（九号）

宫殿为内朝（一号是直接服务商王的庖厨），十号、八号宫殿为寝宫。东、西两路的布局实现了朝寝与宗庙的清晰分区，即“宫庙分列”，并且宗庙居左。每组宫殿自成一体，互相之间又有门道相连属。

偃师商城的宫城建筑基址至少可分为三个阶段：第一阶段包括早期宫墙，西路的一、七、九、十号宫殿和东路的四号宫殿基址；第二阶段，九号宫殿的正殿被改建为二号宫殿正殿，还建了第二期宫墙、八号宫殿和六号宫殿（即五号宫殿下层）；第三阶段，建了第三期宫墙，将七号宫殿扩建为三号宫殿，并于六号宫殿处重建与三号宫殿东西并列的五号宫殿（图1-8）。[1]

（一）3号宫殿基址*

3号宫殿基址位于宫城西南部，是宫城西路建筑群的最南边一组宫殿，也是体量最大的一处院落组群，学者推测其为“外朝”建筑群。3号宫殿与北侧的2号宫殿（推测为“内朝”）隔庭院相望，东侧是与之并列且形制类似的5号宫殿上层基址（推测为宗庙）。

建筑群以主殿、东西配殿及东、西、南三面廊庑环绕（南庑设门塾，西庑分为东西两排），形成“回”字形格局。基址东西长104米，南北宽度中部为80.5米，两端为72米，总面积近8千平方米。

通过对《河南偃师商城宫城第三号宫殿建筑基址发掘简报》（载于《考古》2015年第12期）一文中的实测图进行几何作图以及实测数据分析，可得如下结论。

（1）建筑群总面阔（104米）：回廊南北总进深（72米）＝1.44≈$\sqrt{2}$（吻合度98.2%）。

（2）建筑群总面阔104米，扣除西排西庑宽6.25米、西排东庑宽6.3米、西排西庑与西排东庑间距3米以及东庑宽6.25米，可知主庭院面阔82.2米；东庑总长72米，扣除北侧东配殿进深7.6米及南侧南庑东段宽6.55米，可知主庭院进深57.85米。由此可得：

主庭院面阔（82.2米）：进深（57.85米）＝1.42≈$\sqrt{2}$（吻合度99.6%）（图1-9）。

（3）主殿台基面阔（51.5米）：进深（13.1米）＝3.93≈4（吻合度98.3%）；主殿台基面阔（51.5米）：建筑群总面阔（104

1. 参见王学荣、谷飞. 偃师商城宫城布局与变迁研究［J］. 中国历史文物，2006（6）：4-15；谷飞、曹慧奇. 2011～2014年偃师商城宫城遗址复查工作的主要收获［J］. 三代考古，2015：192-207.

米）＝0.495≈1：2（吻合度99%）（图1–10）。

（4）建筑群主轴线（即主殿南北中轴线）西侧面阔：东侧面阔≈$\sqrt{2}$——延续了偃师二里头1号宫殿的构图手法（图1–11）。

（5）门塾（晚期）台基面阔（19.6米）：进深（13.8米）＝1.42≈$\sqrt{2}$（吻合度99.6%）（图1–12）；

门塾（早期）台基面阔（39.2米）：进深（13.8米）＝2.84≈$2\sqrt{2}$（吻合度99.6%）（图1–13）。

综上可知：偃师商城宫城3号宫殿（外朝）的总平面、主庭院平面以及门塾（晚期）平面均是$\sqrt{2}$矩形；主殿轴线分建筑群西侧与东侧面阔为$\sqrt{2}$：1的两部分；主殿台基面阔为建筑群总面阔的1/2。整组建筑群是一个精心规划设计、运用$\sqrt{2}$比例的杰作。

（二）4号宫殿基址*

4号宫殿是以北面正殿为主体，正殿两侧及东、西、南三面廊庑环绕（南庑设门道）的“回”字形建筑群，学者推测其为宗庙。由于其在考古报告中名称仍是“宫殿基址”，且总平面布局与3号宫殿接近，故于此一并讨论，而不在下章“祭祀建筑”中讨论，特此说明。

通过对《1984年春偃师尸乡沟商城宫殿遗址发掘简报》（载于《考古》1985年第4期）一文中的实测图进行几何作图以及实测数据分析，可得如下结论。

（1）建筑群总进深（32米）：总面阔（51米）＝0.627≈5：8（吻合度99.7%）；建筑群总面阔（51米）：东西庑南北总长（平均值25.05米）＝2.04≈2（吻合度98%）。

（2）庭院面阔（平均值40.4米）：进深（平均值14.25米）＝2.835≈$2\sqrt{2}$（吻合度99.8%）。

（3）主殿台基面阔（36.5米）：进深（11.8米）＝3.09≈3（吻合度97%）（图1–14）。

（4）建筑群总面阔（51米）：主殿台基面阔（36.5米）＝1.4＝7：5≈$\sqrt{2}$（吻合度99%）（图1–15），可知主殿台基面阔与建筑群总面阔呈“方五斜七”关系。

综上可知：偃师商城4号宫殿建筑群是又一个熟练运用$\sqrt{2}$比例的佳作。

第三节 汉长安及未央宫、建章宫

首先需要指出的是，下文所讨论的汉长安城并非一次规划建设成型的，而是包括以下四个最主要的阶段。[1]

（一）高祖时期：汉高祖五年（公元前202年），刘邦采纳娄敬的建议，决定定都长安，并在秦代离宫——兴乐宫的基础上修建长乐宫。而后又令丞相萧何、将作少府阳成延负责营建未央宫、武库、太仓、北宫等主要建筑。此外，汉高祖六年（公元前201年）建长安大市（可能是后来东市之前身）。其中未央宫为这一时期汉长安规划建设的最重要内容，也可以看作是汉长安规划的“原点”。

（二）惠帝时期：汉惠帝元年（公元前194年），惠帝开始着手营筑长安城墙，至惠帝五年（公元前190年）完工。惠帝六年（公元前189年）又在大市西侧建西市，形成长安东、西二市。城墙是汉长安城规划的最关键内容之一，因此惠帝时期也是汉长安城形成的最重要时期。

（三）武帝时期：汉武帝大兴土木，不仅在长安城内修建了明光宫、桂宫，扩建了北宫，还营建了位于长安城西墙外的建章宫及上林苑，并开凿了昆明池。

（四）王莽时期：西汉末年，王莽在长安城南郊主持修建了一系列礼制建筑群。

由于汉长安城建设的阶段性，加之城郭总平面形状的不规则性（除了东墙平直之外，其余三面城墙皆带有屈曲、转折，其中尤以濒临渭河的北墙为甚），以至有学者认为长安城是未经过整体规划的都城。[2]

然而从下文的分析中，我们可以看出：在汉长安的各个不同发展阶段，新的建设内容都是经过精心规划设计的，并且基于方圆作图的构图比例贯穿于每一阶段和几乎每一项重要工程之中，有些甚至彼此联系紧密。

以下按照上述历史顺序，分别讨论汉长安规划中最重要的几项内容，包括未央宫、长安城和建章宫，南郊礼制建筑群则留待第二章第三小节专论。

1. 刘庆柱、李毓芳. 汉长安城［M］. 北京：文物出版社，2003：13-14.
2. 参见刘致平. 中国建筑类型及结构［M］. 北京：中国建筑工业出版社，1957；大室干雄. 剧场都市——古代中国の世界像［M］. 东京：三省堂，1981；佐原康夫. 汉代都市机构の研究［M］. 东京：汲古书院，2002；［美］巫鸿 著. 李清泉，郑岩 等译. 中国古代艺术与建筑中的“纪念碑性”. 上海：上海人民出版社，2008：192。上述日文文献转引自黄晓芬. 汉帝都长安的布局形制考//中国社会科学院考古研究所、陕西省考古研究院、西安市文物保护考古所 编. 汉长安城考古与汉文化：汉长安城与汉文化——纪念汉长安城考古五十周年国际学术研讨会论文集［M］. 北京：科学出版社，2008：190-205.

一、未央宫*

未央宫位于汉长安城西南隅，始建于汉高祖七年（公元前200年）二月，高祖九年（公元前198年）十月建成。由于长乐宫是在秦代兴乐宫基础上改建而成，故未央宫可认为是真正意义上的汉长安城规划设计的起始点。

据考古实测：未央宫东西面阔2250米，南北进深2150米，平面接近正方形。[1]

通过对《汉长安城未央宫：1980—1989年考古发掘报告（上）》（1996）一书中的未央宫总平面实测图进行几何作图及实测数据分析，可以发现未央宫总平面规划设计中清晰的几何关系。

（1）连接南、北宫门和东、西宫门的两条十字相交的主干道为未央宫总平面规划的重点，十字路口的西南面形成一个正方形（未央宫前殿和仓池皆位于这一正方形区域中），即未央宫东西主干道至南墙的距离等于南北主干道至西墙的距离。不仅如此，南北主干道至西墙的距离与其至东墙距离之比恰为$\sqrt{2}$：1，因此十字路口东南面形成一个$\sqrt{2}$矩形。

以实测数据加以检验：根据考古发掘报告，未央宫东宫门北距未央宫东北角835米，[2]而未央宫面阔为2250米、进深为2150米，可知未央宫东西主干道分南北进深为1315米和835米；由上述几何作图可以推知南北主干道分东西面阔为1315米和935米。其中，1315：935＝1.406≈$\sqrt{2}$（吻合度99.4%），与几何作图分析结果一致——故未央宫南宫门及南北主干道分总面阔为$\sqrt{2}$：1的两段（图1–16）。

（2）假设未央宫进深向北增加100米，则总平面成为一个边长2250米的正方形，东西、南北主干道将总平面划分成一个边长为1315米的大正方形，一个边长为935米的小正方形，还有两个边长分别为1315米和935米的$\sqrt{2}$矩形——这个图形很可能是未央宫总平面规划设计的“理想原型”。若设A＝935米，则图中小正方形、大正方形和总平面形成的正方形边长分别为A、$\sqrt{2}$A和（$\sqrt{2}$＋1）A。未央宫前殿大致位于此理想正方形的几何中心。至于实际上未央宫面阔与进深相差100米是施工误差所致还是有意为之，尚待进一步探究（图1–17）。

（3）取汉代1尺＝23.5厘米，则未央宫面阔2250米，合957.4丈，约960丈（吻合度99.7%）；南北干道以西1315米，合559.6丈，约560丈（吻合度99.9%）；南北干道以东935米，合397.9丈，约400丈（吻合度99.5%）。如果以40丈为未央宫规划布局的

1. 中国社会科学院考古研究所 编著. 汉长安城未央宫：1980—1989年考古发掘报告（上）[M]. 北京：中国大百科全书出版社，1996：6.
2. 中国社会科学院考古研究所 编著. 汉长安城未央宫：1980—1989年考古发掘报告（上）[M]. 北京：中国大百科全书出版社，1996：7.

模数网格：

则“理想原型”边长24格，大正方形边长14格，小正方形边长10格——小正方形、大正方形和总平面边长呈5∶7∶12之比例关系（图1–18）。

班固《西都赋》描写汉长安未央宫有“放（仿）太紫之圆方”句——未央宫总平面规划中运用的方圆作图及$\sqrt{2}$比例正是“放（仿）太紫之圆方”的绝佳写照。而未央宫南北宫门形成的主轴线分总平面东西面阔为1∶$\sqrt{2}$的两部分，沿袭了偃师二里头1、2号宫殿（夏）和偃师商城3号宫殿（商）的构图手法，很可能是中国早期宫殿总平面规划设计的一条重要规律。

二、汉长安城*

汉长安城墙完工于惠帝五年（公元前190年），晚于未央宫8年。《史记》卷九“吕后本纪”中引注《汉旧仪》载“城方六十三里”，而《三辅黄图》则称汉长安城墙“周回六十五里”。据考古实测[1]：汉长安城东城墙6000米，南城墙7600米，西城墙4900米，北城墙7200米，周长25700米，取西汉1丈＝2.35米，合周长10936.2丈（或18227步，1步＝6尺），相当于60.8里（汉代1里＝300步），与文献记载的63里或65里大致相当。

然而由于汉长安城除了东城墙平直之外，其余三面城墙均不甚规则，因而上述城墙长度的数据并不能揭示都城规划的基本几何关系，故以往有许多学者认为汉长安城未经过严谨的整体规划。当然也有学者指出汉长安规划设计中的“崇方”思想：“长安城东西城墙平直，南北城墙曲折，北城墙与渭河河道走向平行，南城墙因迁就长乐宫和未央宫而形成南城墙中部外凸。但从大的方面看来，仍可视为近方形。至于长安城的皇宫——未央宫，其规划的方形宫城是十分清楚的。”[2]

实际上，要理解惠帝时期进行的长安城墙修筑以及长安城整体规划设计的关键所在，同样需要对汉长安城的总平面实测图进行几何作图分析。

通过对《汉长安城未央宫：1980—1989年考古发掘报告（上）》（1996）一书中的实测图进行几何作图，以及对《汉长安城》（2003）一书中的实测数据进行分析，可以得到如下几方面结论。

（1）如果我们以汉长安城的西南角为顶点，以东城墙和西城墙南段的东西距离（即汉长安东西方向最大面阔）为边长作一正方

1. 刘庆柱，李毓芳. 汉长安城［M］. 北京：文物出版社，2003：14.
2. 汉长安的礼制建筑乃至陵墓建筑以及汉代地方城市也深受“崇方”思想的影响。刘庆柱，李毓芳. 汉长安城［M］. 北京：文物出版社，2003：214-217.

形，会发现这个正方形基本覆盖了汉长安城的主要部分：正方形的西边与西城墙南段重合，南边与南城墙西段重合，东边与东城墙重合，北边基本与北墙东段重合，只是由于北墙东段略微呈西南—东北走向，导致城墙东北角稍稍超出正方形少许；此外，汉长安城的南门——安门两侧的城墙也向南略微凸出于该正方形之外。我们不妨称这个正方形为汉长安城平面规划的“基本正方形”。将汉长安城实测图导入CAD软件中测量可知，此基本正方形边长为6534.2米。[1]

（2）进一步绘制“基本正方形”的南北中轴线，发现其几乎与安门大街中线完全重合。

再以实测数据加以校核，据考古实测[2]：安门至西安门1830米，西安门至长安城西南角1500米，故安门至长安城西南角3330米。由此可知：长安城西半部面阔（3330米）：总面阔（6534.2米）＝0.51≈1：2（吻合度98%）。

（3）霸城门至宣平门距离等于霸城门至汉长安南北中轴线距离。换言之，霸城门—直城门大街东段、安门大街北段、宣平门大街和东城墙（霸城门—宣平门段）共同围合成一个小正方形，其边长为汉长安“基本正方形”的1/2（其中宣平门大街略呈西南—东北走向，造成少许偏差，与北墙东段的情况类似）。该小正方形内包括长乐宫北部和汉武帝时期建造的明光宫。

以实测数据加以校核，据考古实测：宣平门至清明门1750米，清明门至霸城门1530米，故宣平门至霸城门3280米，由此可知：

宣平门至霸城门距离（3280米）：基本正方形边长（6534.2米）＝0.502≈1：2（吻合度99.6%）。

霸城门—直城门大街与宣平门大街均为汉长安城重要的东西向街道（长度排名前两位），二者的距离恰为长安城“基本正方形”边长的一半，应当是精心规划的结果而非出于偶然。

（4）与之对称，霸城门—直城门大街西段、长安城西墙南段延长线、宣平门大街延长线和安门大街北段构成一个同样大小的正方形；而如果以直城门至长安城南北中轴线的距离为边长做一个更小一些的正方形，则该正方形的西边与长安城西墙北段重合，北边正好与长安城北墙上横门大街两侧的一段重合（这一小正方形内包括了北宫、东西二市和汉武帝时期建造的桂宫）（图1–19）。

1. 可惜现有实测数据中没有汉长安城东墙与西墙南段的距离，其所记南墙和北墙长度均是曲折城墙的总长度，无法据此获得东西墙距离的准确数据。笔者采取将实测图导入CAD软件中，通过放缩功能使得东城墙长度与实测数据（6000米）相符，同时以实测图中的比例尺进行校核，从而在CAD软件中获得近似的1：1汉长安城总平面图，再从图中量取所需数据。

2. 刘庆柱，李毓芳. 汉长安城［M］. 北京：文物出版社，2003：26–27.

（5）再看汉长安城规划的另一个关键所在：由几何作图分析可知，未央宫和武库所在的矩形区域（由南城墙西段、西城墙南段、直城门–霸城门大街西段和安门大街南段围合而成）为$\sqrt{2}$矩形——这一$\sqrt{2}$矩形的长边等于其北侧小正方形的边长（为“基本正方形”边长的一半），这一构图手法与未央宫本身的总平面规划手法如出一辙。我们可以认为惠帝时期规划的长安城总平面延续了高祖时期的未央宫规划布局手法（图1–20）。

以实测数据进行校核：据考古实测，[1]安门至长安城西南角3330米；长安城西南角至章城门650米，章城门至直城门1730米，故南城墙西段与直城门大街距离为2380米。由此可知：未央宫所在矩形边长之比为3330：2380＝1.4＝7：5≈$\sqrt{2}$（吻合度99%，即“方五斜七”）。

（6）再来看东城墙上的清明门。通过几何作图分析可知，清明门大街的中心线将“基本正方形”的东半部分成一南一北两个矩形，而这两个矩形都非常接近$\sqrt{3}/2$矩形。

不仅如此，基本正方形在宣平门大街以南的部分也是十分接近$\sqrt{3}/2$矩形。换言之，如果分别以基本正方形的西南顶点和东南顶点为圆心，以正方形边长为半径作圆弧，二者将相交于安门大街与宣平门大街的交点处，这里也是汉长安南北中轴线的终点。

从上一条的分析中也可以证实此点：如果设长安南墙西段至直城门—霸城门大街的距离为5A，则基本正方形边长的一半为7A，基本正方形在宣平门大街以南的矩形进深12A，面阔14A，二者之比为6：7≈$\sqrt{3}/2$（吻合度99%）（图1–21）。

（7）基本正方形边长（6534.2米）：未央宫边长（平均值2200米）＝2.97≈3（吻合度99%），即未央宫边长约为汉长安城“基本正方形”边长的三分之一，那么基本正方形所包含的面积则9倍于未央宫——此前已有学者发现，汉长安城周长25700米，未央宫周长8800米，二者之比约为3：1，符合古人所谓“九里之城，三里之宫”（《尚书大传》卷二）的比例关系。[2]

综上可知：汉长安城东西城墙之间距离即汉长安城规划“基本正方形”的边长。基本正方形的确定包括两方面因素：第一是使都城面阔可以容纳未央宫西墙至长乐宫东墙的距离（未央宫和长乐宫皆是惠帝时期修筑长安城墙之前已建成的重要内容）；第二是使都城边长为未央宫边长的3倍。除了“基本正方形”之

1. 刘庆柱，李毓芳. 汉长安城［M］. 北京：文物出版社，2003：26–27.
2. 中国社会科学院考古研究所 编著. 汉长安城未央宫：1980—1989年考古发掘报告［M］. 北京：中国大百科全书出版社，1996：262–263.

外，一个正方形和一个以该正方形边长为长边的$\sqrt{2}$矩形构成一个长宽比为（$\sqrt{2}$+1）：$\sqrt{2}$（约等于12：7）的矩形，这是汉长安规划设计中频繁出现的另一个重要图形——未央宫、汉长安和下文要分析的建章宫的总平面中都出现了这一图形（图1-22）。

此外，在本书下篇中我们还将在东汉时期的山东肥城县孝堂山墓祠和四川雅安高颐阙的平、立面设计中再次见到这一构图（详见本书第十二章）。长宽比为（$\sqrt{2}$+1）：$\sqrt{2}$的矩形构图在汉代的城市规划、建筑群布局和建筑单体设计中都有所运用，而这一构图在此前的偃师二里头1、2号宫殿和偃师商城3号宫殿基址中均已出现端倪。

除了上述正方形和$\sqrt{2}$矩形的严谨构图之外，有必要略微探讨一下汉长安南北城墙的曲折问题。

《三辅黄图》称："城南为南斗形，北为北斗形。至今人呼汉京城为斗城是也"。有的西方学者和日本学者甚至据此绘制了城墙与北斗、南斗相对应的示意图。有学者指出这种"象天法地"的规划手法是直接继承了秦咸阳的规划设计，以渭水象征天汉（即银河），以长安城南北墙象征南斗、北斗。[1] 但也有学者认为所谓"斗城"是古人的附会，长安北墙曲折是因为迁就渭河走向（同时加强防御），南墙曲折是因为未央宫和长乐宫（以及高庙）的位置使然。[2]

实际上，不论长安南北城墙是刻意象征南斗、北斗，还是因地制宜的安排，都可以看作是针对上述"基本正方形"的灵活变化。换言之，"基本正方形"和一系列基于方圆作图的$\sqrt{2}$比例关系已经基本控制了城墙的整体规模（总面阔和总进深）以及主要城门、街道的位置，在此框架之下，既可以让南北墙象征南斗、北斗，也可以因地制宜令其与渭河及未央、长乐二宫发生关联，[3]皆不影响总体规划之"大局"及其蕴含的天圆地方、天地和谐之基本理念。

至于"象天法地"的规划设计手法，可以在古人的文献中找到许多根据：如班固在《西都赋》中所言"仰悟东井之精，俯协河图之灵"；"其宫室也，体象乎天地，经纬乎阴阳。据坤灵之正位，放（仿）太紫之圆方。"汉长安城与未央宫规划中一以贯之的方圆作图及$\sqrt{2}$比例构图正是"体象乎天地，经纬乎阴阳"、"放（仿）太紫之圆方"的直接体现。

1. 黄晓芬. 汉帝都长安的布局形制考//中国社会科学院考古研究所、陕西省考古研究院、西安市文物保护考古所 编. 汉长安城考古与汉文化：汉长安城与汉文化——纪念汉长安城考古五十周年国际学术研讨会论文集［M］. 北京：科学出版社，2008：190-205.
2. 刘庆柱，李毓芳. 汉长安城［M］. 北京：文物出版社，2003：17-19.
3. 不少学者都谈到了长安城墙与渭河以及长乐、未央二宫的关系。见刘庆柱，李毓芳. 汉长安城［M］. 北京：文物出版社，2003；［美］巫鸿 著. 李清泉，郑岩 等译. 中国古代艺术与建筑中的"纪念碑性"［M］. 上海：上海人民出版社，2008：209.

三、建章宫*

建章宫与未央宫隔着汉长安西城墙相望，二者之间还有阁道相连属。建章宫平面呈东西宽、南北窄的矩形，东西约2130米，南北约1240米。[1] 建章宫虽未发表实测图，但据上述数据可知：

（1）建章宫东西面阔（2130米）：南北进深（1240米）＝1.718≈12∶7（吻合度99.8%）；1.718≈（$\sqrt{2}$＋1）/$\sqrt{2}$（吻合度99.4%）。

（2）建章宫东西面阔2130米，取汉代1尺＝23.5厘米，合906.4丈，约900丈（吻合度99.3%）；南北进深1240米，合527.7丈，约525丈（吻合度99.5%）。如果以75丈作为平面规划模数网格，则面阔12格，进深7格。

综上可知：建章宫平面由一个正方形和一个以正方形边长为长边的$\sqrt{2}$矩形组成，基本构图手法与未央宫南半部类似。

1. 刘庆柱，李毓芳. 汉长安城［M］. 北京：文物出版社，2003：186.

第四节 隋大兴—唐长安及宫室

隋大兴—唐长安为中国历史名都，创建于隋开皇二年（582年），位于汉长安故城东南方，包括宫城、皇城和外郭，由宇文凯规划。开皇三年（583年）建成宫城、皇城后即成为隋之都城。618年唐立国后改称长安，至唐高宗永徽五年（654年）修外郭城墙、城楼毕，方告基本完善。

据考古实测[1]：宫城（含东宫及掖庭）东西面阔2820.3米，南北进深1492.1米；皇城东西面阔2820.3米，南北进深（含宫城）3335.7米；外郭东西面阔9721米，南北进深8651.7米。外郭总面积约84平方公里，是中国历史上规模最大的都城，也是世界古代历史上最大的城市。

外郭东、南、西三面各开三门，北面二门，在城内形成三纵三横六条干道（即所谓“六街”），干道间辅以纵横交错的次要道路，共同构成全城九纵十二横的道路网，在道路网格内布置里坊和东西二市。

外郭以一条东西横街（即金光门—春明门横街）分全城为南北二区。北区中央为皇城、宫城，两侧为两个正方形的区域，各布置12个里坊。南区被八横九纵的道路分为九十格，除东、西市各占据2格之外，其余每格为一里坊。

以下分别讨论宫城（太极宫）、皇城、外郭、大明宫和兴庆宫规划设计所采取的构图比例。

一、宫城（太极宫）*

据考古实测[2]：太极宫（含东宫及掖庭）东西面阔2820.3米，南北进深1492.1米；其中，掖庭面阔702.5米，故太极宫（含东宫）东西面阔2117.8米。而除去东宫以后太极宫东西面阔据学者推测为1285米。[3]由此可知：

（1）太极宫（含东宫）面阔（2117.8米）：进深（1492.1米）＝1.419≈$\sqrt{2}$（吻合度99.6%）。

（2）太极宫面阔（推测1285米）：进深（1492.1米）＝0.861≈$\sqrt{3}/2$（吻合度99.4%）（图1–23）。

1. 中国社会科学院考古研究所西安唐城发掘队. 唐代长安城考古纪略［J］. 考古，1963（11）.
2. 中国社会科学院考古研究所西安唐城发掘队. 唐代长安城考古纪略［J］. 考古，1963（11）.
3. 马得志、杨鸿勋. 关于唐长安东宫范围问题的研讨［J］. 考古，1978（1）.

（3）太极宫（含东宫）面阔2117.8米，取1尺＝29.4厘米，合720.3丈，约720丈（吻合度接近100%）；进深1492.1米，合507.5丈，约512丈（吻合度99.1%）。如果以16丈作为太极宫总平面规划的模数网格，则东西45格，南北32格。

综上可知：太极宫及东宫共同构成一个$\sqrt{2}$矩形；而如果学者推测的太极宫面阔1285米成立，则太极宫本身为一个$\sqrt{3}/2$矩形——因此太极宫的规划设计很可能综合运用了$\sqrt{2}$和$\sqrt{3}/2$比例，并可能以16丈网格布局。

二、外郭与皇城、宫城之比例关系*

傅熹年在《中国古代城市规划、建筑群布局及建筑设计方法研究》（2001）一书中研究指出：隋大兴—唐长安是以皇城（宫城）的面阔A以及皇城、宫城总进深B为基本模数进行规划的：皇城东西侧的两个区域为边长B的正方形；而外郭南区每三列里坊的总进深均接近B/2。（图1–24）[1]

循此思路，我们还可以进一步发现蕴含在隋大兴—唐长安总平面中的一系列方圆作图手法及$\sqrt{2}$比例关系。通过对傅熹年《中国古代城市规划、建筑群布局及建筑设计方法研究》（2001）一书中的平面图[2、3]进行几何作图以及实测数据分析，可得如下结论。

（1）皇城面阔（2820.3米）：外郭面阔（9721米）＝0.29≈（$\sqrt{2}$–1）：$\sqrt{2}$（吻合度99%）——这与下一节将要分析的隋东都—唐洛阳皇城与外郭的构图比例异曲同工。

（2）皇城东、西两区面阔＝（外郭面阔—皇城面阔）/2＝（9721–2820.3）/2＝3450.35米；

外郭北区进深（取皇城、宫城总进深加上皇城南侧横街总宽）＝3335.7＋120＝3455.7米；

皇城东、西两区面阔：外郭北区进深＝3450.35/3455.7＝0.998≈1（吻合度99.8%）。

外郭面阔（9721米）：外郭北区进深（3455.7米）＝2.813≈2$\sqrt{2}$（吻合度99.8%）。

由上述分析可知：外郭北区为一长宽比为2$\sqrt{2}$：1的矩形（该图形在中国古代都城规划、建筑群布局及建筑单体设计中均有大量运用，详见后文）。其中，皇城东、西两侧为两个正方形，每个正方形加上皇城的1/2成为一个$\sqrt{2}$矩形。

（3）外郭总进深（8651.7米）：外郭北

1. 参见傅熹年. 中国古代城市规划、建筑群布局及建筑设计方法研究（上册）[M]. 北京：中国建筑工业出版社，2001：6-7.
2. 傅熹年. 中国古代城市规划、建筑群布局及建筑设计方法研究（下册）[M]. 北京：中国建筑工业出版社，2001.
3. 该图系根据中国社会科学院考古研究所西安唐城发掘队的《唐代长安城考古纪略》（载于《考古》1963年第11期）中的实测图和实测数据改绘。

区进深（3455.7米）=2.504≈5∶2（吻合度99.8%）——即外郭南区进深∶外郭北区进深=3∶2。其中，六列里坊形成的矩形进深与外郭北区相等，三列里坊形成的矩形进深为外郭北区的一半，整个外郭相当于外郭北区的2.5倍（图1–25）。

（4）取1尺=29.4厘米，外郭总面阔9721米，合3306.5丈，约3300丈（吻合度99.8%）；外郭北区进深3455.7米，合1175.4丈，约1175丈（吻合度接近100%）。过去已有学者结合文献与实测数据研究，指出唐长安居住里坊以50步规划。[1]如果以50步（即25丈）为外郭规划的模数网格，则外郭总面阔132格，外郭北区总进深47格，外郭总进深=47×2.5=117.5格——由此可知，隋大兴—唐长安的整个外郭极可能是以50步模数网格进行规划设计的，东西132格，南北117.5格。

（5）都城总面阔（9721米）∶朱雀门至明德门距离（5316米）=1.829≈$2\sqrt{2}-1$（吻合度99.9%）。

朱雀门至明德门距离（5316米）∶启夏门与安化门距离（中到中2909米）=1.827≈$2\sqrt{2}-1$（吻合度99.97%）。

由此可知，外郭南部（含中央横街）形状与启夏门大街、安化门大街、春明门—金光门横街之间区域形状为相似形，且互呈90°扭转（图1–26）。

（6）宫城（含东宫及掖庭）面积=2820.3×1492.1=4208169.63平方米；皇城面积=2820.3×3335.7=9407674.71平方米；外郭面积=9721×8651.7=84103175.7平方米。

外郭面积（84103175.7）∶宫城（含东宫及掖庭）面积（4208169.63）=19.99≈20（吻合度99.9%）。

外郭面积（84103175.7）∶皇城面积（9407674.71）=8.94≈9（吻合度99.3%）。

如果计入外郭东南角凸出部分（芙蓉园），则外郭面阔≈外郭进深（图1-27）。

综上可知，宇文凯的隋大兴城规划所使用的构图手法清晰、简洁而完美：首先以皇城春明门—金光门横街分外郭为南北两区，其中北区（包括横街在内）为一个$2\sqrt{2}$矩形，皇城东、西侧两区面阔等于外郭北区进深，各为一个正方形；外郭南区进深为北区的1.5倍，南区在进深方向上基本等分作9份以容纳9列里坊，其中6列里坊的进深等于北区进深，另外3列里坊进深等于北区进深之半——整个大城可以看作是2.5个$2\sqrt{2}$矩形的叠加。此外，太极宫（含东宫）为一$\sqrt{2}$矩形。故整个隋大兴—唐长安城亦是综合运用$\sqrt{2}$比例的杰作（图1–28）。此外，皇城（含宫城）与外郭面积之比约为1∶9，宫城（包括东宫和

1. 傅熹年.中国古代城市规划、建筑群布局及建筑设计方法研究［M］.北京：中国建筑工业出版社，2001：6；欧阳恬之.隋唐尺步长度变迁及两京里坊“割宅”方式探//王贵祥 等.中国古代建筑基址规模研究［M］.北京：中国建筑工业出版社，2008.

掖庭）与外郭面积之比约为1：20。

王树声曾经指出隋大兴—唐长安的宫城、皇城、外郭为三个$\sqrt{3}/2$矩形。[1]以实测数据校核可得：外郭进深：面阔＝8651.7/9721＝0.89≈$\sqrt{3}/2$（吻合度97.2%）；皇城（含宫城）面阔：进深＝2820.3/3335.7＝0.845≈$\sqrt{3}/2$（吻合度97.6%）；宫城面阔（推测1285米）：进深（1492.1米）＝0.861≈$\sqrt{3}/2$（吻合度99.4%）。三个矩形之中，与$\sqrt{3}/2$矩形吻合度在98%以上的仅有宫城（而且宫城面阔是由学者推测的，未得到考古证实），皇城和外郭误差都超过了2%——尤其是皇城的宽长比0.845与外郭的宽长比0.89之间，误差更是超出了5%，很难再认为二者是相似形。

通过上述分析，笔者倾向于认为隋大兴—唐长安的主要规划设计手法是运用一系列方圆作图和$\sqrt{2}$构图比例（上述关于$\sqrt{2}$比例的分析中，数据吻合度均超过99%）——至于宫城、皇城、外郭形状较为接近只是规划设计的结果，未必是规划设计的根本意图。[2]

三、大明宫*

大明宫亦称“东内”，创建于唐贞观八年（634年），龙朔二年（662年）扩建。

据《唐大明宫发掘简报》（1959）的实测数据，西墙长2256米，北墙长1135米，南墙长1674米，东墙南段（南北走向）长1050米，中段（东西走向）长304米，北段向西北方向倾斜、长1260米。以中朝宣政殿左右的东西横墙为界，南半部为矩形，北半部为梯形。又据《唐长安城地基初步探测》（载于《考古学报》1958年第3期）实测数据，大明宫含元殿中轴线距西墙660米。

（一）宫城*

通过对《陕西唐大明宫含耀门遗址发掘记》（载于《考古》1988年第11期）中的实测图[3]进行几何作图，以及对《唐大明宫发掘简报》（1959）的实测数据分析，可得如下结论。

（1）以中朝宣政殿左右的东西横墙为界：前半部总进深＝490＋145＋305＝940米，取唐代1丈＝2.94米，合319.7丈，约320丈（吻合度99.9%）；后半部总进深＝

1. 王树声. 隋唐长安城规划手法探析［J］. 城市规划，2009（6）：55-58.
2. 正如本书所讨论的偃师二里头1、2号宫殿及汉长安城总平面规划布局中，同时存在$\sqrt{2}$和$\sqrt{3}/2$构图比例，似乎也有可能是以$\sqrt{2}$构图比例为主，接近$\sqrt{3}/2$比例的构图是其结果——这一问题尚待更深入地探究。
3. 该实测图中宣政殿及其东西横墙位置与已发表的实测数据明显不吻合，本书绘制分析图时依据实测数据对底图略微进行了调整，特此说明。

2256−940＝1316米，合447.6丈，约448丈（吻合度99.9%）。由此可得：

后半部总进深（1316米）：前半部总进深（940米）＝1.4＝7：5≈$\sqrt{2}$（吻合度99%）——以中朝宣政殿左右的东西横墙为界，大明宫前半部与后半部进深呈“方五斜七”比例关系。

（2）大明宫总进深（取西城墙长2256米）：总面阔（取北城墙长1135米）＝1.988≈2（吻合度99.4%）。

（3）若取64丈作为大明宫总平面规划的模数网格，则：

总进深2256米，合767.3丈，767.3/64＝11.99≈12（吻合度99.9%）；

前半部进深940米，合319.7丈，319.7/64＝4.995≈5（吻合度99.9%）；

后半部进深1316米，合447.6丈，447.6/64＝6.99≈7（吻合度99.9%）；

北墙1135米，合386丈，386/64＝6.03≈6（吻合度99.5%）；

南墙1674米，合569.4丈，569.4/64＝8.9≈9（吻合度98.9%）；

含元殿中轴线距大明宫西墙660米，合224.5丈，224.5/64＝3.508≈3.5（吻合度99.8%）。

综上可知：大明宫总平面规划设计极有可能是以64丈作为模数网格，总进深12格，其中前半部进深5格，后半部进深7格，二者呈“方五斜七”（近似1：$\sqrt{2}$）的比例关系；北墙6格，南墙9格；含元殿中轴线距西墙3.5格——故理想的大明宫规划应是面阔7格（中轴线两侧各3.5格），进深12格，其中前半部为面阔7格、进深5格的$\sqrt{2}$矩形，后半部为边长7格的正方形（图1-29）。[1]至于是何原因最终形成颇不规则的总平面尚有待深入探究。

（二）含元殿遗址[*]

含元殿始建于唐龙朔二年（662年），竣工于龙朔三年（663年）四月，为大明宫正殿。建筑群踞龙首原高地之上，由主殿、两阁（即翔鸾阁、栖凤阁，亦称双阙）、飞廊、角楼（即钟楼、鼓楼）、龙尾道、大台组成，气势无与伦比。

通过对《唐大明宫含元殿遗址1995—1996年发掘报告》（载于《考古学报》1997年第3期）一文中的实测图进行几何作图以及实测数据分析，可得如下结论。

（1）含元殿主殿台基（含石砌包壁）面

1. 傅熹年先生曾尝试以50丈作为大明宫的总平面规划模数，但所得结果均不够理想：西墙为15格余17丈，北墙为7格余36丈，南墙（含东苑）为11格余19丈，南墙（不含东苑）为9格余16丈。参见傅熹年. 中国古代城市规划、建筑群布局及建筑设计方法研究（下册）[M]. 北京：中国建筑工业出版社，2001：21-22. 本书提出64丈网格的假设，各重要尺寸与实测数据吻合度几乎均高于99.5%（仅南墙为98.9%），或许可以为大明宫的总平面规划布局研究提供一个新的视角。

阔（76.8米）：进深（43米）＝1.786≈9：5（吻合度99.2%），象征“九五之尊”。[1]

（2）含元殿柱网尺寸：中央九间面阔均为5.35米（合1.82丈），两尽间面阔5米（合1.7丈），副阶面阔5.25米（合1.79丈）；前后金柱间距9.7米（合3.3丈），前后金柱至前后檐柱间距9.2米（合3.13丈）。

故其内槽各间进深（9.7米）：面阔（5.35米）＝1.813≈9：5（吻合度99.3%），同样象征“九五之尊”。

综上可知，含元殿内槽各间与台基形状为相似形，且互相扭转90°。此外，43/5.35＝8.037≈8（吻合度99.5%），76.8/9.7＝7.918≈8（吻合度99%），可知内槽各间面积约为台基面积的1/64（图1–30）。

（三）丹凤门遗址*

丹凤门为大明宫正门，其遗址由东、西墩台，5个门道、4道隔墙以及东西两侧的城墙和马道组成。通过对《西安市唐长安城大明宫丹凤门遗址的发掘》（载于《考古》2006年第7期）中的实测图进行几何作图以及实测数据分析，可得如下结论：

丹凤门基座南北进深（33米）：东西面阔（74.5米）＝0.44≈$\sqrt{3}/4$（吻合度98.4%）（图1–31）。

（四）清思殿遗址*

通过对《唐长安城发掘新收获》（载于《考古》1987年第4期）中的实测图进行几何作图以及实测数据分析，可得如下结论：

清思殿基址南北进深（28.8米）：东西面阔（33米）＝0.873≈$\sqrt{3}/2$（吻合度99.2%）（图1–32）。

四、兴庆宫*

通过对《唐长安城地基初步探测》（载于《考古学报》1958年第8期）中的实测数据分析，可得：

兴庆宫东西（1075米）：南北（1250米）＝0.86≈$\sqrt{3}/2$（吻合度99.3%）。

1. 另据《1959—1960年唐大明宫发掘简报》（载于《考古》1960年第7期），含元殿主殿台基面阔（75.9米）：进深（42.3米）＝1.794≈9：5（吻合度99.7%）。

第五节　隋唐洛阳及宫室

隋唐洛阳城始筑于隋炀帝大业元年（605年），大业二年（606年）建成，历时十个月，同样由宇文凯规划。隋唐至北宋相继沿用。其都城规划布局在中国古代都城史上具有重要地位，对中国后世和东亚城市建设均产生深远影响。

隋唐洛阳城的总平面布局主要由郭城、宫城、皇城、东城和含嘉仓城等部分组成。

郭城略呈方形，南宽北窄，其中南墙、东墙平直，西墙曲折且为洛河阻断，北墙略呈西南—东北走向。郭城共八座城门，分别位于东、南、北三面。南墙自西向东依次为厚载门、定鼎门、长夏门，东墙自南向北依次为永通门、建春门、上东门，北墙自东向西分别为安喜门、徽安门。其中定鼎门内大街为洛阳城的南北轴线。洛河由西向东穿城而过，将郭城分为洛南和洛北二区。城内街道纵横交错形成里坊。

宫城位于郭城西北隅。宫城中央为大内，东西分列东西隔城、东西夹城，北侧由南向北依次有玄武城、曜仪城和圆壁城三重隔城。宫城以南为皇城，东西宽度与宫城相等，主要是衙署区。宫城以东有东城，也是衙署区。东城之北为含嘉仓城。

一、大内、宫城与皇城*

通过对《隋唐洛阳城：1959～2001年考古发掘报告》（2014）一书中的实测图进行几何作图以及实测数据分析，可得如下结论。

（1）宫城东西面阔（2100米）：南北进深（取东墙长2160米）=0.972≈1（吻合度97.2%）。

因此宫城略呈边长2100米的正方形，不过北墙略呈西南—东北走向。

如果排除宫城北部不规则的圆壁城，加上宫城南部的皇城，则形成一个更加精准的正方形：皇城南北长725米，东隔城（或东夹城）南北长970米，玄武城南北长280米，曜仪城南北长134米，故皇城南墙至曜仪城北墙（即圆壁城南墙）总进深2109米，由此可得：

宫城面阔（2100米）：皇城南墙至圆璧城南墙进深（2109米）=0.996≈1（吻合度99.6%）。

综上可知：皇城加上宫城（不含北侧不规则的圆璧城）为一边长平均值约2104.5米（合715.8丈，约715丈，吻合度99.9%）的正方形。

（2）大内为边长1040米（合353.7丈，约350丈，吻合度99%）的正方形，且大内边长（1040米）：宫城面阔（2100米）=0.495≈1：2（吻合度99%），即宫城面积约为大内面积之4倍（图1–33）。

二、郭城*

（1）郭城南墙长（7290米）：东墙长（7312米）=0.997≈1（吻合度99.7%）。

故洛阳城总平面为一边长平均值约7301米（取1尺=29.4厘米，合2483丈，约2480丈，吻合度99.9%）的正方形。

（2）宫城面阔（2100米）：郭城面阔（7290米）=0.288≈2：7（吻合度99.2%）；0.288≈（$\sqrt{2}$–1）/$\sqrt{2}$（吻合度98.4%）——此构图比例与同样由宇文凯规划的隋大兴—唐长安如出一辙。

（3）由几何作图可知：洛阳城主轴线（定鼎门大街）以西面阔十分接近宫城面阔，则中轴线以东面阔约为7290–2100=5190米，由此可得：郭城面阔（7290米）：主轴线（定鼎门大街）以东面阔（5190米）=1.405≈7：5（吻合度99.6%）；1.405≈$\sqrt{2}$（吻合度99.3%）（图1–34、图1–35）。

（4）郭城北部面阔：郭城进深≈6：7≈$\sqrt{3}$/2——如果将洛阳城总平面逆时针旋转90°，则其轮廓形状与隋大兴—唐长安高度相似：主体部分接近$\sqrt{3}$/2矩形，隋大兴—唐长安东南隅凸出曲江池芙蓉园，而洛阳西南隅凸出四坊——加上各自凸出的部分，整个都城总平面均接近正方形（图1–36）。

（5）东城（衙署区）东西宽（630米）：南北长（1450米）=0.434≈$\sqrt{3}$/4（吻合度99.8%）。

综上可知：若设隋唐洛阳城的大内边长为A，则宫城边长为2A，郭城边长为7A，郭城主轴线（即定鼎门大街）以西面阔2A，主轴线以东面阔5A——整个隋唐洛阳城的总平面规划表面上看主轴线偏西，颇不规则，但实际上仍是运用$\sqrt{2}$比例精心规划的结果。

此外，据傅熹年研究指出，洛阳里坊每四坊为一组，总面积与大内相当，故隋代洛阳规划是以大内之宽、深为基本模数，以其面积之四倍为宫城、皇城之和，以其面积的四分之一为里坊的面积，亦即以里坊之面积为分模数，体现了“化家为国”、“民为邦本”等思想内涵。[1]

故而整个隋唐洛阳城的规划，郭城、宫城、大内、里坊均获得了清晰的比例与模数关系。尤其是主轴线之确定，是令郭城东部面阔与整体面阔呈方五斜七（即1：$\sqrt{2}$）的经典比例，同时令宫城面阔与都城面阔之比为2：7即（$\sqrt{2}-1$）：$\sqrt{2}$，这些可谓是隋唐洛阳城规划最重要的构图原则，并且与宇文恺23年前规划的隋大兴（唐长安）一脉相承（图1-37）。

1. 傅熹年. 中国古代城市规划、建筑群布局及建筑设计方法研究（上册）[M]. 北京：中国建筑工业出版社，2001：7-8.

第六节 元大都

元大都建于元至元四年至三十一年（1267～1294年），历时二十余载。在中国都城史上，元大都是最后一座不在以往旧城基础上改建，而是平地规划建造的都城。[1] 其规划建设不仅在规模上，同时在科学性、艺术性上均达到了当时全世界最先进的水平。

一、总平面规划*

元大都总平面规划布局采取大城、皇城、宫城三重城垣环环相套的形制，皇城位于大城南半部，宫城位于皇城中央偏东。

元大都城墙东、南、西三面均为三门，北面二门。东面三门为光熙门（今和平里东）、崇仁门（今东直门）、齐化门（今朝阳门）；南面三门为文明门（今东单南侧，又称哈达门，因“哈达大王府在门内，因名之”）、丽正门（今天安门南侧）、顺承门（今西单南侧）；西面三门为平则门（今阜成门）、和义门（今西直门）、肃清门（今学院南路西端，尚存遗址）；北面二门为健德门、安贞门。

据考古勘测，元大都北城墙长6730米，南城墙长6680米，西城墙长7600米，东城墙长7590米，周长28600米。[2]故元大都的平面可近似看作南北7595米、东西6705米的矩形。

通过对元大都平面复原图进行几何作图，结合考古勘测数据，可以得到以下几方面结论。

（1）元大都东西面阔（6705米）：南北进深（7595米）＝0.883≈7：8（吻合度99.1%）；0.883≈$\sqrt{3}/2$（吻合度98%）。

元大都皇城总进深：皇城总面阔≈$\sqrt{3}/2$——皇城与大城为相似形，且互相呈90°扭转（图1-38）。

（2）通过作图分析可知：元大都南北进深被东、西墙上的各三座城门四等分，东西面阔则被北墙上的二门三等分。从这样的城门布置方法，足以看出元大都的规划者刘秉

1. 此后的明北京在元大都基础上改建，明南京在六朝故城基础上改建，明中都虽是平地规划兴建，然而未能建成并定都，清北京则继续沿用明北京，因此元大都是中国古代平地建设的最后一座都城。
2. 北京市文物研究所 编. 北京考古四十年［M］. 北京：北京燕山出版社，1990：175.

忠深谙$\sqrt{3}/2$矩形的几何特性：若将一个$\sqrt{3}/2$矩形的长边四等分、短边三等分，将会得到12个新的$\sqrt{3}/2$矩形，其中每个小矩形和原来的大矩形相比旋转了90°（图1–39）。[1]更有趣的是，本书引言中提到的山西朔州崇福寺弥陀殿外檐槅扇纹样中就包含了元大都的总平面构图手法（图1–7）。

当然正如实测数据和几何作图显示，元大都的实际情况存在一定的误差，造成大城面阔与进深之比接近7：8（0.883≈0.875，吻合度99.1%），因此每个小矩形的进深与面阔之比接近6：7——但一个$\sqrt{3}/2$矩形长边四等分、短边三等分（并且进一步九等分）似乎可以看作是元大都总平面规划的“理想构图”。如果以元大都各城门为顶点作等边三角形，则会发现这一系列等边三角形控制了元大都平面上各城门、城隅以及各条大街的端点，几何形式十分完美（图1–40）。

二、大城与宫城的比例关系*

傅熹年曾经对元大都复原图进行作图分析并指出：若以宫城东西宽度为A，则都城东西宽度为9A；以宫城加上御苑的南北总进深为B，则都城南北总进深为5B（其中包含了“九五之尊”的象征意义）。另外，若以皇城南北进深为C，则都城南北进深为4C；并且C除了是皇城进深，同时也是都城东、西城墙上各城门之间的南北间距。[2]

上述比例关系之中，最重要的是9A和4C，它们可谓是元大都街区规划的基本模数，整个都城被这组模数平均分成36个“标准模块”，可视为元大都的“标准街区”。具体而言，元大都南北方向被东、西城墙上各自的三座城门平均分作四份，即4C；东西方向则平均分为九份，即9A。南城墙文明门与顺承门分别位于九分之二与九分之七处；北城墙安贞门与健德门分别位于九分之三与九分之六处；丽正门则位于南墙中部（略偏东）。宫城面阔与皇城进深则分别采用A与C，与整个都城的规划形成清晰的比例关系。

不仅如此，通过对元大都复原图进行几何作图，结合元大都考古勘查的数据以及历史文献记载，还可以看出元大都大城与宫城之间清晰的比例关系。

（1）据元代陶宗仪《南村辍耕录》载，元大都“**宫城周回九里三十步。东西四百八十步，南北六百十五步**”，即宫城面

1. 王树声在分析隋大兴—唐长安的规划时也注意到了$\sqrt{3}/2$矩形的这一特性，并且用作图法将隋大兴～唐长安城外郭的面阔四等分、进深三等分加以分析，然而这样的划分线并未与隋大兴–唐长安城的街道、里坊发生什么关系，进一步证明其实隋大兴–唐长安城的外郭未必是按照$\sqrt{3}/2$比例进行规划设计。参见王树声. 隋唐长安城规划手法探析［J］. 城市规划，2009（6）：55–58。相比之下，元大都总平面城门、道路的划分则清晰地体现出$\sqrt{3}/2$矩形的几何特性。

2. 傅熹年.中国古代城市规划建筑群布局及建筑设计方法研究（上册）［M］. 北京：中国建筑工业出版社，2001：11～13.

阔480步，进深615步。

（2）元大都东西总宽6705米，取元代1步＝1.54米，合4354步。则A＝4354/9＝483.8步，与《南村辍耕录》所载宫城面阔480步基本符合（吻合度99.2%）。

（3）元大都南北总长7595米，合4932步。若取《南村辍耕录》所载宫城进深615步，则：

大城进深（4932步）：宫城进深（615步）＝8.02≈8（吻合度99.7%）。

综上可知：元大都大城可视作是以宫城为基本模数规划设计的——大城面阔9倍于宫城面阔，大城进深8倍于宫城进深，故大城面积72倍于宫城面积（图1-41）。

第七节 明北京

一、总平面规划*

明洪武元年（1368年）徐达攻克元大都，后改大都为北平府，并废弃大都北城，在原北城墙南约三公里处新建北城墙，即后来的明北京内城北墙。永乐帝决定迁都北京后，于永乐十四年（1416年）拆毁元故宫，新建紫禁城，于永乐十八年（1420年）建成，紫禁城沿用元故宫东西墙南段，南北墙均南移。因宫城南移，使都城南面逼仄（元宫城本就位于大都南部），遂于永乐十七年（1419年）展拓南城，将元大都南墙（位于今长安街一线）拆毁，在今正阳门一线筑新城，是为明北京内城南墙，而明北京内城东、西墙则部分利用了元大都东、西墙南段。

明北京虽然是在元大都基础上改建而成，但同样是精心规划的产物，并且其在总平面规划模数的运用方面，也有明显承袭元大都的地方。与元大都一样，明北京内城同样是以宫城（即紫禁城）作为基本模数来确定的——明北京内城与紫禁城同样建成于永乐十八年（1420年），是明北京规划建设的重点。

傅熹年曾经研究指出：设紫禁城面宽为A，进深为B，则明北京内城面宽9A，进深5.5B，除去残缺的西北角，内城总面积约为紫禁城面积的49倍，其含义为《周易·系辞上》所言“大衍之数五十，其用四十有九”（图1-42）。[1]

本书试图提供另一个视角：实际上，通过几何作图和实测数据分析可以发现，明北京内城与紫禁城实际上是相似形。

据实测数据，明北京内城东西6672米（城墙外皮），南北5314米（城墙内皮）。[2]而由2003年紫禁城总平面测绘图（1∶500，CAD文件）中测量可得：紫禁城平均面阔754.01米，平均进深964.69米。

通过对明北京城复原图和1944年北京航拍图进行几何作图，结合实测数据分析，可得如下结论。

（1）明北京内城东西面阔∶紫禁城南北进深＝6672/964.69＝6.92≈7（吻合度98.9%）；明北京内城南北进深∶紫禁城东西

1. 傅熹年.中国古代城市规划、建筑群布局及建筑设计方法研究（上册）[M].北京：中国建筑工业出版社，2001：13.
2. 傅熹年.中国古代城市规划、建筑群布局及建筑设计方法研究（下册）[M].北京：中国建筑工业出版社，2001：9.

面阔＝5314：754.01＝7.05≈7（吻合度99.3%）（图1–43、图1–44）。

（2）皇城面阔：进深≈7：8≈$\sqrt{3}/2$；中轴线分皇城为东、西两部分，两部分面阔之比约为1：2（图1–45）。

综上可知：明北京内城与紫禁城为相似形，二者互相扭转90°，且二者边长之比为7：1，面积之比为49：1——这不仅与前文所述傅熹年先生的结论一致，而且从总平面规划模数的运用方面看，似乎更为简单合理。[1]

以上模数或比例关系中，紫禁城面阔接近内城面阔的九分之一，这是元大都规划的遗产；而紫禁城面阔为内城进深的七分之一、紫禁城进深为内城面阔的七分之一应该是明永乐时期北京内城与紫禁城协同规划设计的结果——尤其是北京内城与紫禁城的进深应该是精心设计的，而北京内城和紫禁城的面阔则基本沿袭了元大都及其宫城的规模（可能因补筑城墙及包砖等因素而略有差异）。

二、中轴线比例关系*

明永乐时期规划的北京内城中轴线被有规律地分成了若干比例清晰、富于节奏和韵律的段落。

（1）由北京市测绘研究院2002年北京旧城测绘图（1：2000，CAD文件）可知：明北京内城中轴线总长即正阳门箭楼墩台南壁至钟楼墩台北壁共计4821.3米，取明早期1尺＝31.73厘米，合1519.5丈，约1520丈（吻合度接近100%）。

由2003年紫禁城总平面测绘图（1：500，CAD文件）可得：紫禁城进深平均964.69米，合304丈（吻合度接近100%）。

故明北京内城中轴线总长：紫禁城进深＝4821.3：964.69＝4.998≈5（吻合度接近100%）——内城中轴线总长恰为紫禁城进深的5倍（图1–46、图1–47）。

（2）内城中轴线总长为紫禁城进深的5倍，而内城总面阔为紫禁城进深的7倍（见前文），故二者呈“方五斜七”（约为1：$\sqrt{2}$）之比例关系，此为明北京内城规划设计中最重要的一组$\sqrt{2}$比例构图（图1–48、图1–49）。

（3）正阳门箭楼墩台南壁至午门墩台南壁距离为1614.5米，合508.8丈；4821.3：1614.5＝2.986≈3（吻合度99.5%）——正阳门至午门距离为内城中轴线总长的1/3。

午门墩台南壁至景山北墙外皮为1604.8米，合505.8丈；4821.3/1604.8＝3.004≈3

1. 内城与紫禁城为相似形，面阔7B、进深7A，比起面阔9A、进深5.5B似乎更加简洁和准确。

（吻合度99.9%）——午门至景山北墙的距离为内城中轴线总长的1/3。

景山北墙外皮至钟楼墩台北壁为1602米，合504.9丈；4821.3/1602＝3.01≈3（吻合度99.7%）——景山北墙至钟楼距离为内城中轴线总长的1/3。

从上述测量数据可以得出：明北京内城中轴线被平均分成三段——正阳门箭楼至紫禁城午门一段，紫禁城午门至景山北墙一段，景山北墙至钟楼一段，且三段长度分别合508.8丈、505.8丈和504.9丈，均接近500丈，即1000步（其中最多仅差8.8丈，最少仅差4.9丈，误差不到2%）（图1-50、图1-51）。

综上可知：明北京内城规划设计时，内城南墙的位置（包括正阳门城楼与箭楼的位置），午门的位置，紫禁城进深、景山进深，钟楼的位置这些重要的节点都是精心安排的。首先，内城中轴线总长是紫禁城进深的5倍，与实测数据高度吻合，因此内城中轴线可视作是以紫禁城进深为基本模数来进行设计的；其次，正阳门箭楼至午门的距离，等于午门至景山后墙的距离，等于景山后墙至钟楼的距离，各约为500丈（即1000步）——这实际上是把紫禁城加上景山的总进深（约500丈）作为内城中轴线规划设计的另一个基本模数。明北京中轴线的规划设计精心布置了几乎所有的重要节点，包括正阳门、午门、紫禁城、景山、钟楼——雄伟壮丽的北京中轴线，其实蕴含着精心规划设计的比例关系。

三、择中理念*

除了精心安排的模数、比例关系之外，明北京的规划更是古人“择中”理念（即所谓“择天下之中而立国，择国之中而立宫”）的绝佳写照。

（一）景山为内城中心

首先，正阳门墩台北壁至景山万春亭中心2689米，而内城南北进深（按城墙内皮计算）5314米。由此可知：

内城进深：正阳门至景山万春亭距离＝5314/2689＝1.98≈2（吻合度99%）——故景山万春亭位于内城中心位置（略偏东，这是元大都规划中轴线偏东带来的结果），这应是明北京规划时的刻意安排。直到今天，景山万春亭都是鸟瞰全北京的最佳驻足点，这是明北京都城规划留下的伟大遗产。

（二）紫禁城为皇城中心

其次，从皇城范围来看，紫禁城为中心。通过对明清北京皇城复原图及1944年北京航拍图进行几何作图，可以得到如下结论。

（1）紫禁城的几何中心位于中轴线上中和殿与保和殿之间，它同时也是皇城中轴线（即大明门至地安门）的中点，还是天安门前金水桥中心（或皇城南墙）与景山后墙连线的中点。足见，皇城的规划是以紫禁城的中心为中心，大明门与地安门对称分布，金水桥（或皇城南墙）与景山后墙对称分布。

（2）由2002年北京旧城测绘图可得：景山面阔428.7米；太庙、社稷坛中轴线间距430.6米，二者几乎可视作相等（吻合度99.6%）。可见景山、太庙、社稷坛与紫禁城的位置关系也是精心规划设计的结果，保证了整体构图的均齐对称、和谐统一（图1-52、图1-53）。

综上所述，明北京内城及其中轴线的规划设计兼顾了内城、皇城和紫禁城三者的关系：以紫禁城面阔A、进深B为基本模数，内城面阔7B、进深7A，面积为紫禁城的49倍；内城中轴线总长5B，与内城面阔7B构成“方五斜七”的比例关系（同时内城中轴线又平均分为三段，以午门南壁和景山北壁为分界线）；从内城范围看，景山中峰接近几何中心；从皇城范围看，大明门与地安门连线中点、天安门外金水桥中心与景山北壁中心连线中点均位于紫禁城的几何中心。

第八节 北京紫禁城

故宫为明、清两代皇宫，称紫禁城。明永乐十五年（1417年）始建，永乐十八年（1420年）建成，明、清两代陆续有过多次重建、改建及扩建。

明代营建的紫禁城占地面积达72公顷，总建筑面积为17万平方米。建筑群四周环以城墙，城墙上每面设一门，南门亦即正门为午门，东为东华门，西为西华门，北为神武门，城墙四隅建有角楼。城墙外侧还有宽52米的护城河，俗称“筒子河”。建筑群以一道贯穿南北的中轴线为骨干，沿中轴线依照中国古代宫殿“前朝后寝”的模式进行规划布局：“前朝”即“外朝”，为皇帝举行礼仪活动和颁布政令之所；“后寝”即“内廷”，为皇帝及其家属的居住之所。

一、城墙*

由2003年紫禁城总平面测绘图（1：500，CAD文件）可得：紫禁城南墙754.96米，东墙964.59米，北墙753.06米，西墙964.78米，周长3437.39米。取明早期1尺＝0.3173米（以下皆取此值进行计算），合周长1083.3丈，大约相当于明代6里7步（明代1里＝180丈＝360步），这与《明史・地理志》所载“宫城周六里一十六步”仅差9步，可谓高度吻合（吻合度99.6%）。

同时，紫禁城面阔平均754.01米，合237.6丈，约240丈（吻合度99%）；进深平均964.69米，合304丈。如果取面阔240丈、进深304丈，则紫禁城周长1088丈——正好符合《明史・地理志》中紫禁城周长6里16步（即1088丈）的记载。

另外，紫禁城东华门、西华门中轴线距离城墙东南角、西南角的距离分别为132米和139.03米。因此，东华门—西华门轴线以南城墙总长为1025.99米，东华门—西华门轴线以北城墙总长为2411.4米。

由上述数据分析可得：

（1）紫禁城面阔与进深之和（1718.7米）：紫禁城进深（964.69米）＝1.782≈9：5（吻合度99%）——可能是“九五之尊”的象征。

（2）紫禁城周长（3437.39米）：东华门—西华门轴线以北城墙总长（2411.4米）＝1.425≈10：7（吻合度99.8%，即“方七斜十”）；1.425≈$\sqrt{2}$（吻合度99.2%）。

可见紫禁城东、西华门位置，其实包含了“方七斜十”即1：$\sqrt{2}$的比例关系，即令紫禁城周长与东西华门东西轴线以北的城墙长度之比为10：7（约为$\sqrt{2}$）。

二、前朝*

前朝亦称外朝，分为中、东、西三路，中路主体为三大殿（太和殿、中和殿及保和殿）及其附属建筑群，可谓紫禁城中的一座“城中城”；东路包括文华殿建筑群及南部的内阁和府库；西路包括武英殿建筑群及南部的南薰殿和府库。

通过几何作图和数据分析可知，紫禁城前朝的规划设计综合运用了$\sqrt{2}$、$\sqrt{3}/2$比例关系。

1. $\sqrt{2}$比例

由2003年紫禁城总平面测绘图（1：500，CAD文件）可得：

太和殿前庭院面阔（取两侧廊庑台基之间距离）201.69米，合63.56丈，约64丈（吻合度99.3%）。

午门南壁至体仁阁—弘义阁轴线285.93米，合90.11丈，约90丈（吻合度99.9%）。

体仁—弘义阁轴线至景运—隆宗门轴线284.58米，合89.69丈，约90丈（吻合度99.7%）。

文华殿中轴线至紫禁城中轴线186.02米，合58.63丈，约59丈（吻合度99.4%）；武英殿中轴线至紫禁城中轴线220.99米，合69.65丈，约70丈（吻合度99.5%）；文华殿、武英殿中轴线间距407.01米，合128.27丈，约128丈（吻合度99.8%）。

武英殿东断虹桥至紫禁城中轴线154.97米，合48.84丈，约49丈（吻合度99.7%）。

文华殿东三座门桥至紫禁城中轴线285.21米，合89.89丈，约90丈（吻合度99.9%）。

以上几组数据是紫禁城前朝同时也是紫禁城总平面规划的关键数据。通过对2003年紫禁城总平面测绘图（1：500，CAD文件）进行几何作图以及数据分析，[1]

1. 以下计算数据有时使用丈数是为了更清晰地呈现紫禁城总平面规划设计的“原貌”，如使用米数，结论也相同。

可得如下结论。

（1）紫禁城总进深（304丈）：体仁—弘义阁轴线至神武门北壁（214丈）＝1.42≈$\sqrt{2}$（吻合度99.6%）（图1–54）。

（2）午门南壁至体仁—弘义阁轴线（90丈）：前朝庭院面阔（64丈）＝1.406≈$\sqrt{2}$（吻合度99.5%）；体仁—弘义阁轴线至景运—隆宗门轴线（90丈）：前朝庭院面阔（64丈）＝1.406≈$\sqrt{2}$（吻合度99.5%）。

（3）前朝总进深（取午门南壁至景运—隆宗门轴线，180丈）：前朝庭院面阔（64丈）＝2.8125≈2$\sqrt{2}$（吻合度99.5%）。

前朝总进深（取午门南壁至隆宗—景运门轴线）与前朝庭院面阔形成2$\sqrt{2}$：1的关系，即两个$\sqrt{2}$矩形的叠加（图1–55）。

（4）紫禁城进深（304丈）—紫禁城面阔（240丈）＝前朝庭院面阔（64丈）。

（5）前朝总进深（180丈）：文华—武英殿中轴线间距（128丈）＝1.406≈$\sqrt{2}$（吻合度99.5%）；文华—武英殿中轴线间距（128丈）：前朝庭院面阔（64丈）＝2。

可见，文华殿、武英殿建筑群看似与中轴线距离不相等，并非呈对称分布，但其位置依然是精心规划的结果，即令文华殿、武英殿建筑群中轴线间距为前朝庭院面阔之2倍、前朝总进深的1/$\sqrt{2}$（图1–56）。

（6）武英殿建筑群进深（取南庑台基南沿至北墙外皮，101.39米）：面阔（取东西配殿台基外侧间距，71.71米）＝1.414＝$\sqrt{2}$。

武英殿建筑群面阔（取东西配殿台基外侧间距，71.71米）：武英殿前庭院面阔（取东西配殿台基间距50.92米）＝1.408≈$\sqrt{2}$（吻合度99.6%）。

由此可知：武英殿前庭院面阔：武英殿建筑群面阔：武英殿建筑群进深＝1：$\sqrt{2}$：2（图1–57）。

（7）文华殿扣除最后一进文渊阁院落（清乾隆年间加建），平面构图与武英殿类似：

文华殿进深（取南墙外皮至文华殿大台基北侧台阶北端，89.74米）：面阔（取东西墙外皮间距，62.96米）＝1.425≈$\sqrt{2}$（吻合度99.2%）（图1–58）。

综上可知，紫禁城前朝充分运用了$\sqrt{2}$比例关系，其中前朝庭院面阔（64丈）、午门南壁至体仁—弘义阁轴线（90丈，等于体仁—弘义阁轴线至景运—隆宗门轴线）、文华—武英殿轴线间距（128丈）和前朝总进深（即午门南壁至景运—隆宗门轴线，180丈）这四组前朝规划设计最重要的数据呈1：$\sqrt{2}$：2：2$\sqrt{2}$的关系，十分完美（图1–56）。

此外，武英殿轴线至中轴线（70丈）：断虹桥轴线至中轴线（49丈）= 10：7≈$\sqrt{2}$（吻合度99%），二者呈“方七斜十”关系。三座门桥至中轴线90丈，等于午门南壁至体仁—弘义阁轴线或体仁—弘义阁轴线至景运—隆宗门轴线。可见，包括断虹桥、三座门桥的位置都是精心规划的结果。

2．$\sqrt{3}/2$**比例**

（1）太和殿前庭院总进深（取太和门台基北沿至庭院东北角—西北角一线垂直距离176.59米）：总面阔（取东西廊庑台基间距201.69米）=0.876≈7：8（吻合度99.9%）；0.876≈$\sqrt{3}/2$（吻合度98.9%）——即太和殿前庭院约为一$\sqrt{3}/2$矩形，且由太和门台基北沿中点北望太和殿的59°视野正好包括太和殿前庭院总面阔；反之，从太和殿台基台阶南沿中点南望太和门59°视野也正好包括太和殿前庭院总面阔。上述两个视点可以说是紫禁城规划设计最关键、最庄重的视点，由于太和殿前庭院使用$\sqrt{3}/2$矩形而获得了最佳的视觉效果。

（2）太和殿前庭院总进深（176.59米）：庭院东北角—西北角一线至三台北沿距离（177.09米）=0.997≈1（吻合度99.7%），即太和门台基北沿至三台北沿的总进深被二等分，一份用作太和殿前庭院进深，一份用于容纳三大殿和三台主体部分。换言之，太和殿前庭院北界至三台北沿是一个和太和殿前庭院相同的$\sqrt{3}/2$矩形。

太和殿前庭院总进深（176.59米）=55.65丈≈56丈（吻合度99.4%）；庭院东北角—西北角一线至三台北沿距离为177.09米=55.81丈≈56丈（吻合度99.7%）。

（3）太和殿前庭院的几何中心正好位于紫禁城中轴线与体仁—弘义阁轴线的交点；而庭院东北角—西北角一线至三台北沿的$\sqrt{3}/2$矩形的几何中心正好位于中和殿中心。

由此我们可知：整个外朝进深与庭院总面阔由两个$\sqrt{2}$矩形构成，中心位于太和殿前庭院的几何中心；而外朝的核心区域太和门北沿至三台北沿则由两个$\sqrt{3}/2$矩形构成，各自的中心分别位于太和殿前庭院中心和中和殿中心（图1–55）。

（4）太和殿前庭院面阔（201.69米）：三台总进深（229.8米）=0.878≈7：8（吻合度99.7%）；0.878≈$\sqrt{3}/2$（吻合度98.6%）。

（5）午门南壁至太和门前庭院西北角—东北角一线（173.16米）：太和门前庭院面阔（201.69米）=0.859≈$\sqrt{3}/2$（吻合度99.1%）——因此，午门与太和门庭院又构成一个与太和殿庭院接近的$\sqrt{3}/2$矩形。

此外，由午门北壁中点北望太和门60°视野内正好包括太和门及左右两侧昭德门、贞度门全貌（图1–55）。

（6）武英门小台基北沿至武英殿小台基南沿（30.52米）：武英殿小台基总宽（36.3米）＝0.841≈6∶7（吻合度98.1%）；0.841≈$\sqrt{3}/2$（吻合度97.1%）。

文华门小台基北沿至文华殿大台基南沿（29.13米）：文华殿大台基总宽（34.41米）＝0.847≈6∶7（吻合度98.8%）；0.847≈$\sqrt{3}/2$（吻合度97.8%）。

因此，由文华门北望文华殿、武英门北望武英殿的61°视野都能包含主体建筑物的台基总宽，获得良好的视觉效果（图1–57、图1–58）。

特别需要指出的是：文华殿、武英殿前庭院和太和殿前庭院相比，进深与面阔的比值较小，不能保证大门北望的60°视野包括整个庭院面阔，于是令接近60°视野内包括主体建筑台基的总宽。太和殿前庭院和文华、武英殿前庭院这两种构图比例，在紫禁城以及各类中国古代建筑群中均十分常见。

三、后寝*

后寝亦称内廷，布局比前朝复杂得多，大致分作中路、东路、外东路、西路和外西路五路布局。

其中，中路以后三宫（乾清宫、交泰殿及坤宁宫）建筑群为主体，后三宫建筑群可视作三大殿建筑群之“具体而微”者，后三宫与前三殿以乾清门前的广场分隔开，这里也是前朝与后寝的分界。中路北端是御花园，为紫禁城内最早的皇家苑囿。后寝东、西两路布局颇为对称，中段为东、西六宫，为嫔妃居室；北端原为乾东、西五所，为皇子居所，清代逐渐被改建，东五所改建为库房，西五所改建为建福宫、重华宫等园林游憩建筑群；东路南端为斋宫、奉先殿、毓庆宫建筑群，而西路南端则是养心殿建筑群——自清雍正朝之后成为紫禁城真正的政治中心。外东路北部为乾隆年间建成的宁寿宫建筑群，可以看作整个紫禁城的“微缩版”；其南侧建有南三所，代替明代的乾东、西五所成为皇子居所。外西路为太后、太妃居所，包括慈宁宫、寿康宫、寿安宫建筑群及附属佛堂、花园等。

1．$\sqrt{2}$比例

（1）后三宫总进深（取前后廊庑台基外沿间距218.23米）：总面阔（取东西廊庑台基外沿间距119.4米）＝1.828≈$2\sqrt{2}-1$（吻合度接近100%）（图1–59）。

（2）东六宫加乾东五所总进深（取墙外皮间距225.18米）：东六宫总面阔（取墙外皮间距159.68米）＝1.41≈$\sqrt{2}$（吻合度99.7%）（图1–60）。

西六宫改建较多，但推测其原状应与东六宫构图类似。

（3）宁寿宫总进深（取南北墙外皮间距409.32米）：总面阔（取东西墙外皮间距120.05米）=3.41≈$2+\sqrt{2}$（吻合度99.9%）。

若以总面阔A为总平面规划模数，则：前朝进深2A（其中南墙外皮至宁寿门小台基北沿距离约为A，宁寿门小台基北沿至后寝南墙外皮距离约为A），后寝进深$\sqrt{2}$A，前朝主体建筑群面阔（取东西廊庑台基外沿间距）A/$\sqrt{2}$（图1–61）。

（4）慈宁宫总进深（取南北墙外皮间距146.49米）：总面阔（取西侧廊庑台基外沿至东墙外皮间距102.6米）=1.428≈10：7（吻合度99.96%，即“方七斜十”）；1.428≈$\sqrt{2}$（吻合度99%）。

（5）寿康宫总进深（南墙外皮至后罩房台基北沿间距88.62米）：总面阔（取东西庑台基外沿间距48.48米）=1.828≈$2\sqrt{2}-1$（吻合度接近100%）——寿康宫与后三宫构图一致。

（6）寿安宫总进深（包括前部横街，取南北墙外皮间距117.52米）：总面阔（取东西墙外皮间距82.29米）=1.428≈10：7（吻合度99.96%，即“方七斜十”）；1.428≈$\sqrt{2}$（吻合度99%）——寿安宫与慈宁宫构图一致。

（7）英华殿总进深（取南北墙外皮间距87.46米）：总面阔（取东西墙外皮间距61.72米）=1.417≈$\sqrt{2}$（吻合度99.8%），且后部主体院落为正方形（图1–62）。

2．$\sqrt{3}/2$比例

（1）属于太和殿前庭院比例类型的有：乾清宫前庭院、钦安殿院落、中正殿院落。

乾清门小台基北沿至乾清宫前庭院东北—西北角一线距离（83.64米）：乾清宫前庭院面阔（取东西庑台基内沿间距96.5米）=0.867≈$\sqrt{3}/2$（吻合度99.9%）（图1–59）。

钦安殿建筑群进深（取南北墙外皮间距35.95米）：面阔（取东西墙外皮间距42.13米）=0.853≈6：7（吻合度99.5%）；0.853≈$\sqrt{3}/2$（吻合度98.5%）（图1–59）。

中正殿院落进深（取院门台基北沿至北墙外皮间距30.97米）：面阔（取东西墙外皮间距36.03米）=0.86≈$\sqrt{3}/2$（吻合度99.3%）（图1–62）。

（2）属于文华殿、武英殿前庭院比例类型的有：坤宁宫前庭院、宁寿宫皇极殿前庭院、英华殿前庭院。

乾清宫小台基北沿至坤宁宫小台基南沿间距（45.29米）：坤宁宫小台基总宽（51.29米）=0.883≈7：8（吻合度99.1%）；0.883≈$\sqrt{3}/2$（吻合度98%）——

由乾清宫小台基北沿中点北望59°视角包含坤宁宫小台基总宽（交泰殿为后加建）（图1–59）。

宁寿门大台基北沿至皇极殿大台基南沿间距（43.25米）：皇极殿大台基总宽（48.74米）=0.887≈8：9（吻合度99.8%）；0.887≈$\sqrt{3}/2$（吻合度97.6%）（图1–61）。

英华门台基北沿至英华殿台基南沿间距（25米）：英华殿台基总宽（29.5米）=0.847≈6：7（吻合度98.8%）；0.847≈$\sqrt{3}/2$（吻合度97.8%）（图1–62）。

综上所述：紫禁城总平面整体及前朝、后寝多组建筑群均综合运用了$\sqrt{2}$、$\sqrt{3}/2$构图比例，可谓是中国古代建筑群布局中运用方圆作图比例的集大成者（图1–63）。

第九节 清代行宫、离宫

一、承德避暑山庄正宫

承德避暑山庄（清康熙五十年，1711年）正宫为行宫主建筑群，位于避暑山庄最南部。正宫建筑群分为宫廷前区和前朝、后寝三大部分。

宫廷前区位于午门之外，由南向北依次为影壁、丽正门、午门，其中丽正门、午门及东西朝房形成一进院落。

前朝部分沿中轴线由南向北依次为午门、宫门（亦称内午门）、正殿“澹泊敬诚”殿、后殿“依清旷”殿和后罩房十九间殿，共计五重建筑、四进院落。

后寝为中、东、西三路，中路由南向北依次为门殿、寝殿“烟波致爽”殿、后楼“云山胜地”楼、后门岫云门，形成三进院落。

通过对《承德古建筑——避暑山庄和外八庙》（1982）、《中国古典园林建筑图录·北方园林》（2015）中的实测图进行几何作图分析，可得如下结论。

（1）建筑群总进深（取影壁北壁至建筑群北墙内皮）：午门内进深（取午门两侧墙外皮至建筑群北墙内皮，即前朝、后寝总进深）≈$\sqrt{2}$。

（2）若取建筑群总面阔（取主体部分东西墙外皮间距）＝A，则：总进深为4.5A；其中，影壁至丽正门中心约0.5A，丽正门中心至宫门中心约1.5A，宫门外共计2A；宫门中心至主殿“澹泊敬诚”殿台基南沿约0.5A；“澹泊敬诚”殿台基南沿至十九间殿台基北沿约A；后寝区大院落进深为A。

（3）以宫门（内午门）两侧宫墙为界，宫门内进深2.5A，宫门外进深2A，由此可得：

宫门内进深（2.5A）：总进深（4.5A）＝5：9（图1-64）。

（4）主殿“澹泊敬诚”殿庭院：

院落进深：面阔≈$\sqrt{3}/2$（图1-65）。

（5）据傅熹年研究指出，建筑群以3丈网格布局，东西8格（取后寝区总宽），南北24格（取前朝后寝总进深）。

综上可知：避暑山庄正宫总平面规划综合运用了$\sqrt{2}$、$\sqrt{3}/2$、9：5构图比例和

3丈网格布局。

二、北京颐和园东宫门—仁寿殿建筑群

颐和园东宫门—仁寿殿建筑群为颐和园外朝部分，由仁寿门及两侧宫墙分为内外两进院。通过对《颐和园》(2000)中的实测图进行几何作图分析，可得如下结论。

总进深(取东宫门两侧宫墙外皮至仁寿殿台基北沿)：总面阔(取仁寿殿东西配殿台基外皮间距)≈7：5≈$\sqrt{2}$(图1–66)。

三、北京颐和园排云殿—佛香阁建筑群

颐和园的排云殿—佛香阁建筑群[1]形成万寿山南麓的规划主轴线：自下而上依次建牌楼、排云门、二宫门、排云殿、德辉殿、佛香阁，一直延伸至偏东一些的"众香界"琉璃牌楼、无梁殿"智慧海"，加上两翼配殿、爬山廊，形成极其庄重稳健的构图。

通过对《中国古建筑测绘大系・园林建筑：颐和园》(2015)一书中的实测图进行几何作图，可得如下结论。

(1)建筑群总进深(取排云门两侧廊庑台基南沿至佛香阁所在平台北沿距离)：佛香阁南面大台阶(朝天蹬)南沿至排云门两侧廊庑台基南沿距离≈$\sqrt{2}$。

(2)建筑群总进深：佛香阁所在平台边长≈4(图1–67)。

1. 颐和园排云殿–佛香阁建筑群之前身为清漪园的大报恩延寿寺，但颐和园排云殿主要为太后祝寿之所在，故本书将此组建筑群归入离宫建筑群。

第二章 祭祀建筑

祭祀建筑是中国古建筑的一个重要类型，其内容十分丰富，包括帝王祭祀祖先的太庙，国家和地方政权祭祀天地、山川、海渎、社稷的坛庙，以及祭孔的孔庙（文庙）等。

除了前文提到的辽宁牛河梁红山文化圜丘和方丘这两座古老的祭坛之外，本章所分析的实例包括西周、春秋时期以及西汉的礼制建筑群遗址，中岳庙、岱庙和南岳庙等祭祀名山的祠庙，孔子故里曲阜祭祀孔子及其弟子的重要建筑群，古都北京的太庙、社稷坛、天坛、孔庙、历代帝王庙等坛庙建筑群。

一、陕西岐山凤雏村西周礼制建筑遗址*

陕西岐山凤雏村西周礼制建筑遗址通常被誉为“中国最早的四合院”，已基本具备后世四合院建筑群的格局。房基南北长45.2米，东西宽32.5米，坐北朝南，中轴线上依次建有门堂（包括中央门道和两侧的“塾”）、主庭院、前堂（面阔六间、进深三间）、过廊（两侧为东、西小院）和后室，两侧对称分布东、西厢房各八间，建筑群前方有影壁一座。据发掘者推测这是西周的一组宗庙建筑群。

通过对《陕西岐山凤雏村西周建筑基址发掘简报》（载于《文物》1979年第10期）一文中的实测图进行几何作图以及实测数据分析，可得如下结论。

（1）建筑群基址进深（45.2米）：面阔（32.5米）＝1.391≈7：5（吻合度99.4%）；1.391≈$\sqrt{2}$（吻合度98.4%）。整个建筑群总平面面阔与进深呈“方五斜七”比例，接近$\sqrt{2}$矩形。

（2）建筑群总面阔：东西厢房前檐柱间距≈$\sqrt{2}$——故东西厢房前檐柱间距：建筑群总面阔：建筑群总进深≈1：$\sqrt{2}$：2。

（3）前堂通面阔（17.2米）：通进深（6.1米）＝2.82≈2$\sqrt{2}$（吻合度99.7%）。

（4）主庭院面阔18.5米，门堂台基进深6米，主庭院进深12米，前堂通进深6.1米，前廊进深1.1米，后廊进深1.2米，故门堂台基南沿至前堂台基北沿共计6＋12＋6.1＋1.1＋1.2＝26.4米，由此可知：

门堂台基南沿至前堂台基北沿距离：主庭院面阔＝26.4：18.5＝1.427≈$\sqrt{2}$（吻合度99.1%）——门堂、主庭院和前堂组成的矩形与建筑群总平面为相似形，皆为$\sqrt{2}$矩形。

（5）东小院南北7.85米，东西8米；西小院南北7.85米，东西8.1米；过廊南北7.85米，东西3米。由此可知：

东西小院及过廊通面阔（19.1米）：东西小院进深（7.85米）＝2.43≈1＋$\sqrt{2}$（吻合度99.3%）——一个小院加上穿廊为一个$\sqrt{2}$矩形。

（6）门道进深（6米）：面阔（3米）＝2。

（7）如果取建筑群面阔的十分之一即3.25米作为总平面规划的模数网格单位，则：

建筑群东西10格，南北14格，建筑群的几何中心位于前堂前檐中柱；东、西厢房进深（取台基）各约2格（在后院处最接近）；东、西厢房前檐柱间距约7格（与总面阔为1：$\sqrt{2}$关系）；门堂及门前前院进深3格，主庭院南沿至前堂后壁进深共计6格，后室前檐柱至建筑群台基北沿进深2格；东西小院及过廊通面阔6格

（图2–1、图2–2）。

综上可知：陕西岐山凤雏村西周礼制建筑群总平面、门堂、主庭院、前堂和后院（含穿廊）综合运用了$\sqrt{2}$比例体系（包括$\sqrt{2}$、$2\sqrt{2}$、$\sqrt{2}+1$等不同构图比例），整个建筑群还有清晰的模数网格（3.25米见方）加以控制——足见不论是方圆作图的经典比例，还是模数网格的运用，在这组西周建筑群中均已达到高度成熟的境地。

二、陕西凤翔马家庄一号春秋时期建筑群遗址*

陕西凤翔马家庄一号建筑群遗址（春秋时期）由大门、主庭院、正殿（考古发掘简报称“朝寝”）、亭台形成南北中轴线，东西两侧对称设配殿，四面环以围墙。

通过对《凤翔马家庄一号建筑群遗址发掘简报》（载于《文物》1985年第2期）一文中的实测图进行几何作图以及实测数据分析，可得如下结论。

（1）建筑群总进深：总面阔≈$\sqrt{3}/2$（接近7：8）。

（2）主庭院面阔（取正殿、东西配殿、大门台基散水外沿，30米）：进深（34.5米）＝0.87≈$\sqrt{3}/2$（吻合度99.5%）。

（3）正殿面阔（20.8米）：进深（13.9米）＝1.496≈3：2（吻合度99.8%）；东、西配殿面阔（21米）：进深（13.9米）＝1.51≈3：2（吻合度99.3%）。

（4）亭台面阔（5.4米）：进深（3.8米）＝1.421≈$\sqrt{2}$（吻合度99.5%）。

（5）主庭院面阔（30米）：正殿面阔（20.8米）＝1.44≈$\sqrt{2}$（吻合度98.2%）；主庭院面阔（30米）：配殿面阔（21米）＝10：7＝1.429≈$\sqrt{2}$（吻合度99%）（图2–3）。

综上可知：陕西凤翔马家庄一号建筑群总平面与主庭院皆为$\sqrt{3}/2$矩形，且互相呈90°扭转，与二里头2号宫殿的手法异曲同工——不同之处是，二里头2号宫殿的两个$\sqrt{3}/2$矩形是外纵内横，而此处则是外横内纵；正殿和东西配殿皆为长宽比3：2的矩形，其面阔与主庭院面阔呈1：$\sqrt{2}$比例；后部亭台为$\sqrt{2}$矩形；整个建筑群布局和单体设计综合运用了$\sqrt{3}/2$、$\sqrt{2}$和3：2比例关系。

三、汉长安南郊礼制建筑群遗址*

已经考古发掘的西汉末年汉长安南郊礼制建筑群遗址是中国古代都城考古发掘的规模最大、内容最丰富、遗址性质最明确、时代最清晰的礼制建筑群遗址，包括“王莽九庙”、社稷和辟雍（明堂）遗址。[1]

（一）辟雍遗址*

辟雍遗址（考古发掘报告称“大土门遗址”）分为三部分：第一部分是中心建筑，位于一个圆形夯土台上；第二部分是环绕中心建筑的方形围墙、东南西北四门和四隅曲尺形配房；第三部分为环绕围墙的圜水沟。单是这圆方相套的总体布局已经赋予建筑群“天圆地方”之象征意义，仔细研究其总平面构图比例，方圆作图的手法更加清楚明晰。

1．中心建筑

中心建筑位居一个方形土台中部，夯土台南北205米、东西206米，平均边长205.5米，取汉代1尺＝23.5厘米（以下计算均取此值），合87.4丈。中心主体建筑物的地基是一个圆形夯土台，上部直径62米，底径60米（合25.5丈）。

中心主体建筑物平面呈“亚”字形，东西通面阔42.4米，南北通进深42米，平均值为42.2米，合18丈。正中为一大方形夯土台，南北16.8米，东西17.4米，平均值17.1米，合7.3丈，推测此台上原有楼阁式建筑；土台四隅各有两个小方形夯土台。大夯土台四面有东西南北四堂，四堂各自面阔24米，合10.2丈。

通过对《西汉礼制建筑遗址》（2003）一书中的实测图进行几何作图以及实测数据分析，可得如下结论。

（1）圆台基直径（取底径60米）：中心建筑边长（平均值42.2米）＝1.422≈$\sqrt{2}$（吻合度99.4%）。

（2）东西南三抱厦面阔（24米）：中央大夯土台边长（平均值17.1米）＝1.404≈$\sqrt{2}$（吻合度99.3%）。

（3）通过几何作图可知：设中央夯土台边长为A，则中央夯土台加四角四个小夯土台形成的正方形边长为$\sqrt{2}$A，四面厅堂形成的大正方形边长为2A。

若用1丈网格覆盖建筑群，可知：中央夯土台边长约7丈，中央夯土台加四角四个小夯土台形成的正方形边长约10丈，四面厅堂形成的大正方形边长约14丈，建筑群通面阔、通进深为18丈。

综上可知：辟雍中心建筑群通面阔、通进深18丈，圆形台基直径25.5丈，二者呈

1．据文献记载，汉长安南郊礼制建筑中还有圜丘、灵台、太学等，但这些遗址的具体位置尚未探明。刘庆柱、李毓芳．汉长安城宫殿、宗庙考古发现及其相关问题研究——中国古代的王国与帝国都城比较研究之一//中国社会科学院考古研究所、陕西省考古研究院、西安市文物保护考古所 编．汉长安城考古与汉文化：汉长安城与汉文化——纪念汉长安城考古五十周年国际学术研讨会论文集［M］．北京：科学出版社，2008：55.

$1:\sqrt{2}$的比例；此外，中心建筑由内而外中央夯土台、中央夯土台加四角小台以及中央台加四面厅堂构成的三个正方形边长分别约为7丈、10丈、14丈，呈$1:\sqrt{2}:2$的比例。整个建筑群平面布局运用了两套方圆作图及$\sqrt{2}$比例关系（图2-4）。

2．围墙与圜水沟

辟雍遗址的围墙边长235米，合100丈；圜水沟直径东西368米，南北349米；水沟与围墙四门相对处又各围合出一个长方形小水沟，东西两小水沟长90米，距大圜水沟27米，南北两小水沟长72米。取大圜水沟东西直径加两侧长方形水沟宽之总和为368＋27＋27＝422米，合179.6丈，约180丈。由此可知：

圜水沟东西总长（422米）：围墙边长（235米）＝1.796≈9：5（吻合度99.8%）——即辟雍遗址的圜水沟总宽与方形围墙边长分别为180丈和100丈，二者之比为9：5，象征了“九五之尊”。

3．东南西北四门

各门门道长12.5米，宽4.5米；门道两侧的夯土台（即塾的台基）皆被墙分作内外两部分，即《尔雅·释宫》中所谓“一门而塾四”。其中内台面阔5.5米，进深7.65米；外台面阔5.45米，进深7.65米。由此可知：

（1）门道长（12.5米）：宽（4.5米）＝2.78≈2.8（吻合度99.3%）；2.78≈$2\sqrt{2}$（吻合度98.3%）。

（2）内台进深（7.65米）：面阔（5.5米）＝1.39≈1.4（吻合度99.4%）；1.39≈$\sqrt{2}$（吻合度98.3%）。

（3）外台进深（7.65米）：面阔（5.45米）＝1.404≈1.4（吻合度99.7%）；1.404≈$\sqrt{2}$（吻合度99.3%）。

综观西汉长安的辟雍建筑群，构图完美而富于象征意义：外围的圜水沟和方围墙形成九五之比以象征“九五之尊”，形式上又代表“天圆地方”；中心建筑于圆台上建“亚”字形建筑，且圆台直径与“亚”形建筑边长呈$\sqrt{2}:1$之关系，是又一层“天圆地方”之象征；最后，整个“亚”形建筑的构图呈现三个边长分别为$1:\sqrt{2}:2$的正方形相套的格局，与红山文化圜丘三个直径为$1:\sqrt{2}:2$的圆形相套的格局异曲同工，宛如圜丘作图中被隐去的三个方形，一样包含着“天圆地方”的象征意义。[1]

辟雍建筑群的方圆作图和$\sqrt{2}$比例关系之运用，与前文所述汉长安、未央宫的规划设

1. 学者巫鸿曾经评论道：“根据阴阳学说，整个建筑被设计为若干象征着这两种宇宙性力量的同心圆形和方形：圆形水沟环绕着方形的庭院，方形庭院又环绕着圆台，圆台承托着方形的厅，厅的顶部是圆形的通天屋。圆、方两种形状如此重复地并置与交替，体现了阴阳宇宙观的三个方面：即二者之间的对立、依存和转化。”［美］巫鸿 著. 李清泉，郑岩 等译. 中国古代艺术与建筑中的“纪念碑性”［M］. 上海：上海人民出版社，2008：235.

计一脉相承，并且达到了汉代建筑群规划布局完美的极致，堪称目前已知的汉代建筑群中最富于纪念性和象征含义的杰作。

（二）宗庙建筑*

考古发掘的第1号至第12号遗址，据发掘者推测是《汉书·王莽传》所载的“王莽九庙”。该遗址群位于汉长安南城墙以南约1公里，处于西安门和安门的南延长线之间，包括12座建筑遗址，皆作“回”字形平面，其中11座（第1至11号遗址）分布在同一大院落中，另一座（第12号遗址）在大院落南部。

每一座建筑遗址均由一座中心建筑和一道方形围墙、四座门阙以及围墙四隅各一座曲尺形配房组成，12座遗址形制基本相同。中心建筑边长55米左右，中央有“亚”字形建筑，由中心太室（边长27.5米左右）、四隅的夹室（边长7.3米）和太室四面的四座厅堂（学者推测为东堂青阳、南堂明堂、西堂总章、北堂玄堂）组成。各组建筑的围墙呈正方形，边长270～280米。各围墙之间东西间距约54米，南北间距约200米。第12号遗址平面布局与前11座遗址相仿，唯中心建筑边长约100米。

1．总体布局

通过对《西汉礼制建筑遗址》（2003）一书中的实测图进行几何作图以及实测数据分析，可得如下结论。

（1）大院落东、西、南、北四面围墙分别长1635米、1660米、1490米、1415米，平均南北1647.5米（合701丈，约700丈），东西1452.5米（合618丈）。

大院落面阔：进深＝1452.5/1647.5＝0.88≈$\sqrt{3}/2$（吻合度98.4%）。

（2）第1至11号遗址围墙边长270～280米，平均275米，合117丈；每座中心建筑边长约55米，约合23.5丈。由此可知：

各遗址围墙边长（275米）：中心建筑边长（55米）＝5，即中心建筑为各遗址平面布局的基本模数，中心建筑边长为围墙边长的1/5，中心建筑面积为围墙内总面积的1/25——这一构图与前文所述辽宁牛河梁红山文化方丘构图完全一致。

（3）各遗址围墙之间东西相距54米，与中心建筑边长55米基本相等（吻合度98.2%）。若以55米（23.5丈）为大院落内11组建筑群的总平面模数网格，则可得：

大院落东西1452.5米，约26格，南北1647.5米，合30格；每座遗址围墙边长5格，中心建筑边长1格，东西间距1格，南北间距约3.5格。由此可知，整个11座宗庙形成的建筑群是以各宗庙的中心建筑边长（或面积）作为基本模数进行规划设计的（图2–5）。

2．第3号遗址

第3号遗址为各宗庙中重点发掘的一座。据实测，围墙边长274米，宗庙中心建筑边长54.5米。其中，中央太室边长28.4米，东南西北四面厅堂进深各6米，面阔各24米，四夹室边长7.3米。围墙四门由两侧夯土台和中央门道组成，其中每个夯土台面阔13.5米，进深19米；门道宽9米，进深19米。

通过对《西汉礼制建筑遗址》（2003）一书中的实测图进行几何作图以及实测数据分析，可得如下结论。

（1）宗庙中心建筑通面阔（太室面阔加东、西堂进深，40.4米）：太室面阔（28.4米）＝1.42≈$\sqrt{2}$（吻合度99.6%）。

（2）中心台边长（即太室及夹室总宽）等于厅堂面阔加两个夹室边长＝24＋7.3＋7.3＝38.6米，由此可知：

宗庙中心建筑边长（54.5米）：中心台边长（38.6米）＝1.412≈$\sqrt{2}$（吻合度99.9%）。

（3）围墙边长（274米）：中心建筑边长（54.5米）＝5.03≈5（吻合度99.4%）。

（4）西门夯土台进深（19米）：面阔（13.5米）＝1.407≈$\sqrt{2}$（吻合度99.5%）（图2–6）。

综上可知：与辟雍遗址类似，第3号宗庙遗址中心建筑采取了两组方圆相含的构图。

纵观西汉长安南郊礼制建筑群可知：不论是辟雍还是王莽九庙，均大量使用方圆作图和$\sqrt{2}$构图比例。不仅如此，西汉长安的辟雍与宗庙之构图中包含了辽宁牛河梁红山文化圜丘、方丘的基本规划设计理念与手法，即三重方圆相含的作图以及边长之比为1：5的正方形相套——二者虽然相距约三千年，但基本规划设计手法却几乎如出一辙。

四、河南登封中岳庙*

登封中岳庙经北宋大中祥符六年（1013年）扩建形成今日之主要规模。金、元、明、清历经重修，现状是清乾隆二十五年（1760年）大修的结果。庙中存有《大金承安重修中岳庙图》碑，由此图与现状相对照，可知宋金时中岳庙的基本格局在现状中均保存下来（尽管建筑单体绝大多数为清代重建），只有最南端的主入口中天阁为明嘉靖时期增建。

现状中岳庙总平面以崇圣门为界可分作前、后两部分。其中，后半部分相当于中岳庙主体部分，即《大金承安重修中岳庙图》中“下三门”以内、四隅建有角阙的部分，前半部分则相当于前导空间。前半部分沿中轴线依次为“名山第一”牌楼、遥参亭、中天阁、“配天作镇”牌楼；后半部分沿中轴线依次为崇圣门、化三门、峻极门、“嵩高峻极”牌楼、露台、峻极殿、垂花门、寝殿、后殿、后门。

通过对《中国古建筑测绘十年：2000～2010清华大学建筑学院测绘图集》(上册，2011)一书中的实测图进行几何作图，以及对实测图(CAD文件)中的实测数据进行分析，可得如下结论。

(1)前部进深(取牌楼立柱轴线至崇圣门中柱轴线，227.81米)：建筑群面阔(取崇圣门两侧东西庙墙外皮间距，163.159米)＝1.396≈7∶5(吻合度99.7%)；1.396≈$\sqrt{2}$(吻合度98.7%)。

后部进深(取崇圣门中柱轴线建筑群北墙外皮，388.476米)：建筑群面阔(取崇圣门两侧东西庙墙外皮间距，163.159米)＝2.381≈12∶5(吻合度99.2%)；2.381≈$\sqrt{2}$＋1(吻合度98.6%)。

(2)峻极门—峻极殿院落面阔(取东西庑后墙外皮间距，76.393米)：进深(取南北庑后墙外皮间距，114.827米)＝0.665≈2∶3(吻合度99.8%)。

(3)建筑群面阔(163.159米)：峻极门—峻极殿院落进深(114.827米)＝1.421≈$\sqrt{2}$(吻合度99.5%)(图2–7)。

五、山东泰安岱庙

岱庙现有规模为北宋大中祥符五年(1012年)左右形成的，虽金元以来历经修缮，但基本格局仍为宋代之旧。岱庙四面有墙垣环绕，四隅建有角阙，南墙有正阳门和左右掖门，北墙设厚载门，东西墙有东华门、西华门。建筑群分作中、东、西三路。中路沿建筑群中轴线依次为正阳门、配天门、仁安门、天贶殿、寝殿和厚载门。

据傅熹年研究指出，岱庙用5丈网格(取北宋1尺＝30.5厘米)布局，东西共14格(70丈)、南北共25格(125丈)；仁安门—天贶殿主庭院面阔8格(40丈)，进深11格(55丈)；仁安门以南进深10格(50丈)。[1]

1. 傅熹年. 中国古代城市规划、建筑群布局及建筑设计方法研究(上册)[M]. 北京：中国建筑工业出版社，2001：40.

通过对陈从周《岱庙》（2005）一书中的实测图进行几何作图，结合上述模数网格分析，可得如下结论。

（1）岱庙总进深（125丈）：岱庙总面阔（70丈）＝1.786≈9：5（吻合度99.2%）——象征“九五之尊”。

（2）仁安门—天贶殿院落进深（55丈）：面阔（40丈）＝1.375≈7：5（吻合度98.2%）。

（3）仁安门—天贶殿院落以南部分面阔（70丈）：进深（50丈）＝1.4＝7：5≈$\sqrt{2}$（吻合度99%）。

（4）天贶殿月台南端中点北望60°视角正好包括天贶殿通面阔。

综上可知，岱庙建筑群是综合运用了$\sqrt{2}$、$\sqrt{3}/2$、9：5构图比例和5丈网格布局手法的佳作（图2-8）。

六、湖南衡山南岳庙

衡山南岳庙始建于唐，北宋大中祥符五年（1012年）扩建形成今日之规模，后屡毁屡建，现状为清光绪八年（1882年）重修之结果。建筑群主体部分为一座矩形小城，四隅建有角楼，南面开三门，东、西、北面各开一门。中轴线由南向北依次为南门、嘉应门、御书楼、土台、正殿、寝殿、北门。主体建筑之前还有前导空间，建有棂星门、碑亭等建筑。傅熹年研究指出，建筑群总平面采用5丈网格布局，主体部分东西13格（65丈），南北19格（95丈）；核心院落东西7格（35丈），南北12格（60丈）。通过对《湖南传统建筑》（1993）一书中的实测图进行几何作图，可得如下结论。

（1）总进深（取棂星门中心至北墙外皮）：主体部分进深（取南门中心至北墙外皮）≈10：7≈$\sqrt{2}$。（图2-9）

（2）主体部分进深：面阔≈$\sqrt{2}$。

核心院落进深：面阔≈（$\sqrt{2}$+1）/$\sqrt{2}$（图2-10）。

综上可知：衡山南岳庙总平面从整体到局部运用了丰富的$\sqrt{2}$构图比例。

七、山东曲阜孔庙

曲阜孔庙为全国规模最大的孔庙建筑群。孔庙在春秋末年由孔子旧宅发展而成，由此至唐代，皆属因宅立庙阶段。直到北宋的扩建，才奠定了今日孔庙的基础格局，金代又有拓展，今日大中门以内、四隅带角楼的部分应是宋、金时期的范围。明代对孔庙有过多次改扩建，使之最终形成今日之规模。清代孔庙格局主要沿袭明制，仅作重建、修缮和局部改变。

孔庙建筑群共计九进院落，以大中门为界分成前、后两部分。

前部为前导空间（明代扩建而成），中轴线上由南到北依次建"金声玉振"坊、棂星门、"太和元气"坊、"至圣庙"坊、孔庙大门圣时门、二门弘道门。东、西墙上还有"德侔天地"、"道冠古今"二木牌楼以及"快睹"、"仰高"二门。前导空间里除了重重门坊之外，其余皆是大面积柏树林，主要在于渲染气氛。

后部为主体建筑群，四周环以墙垣，四隅建有角楼。主体建筑群分作中、东、西三路布局。中路沿中轴线依次建有大中门、同文门、奎文阁、大成门、杏坛、大成殿、大成寝殿、圣迹殿。

通过对《曲阜孔庙建筑》（1987）一书中的实测图进行几何作图，可得如下结论。

（1）前导空间总进深（取金声玉振坊中心至大中门西侧院墙外皮）：主体建筑群总进深（取大中门西侧院墙外皮至孔庙北墙西北角）≈1：$\sqrt{2}$——即明代扩建的前导空间总进深与宋金形成的主体建筑群进深之比为1：$\sqrt{2}$。

（2）前导空间总面阔（取棂星门一线东西墙外皮间距）：总进深（取金声玉振坊中心大中门西侧院墙外皮）≈1：2。

（3）主体建筑群总面阔（取大中门一线东西墙外皮间距）：大中门西侧院墙外皮至大成寝殿两侧院墙外皮≈1：2。

其中，大中门西侧院墙外皮至大成门台基北沿≈总面阔；大成门台基北沿至寝殿两侧墙外皮≈总面阔。

（4）大成门—大成殿—寝殿组成的核心院落：

面阔（取东西廊庑台基外皮间距）：进深（取南北廊庑台基外皮间距）≈1：2。

（5）杏坛后檐柱至大成殿前廊柱：大成殿通面阔（含副阶）≈$\sqrt{3}/2$——即杏坛后檐中点北望60°视角正好包括大成殿前廊通面阔（图2-11）。

综上可知：曲阜孔庙建筑群总平面规划设计由三个面阔与进深之比为1：2的矩形组成，它们分别对应前导空间、主体建筑群（不含最后一进院落）和大成门、大成殿、寝殿所在的核心院落。联系到下文将要进一步分析的大成殿、大成寝殿以及孔庙多座门屋、牌坊的正立面高宽比皆为1：2（详见下篇第七章、第十章）——可以说，1∶2的构图比例是曲阜孔庙建筑群规划设计的重要“母题”，这一“母题”使得总平面与立面设计取得内在的和谐统一。此外，孔庙建筑群也综合运用了$\sqrt{2}$和$\sqrt{3}/2$构图比例。

八、山东曲阜颜庙

颜庙位于相传是颜回故居所在地的陋巷，始建于元泰定三年至致和元年（1326～1328年），明代多次展拓与修葺，尤其是明成化二十二年（1486年）和正德四年（1509年）两次大修，基本奠定了今日之格局，清代亦多次重修。

颜庙建筑群大致呈纵长的矩形，西墙略呈西南—东北走向，令中轴线略偏东。沿中轴线由南到北依次为影壁、“复圣庙”坊、复圣门、归仁门、仰圣门、乐亭、复圣殿和寝殿。与孔庙类似，颜庙以仰圣门为界分作前、后两部分，前部为前导空间，渲染气氛；后部为主体建筑群，分作中、东、西三路布局。

通过对《曲阜孔庙建筑》（1987）一书中的实测图进行几何作图，可得如下结论。

（1）设总进深（取影壁北沿至颜庙北墙外皮）为2B，则其二分之一基本位于仰圣门中心，即前导空间和主体建筑群的进深均为B；设南北中轴线至东墙外皮距离为A，取2A为颜庙总面阔（由于西墙微斜，中轴线以西面阔略大于A），则：

建筑群总进深：总面阔＝2B ：2A≈$2\sqrt{2}$。

其中，博文门、约礼门东西轴线至归仁门中心距离为A；归仁门中心至仰圣门中心距离为A。

（2）仰圣门—复圣殿—寝殿院落：

面阔：进深≈1∶2，与孔庙手法一致。

（3）仰圣门北侧台阶中心至复圣殿前檐柱轴线距离：仰圣门—复圣殿—寝殿院落面阔≈$\sqrt{3}/2$——仰圣门北侧台阶中心北望60°角正好穿过东庑西北角和西庑东北角，收进院落总面阔内的全景。

（4）复圣殿台基北沿中点至寝殿廊柱轴线距离：寝殿通面阔≈$\sqrt{3}/2$，即复圣殿台基北沿中点北望60°视角包括寝殿通面阔（图2–12）。

综上可知：颜庙布局基本仿照孔庙，同样是综合运用$\sqrt{2}$、$\sqrt{3}/2$和1∶2比例的佳作。

九、山东嘉祥曾庙

山东嘉祥曾庙主要格局形成于明弘治十八年（1505年）至正德七年（1512年），布局形式与颜庙类似。通过对《曲阜孔庙建筑》（1987）一书中的实测图进行几何作图，可得如下结论。

（1）总面阔：总进深≈1∶2。

（2）前导空间面阔：进深≈$\sqrt{2}$。

（3）主体院落进深≈总面阔（图2-13）。

十、北京孔庙*

北京孔庙、国子监位于国子监街北侧，东为孔庙，西为国子监，两组建筑群呈“左庙右学”的格局，从元大都时期一直延续至今。

北京孔庙是国家性的祭孔建筑，规模仅次于山东曲阜孔庙。始建于元大德六年（1302年），大德十年（1306年）建成，明、清两代沿用，屡经重修，乾隆年间将大成门、大成殿易以黄琉璃瓦，形制更加尊崇。

建筑群坐北朝南，中轴线上依次建有八字影壁、先师门、大成门、大成殿和崇圣祠，轴线两侧辅以配殿、廊庑，庭院中对列碑亭、石碑及数百年之古柏，庄严肃穆。

通过对《东华图志：北京东城史迹录》（2005）一书中的实测图进行几何作图，结合对北京市测绘研究院2002年北京旧城测绘图（1∶2000，CAD文件）的实测数据分析，可得如下结论：

（1）主体院落面阔（108.975米）：进深（107.968米）=1.009≈1（吻合度99.1%）。

（2）先师门中心至主体院落北庑北壁外皮距离（152.056米）：主体院落面阔（108.975米）=1.395≈7∶5(吻合度99.7%)；1.395≈$\sqrt{2}$(吻合度98.7%)（图2-14）。

此外据傅熹年研究指出：孔庙总面阔（33丈）：总进深（66丈）=1∶2。

十一、北京太庙、社稷坛*

依照《周礼·考工记》中的“左祖右社”之制，北京太庙与社稷坛分立天安门与午门之间御街的东、西两侧。

（一）太庙*

太庙为明、清两代皇室的祖庙，是国家祭祀建筑中“庙”的最高等级建筑群。始建于明永乐十八年（1420年），嘉靖二十年（1541年）毁于雷击，嘉靖二十四年（1545年）重建。清顺治六年（1649年）重修，乾隆元年至四年（1736～1739年）大修。

太庙共设三重墙垣：外垣内绝大部分面积被柏树林覆盖。外垣西墙有三座大门，从南到北依次为太庙街门、太庙右门和太庙西北门。第二重墙垣内为太庙主体建筑群，南门为琉璃砖门三间，两侧还各有琉璃砖角门一座。最内一重墙垣环绕太庙的核心建筑，沿中轴线依次为戟门、享殿、寝殿和祧庙（寝殿和祧庙之间有墙垣隔开，墙上辟琉璃砖门），两侧辅以廊庑和配殿。

据傅熹年分析指出：太庙第二重墙垣东西面阔206.87米，取明中期1尺＝31.87厘米，合64.9丈，约65丈（吻合度99.8%）；南北进深271.6米，合85.2丈，约85丈（吻合度99.8%）。故太庙第二重墙垣以内采取5丈网格布局，东西13格，南北17格。第三重墙垣（即最内重墙垣）东西面阔114.42米，合35.9丈，约36丈（吻合度99.7%）；南北进深207.45米，合65.1丈，约65丈（吻合度99.8%，与第二重墙垣面阔基本相等）。内重墙垣进深（207.45米）：面阔（114.42米）＝1.813≈9：5（吻合度99.3%），以此象征“九五之尊”。

除了上述模数和比例关系之外，通过对1940年代的测绘图[1]进行几何作图及实测数据分析，可得如下结论。

（1）戟门台基南沿至享殿第三层台基北沿距离（128.835米）[2]：主庭院面阔（取东西庑台基间距，91.05米）＝1.415≈$\sqrt{2}$（吻合度99.9%）。

建筑群总进深（271.6米）：主庭院面阔（取东西庑台基间距，91.05米）＝2.983≈3（吻合度99.4%）（图2-15）。

（2）戟门台基北沿至享殿小台基南沿（78.765米）：主庭院面阔（91.05米）＝0.865≈$\sqrt{3}/2$（吻合度99.9%）——由太庙戟门台基北沿中点北望的60°视角正好收进享殿正面全体及主庭院总面阔；反之，由享殿最上层台基南沿中点南望的60°角同样收进戟门、两侧小门全景及主庭院总面阔。这一

1. 1941～1945年，张镈带领天津工商学院师生及基泰事务所绘图人员对北京中轴线重要古建筑（包括永定门、天坛、正阳门、中华门、长安右门、天安门、端门、紫禁城宫殿、太庙、社稷坛、景山、地安门、鼓楼、钟楼等）进行测绘，绘有精确测图七百余幅。这批测图目前已绝大部分发表，参见故宫博物院、中国文化遗产研究院 编. 单霁翔、刘曙光主编. 北京城中轴线实测图集[M]. 北京：故宫出版社，2017. 本书中所提及的“1940年代的实测图”均指此批图纸，实测数据也均引自图中标注的尺寸值，下文不再逐一说明。

2. 据实测图上标注的数据，戟门中线至享殿中线距离为103.8米，而戟门台基进深16.225米（取栏杆中线），享殿第三层台基进深33.845米（取栏杆中线），故戟门台基南沿至享殿第三层台基北沿（取栏杆中线）距离为128.835米。

构图比例与紫禁城太和殿前庭院完全一致。

（3）太庙前门东西中线至戟门东西中线距离（54.94米）：戟门东西小门中线间距（62.89米）＝0.874≈7：8（吻合度99.8%）；0.874≈$\sqrt{3}/2$（吻合度99.1%）——由太庙前门北望59°视角包括了戟门东西两小门中心线之间的部分。

（4）由太庙享殿第三重台基北沿中点北望寝殿120°视角内正好包括寝殿通面阔，后文还将提到寝殿正立面高宽比为1：$2\sqrt{3}$（详见第七章），可知寝殿前庭院与正立面构图比例相同（图2-16）。

综上可知：太庙建筑群是综合运用$\sqrt{2}$、$\sqrt{3}/2$、9：5构图比例和5丈网格布局手法的成熟而完满的佳作。

（二）社稷坛*

社稷坛为明清两代祭祀社、稷神祇的祭坛。社稷为“太社”和“太稷”的合称，社为土地神，稷为五谷神，二者皆为农业社会之重要根基。社稷坛始建于明永乐十八年（1420年），明弘治、万历时曾加以修缮，清乾隆二十一年（1756年）又大修。

社稷坛为三重墙垣环绕。外垣东墙与太庙相对应，由南到北依次设社稷街门、社左门、社稷东北门。第二重墙垣中是主体建筑群，每面正中辟门，其中北门为正门。内垣所环绕的社稷坛，是整个建筑群的核心所在。内垣称“壝墙”，为琉璃砖砌筑的矮墙，各面墙垣长度一致，并按五行方位选用不同色彩的琉璃砖砌筑：东为青，南为朱，西为白，北为黑。壝墙四面各设一座汉白玉棂星门。墙内中央的社稷坛为正方形三层平台，四出陛。坛上层铺“五色土”——中黄、东青、南朱、西白、北黑，以五色之土象征普天之下的国土，皇权居于中央并控制四方，从而永保江山社稷。

据傅熹年分析指出：社稷坛第二重墙垣东西面阔207.21米，取1尺＝31.84厘米，合65.08丈，约65丈（吻合度99.9%）；南北进深268.23米，合84.24丈，约85丈（吻合度99.1%）；内垣（壝墙）边长62.4米，合19.6丈，约20丈（吻合度98%）；坛最上层边长15.92米，合5丈。故社稷坛第二重墙垣以内用5丈网格进行平面布局，东西共13格，南北共17格，与太庙一致；内垣（壝墙）边长4格，坛最上层边长1格（图2-17）。

除了上述模数和比例关系之外，通过对1940年代的实测图进行几何作图及实测数据分析，可得如下结论。

（1）社稷坛壝墙北门中心至享殿前檐柱中线距离（29.25米）：享殿通面阔（34.745米）＝0.842≈6：7（吻合度98.2%）；0.842≈$\sqrt{3}/2$（吻合度97.2%）——即从社稷坛壝墙北门北望的61°视角内正好包括享殿通面阔。

（2）社稷坛壝墙北墙外皮至享殿台基北沿距离≈享殿台基北沿至第二重墙垣北门南墙外皮距离。

（3）享殿台基北沿中点至戟门台基南沿中点距离（16.93米）≈戟门台基进深（16.84米）≈戟门台基北沿中点至第二重墙垣北门南墙外皮距离（图2–18）。

综上可知：除了运用5丈网格进行规划布局之外，社稷坛的北壝墙与享殿之间构成60°视角关系，享殿、戟门与北门之间也具有一定比例关系。

十二、北京天坛*

天坛总占地面积达273万平方米，建筑群主入口朝西，与先农坛主入口隔着北京中轴线御街（永定门大街）相对。天坛共有内外两重坛墙环绕，两重坛墙的西北、东北隅皆为弧形，从而呈现“南方北圆”的形状，以象征“天圆地方”的传统理念。

天坛在明永乐十八年（1420年）初建时称作“天地坛”，为帝王同时祭祀天地之所，其核心建筑称大祀殿，即位于今日祈年殿的位置。直至明嘉靖九年（1530年），又在北京北郊安定门外建地坛，并将原来的“天地坛”改名为“天坛”，并分别于嘉靖九年创建圜丘、嘉靖二十四年（1545年）将大祀殿改建为大享殿（亦称泰享殿），又于嘉靖三十二年（1553年）加筑外坛墙，从而形成今日天坛之格局。天坛从此成为明、清两代帝王专为祭祀上天和祈求丰收而斋戒礼拜的神圣场所。

内坛墙以内称“内坛”，布置天坛的主体建筑群：其中，位于内坛中央偏东处是纵贯内坛的南北中轴线，也是整个天坛规划布局的主轴线，其南北两端分别为祭天的圜丘、皇穹宇和祈祷丰年的祈年殿两组建筑群，为全坛祭祀建筑的主体；中轴线东侧建有分别附属于圜丘、祈年殿建筑群的神厨、神库、宰牲亭等建筑；内坛墙西门南侧为斋宫，是皇帝祭天前住宿、斋戒之所，俨然一座小型宫殿；此外，外坛西墙与内坛西墙之间的还布置有饲养祭祀所用牲畜的牺牲所和舞乐人员居住的神乐署。

（一）祈年殿建筑群*

祈年殿建筑群位于天坛中轴线的最北端，是整个天坛建筑群的“重心”所在，周围筑有一圈2米高的围墙，四面各辟一座砖门。南面的门内又设一座面阔五间、单檐庑殿顶的殿门——祈年门。祈年殿建于三层汉白玉圆形台基（称“祈谷坛”）之上。祈年殿北侧是面阔五间、单檐蓝琉璃瓦庑殿顶的皇乾殿，为平时供奉“皇天上帝”和皇帝列祖列宗神版的殿宇，构成整个天坛中轴线主体建筑群的北部结束。

通过对1940年代的实测图进行几何作图及实测数据分析，可得如下结论。

（1）建筑群总面阔（取主庭院东西墙外皮间距，162.97米）：总进深（取主庭院南北墙外皮间距，190.62米）=0.855≈6：7（吻合度99.7%）；0.855≈$\sqrt{3}/2$（吻合度98.7%）。

（2）皇乾殿小院进深（31.16米）：面阔（36.37米）≈6：7（吻合度接近100%）——与主庭院为相似形并扭转90°。

（3）由祈年门台基北侧御路北端中点北望60°视角内正好包含整个祈谷坛。不仅如此，若以祈年门台基北侧御路北端中点为顶点，以该点与祈谷坛最下层北侧端点之连线为高，作一等边三角形，则恰为祈谷坛之外切等边三角形（换言之，即祈年殿或祈谷坛圆心至祈年门台基北侧御路北端中点之距离恰好等于祈谷坛直径）——由上可知，祈谷坛、祈年门之规划布局经过了精心设计。

（4）祈年门东西中线与祈年门前砖门东西中线间距：祈年门通面阔≈$\sqrt{3}/2$。（图2-19）

以上为祈年殿建筑群布局中的$\sqrt{3}/2$构图比例。下面来看$\sqrt{2}$构图比例之运用。

（5）主庭院总进深：祈年殿圆心至主庭院南墙外皮间距≈10：7≈$\sqrt{2}$（即“方七斜十”）。

若取明中期1丈=3.184米，则主庭院总进深190.62米，合59.868丈≈60丈（吻合度99.8%），则祈年殿圆心至主庭院南墙外皮42丈，与主庭院总进深呈“方七斜十”关系（图2-20）。

从下文对祈年殿单体建筑的分析可知，祈年殿建筑群总进深与祈年殿总高亦有着清晰的比例关系。

（6）主庭院总面阔（162.97米）：祈谷坛最下层直径（90.24米）=1.806≈9：5（吻合度99.7%）——可能包含有“九五之尊”的象征意义。

综上可知：祈年殿建筑群是综合运用$\sqrt{2}$、$\sqrt{3}/2$和9：5构图比例的完美杰作——尤其是以祈年门北侧御路端点为顶点的等边三角形与祈谷坛外切的精彩构图，充分说明祈谷坛直径及祈谷坛、祈年门位置皆是精心规划设计的结果。

（二）圜丘建筑群*

天坛圜丘建筑群由方形外壝墙、圆形内壝墙和中心的圜丘组成。其中，圜丘为三层汉白玉圆台，据1940年代实测图：下层直径55.09米，中层直径39.39米，上层直径23.63米；圆形内壝墙直径102.03米（取棂星门门槛内皮间距），方形外壝墙边长167.02米（取四边平均值）。

现存的圜丘是清乾隆十二年（1747年）改筑的。据《清史稿》记载：

“十二年，修内外垣，改筑圜丘，规制益拓。上成径九丈，二成十五丈，三成二十一丈，一九三五三七，皆天数也。通三成丈四十有五，符九五义。量度准古尺，当营造尺八寸一分，又与九九数合。”[1]

可见乾隆十二年重建圜丘的设计构思是：三层台面上层直径九丈，取一、九数，中层直径十五丈，取三、五数，下层直径二十一丈，取三、七数，合在一起象征“一、三、五、七、九”五个“阳数”，即所谓“天数”。需要强调的是，这里所说的尺寸是取所谓“古尺”之数，一尺相当于清乾隆时期营造尺的八寸一分，取“九九八十一”的象征含义。因此上、中、下层坛台的直径分别为7.29丈、12.15丈、17.01丈。

通过对1940年代的实测图进行几何作图及实测数据分析，可得如下结论。

（1）下层直径（55.09米）：中层直径（39.39米）＝1.399≈7：5（吻合度99.9%）；中层直径（39.39米）：上层直径（23.63米）＝1.667≈5：3（吻合度接近100%）——因此下层直径：中层直径：上层直径＝7：5：3，与上述文献记载完全吻合。

（2）若取1丈＝3.24米，则55.09米合17丈，39.39米合12.16丈，23.63米合7.29丈，十分接近文献记载，可知圜丘之营造尺颇有可能为1尺＝32.4厘米。

（3）若以A＝3×0.81＝2.43丈（取1丈＝3.24米，合7.873米）为圜丘建筑群总平面规划的模数网格，则：

圜丘三环直径分别为3A、5A、7A。

此外，圆形内壝墙直径（102.03米）＝

1. 转引自王贵祥. 北京天坛［M］. 北京：清华大学出版社，2009：31.

12.959A≈13A（吻合度99.7%）。

方形外壝墙边长（167.02米）=21.214A≈21A（吻合度99%）。

（4）圜丘总直径：方形外壝墙边长≈7：21=1：3——二者形成经典的“九宫格”构图。

（5）圜丘中层台直径：下层台直径=5：7≈1：$\sqrt{2}$（即“方五斜七”）——不过总体看来，三环比例为3：5：7，并未完全沿袭辽宁牛河梁红山文化圜丘三环石坛直径呈1：$\sqrt{2}$ ：2的构图比例（图2-21）。

十三、北京历代帝王庙*

历代帝王庙是明、清两朝集中祭祀中华祖先三皇五帝、历代帝王和功臣名将的皇家庙宇，始建于明代嘉靖九年（1530年），其地原为保安寺故址，嘉靖十一年（1532年）建成。清代继续沿用，雍正、乾隆两代均有过大修。

建筑群规模宏大，总占地约1.8万平方米，沿中轴线南北依次建有影壁、大门、景德崇圣门、景德崇圣殿、祭器库，两侧辅以配殿、碑亭等，原本大门外还有过街牌楼两座，汉白玉石桥三道。

通过对北京市古代建筑设计研究所绘制的总平面实测图进行几何作图分析，结合对北京市测绘研究院2002年北京旧城测绘图（1：2000，CAD文件）的实测数据分析，可得如下结论。

（1）通进深（172.199米）：通面阔（122.047米）=1.411≈$\sqrt{2}$（吻合度99.8%）。

（2）景德崇圣门台基北侧台阶中点至景德崇圣殿台基南沿：景德崇圣殿台基面阔≈7：8≈$\sqrt{3}$：2——即景德崇圣门台基北侧台阶中点北望59°视角包括大殿台基面阔（图2-22）。

第三章 陵墓建筑

陵墓是中国古建筑中又一重要而特殊的类型。其主体部分往往为体量巨大的夯土构筑物（从早期的“方上”到后期的“宝顶”，当然也有以自然山体为主体者，称“因山为陵”），四周环以大规模人工造林，早期陵墓中建筑物仅占很小的比例，后期逐渐增多。

本章所探讨的实例包括河北平山县战国中山王陵、陕西临潼秦始皇陵、陕西西安西汉诸帝陵、北京明十三陵、河北遵化清东陵和易县清西陵（其中6座陵墓）等。其中，针对明以前的实例主要探讨其陵园总平面形状、封土（即方上）形状以及二者的比例关系，对明、清皇陵实例则进一步拓展到对陵园总平面布局、特别是前部院落式建筑群的分析。

一、河北平山县战国中山王陵及《兆域图》*

河北省平山县战国中山王陵1号墓出土了一块金银错《兆域图》铜版，长94厘米，宽48厘米，厚约1厘米。版面用金银镶嵌出一幅陵园的平面布置图，图中绘出了王陵陵园的中宫垣、内宫垣两道，以及一字排开的五座墓冢（分别为王堂即1号墓、哀后堂即2号墓、王后堂和二夫人堂），对陵园建筑的各部分尺寸进行了详细标注，是迄今为止发现的最古老的中国古代建筑群总平面图（图3–1）。

《兆域图》的尺寸标注中既有“尺”也有“步”，首先要解决的问题是该图中1步等于多少尺。傅熹年研究指出，如果要令图中同时使用了尺和步的同一长度吻合，最终推算出图中1步＝5尺。[1]据此将《兆域图》所标尺寸统一成尺之后可得：

中宫垣面阔1780尺，进深765尺；内宫垣面阔1480尺，进深460尺；王堂、哀后堂、王后堂方200尺，夫人堂方150尺。

由此可得：

（1）中宫垣进深（765尺）：面阔（1780尺）＝0.43≈$\sqrt{3}/4$（吻合度99.3%）。

（2）中宫垣进深（765尺）：内宫垣进深（460尺）＝1.663≈5：3（吻合度99.8%）；

中宫垣面阔（1780尺）：内宫垣面阔（1480尺）＝1.203≈6：5（吻合度99.8%）。

若将中宫垣面阔12等分，每份148.3尺，约148尺；进深5等分，每份153尺——二者均接近150尺。如果取面阔148尺、进深153尺（接近150尺见方）作为总平面布局的模数网格，则：

中宫垣面阔12格，进深5格；内宫垣面阔10格，进深3格——中宫垣内面积合60格，内宫垣内面积合30格，二者之比为2：1。以实际数据校核：

中宫垣内面积：内宫垣内面积＝（1780×765）：（1480×460）＝2。

此外，王堂、王后堂、哀后堂的南沿均位于进深方向由南向北第2格处；而五堂共处的巨大高台北沿位于第4格；中央三堂所处平台顶部面阔约6格，各堂边长200尺，相距100尺，总计300尺，约为网格（约150尺见方）的2倍；两侧夫人堂边长150尺，等于

1. 参见傅熹年. 战国中山王墓出土的《兆域图》及其陵园规制的研究［J］. 考古学报，1980（1）：97–118. 而杨鸿勋在对兆域图的复原中则直接根据古代文献取1步＝6.4尺来推算《兆域图》中的尺寸（参见杨鸿勋. 战国中山王陵及兆域图研究［J］. 考古学报，1980（1）：119–137.），但这样的假设令图中的尺寸标注自相矛盾，故本书取傅熹年1步＝5尺的推论。

不过，傅熹年进一步推测图中所标尺寸是忽略了墙厚的结果，并通过假设《兆域图》所绘中宫垣比例与实际形状相符，推导出墙厚30尺的结论。然而即便如此，图中诸如内宫垣等其他部分的形状还是与所注尺寸不符。所以本书倾向于认为图中标注的尺寸就是陵园设计的尺寸，只是绘图时未严格按照比例绘制。从本书对内外垣尺寸的比例关系分析可知，图中标注的尺寸有着清晰的、精确的比例关系，极可能就是陵园的设计尺寸。

模数网格。

（3）中宫垣内面积：王堂面积（等于哀后、王后堂面积）＝（1780×765）：（200×200）＝34.04≈34（吻合度99.9%）；内宫垣内面积：王堂面积（等于哀后、王后堂面积）≈17（吻合度99.9%）（图3–2）。

综上可知：依据《兆域图》所注尺寸，中山王陵总平面的构图比例经过了精心推敲，中宫垣形状运用了$\sqrt{3}/4$矩形，在下文的秦始皇陵总平面以及后世大量建筑单体的平、立、剖面设计中还将反复见到这一经典构图比例；总平面布局运用148尺×153尺（接近150尺见方）的模数网格，中宫垣面阔12格，进深5格，内宫垣面阔10格，进深3格，各重要建筑位置均受网格控制；此外，中宫垣内的面积与内宫垣内的面积之比为2：1，二者分别为王堂面积的34倍和17倍，故方200尺的王堂（及哀后、王后堂）可以看作是陵园总平面规划的另一（面积）模数——这与都城规划中以宫城为基本面积模数的手法异曲同工，体现的应该是中国古人陵墓“若都邑”[1]、“事死如事生”[2]的文化理念。

二、陕西临潼骊山秦始皇陵*

秦始皇陵为秦代大型建设（包括都城、宫殿、苑囿、长城、驰道等）中历时最久的一项，前后超过37年，共动用刑徒军匠七十余万人，工程规模之大史无前例。虽然早在秦始皇之前，中国已有大量王陵建筑群，但秦始皇陵是真正意义上的第一座帝陵，其规划布局开一代之先河，并且直接影响了两汉帝陵的营建。

据1962年以来的多次地面与空中探测，确定秦始皇陵园平面为矩形，有内外两圈围墙，四隅均建有角楼，陵门各置门阙，俨然帝都宫殿之样式。陵园依出土文物可知称作“丽山园”，主轴线为东西向，正门朝东。陵冢（即巨大的封土）位于内垣南侧，居陵园东西主轴线和南北次轴线的交点，内垣以内、封土西北侧有寝殿、便殿等祭祀建筑群遗址。举世闻名的兵马俑陪葬坑位于东大门外的神道北侧，而铜车马陪葬坑则位于封土西侧50米处。此外，外垣之外还有王室陪葬墓（包括杀殉墓）、窑址、建材加工场、刑徒墓地等，因此始皇陵的总体布局范围是包括一个南北、东西各约7.5公里的浩阔地域，占地面积在56平方公里以上。

位居中央的陵园外垣西墙长2188.378

1.《吕氏春秋·安死》：“世之为丘垄也，其高大若山，其树之若林，其设阙庭、为宫室、造宾阼也若都邑……”。见［战国］吕不韦 著. 陈奇猷 校释. 吕氏春秋新校释［M］. 上海：上海古籍出版社，2002：542.

2.《礼记·中庸》：“敬其所尊，爱其所亲，事死如事生，事亡如事存，孝之至也。”《荀子·论礼》：“礼者，谨于治生死者也。生，人之始也；死，人之终也。……故事死如生，事亡如存，始终一也。”

米，北墙宽971.112米，东墙长2185.914米，南墙宽976.186米（1999年最新实测数据）；内垣南北1355米，东西580米；封土东西宽485米，南北长515米；地宫东西宽392米，南北长460米。

通过对秦始皇陵总平面实测图（载于《秦始皇帝陵博物院2014院刊》）进行几何作图，以及对《秦始皇帝陵园考古报告（1999）》（2000）一书中的实测数据进行分析，可得如下结论：

（1）外垣东西宽（平均值973.649米）：南北长（平均值2187.146米）＝0.445≈4：9（吻合度99.9%）；0.445≈$\sqrt{3}/4$（吻合度97.3%）。

（2）内垣东西宽（580米）：南北长（1355米）＝0.428≈3：7（吻合度99.9%）；0.428≈$\sqrt{3}/4$（吻合度98.9%）。

（3）地宫东西宽（392米）：南北长（460米）＝0.852≈6：7（吻合度99.4%）；0.852≈$\sqrt{3}/2$（吻合度98.4%）。

（4）内垣东西宽（580米）＋地宫东西宽（392米）＝972米≈外垣东西宽（平均值973.649米）（吻合度99.8%）。可知，秦始皇陵园外垣、内垣和地宫极可能为统一规划设计，外垣东西宽等于内垣东西宽与地宫东西宽之和。

（5）若取秦代1尺＝23.2厘米，1步＝6尺，则：

陵园外垣东西宽973.6米，合420丈＝700步；

南北长2187.1米，合943丈＝1571≈1575步（吻合度99.7%）。

内垣东西宽580米，合250丈＝416.7步≈420步（吻合度99.2%）；

南北长1355米，合584丈＝973.4步≈980步（吻合度99.3%）。

封土东西宽485米，合209丈＝348.4步≈350步（吻合度99.5%）；

南北长515米，合222丈＝370步。

若设35步为陵园规划的模数网格，则：

外垣东西20格，南北45格；内垣东西12格，南北28格；封土东西10格（恰为模数网格的10倍）（图3-3）。

综上可知：秦始皇陵园规划很可能综合运用了$\sqrt{3}/2$比例和35步模数网格，其中内、外垣形状均与战国中山王陵中宫垣形状接近（其中内垣更加接近）。

三、陕西西安西汉帝陵*

西汉帝陵分布于长安附近南北两区：北区位于渭水北岸，计有高祖刘邦与吕后合葬之长陵、惠帝刘盈安陵、景帝刘启阳陵、武帝刘彻茂陵、昭帝刘弗陵平陵、元帝刘奭渭陵、成帝刘骜延陵、哀帝刘欣义陵、平帝刘衎康陵等九处，沿河呈东西向一字形排开，蔚为壮观；南区在长安东南“白鹿原”（因西周时期出现过白鹿而得名），包括文帝刘恒霸陵、宣帝刘询杜陵二陵，此外尚有高祖薄姬（后追尊太后）南陵。总体上长安渭水以北九陵与东南二陵合称“西汉十一陵”。

十一陵中，高祖及吕后之长陵、惠帝与张皇后之安陵形制最为特殊，帝后墓位于同一陵园之内，唯“同茔不同穴”。自景帝以降，帝陵与后陵皆各在独立之陵园中且后陵形制小于帝陵，位置大多在帝陵之东（少数列于西侧）。西汉诸陵的另一个特例是文帝霸陵，“因其山，不起坟”，即依山崖凿洞室为崖墓。除了长陵、安陵、霸陵三个特例，其余八陵均大同小异，大致皆分为陵园、寝园及陵邑三区。

陵园为各陵核心，地面上的建筑包括陵墙、门阙、角楼和封土等。陵园平面多为正方形，四面陵墙由夯土筑成。陵墙四面正中各开一门，称司马门。陵园中央建有高大的封土，造型为去顶之方椎体（即方锥台，个别封土呈二层锥台形），汉代称作“方上”。封土之下则为地宫，称“方中”，如今通过对汉阳陵地宫之探测，可知西汉帝陵地宫平面呈“亚”字形，坐西朝东，有东南西北四条墓道，东墓道为主墓道，体现了汉代沿袭自秦代的“尊西”观念。

通过对《西汉帝陵钻探调查报告》（2010）一书中的实测图进行几何作图及实测数据分析，可得如下结论。

（一）汉高祖长陵*

（1）陵园：

西墙944米，东墙943米，平均值943.5米，取西汉1尺＝23.5厘米，合401.5丈，约400丈（吻合度99.6%）；南墙829米，北墙842米，平均值835.5米，合355.5丈，约350丈（吻合度98.4%）。

由此可得：陵园东西宽（835.5米）：南北长（943.5米）＝0.886≈7：8（吻合度98.7%）；0.886≈$\sqrt{3}/2$（吻合度97.7%）。

（2）东边封土：

底边东西长164～166米，平均值165米，合70.2丈，约70丈（吻合度99.7%）；南北宽132～134米，平均值133米，合56.6丈，约57丈（吻合度99.3%）。

由此可得：东边封土底边东西长（165米）：南北宽（133米）＝1.24≈5：4

（吻合度99.2%）。

（3）西边封土：

底边东西长162～164米，平均值163米，合69.4丈，约70丈（吻合度99.1%）；南北宽134米，合57丈。

由此可得：西边封土底边东西长（163米）：南北宽（134米）=1.22≈5：4（吻合度97.6%）。

（4）陵园东西面阔（350丈）：封土东西长（70丈）=5；陵园南北进深（400丈）：封土南北宽（57丈）=7.018≈7（吻合度99.7%）。

综上可知：长陵陵园形状接近$\sqrt{3}/2$矩形（7：8）；东、西封土尺寸基本相等（东西70丈，南北57丈，长宽比5：4）；封土尺寸为陵园规划的基本模数，陵园东西宽为封土东西长的5倍，陵园南北长为封土南北宽的7倍，陵园面积为封土占地面积的35倍——与战国中山王陵的规划手法一脉相承（图3-4）。

值得注意的是，和西汉大部分帝陵不同，长陵不论陵园还是封土（方上）都未采用正方形，前者采取7：8的矩形，后者采取4：5的矩形，其原因有待进一步研究。

（二）汉惠帝安陵*

（1）陵园：

东墙845米，西墙852米，平均值848.5米，合361.1丈，约360丈（吻合度99.7%）；南墙950米，北墙932米，平均值941米，合400.4丈，约400丈（吻合度99.9%）。

由此可得：陵园南北长（848.5米）：东西宽（941米）=0.902≈9：10（吻合度99.8%）。

（2）东边封土底边东西长163～167米，平均值165米，合70.2丈，约70丈（吻合度99.7%）；南北宽139～142米，平均值140.5米，合59.8丈，约60丈（吻合度99.6%）。

由此可得：东边封土底边南北宽（140.5米）：东西长（165米）=0.852≈6：7（吻合度99.4%）；0.852≈$\sqrt{3}/2$（吻合度98.4%）。

（3）西边封土底边东西长65～70米，平均值67.5米，合28.7丈，约29丈（吻合度99%）；南北宽68～70米，平均值69米，合29.4丈，约29丈（吻合度98.6%）。

西边封土底边东西长（67.5米）：南北宽（69米）=0.978≈1（吻合度97.8%）（图3–5）。

（4）陵邑南北宽（取东墙南北两段之和，691米）：东西长（取北墙，1612米）=0.429=3：7≈$\sqrt{3}$/4（吻合度99%）——陵邑之半与东封土为相似形。

（三）汉景帝阳陵*

总陵园为$\sqrt{2}$矩形（图3–6）。

1．阳陵

（1）陵园边长417.5～418米，平均值417.75米，合177.8丈，约180丈（吻合度98.8%）。

（2）封土底边长167.5～168.5米，平均值168米，合71.5丈，约72丈（吻合度99.3%）；封土顶部东西（56米）：南北（63.5米）=0.882≈8：9（吻合度99.2%）。

（3）陵园边长：封土底边长=417.75/168=2.49≈5：2（吻合度99.6%）；

封土底边长：封土顶部东西长=168/56=3：1——封土顶部与底部约呈九宫格构图（顶部进深略大）（图3–7）。

2．后陵

（1）陵园边长347.5～350米，平均值348.75米，合148.4丈，约150丈（吻合度98.9%）。

（2）封土底边东、南、西、北边长分别为157、167.5、156、151米，平均值157.9米，合67.2丈，合67丈（吻合度99.7%）；封土顶部东西（50.3米）：南北（62.8米）=0.8=4：5。

（四）汉武帝茂陵*

1．茂陵

（1）陵园东墙426米，南墙414米，西墙425米，北墙420米，平均边长421.25米，合179.3丈，约180丈（吻合度99.6%），与阳陵相等。

（2）封土底边东长236米，西长228米，南长224米，北长226米，平均边长228.5米，合97.2丈，约100丈（吻合度97.2%）；如果取最长的东边236米，则合100.4丈，约100丈（吻合度99.6%）。

封土高46.5米，合19.8丈，约20丈（吻合度99%）。

（3）陵园围墙边长（421.25米）：封土底边长（228.5米）=1.84≈9：5（吻合度97.8%），应该是以陵园边长（180丈）和封土边长（100丈）象征“九五之尊”——这是茂陵全新的构图创造，也是西汉诸陵中的一个特例（图3-8）。

2．李夫人陵

封土底边东西宽（114米，约49丈）：南北长（131米，约56丈）=0.87≈$\sqrt{3}/2$（吻合度99.5%）。

（五）汉昭帝平陵*

1．平陵

（1）陵园东墙404米，西墙429米，南墙416米，北墙428米，边长平均值419.25米，合178.4丈，约180丈（吻合度99.1%），规模与阳陵、茂陵相同。

（2）封土底边长164～170米，平均值167米，合71.1丈，约72丈（吻合度98.8%），规模同阳陵；封土顶边长40～42米，平均值41米。封土底边长：封土顶边长=167/41=4.07≈4（吻合度98.2%）。

（3）陵园边长：封土边长=419.25/167=2.51≈5：2（吻合度99.6%）。

综上可知：平陵封土顶边长：封土底边长：陵园边长=1：4：10，封土顶部为陵园规划的基本面积模数，封土占地为其16倍，陵园占地为其100倍。（图3-9）

2．上官皇后陵

（1）陵园东墙380米，西墙386米，南墙370米，北墙381米，边长平均值379.25米，合161.4丈，约160丈（吻合度99.1%）。

（2）封土底边长159～163米，平均值161米，合68.5丈，约70丈（吻合度97.9%）；封土顶边长45～48米，平均值46.5米，合19.8丈，约20丈（吻合度99%）。封土底边长：封土顶边长=161：46.5=3.46≈7：2（吻合度98.9%）。

（3）封土顶边长：封土底边长：陵园边长≈2：7：16。

（六）汉宣帝杜陵*

1．杜陵

陵园边长433米，合184.3丈，约180丈（吻合度97.6%）；

封土底边长172米，合73.2丈，约72丈（吻合度98.3%）；

封土顶边长50米，合21.3丈，约21丈（吻合度98.6%）。

陵园边长：封土底边长＝433/172＝2.52≈5：2（吻合度99.2%）（图3–10）。

2．孝宣王皇后陵

陵园东、西墙335米，南、北墙334米，边长平均值334.5米，合142.3丈，约140丈（吻合度98.4%）；封土底边长148米，合63丈。

封土底边长：陵园边长＝148：335＝0.44≈9：20（吻合度98.2%）。

（七）汉元帝渭陵*

1．渭陵

（1）陵园东墙426米，西墙426米，南墙416米，北墙414米，边长平均值420.5米，合178.9丈，约180丈（吻合度99.4%）。

（2）封土底边东169米、西160米、南168米、北163米，平均值165米，合70.2丈，约72丈（吻合度97.5%）；顶边长42～44米，平均值43米，合18.3丈，约18丈（吻合度98.3%）。

（3）封土顶边长：封土底边长：陵园边长≈1：4：10。与平陵构图相同（图3–11）。

2．孝元王皇后陵

（1）陵园东墙376米，西墙376米，南墙380米，北墙379米，边长平均值377.75米，合160.7丈，约160丈（吻合度99.6%）。

（2）封土底边东90米、西87米、南92米、北91米，平均值90米，合38.3丈，约38丈（吻合度99.2%）；顶边长33～34米，平均值33.5米，合14.3丈，约14丈（吻合度97.9%）。

（八）汉成帝延陵*

（1）东墙506米，西墙528米，平均值517米，合220丈；南墙410米，北墙408米，平均值409米，合174丈，约175丈（吻合度99.4%）。

东西宽（409米）：南北长（517米）＝0.79≈4：5（吻合度98.9%）。

（2）封土底边东162米、南162米、西170米、北160米，平均值163.5米，合69.6丈，约70丈（吻合度99.4%）；顶边长53～56米，平均值54.5米，合23.2丈。

封土底边长：顶边长＝163.5：54.5＝3——封土为九宫格构图。

（3）陵园东西面阔：封土边长＝409：163.5＝2.5＝5：2（图3–12）。

（九）汉哀帝义陵*

（1）陵园东墙428米，西墙420米，南墙425米，北墙445米，平均值429.5米，合182.8丈，约180丈（吻合度98.4%）。

（2）封土底边东171米、南167米、西167米、北168米，平均值168.25米，合71.6丈，约72丈（吻合度99.4%）；顶边东55米、南57米、西58米、北58米，平均值57米，合24.3丈，约24丈（吻合度98.7%）。

封土底边长：顶边长＝168.25/57＝2.95≈3（吻合度98.4%）——封土为九宫格构图。

（3）封土顶边长：封土底边长：陵园边长＝2：6：15（图3–13）。

（十）汉平帝康陵*

1．康陵

（1）陵园东墙376米，西墙370米，南墙374米，北墙378米，平均值374.5米，合159.4丈，约160丈（吻合度99.6%）。

（2）封土底边东243米、南221米、西238米、北226米，平均值232米，合98.7丈，约100丈（吻合度98.7%）；顶边东53米、南62米、西56米、北58米，平均值57.25米，合24.4丈，约25丈（吻合度97.4%）。

封土底边长：顶边长＝232：57.25＝4.05≈4（吻合度98.7%）。

（3）封土顶边长：封土底边长：陵园边长＝5：20：32。

2．后陵

（1）陵园东墙432米，西墙425米，南墙441米，北墙420米，平均值429.5米，合182.8丈，约180丈（吻合度98.4%）。

（2）封土底边78～82米，平均值80米，合34丈；顶边33～34米，平均值33.5米，合14.3丈，约14丈（吻合度97.9%）。

综观上述西汉十陵（霸陵因山为陵不计），可以分作四大类型（表3–1）：

甲类：包括高祖长陵和惠帝安陵，皆是帝、后封土处于同一陵园之中，二者的陵园和帝王封土规模十分接近，所不同者在于，高祖长陵中吕后封土与高祖封土规模相等，而惠帝安陵中皇后封土要远小于皇帝封土，由此亦可窥见吕后地位之特殊。

乙类：包括景帝阳陵、武帝茂陵、昭帝平陵、宣帝杜陵、元帝渭陵、哀帝义陵，各陵形制均极为接近，符合景帝阳陵创立的规制，帝陵园边长均为180丈，除茂陵外其余帝陵封土边长均为72丈（茂陵封土100丈，可视作乙1子类），二者之比为5：2；后陵陵园边长有180、160、150、140丈几种规模，封土边长则变化不定，且均明显小于帝陵封土。总体看来，乙类可谓是西汉帝陵的标准类型。

丙类：仅成帝延陵一例，陵园为4：5矩形。

丁类：仅平帝康陵一例，陵园边长160丈，封土边长100丈，二者比例为8：5，与诸陵均异。

西汉帝后陵陵园、封土规模与比例分析表　　表3-1

名称（类型）	帝陵陵园			帝陵封土			后陵陵园			后陵封土			备注
	东西（米/丈）	南北（米/丈）	东西：南北	东西（米/丈）	南北（米/丈）	东西：南北	东西（米/丈）	南北（米/丈）	东西：南北	东西（米/丈）	南北（米/丈）	东西：南北	
高祖长陵（甲）	835.5/350	943.5/400	7：8≈$\sqrt{3}/2$	163/70	134/57	5：4				165/70	133/57	5：4	帝后墓葬于一陵园
惠帝安陵（甲）	941/400	848.5/360	9：10	165/70	140.5/60	6：7≈$\sqrt{3}/2$				67.5/29	69/30	1	陵邑南北：东西≈$\sqrt{3}$：4
景帝阳陵（乙）	417.8/180	417.8/180	1	168/72	168/72	1	348.75/150	348.75/150	1	157.9/67	157.9/67	1	帝陵封土与陵园边长之比为2：5
武帝茂陵（乙-1）	421.3/180	421.3/180	1	228.5/100	228.5/100	1				114/49	131/56	7/8≈$\sqrt{3}$：2	帝陵封土与陵园边长之比为5：9；后陵指李夫人陵
昭帝平陵（乙）	419.3/180	419.3/180	1	167/72	167/72	1	379.3/160	379.3/160	1	161/70	161/70	1	帝陵封土与陵园边长之比为2：5
宣帝杜陵（乙）	433/180	433/180	1	172/72	172/72	1	334.5/140	334.5/140	1	148/63	148/63	1	同上
元帝渭陵（乙）	420.5/180	420.5/180	1	165/72	165/72	1	377.8/160	377.8/160	1	90/38	90/38	1	同上
成帝延陵（丙）	409/175	517/220	4：5	163.5/70	163.5/70	1							帝陵封土边长与陵园东西宽之比为2：5
哀帝义陵（乙）	429.5/180	429.5/180	1	168.3/72	168.3/72	1							帝陵封土与陵园边长之比为2：5
平帝康陵（丁）	374.5/160	374.5/160	1	232/100	232/100	1	429.5/180	429.5/180	1	80/34	80/34	1	帝陵封土与陵园边长之比为5：8

注：表中丈数均取前文计算中的整数近似值。

四、北京明十三陵*

明十三陵位于北京城北郊昌平天寿山南面的山谷之中，明永乐帝到崇祯帝共十三代帝王都埋葬于此。这里汇集了规模宏大、艺术造诣高超的陵墓建筑群，既是明代帝王陵寝的最重要代表，也是中国古代建筑群规划设计的典范之一。陵区占地约120平方公里（群山内的平原面积约40平方公里），四面群山环绕呈马蹄状，中间是广袤的盆地，具有天然的封闭隔绝之势——仅西南方山脉中断，形成一处缺口，成为整个陵区的入口。入口处两座东西对峙的小山更被巧妙地当作“双阙”，体现了人工与自然的巧妙结合。十三陵的总体布局气势磅礴，形成了波澜壮阔的空间序列。通往诸陵的主神道长约7.3公里，由石牌坊、大红门、碑亭、石象生及龙凤门组成，引人入胜。

自龙凤门向北，轴线开始产生许多分支——其中神道由龙凤门继续向东北延伸至位于天寿山主峰南麓的长陵，其余十二陵除思陵[1]以外，分别布列在长陵的东、西两侧呈众星拱月之势；其中献陵、景陵、永陵、昭陵四陵的神道分别从长陵的“总神道”上分支，其余诸陵则分别从各自就近的宗陵神道分支，如裕陵神道自献陵神道分支、定陵神道自昭陵神道分支、德陵神道自永陵神道分支，等等。这样，十二座皇陵共同组成一个“树状结构”的总体布局。这个“树状结构”以石牌坊、大红门、碑亭、石象生、龙凤门及长陵为“主干”，其余十一陵为分支（或分支的分支）（图3–14）。

（一）长陵*

长陵为明成祖朱棣陵寝。陵宫依山而建、坐北朝南，呈“前方后圆”式布局，前部由院墙隔成三进院落，中轴线上由南到北依次排列陵宫门、祾恩门、祾恩殿、内红门、二柱牌楼门、石供案（俗称石五供）、方城明楼以及宝顶（或称宝城）。

通过对胡汉生《明十三陵》（1998）一书中的实测图进行几何作图以及实测数据分析，可得如下结论。

（1）三进院落总进深（340.2米）：总面阔（取东西墙中到中141米）＝2.413≈1＋$\sqrt{2}$（吻合度99.9%），即明长陵前部平面（不含宝城）由一个正方形和一个$\sqrt{2}$

1. 思陵即崇祯帝陵，为清代建造，偏于陵区西南隅，原址为崇祯帝宠妃田氏之墓，因此严格地说不在其余帝王陵墓群总体规划之内。

矩形组成。

（2）前两进院总面阔（取东西墙中到中141米）：总进深（取南北墙中到中209.2米）=0.674≈2：3（吻合度98.9%）。

（3）祾恩门台基北沿至祾恩殿台基南沿：祾恩殿台基总宽≈7：8≈$\sqrt{3}/2$——即祾恩门台基北沿中点北望59°视角包括祾恩殿台基总宽。

（4）宝城为横长椭圆形，总进深（264米）：总面阔（306米）=0.863≈$\sqrt{3}/2$（吻合度99.6%）（图3-15）。

综上可知：长陵建筑群布局综合运用了$\sqrt{2}$与$\sqrt{3}/2$构图比例。

长陵以外，其余诸陵陵宫的布局可分为三类。

第一类，将长陵的三进院落简化为二进，即省去陵宫门，直接以祾恩门为入口；祾恩殿后的内红门由三座琉璃花门代替；此外，陵宫前加设碑亭一座——景、裕、茂、泰、康、昭、德七陵均是如此。

第二类，仁宗献陵与光宗庆陵则是上一种布局形式的变体：由于所处地形的限制，将陵宫分为前后两组院落，前一组由碑亭至祾恩殿；后一组由三座琉璃花门至宝城——二者之间隔着一座小山，为陵寝之“龙砂”，又是天寿山主山之余脉，为了不伤及“龙砂”、“龙脉”，于是因地制宜做了“一分为二”的变化。

第三类，世宗永陵和神宗定陵，规格高于前两种，陵宫恢复三重院落，但与长陵亦有明显的区别，尤其是在陵宫三进院落之外增设一道“外罗城”，将陵宫与宝城封闭起来，更加强了防卫；此外不设内红门或琉璃花门，而是在祾恩殿两侧设随墙门。二陵之外罗城皆为前方后圆造型，进一步强化了陵寝前方后圆的平面布局母题。

长陵以外诸陵亦可通过对胡汉生《明十三陵》（1998）一书中的实测图进行几何作图，结合实测数据分析，得到如下结论。

（二）献陵*

（1）第一进院落进深（取墙中到中93米）：面阔（取墙中到中66米）=1.409≈$\sqrt{2}$（吻合度99.7%）。

（2）第二进院落进深（取墙中到中96米）：面阔（取墙中到中64米）=3：2。

（3）宝城为纵长椭圆形，总进深（230米）：总面阔（154米）=1.494≈3：2（吻合度99.6%）。

（三）景陵*

（1）总进深（取墙中到中153.4米）：总面阔（取墙中到中62米）＝2.474≈5：2（吻合度99%）。

（2）第一进院落面阔（取墙中到中62米）：进深（取墙中到中70.4米）＝0.881≈$\sqrt{3}/2$（吻合度98.3%）。

（3）第二进院落面阔（取墙中到中62米）：进深（取墙中到中83米）＝0.747≈3：4（吻合度99.6%）（图3–16）。

（四）裕陵*

（1）总进深（取墙中到中150.4米）：总面阔（取墙中到中62米）＝2.426≈1＋$\sqrt{2}$（吻合度99.5%）——与长陵构图相同。

（2）第一进院落面阔（取墙中到中62米）：进深（取墙中到中70.4米）＝0.881≈$\sqrt{3}/2$（吻合度98.3%）。

（3）宝城为纵长椭圆形，进深（170米）：面阔（120米）＝1.417≈$\sqrt{2}$（吻合度99.8%）（图3–17）。

（五）茂陵*

（1）总进深（取墙中到中151米）：总面阔（取墙中到中63.5米）＝2.38≈1＋$\sqrt{2}$（吻合度98.5%）——与长陵、裕陵构图相同。

（2）第一进院落面阔（取墙中到中63.5米）：进深（取墙中到中73米）＝0.87≈$\sqrt{3}/2$（吻合度99.5%）——同裕陵。

（3）第二进院落面阔（取墙中到中63.5米）：进深（取墙中到中78米）＝0.814≈4：5（吻合度98.2%）（图3–18）。

（六）泰陵*

（1）总进深（取墙中到中152米）：总面阔（取墙中到中62.5米）＝2.432≈1＋$\sqrt{2}$（吻合度99.3%）——同上。

（2）第一进院落面阔（取墙中到中62.5米）：进深（取墙中到中73米）= 0.856≈$\sqrt{3}/2$（吻合度98.9%）——同上。

（3）第二进院落面阔（取墙中到中62.5米）：进深（取墙中到中79米）= 0.791≈4：5（吻合度99%）——同上（图3-19）。

（七）康陵*

（1）第一进院落面阔（取墙中到中62米）：进深（取墙中到中71米）= 0.873≈$\sqrt{3}/2$（吻合度99.2%）——同上。

（2）第二进院落面阔（取墙中到中62米）：进深（取墙中到中73米）= 0.85≈$\sqrt{3}/2$（吻合度98.1%）。

（3）宝城为纵长椭圆形，进深（170米）：面阔（114米）=1.491≈3：2（吻合度99.4%）（图3-20）。

（八）永陵*

（1）总进深（取墙中到中290米）：总面阔（取墙中到中143.5米）=2.02≈2（吻合度99%）。

（2）宝城直径（252米）：总进深（取墙中到中290米）=0.869≈$\sqrt{3}/2$（吻合度99.7%）（图3-21）。

（九）昭陵*

总进深（取墙中到中188米）：总面阔（取墙中到中92米）=2.04≈2（吻合度98%）——同永陵（图3-22）。

（十）定陵*

（1）第一进院落面阔（取墙中到中145.2米）：进深（取墙中到中74米）= 1.962≈2（吻合度98.1%）。

（2）第二进院落面阔（取墙中到中145.2米）：进深（取墙中到中103米）=

1.41≈$\sqrt{2}$（吻合度99.7%）。

（3）总进深（取墙中到中317米）：宝城直径（平均值227米）＝1.396≈$\sqrt{2}$（吻合度98.8%）（图3–23）。

（十一）庆陵*

第二进院落面阔（取墙中到中91米）：进深（取墙中到中66米）＝1.38≈7：5（吻合度98.6%）;1.38≈$\sqrt{2}$（吻合度97.6%）。

（十二）德陵*

总进深（取墙中到中189米）：宝城直径（134米）＝1.41≈$\sqrt{2}$（吻合度99.7%）（图3–24）。

（十三）思陵*

（1）总进深（取墙中到中106.2米）：总面阔（取墙中到中43.6米）＝2.436≈1＋$\sqrt{2}$（吻合度99.1%）。

（2）宝城面阔（44.56米）：进深（35.5米）＝1.255≈5：4（吻合度99.6%）（图3–25）。

综上可知：十三陵诸陵尽管形制不尽相同，总平面布局分成若干类型，但大量运用了$\sqrt{2}$与$\sqrt{3}/2$构图，或运用于总平面整体，或运用于某几进院落，或运用于宝城。

五、清东、西陵

清定都北京后，先于河北兴隆县（今属遵化市）设东陵，葬顺治、康熙二帝后，又于雍正八年（1730年）在河北易县择地设西陵，以雍正帝之泰陵为主陵，形成东、西二陵，以后各世皇帝依昭穆顺序分葬东、西二陵。

（一）河北遵化清东陵

清东陵选址为一环形盆地，北有燕山余脉昌瑞山为屏蔽，西有黄花山、杏花山，东有磨盘山，南有芒牛山、天台山、象山、金星山，其间48平方公里的原野坦荡如砥，有西大河、来水河贯穿其中，风景绝佳。陵区内以顺治帝孝陵为主体，左右分列景陵（康熙帝）、裕陵（乾隆帝），再西为定陵（咸丰帝），陵区东为惠陵（同治帝）。东陵内共葬有5位皇帝、15位皇后、136位妃子。

主陵孝陵之主轴线长达5.5公里，沿神道依次布置石牌坊、大红门、更衣殿、神功圣德碑楼、十八对石像生、龙凤门、七孔桥、五孔桥、三路三孔桥、神道碑亭等，最后抵达陵园大门。其余诸陵皆有单独神道及大碑楼、石像生、龙凤门等（惠陵除外），各陵神道皆由孝陵神道分支，条理清晰，比明陵更加严谨。

以下分析孝陵、景陵和定东陵之构图比例。

1．孝陵

孝陵陵园建筑群分作前朝后寝两大部分，前朝主体建筑群又分作两进院落。主轴线上依次建三路三孔桥、碑亭、隆恩门、隆恩殿、琉璃花门、二柱门、方城明楼和宝城。

通过对《中国古代建筑史》（第五卷：清代建筑，2009年第2版）一书中的实测图进行几何作图，可得如下结论。

（1）三孔桥北端至宝城罗圈墙北壁距离：三孔桥北端至第二进院北墙中心线距离≈$\sqrt{2}$。

（2）前朝两进院落进深：面阔≈2，两进院落皆为正方形（图3–26）。

2．景陵

景陵布局与孝陵大同小异，最主要的变化是三路三孔桥改到碑亭之后。通过对《中国古代建筑史》（第五卷：清代建筑，2009年第2版）一书中的实测图进行几何作图，可得如下结论。

（1）碑亭台基南沿至宝城罗圈墙北壁距离：碑亭台基南沿至第二进院北墙距离≈$\sqrt{2}$。

（2）前朝两进院落进深：面阔≈7：4≈$\sqrt{3}$（图3–27）。

3．定东陵

定东陵为慈安、慈禧陵，亦称东、西太后陵，二陵并列，规制相同，西边普祥峪为慈安陵，东边普陀峪为慈禧陵，这种双陵并列的陵寝可谓历史孤例。二陵总平面布局基本相同。

通过对《中国古代建筑史》（第五卷：清代建筑，2009年第2版）一书中的实测图进行几何作图，可得如下结论。

（1）碑亭台基南沿至宝城罗圈墙北壁距离：碑亭台基南沿至第二进院北墙北壁距离≈$\sqrt{2}$。

（2）前朝两进院落进深：面阔≈$\sqrt{2}$（图3–28）。

（二）河北易县清西陵

清西陵周围有永宁山、来凤山、大良山等群山环抱，正南有东、西华盖山为门阙，中有元宝山为朝揖，腹地有南易水横穿如带，亦为风水吉壤。陵区内有4座帝陵、3座后陵、3座妃子园寝和4座王爷、公主园寝。

西陵以雍正帝泰陵为主陵，与西侧嘉庆帝昌陵及后妃陵组成一区；再西为道光帝慕陵，独成一区；光绪帝崇陵则孤悬于东北方的金龙峪。三区各有入口道路，彼此独立，若即若离。

1．泰陵

泰陵布局与东陵孝陵类似。主轴线自大红门至宝城共计2.5公里，不及东陵，更不及明十三陵。

通过对刘敦桢《易县清西陵》（《中国营造学社汇刊》第五卷第三期，1935）一文中的实测图进行几何作图，可得如下结论。

（1）总进深（大月台南沿至罗圈墙北壁）：前部进深（大月台南沿至二进院北墙外皮）≈$\sqrt{2}$。

（2）前朝进深（大月台南沿至二进院北墙）：通面阔≈2。

（3）三孔桥中心至大月台南沿：通面阔≈7：8≈$\sqrt{3}/2$——即三孔桥中心北望59°视角包括大月台通面阔。

（4）大月台南沿至隆恩殿前檐柱一线：通面阔≈$\sqrt{3}/2$。

（5）隆恩殿前檐柱一线至方城明楼坡道南沿：通面阔≈6：7≈$\sqrt{3}/2$（图3–29）。

2．昌陵

昌陵位于泰陵西侧，布局与泰陵如出一辙。通过对刘敦桢《易县清西陵》（《中国营造学社汇刊》第五卷第三期，1935）一文中的实测图进行几何作图，可得如下结论。

（1）前朝进深（大月台南沿至二进院北墙）：通面阔≈2。

（2）三孔桥中心至大月台南沿：大月台通面阔≈7：8≈$\sqrt{3}/2$——即三孔桥中心北望59°视角包括大月台通面阔。

（3）大月台南沿至隆恩殿前檐柱一线：通面阔≈7：8≈$\sqrt{3}/2$。

（4）隆恩殿前檐柱一线至方城明楼坡道南沿：通面阔≈7：8≈$\sqrt{3}/2$（图3–30）。

3．**慕陵**

慕陵陵寝制度较清代诸陵有较大变化，规模最小，无石像生、碑亭、方城明楼、琉璃花门等，隆恩殿仅为单檐歇山顶建筑，宝城亦颇卑小。通过对刘敦桢《易县清西陵》（《中国营造学社汇刊》第五卷第三期，1935）一文中的实测图进行几何作图，可得如下结论。

（1）三孔桥北端至第一进院北墙外皮距离：第一进院北墙外皮至罗圈墙北壁距离≈$\sqrt{2}$。

（2）第一进院进深：面阔≈$\sqrt{2}$；大月台进深：面阔≈1：2。

（3）三孔桥中心至陵宫南墙：通面阔≈6：7≈$\sqrt{3}/2$——即三孔桥中心北望61°视角包括陵宫通面阔（图3–31）。

第四章　宗教建筑

中国古代宗教建筑主要包括佛教寺院、道教宫观和伊斯兰教清真寺等，其中以佛寺数量最多，规模也最宏大。本章共计探讨佛寺17例、道教宫观2例和清真寺1例。

中国汉地佛寺的总平面布局经历了从早期的以佛塔为中心，向中、后期以佛殿（或阁）为中心的重要转变。本章所讨论的早期佛寺总平面实例，进深与面阔之比为$\sqrt{2}$是一个颇为突出的特征，如北魏洛阳永宁寺、唐长安青龙寺塔院（甚至包括历经改建的五台山佛光寺与南禅寺）；而宋、辽以来，佛寺总体布局趋向使用纵深极大的平面，往往以建筑群总面阔为基本模数，总进深（或主体部分进深）为总面阔之倍数，诸如正定隆兴寺、应县佛宫寺、大同善化寺、北京妙应寺（白塔寺）与护国寺、承德普宁寺、普陀宗乘之庙与须弥福寿之庙等；不仅如此，道教建筑群芮城永乐宫、解州关帝庙，以及伊斯兰教建筑群西安化觉巷清真寺亦属此类。

此外特别需要指出的是，清代承德外八庙中的普宁寺、普乐寺均运用了藏传佛教的“曼荼罗”（坛城）布局模式，并且与中国古代基于方圆作图的构图比例手法取得了较好的融合。

一、河南洛阳北魏永宁寺遗址*

永宁寺是北魏洛阳规模最大的寺院，建于北魏熙平元年（516年）。据考古勘查实测，寺院总平面为长方形，四周有夯土围墙，南北长305米，东西宽215米，周长1040米，中心为著名的永宁寺塔基址，残高仍有8米左右。

通过对《北魏洛阳永宁寺1979—1994年考古发掘报告》（1996）一书中的实测图进行几何作图以及实测数据分析，可得如下结论。

（一）总平面*

永宁寺建筑群南北进深（305米）：东西面阔（215米）＝1.419≈$\sqrt{2}$（吻合度99.6%）（图4-1）。

（二）木塔平、立面*

（1）木塔第五圈立柱通面阔（30米）：第四圈立柱通面阔（21米）＝10：7≈$\sqrt{2}$（吻合度99%，即“方七斜十”）。

（2）木塔第三圈立柱通面阔（16米）：第二圈立柱通面阔（平均值10.75米）＝1.49≈3：2（吻合度99.3%）。

（3）木塔第二圈立柱通面阔（平均值10.75米）：第一圈立柱通面阔（5.25米）＝1.95≈2（吻合度97.6%）。

（4）第四圈立柱通面阔（21米）：木塔第二圈立柱通面阔（平均值10.75米）＝1.95≈2（吻合度97.6%）；第四圈立柱通面阔（21米）：第一圈立柱通面阔（5.25米）＝4。

综上可知：木塔第一圈立柱通面阔：第二圈立柱通面阔：第四圈立柱通面阔：第五圈立柱通面阔≈1：2：4：4$\sqrt{2}$，方圆作图关系非常清晰（图4-2、图4-3）。

（5）木塔第五圈立柱通面阔（30米）：木塔台基边长（38.2米）≈0.785≈π/4——即木塔底层第五圈立柱所形成的正方形周长等于台基正方形的内切圆周长。

（6）立面推测：若按郦道元《水经注》所载，木塔基方十四丈，总高四十九丈，则木塔台基边长38.2米＝14丈，即1丈＝2.729米。由此可知：

木塔总高＝49×2.729＝133.7米；

木塔首层通面阔30米，合11丈；

总高：台基边长＝49/14＝7：2。

（三）总平面与木塔平面关系*

（1）寺院总面阔：木塔首层通面阔＝215：30＝7.17≈7（吻合度97.6%）；

寺院总进深：木塔首层进深＝305：30＝10.17≈10（吻合度98.3%）。

由此可知，寺院总平面大致以木塔首层通面阔为模数规划设计，总面阔为木塔面阔7倍，总进深为木塔进深10倍（图4-4）。

（2）若木塔总高如上推测为133.7米，则：

木塔总高：寺院总面阔＝133.7/215＝0.622（接近西方的黄金比0.618，吻合度99.4%）。

木塔总高：寺院总进深＝133.7/305＝0.438≈$\sqrt{3}/4$（吻合度98.8%）。

（四）门楼平面*

南门楼基址南北（19米）：东西（44米）＝0.432≈$\sqrt{3}/4$（吻合度99.8%）。

综上可知：永宁寺总平面为$\sqrt{2}$矩形，且以木塔首层面阔（进深）为基本模数规划，总面阔约7倍于木塔面阔，总进深约10倍于木塔进深；木塔首层平面五圈柱网之面阔比为1：2：3：4：4$\sqrt{2}$；木塔首层通面阔与台基边长之比为π/4（二者暗含了方圆比例关系）；木塔总高若为《水经注》所载，则与木塔台基边长、寺院面阔和进深均成一定比例关系。北魏永宁寺遗址作为已发掘的重要早期佛寺实例，已经表现出相当成熟的总平面规划布局的方圆作图比例和模数化的规划手法。

二、陕西西安青龙寺遗址*

青龙寺位于唐长安乐游原上的新昌坊，居坊内十字街东南隅，占四分之一坊之地，东西长530余米，南北宽约250米，总面积达13.25万平方米，规模宏伟。寺始建于隋开皇二年（582年），名灵感寺；唐景云二年（711年）改名青龙寺。青龙寺自盛唐以后为长安佛教密宗的大道场。

遗址南部大部分毁去，北部西侧保存较好。目前已发掘包括塔院在内的两个院落和北门遗址。塔院保存最完整，位于寺院西北（应为寺之“西塔院”），由中门、佛塔、佛殿以及回廊和配殿组成，呈前塔后殿格局，与北魏永宁寺同，只是佛塔规模已远不及佛殿，与永宁寺正相反。

通过对《唐长安城发掘新收获》（载于《考古》1987年第4期）、《唐长安青龙寺遗址》（载于《考古学报》1989年第2期）中的实测图进行几何作图以及实测数据分析，可得如下结论。

（1）塔院总进深（取中门台基南沿至北墙外皮）：面阔（取东西墙外皮间距）≈$\sqrt{2}$。

（2）塔院进深（取南北墙外皮间距132米）：面阔（取东西墙外皮间距98米）=1.347≈4：3（吻合度99%）（图4-5）。

三、山西五台山南禅寺

五台山南禅寺主体建筑由山门、大殿以及东西各两座配殿组成（东南配殿为伽蓝殿，东北配殿为观音殿；西南配殿为罗汉殿，西北配殿为护法殿），此外还有东跨院一座，内有阎王殿、东禅房等。其中，大殿为中国现存最古木结构建筑，其余建筑皆为清代所建。尽管南禅寺建筑群已非唐代原状，但其总平面布局还是具有精确的比例关系，说明虽然历经改建，建筑群整体还是保持了良好的构图比例。

通过对《中国古代建筑史》（1984年第二版）一书中的实测图进行几何作图，可得如下结论。

（1）主体部分总进深（取山门台基南沿至大殿台基北沿）：总面阔（取伽蓝殿台基东沿至罗汉殿台基西沿）≈$\sqrt{2}$。

山门台基南沿至大殿檐柱一线距离≈总面阔。

（2）大殿月台南沿至大殿檐柱一线距离：大殿总宽（取山墙外皮距离）≈$\sqrt{3}/2$——即月台南沿中点北望60°视角包含大殿正立面总宽（图4-6）。[1]

综上可知，南禅寺主体建筑群平面布局综合运用了$\sqrt{2}$和$\sqrt{3}/2$构图比例。

四、山西五台山佛光寺

佛光寺位于五台山南台西麓佛光山中一

1. 另据《南禅寺大殿修复》（载于《文物》1980年第11期）一文中的实测数据，大殿通进深（9.9米）：通面阔（11.61米）=0.853≈6：7（吻合度99.5%）；0.853≈$\sqrt{3}/2$（吻合度98.5%）。

处东、南、北三面小山环抱，独向西开敞的山坡之上。寺坐东朝西，中轴线为东西向，现存建筑群分布在由西向东逐层升高的三层台地之上。东大殿高踞东端最高一层台地上，俯瞰西面山谷，视野开阔（原本殿西有高阁，为寺之中心建筑，现已不存）。大殿东南侧为北齐（或隋代）祖师塔，南北两侧为清代所建配殿。中层台地为明清时期修建的殿堂、小阁，其中北侧的“香风花雨楼”为明代遗存。下层台地北部是金天会年间修建的文殊殿，与其相对应的南侧原有普贤殿，明崇祯年间毁于火灾，现殿址上新建廊房数间，为佛光寺文物管理所办公场所。下层台地西南隅有伽蓝殿，台地西侧原有作为山门的天王殿一座，光绪年间毁于火灾，后在其基址上修建了韦陀殿作为山门。

虽然佛光寺现存建筑群格局已非唐时原状，历经各个时期改建，但依然能在建筑群总平面布局中发现方圆作图的比例。通过对《佛光寺东大殿建筑勘察研究报告》（2011）一书中的实测图进行几何作图，可得如下结论。

总进深（取山门台基西沿至东大殿台基东沿）：总面阔（取南北墙外皮间距）≈$\sqrt{2}$（图4-7）。

五、河北正定隆兴寺

正定隆兴寺创建于隋开皇六年（586年），北宋开宝二年（969年）宋太祖赵匡胤命铸大悲菩萨铜立像并敕建大悲阁。后陆续有兴建，至元丰年间（1078～1085年）主要建筑次第建成。

寺之总平面原为中、东、西三路布局，现仅存中路和东路北部。其中，中路基本保持宋代之格局，沿南北中轴线依次建有影壁、石桥、天王殿（代山门）、大觉六师殿（民国初年坍塌，仅存遗址）、摩尼殿、牌楼门、戒坛、大悲阁（重建，阁前东西对列慈氏阁、转轮藏殿）、弥陀殿、龙泉井亭及毗卢殿（此殿由正定崇因寺迁建于此），共计庭院六进，宏丽幽邃。其中，摩尼殿、慈氏阁、转轮藏殿为北宋原构，山门为金代构架经后世重修，大悲阁为原址上重建（规模有所减小）。故从山门至大悲阁这部分最能体现原建筑群布局特点，这一部分又被牌楼门及两侧横墙分作前后两部分。

通过对《中国古代建筑史》（1984年第二版）一书中的实测图进行几何作图，可得如下结论。

（1）建筑群总进深（取影壁北沿至大悲阁后墙外皮）：总面阔（取主体院落

东西墙内皮间距）≈6。

若设总面阔为A，则：

建筑群前部进深（牌楼门以南）4A，后部进深（牌楼门以北）2A；以摩尼殿台基南沿为界，南部3A，北部3A。

（2）影壁北沿至摩尼殿北抱厦北端（3.5A）：摩尼殿北抱厦北端至大悲阁后墙外皮（2.5A）=7：5≈$\sqrt{2}$。

（3）影壁北沿至御书楼—集庆阁后墙外皮：影壁北沿至牌楼门两侧墙北壁≈$\sqrt{2}$（图4–8）。

综上可知：隆兴寺建筑群一方面使用了一系列$\sqrt{2}$构图比例，一方面以中路面阔为平面布局的主要模数。

六、山西应县佛宫寺*

应县佛宫寺以主体建筑——八角五层的释迦塔（即著名的应县木塔，建于辽清宁二年，1056年）为中心布局，塔前山门、塔后佛殿（原殿无存，唯其下高台尚存），故大致可以辨别寺庙之原始格局。

通过对陈明达《应县木塔》（2001）一书中实测图进行几何作图以及实测数据分析，可得如下结论：

（1）木塔总高与寺院面阔、进深之比：

木塔总高（66.67米）：佛宫寺前部面阔（44.8米）=1.49≈3：2（吻合度99.2%）。

木塔总高（66.67米）：佛宫寺总进深（155.5米）=0.429≈$\sqrt{3}/4$（吻合度99%）——这与前文依照《水经注》所载塔高得到的北魏洛阳永宁寺塔高与寺院总进深之比值相同，或许有可能是以佛塔为中心的寺院所惯用的构图比例。（图4–9）

（2）木塔首层通面阔（通进深）与寺院面阔、进深之比：

佛宫寺前部面阔（44.8米）：木塔首层通面阔（30.27米）=1.48≈3：2（吻合度98.7%）——故木塔总高：佛宫寺前部面阔=佛宫寺前部面阔：木塔首层通面阔。

佛宫寺后部面阔（60.41米）：木塔首层通面阔（30.27米）=1.996≈2（吻合度99.8%）。

山门台基南沿至木塔八角形台基南沿距离：木塔首层通面阔≈2；

木塔八角形台基北沿至寺院北墙外皮距离：木塔首层通面阔≈2。

佛宫寺所体现出的木塔首层通面阔与建筑群面阔、进深成一定比例关系的手法与北魏洛阳永宁寺一脉相承。

此外，木塔中心至寺院南墙外皮（77.005米）：木塔中心至寺院北墙外皮（78.495）＝0.981≈1（吻合度98.1%）——即木塔基本位于寺院的几何中心。（图4–10）

（3）总进深（155.5米）：寺院前部面阔（44.8米）＝3.471≈3.5（吻合度99.2%）。（图4–11）

（4）木塔前庭院面阔（31.38米）：寺院前部面阔（44.8米）＝7：10≈1：$\sqrt{2}$（吻合度99%）。

木塔后部高台院落约为$\sqrt{2}$矩形。

木塔平面呈现方圆相套布局，详见本书第九章（图4–12）。

综上可知：与北魏洛阳永宁寺类似，应县佛宫寺总平面布局是以木塔首层通面阔为基本模数，前部面阔为其1.5倍，后部面阔为其2倍，进深约为其5倍；而木塔总高与建筑群面阔、进深也有精心推敲的比例关系，前者为3：2，后者为$\sqrt{3}$：4；木塔前庭院与寺院前部总面阔之比为7：10（即“方七斜十”，约为1：$\sqrt{2}$），寺院进深与前部面阔之比为7：2。

七、山西大同善化寺

山西大同善化寺为现存最完整的辽金建筑群。建筑群宏阔端严，依中轴线依次建有山门、三圣殿、大雄宝殿，大雄宝殿两侧有东西朵殿，前有文殊、普贤二阁对峙及廊庑环绕（今文殊阁及廊庑无存）。

通过对《中国古代建筑史》（第二版，1984）一书中的实测图进行几何作图，可得如下结论。

（1）若以1丈网格（取1丈＝2.94米）为善化寺总平面布局模数网格，则：总进深（取影壁北沿至大雄宝殿台基北沿）57格，总面阔（取寺南墙总长）28格，二者之比约为2：1（吻合度98.2%）。

（2）寺院南墙外皮至观音殿—地藏殿北壁：总面阔≈$\sqrt{2}$。其中，三圣殿台基南沿至观音殿、地藏殿北壁约28格，与总面阔相等。

（3）总面阔（28丈）：影壁北沿至寺院南墙外皮（10丈）$=2.8\approx 2\sqrt{2}$（图4–13）。

（4）山门台基北沿中点北望三圣殿60°视角包括三圣殿通面阔，三圣殿台基北沿中点北望60°视角包括大雄宝殿月台面阔，并延伸至观音殿、地藏殿中轴线，即由三圣殿可清晰见到大雄宝殿全貌及东西配殿各半（图4–14）。

综上可知：善化寺总平面（基本保持辽代格局）布局综合运用了$\sqrt{2}$、$\sqrt{3}/2$、2：1构图比例和1丈模数网格布局，尤其在中轴线各组建筑之间都取得了极佳的视觉效果。不仅如此，后文还将继续探讨善化寺大雄宝殿、三圣殿、山门、普贤阁在单体建筑设计中运用$\sqrt{2}$、$\sqrt{3}/2$构图比例（详见第七章），可知善化寺的方圆作图比例是贯穿于总平面布局和单体建筑设计之中的。

八、天津宝坻广济寺

1932年梁思成调查宝坻广济寺时，寺中尚存辽代三大士殿，以及明清时期的天王殿（兼山门）、钟鼓二楼和东、西配殿。

通过对梁思成《宝坻县广济寺三大士殿》（载于《中国营造学社汇刊》第三卷第四期，1932）一文中的实测图进行几何作图，可得如下结论。

（1）天王殿台基北沿至三大士殿南墙外皮距离：三大士殿山墙外皮间距≈7：8$\approx\sqrt{3}/2$——即天王殿台基北沿中心北望59°视角包含三大士殿总宽。

（2）天王殿通进深：通面阔$\approx\sqrt{3}/2$（图4–15）。

九、山西芮城永乐宫

芮城永乐宫为现存最重要的元代建筑群之一，沿中轴线依次为宫门、无极门、三清殿、纯阳殿、重阳殿，院落进深极大，序列悠长。三清殿、纯阳殿、重阳殿中的壁画为国内元代壁画之冠，稀世珍宝。

通过对《中国古代建筑史》（1984年第二版）一书中的实测图进行几何作图，可得如下结论。

（1）总进深（取宫门台基南侧台阶南沿至永乐宫北墙外皮）：无极门以内进深（取无极门两侧院墙至永乐宫北墙外皮间距）$\approx\sqrt{2}$。

（2）无极门以内进深：总面阔（取东西墙中线距离）≈5。

（3）若取1丈＝3.15米，则总面阔A≈15丈；

无极门以内进深5A，总进深约7A；

无极门以内进深的一半约位于三清殿中心；

三清殿中心至纯阳殿台基南沿距离为A；

纯阳殿台基南沿至重阳殿台基南沿距离为A。

无极门以北为五个边长为A的正方形，第三个方形中心为三清殿中心，第四个正方形中心为纯阳殿台基南沿中点，第五个正方形中心为重阳殿台基南沿中点（图4–16）。

综上可知：永乐宫与正定隆兴寺类似，一方面运用$\sqrt{2}$比例，一方面以总面阔为总平面布局的基本模数。

十、北京妙应寺*

妙应寺俗称白塔寺，始建于辽寿昌年间（1095～1100年），原名永安寺；元至元八年（1271年）在辽代所建的永安寺舍利塔中发现了舍利，时值新都——元大都落成，元世祖忽必烈决定建塔，为新建的都城祈福，定塔名为“释迦舍利灵通之塔”，定寺名为“大圣寿万安寺”，寺建成于至元二十五年（1288年）。大圣寿万安寺为元代皇家在大都城内所建最重要的寺庙。白塔始建于元至元八年（1271年），至元十六年（1279年）建成，“精严壮丽，坐镇都邑”，至今巍然屹立。元至正二十八年（1368年），寺内主要殿宇被雷火焚毁。明代重修后在天顺元年（1457年）改名为妙应寺。现寺庙建筑群仍保留明代格局：中轴线上依次建有山门（重建）、天王殿、三世佛殿、七佛殿和具六神通殿，最后是整座寺庙的高潮——白塔。

通过对《傅熹年建筑史论文集》（1998）一书中的实测图进行几何作图，结合对北京市测绘院2002年北京旧城测绘图（1∶2000，CAD文件）的实测数据分析，可得如下结论。

（1）总进深（取山门两侧墙外皮至寺院北墙外皮，199.814米）∶白塔所在高台南沿以南进深（141.088米）＝1.416≈$\sqrt{2}$（吻合度99.8%）。

（2）取总面阔为A，则天王殿两侧廊庑南墙至寺院北墙外皮进深3A。其中，距六神通殿台基南沿以南进深2A，以北进深A（图4–17）。

综上可知，妙应寺总平面布局同样是一方面运用$\sqrt{2}$比例，一方面以总面阔为总平面布局的基本模数。

十一、北京护国寺

护国寺元代创建，初名“大崇国寺”（北寺）。明宣德四年（1429年）重修，更名“大隆善寺”。明成化八年（1472年）赐名“大隆善护国寺”。清康熙六十年（1721年）重修，改名“护国寺”，又称西寺，与东寺隆福寺相呼应。道光、同治朝分别重修，一贯为京城名刹。沿中轴线依次建有山门、金刚殿、天王殿、延寿殿、千佛阁、垂花门、护法殿、功课殿和后楼。可惜如今仅存金刚殿、西配殿一座、后楼菩萨殿及少量廊庑。

通过对刘敦桢《北平护国寺残迹》(《中国营造学社汇刊》第六卷第二期，1935）一文中的实测图进行几何作图，可得如下结论。

（1）总进深（南墙外皮至后楼北墙外皮）：前部进深（南墙外皮至千佛阁两侧廊庑北墙外皮）≈$\sqrt{2}$。

（2）设总面阔（东西墙外皮间距）为A，则：

金刚殿中心线至千佛阁两侧廊庑北墙距离≈$2\sqrt{2}$A——其中，一半位于延寿殿台基北沿；天王殿台阶南沿至延寿殿台基北沿距离≈A；崇寿殿台阶南沿至千佛阁两侧廊庑北墙距离≈A（图4–18）。

综上可知：护国寺延续前述建筑群手法，一方面运用$\sqrt{2}$比例构图，一方面以总面阔为总平面规划的基本模数。

十二、山西解州关帝庙

解州关帝庙相传始建于隋，北宋初扩建，明嘉靖中毁于地震，嘉靖三十四年（1555年）重建，至清康熙四十一年（1702年）又毁，康熙末年恢复并保存至今。现存建筑物为清代所建，但总平面大体保持明代后期格局。

通过对《解州关帝庙》(2002）一书中的实测图进行几何作图，可得如下结论。

（1）御书楼台基北沿以北进深：御书楼台基北沿以南进深≈$\sqrt{2}$——御书楼台基北沿一线正好也是廊庑上东、西门之横轴线。

（2）主要建筑60°视角：雉门台基北沿中点北望60°视角包括午门通面阔；“山海钟灵”坊台基北沿中点北望60°视角包括御书楼台基总宽；御书楼台基北沿中点北望59°视角包括主殿崇宁殿台基总宽（图4–19）。

十三、陕西西安化觉巷清真寺

西安化觉巷清真寺始建于明初，明嘉靖元年（1522年）、万历三十四年（1606年）、清乾隆二十九年（1764年）先后重修。建筑群坐西朝东，沿中轴线由南到北依次建影壁、木牌楼、大门、石牌坊、二门、心楼（唤醒楼）、三座门、一真亭、大殿，共计五进院落。第一、二进院落正中建木、石牌坊，第三进院正中建唤醒楼，第四进院正中为礼拜堂及月台，末进院包礼拜堂两侧及窑殿于其中。

傅熹年指出建筑群以3丈网格布局。其中总面阔5格（15丈），第一进院进深4格，第二进院进深5格，第三进院进深5格，第四、五进院总进深略大于12格。

通过对《中国古代建筑史》（第二版，1984）一书中的实测图进行几何作图，可得如下结论。

（1）二门以南进深：面阔≈9：5。

（2）二门以北进深：面阔≈$2+\sqrt{2}$。

（3）一真亭台基北沿至大殿台基南沿距离：大殿台基面阔≈$\sqrt{3}/2$——即真亭台基北沿中点北望60°视角正好包含大殿台基总宽。

（4）大殿台基进深：面阔≈$\sqrt{3}/2$（图4–20）。

综上可知：化觉巷清真寺总平面布局综合运用了$\sqrt{2}$、$\sqrt{3}/2$比例，并以总面阔为规划的重要模数。

十四、河北承德外八庙[1]

1．普宁寺

普宁寺为承德外八庙之一，位于避暑山庄东北，建于清乾隆二十至二十四年（1755～1759年）。中路主体建筑群分为前后两部分。前部为汉式寺庙，中轴线上依次建山门、碑亭、天王殿与大雄宝殿，左右分建钟鼓楼与配殿。后部依山而建，为藏传佛教曼荼罗（坛城）式布局，中部建大乘阁（略仿西藏桑耶寺乌策大殿形式），阁之前后左右对称布置四大部洲、八小部洲和塔、台等，呈众星拱月之势。

通过对《承德古建筑——避暑山庄和外八庙》（1982）一书中的实测图进行几何作

1. 外八庙中除普佑寺基本无存以外，其余七庙均能在总平面布局中发现方圆作图及相关比例的运用。

图，可得如下结论。

（1）总进深（取南墙外皮至北俱卢洲殿台基北沿）：中路面阔（取中路东西墙外皮间距）≈3。

（2）总进深：大乘阁东西两侧高台以南进深≈$\sqrt{2}$。

（3）以大乘阁平面（不含抱厦）中心为圆心，可做四重方圆相含作图（亦即曼荼罗构图）。若设大乘阁总宽为A，则：

中央边长为A的正方形内为中心建筑大乘阁，正方形的南边与大乘阁台基南沿对齐；

边长2A的正方形内包含了大乘阁东、西日殿和月殿，且正方形的东西边与四隅的四座喇嘛塔的塔基内沿对齐；

直径$2\sqrt{2}$A的圆形则经过四座喇嘛塔以及四座平面正六边形的白台；边长$2\sqrt{2}$A的正方形则将大乘阁、日月二殿、四喇嘛塔及四座白台均包括在内；

直径4A的圆形则将四大部洲、八小部洲（即白台）、大乘阁、日月二殿、四喇嘛塔全部囊括；而普宁寺建筑群后部总面阔为4A；大雄宝殿台基北沿至建筑群北侧山巅同为4A——边长4A的正方形包括了整个曼荼罗（坛城）建筑群（图4-21、图4-22）。

综上可知：普宁寺后部运用了曼荼罗（坛城）的构图，而建筑群总进深为总面阔3倍，并且总进深方向还运用了$\sqrt{2}$比例，将汉、藏建筑手法完美交融于一身。[1]

2．普陀宗乘之庙（小布达拉宫）

普陀宗乘之庙位于避暑山庄正北方，为外八庙中规模最大的一座，始建于清乾隆三十二年（1767年），落成于乾隆三十六年（1771年），为庆祝乾隆帝六十寿辰而建。寺庙形式略仿拉萨布达拉宫，故有“小布达拉宫”之谓。

建筑群依山而建，分作前、中、后三区，以后区大红台为主体。

前区平面方整，沿中轴线依次建正门、碑亭、五塔门和琉璃牌坊。中区沿山坡建若干不规则布置的白台。后区以高踞山顶的大红台为主体，主要分中、东、西三部分，中部内设万法归一殿，覆以重檐攒尖镀金铜瓦顶，金碧辉煌。

通过对《承德古建筑——避暑山庄和外八庙》（1982）一书中的实测图进行几何作图，可得如下结论。

（1）如傅熹年研究指出，建筑群以5丈网格（取1丈＝3.2米）布局：

前区总面阔10格（50丈）；

1. 王世仁也对普宁寺后部的曼荼罗构图进行了分析，找到一些正方形或圆形构图，但并未能进一步发现相关的$\sqrt{2}$ 构图比例。孙大章则探讨了普宁寺总平面一些院落的$\sqrt{2}$比例。参见：王世仁. 佛国宇宙的空间模式［J］. 古建园林技术，1991（1）：22-28；孙大章. 承德普宁寺——清代佛教建筑之杰作［M］. 北京：中国建筑工业出版社，2008.

建筑群南墙外皮至大红台中部北壁30格（150丈）；

庙前石桥南端至南墙外皮5格（25丈）；

建筑群总进深（庙前石桥南端至大红台中部北壁）35格（175丈）。

（2）建筑群总进深（庙前石桥南端至大红台中部北壁，35格）：五塔门南壁至大红台中部北壁（25格）=7：5≈$\sqrt{2}$。

（3）建筑群南墙外皮至大红台中部北壁（30格）：前区总面阔（10格）=3。

（4）前区总进深（建筑群南墙外皮至琉璃坊台基南沿，10格）：前区总面阔（10格）=1（图4–23）。

综上可知：普陀宗乘之庙总进深（含庙前石桥）与五塔门以北进深之比为$\sqrt{2}$，总进深（不含庙前石桥）为前部面阔的3倍，前区进深与面阔相等，整个总平面以5丈网格作为规划布局的基本模数，又以前部面阔50丈为另一重要模数。

3．殊像寺

殊像寺位于避暑山庄以北，普陀宗乘之庙以西，建于清乾隆三十九（1774年）。总平面呈南北纵长的矩形，分中、东、西三路，现东、西路已毁，仅中路山门、正殿（会乘殿）尚存，其余仅存基址。中路中轴线原来依次建有山门、天王殿、会乘殿、宝相阁和清凉楼，正殿以北颇具园林气息。

通过对《承德古建筑——避暑山庄和外八庙》（1982）一书中的实测图进行几何作图，可得如下结论。

（1）总进深（取南北墙外皮间距）：总面阔（取东西墙外皮间距）≈（$\sqrt{2}$+1）：$\sqrt{2}$。

（2）南墙外皮至正殿台基北沿距离：总面阔≈1；正殿台基北沿至北墙外皮距离：总面阔≈1：$\sqrt{2}$——殊像寺总平面以正殿台基北沿为界，前半部为一正方形，后半部为一$\sqrt{2}$矩形。

（3）南墙外皮至正殿台基北沿距离：天王殿台基南沿至正殿台基北沿距离≈$\sqrt{2}$（图4–24）。

4．须弥福寿之庙

须弥福寿之庙位于避暑山庄以北，依山而建，建成于清乾隆四十五年（1780年），供六世班禅来此参加乾隆帝七十寿辰典礼之用。

建筑群总平面呈南北纵长的矩形。前部为平地，南墙正中和东西墙设门，门内大道十字交叉处建碑亭，东南、西南隅建角楼。其主体建筑群大红台位于中部山坡之上，前有琉璃牌坊。大红台东有规模较小的东红台，西北有吉祥法喜殿。

大红台中轴线以北依次还有金贺堂和琉璃宝塔。

通过对《承德古建筑——避暑山庄和外八庙》(1982)一书中的实测图进行几何作图，可得如下结论。

(1)总进深(取山门台基台阶南沿至北墙外皮):总面阔(取东西墙外皮间距)≈3。

(2)总进深:万法宗源殿以南进深(取山门台基台阶南沿至万法宗源殿台基北沿)≈$\sqrt{2}$。

(3)大红台进深:面阔≈$\sqrt{2}$。

(4)山门台基台阶南沿至东红台南沿:总面阔≈1。

(5)整个建筑群由三个边长等于总面阔的正方形组成，其中南侧正方形的中心位于碑亭台基北沿中点，北侧正方形的中心位于琉璃宝塔中心。(图4–25)

综上可知：须弥福寿之庙的总平面布局综合运用了$\sqrt{2}$比例和以总面阔为基本模数的规划手法。

5. 普乐寺

普乐寺位于避暑山庄之东，为乾隆三十一年(1766年)依章嘉国师创意而建。寺坐东朝西，平面呈纵长矩形。建筑群分作前后两部分，前部为汉式，中轴线上依次建山门、天王殿和正殿宗印殿。后部为曼荼罗(坛城)式布局：正中砌方形二层石坛城，沿边缘建八座琉璃塔，上层正中建圆形重檐攒尖顶的旭光阁，阁内木构立体曼荼罗。坛城四周绕以群房，四面正中辟门，围成正方形院落。

傅熹年曾研究指出：建筑群以主建筑旭光阁的直径为基本模数进行布局，坛城下层台(以八座琉璃塔外缘计)为旭光阁直径的2倍，四面群房边长为旭光阁直径之4倍，并认为这可能出自章嘉国师之创意。[1]

实际上，与前文分析的普宁寺类似，普乐寺后部的曼荼罗式布局，其实也是一系列方圆相含的构图。通过对《承德古建筑——避暑山庄和外八庙》(1982)一书中的实测图进行几何作图，可得如下结论。

(1)取旭光阁直径为A，则：

上层方形石坛边长为$\sqrt{2}$A；东西(或南北)琉璃塔之外缘间距约为2A；四围群房边长(取台基外沿)为4A。

(2)建筑群总面阔(取东西墙外皮间距):后部总进深(取坛城南门台基南沿至

1. 傅熹年. 中国古代城市规划、建筑群布局及建筑设计方法研究(上册)[M]. 北京：中国建筑工业出版社，2001：76

北墙外皮）≈1。

（3）建筑群前部进深（取南墙外皮至坛城南门台基南沿）：建筑群总面阔（取东西墙外皮间距）≈$\sqrt{3}/2$。

（4）山门中心点北望60°视角包含天王殿台基总宽；天王殿台基北沿中点北望60°视角包含正殿通面阔（图4–26）。

综上可知：普乐寺总平面前部为$\sqrt{3}/2$矩形（且山门、天王殿和正殿间有精确的60°视线设计），后部为正方形；后部曼荼罗式布局由4组方圆相含构图组成。

6．溥仁寺

溥仁寺建于清康熙五十二年（1713年），是外八庙中建成最早的一座，为庆祝康熙六十寿辰而建。建筑群沿南北中轴线依次建山门、天王殿、正殿慈云普荫殿、后殿宝相长新殿及后门，两侧建钟鼓楼、配殿等。天王殿和正殿两侧隔墙分建筑群为三进院落。

通过对《承德古建筑——避暑山庄和外八庙》（1982）一书中的实测图进行几何作图，可得如下结论。

（1）总进深（南北墙外皮间距）：总面阔（东西墙外皮间距）≈16：7；

其中，前两进院落进深：总面阔≈10：7≈$\sqrt{2}$；最后一进院落进深：总面阔≈6：7≈$\sqrt{3}/2$。

（2）总面阔：南墙外皮至正殿东西配殿中线≈1。

（3）正殿台基北沿至后殿台基南沿间距：后殿台基总宽≈6：7≈$\sqrt{3}/2$，即正殿台基北沿中点北望61°视角正好包括后殿台基总宽（图4–27）。

综上可知：溥仁寺为一个$\sqrt{2}$矩形与一个$\sqrt{3}/2$矩形的叠加（并分别以10：7和7：6的近似值代替），综合了本书所重点讨论的最基本的两种构图比例。

7．安远庙

安远庙建于乾隆二十九年（1764年），原为仿伊犁河岸的固尔扎庙而建，故亦称“伊犁庙”。寺庙总平面为纵长的矩形，前半部为开阔庭院，后半部布局紧凑。建筑群设内外两重墙垣，内垣又被墙分成三进院落。内垣南墙正中辟山门，第一进院无建筑。第二进院横长，由二山门和两侧的配房组成。第三进院是主体，四面墙垣各设一门，院内以64间单层群房围合一封闭院落作为主体建筑，中央为主殿普渡殿。

通过对《承德古建筑——避暑山庄和外八庙》（1982）一书中的实测图进行几何作图，可得如下结论。

（1）外垣总面阔：总进深≈3：7≈$\sqrt{3}/4$。

（2）第三进院南墙外皮至外垣北墙外皮间距：外垣总面阔（东西墙外皮间距）≈1。

（3）第三进院面阔：外垣总面阔≈1：$\sqrt{2}$。

（4）群房围成的核心建筑群面阔：进深≈7：8≈$\sqrt{3}/2$（图4–28）。

综上可知：安远庙总平面布局综合运用了$\sqrt{2}$和$\sqrt{3}/2$构图比例。

第五章　民居祠堂

中国传统民居类型丰富之极，各省（地区）均有富于特色的地方民居，甚至一省（地区）之内就有多种不同类型的民居建筑。限于时间、精力和篇幅，本书仅选取4个颇具代表性的民居类型加以讨论，分别是北京四合院（6例）、徽州民居及祠堂（7例，徽州祠堂与民居的总平面布局手法类似，故一并在此章讨论）、苏州民居（6例）和福建土楼民居（13例）。

其中，北京四合院、徽州民居、苏州民居皆是典型的院落式（或天井式）住宅，沿南北中轴线形成一进一进的庭院或天井式建筑群，大型宅邸则向东西方向拓展，形成中、东、西三路（乃至四、五路）的规模。与前述宫殿、坛庙、陵寝、寺观建筑群类似，院落式、天井式传统民居的总平面布局中也大量运用方圆作图比例。

福建土楼民居独树一帜，圆楼、方楼集合住宅的平面形状本身已经深具天圆地方的寓意，而对其总平面进行几何作图分析，可以进一步发现，土楼民居中的圆楼与辽宁牛河梁红山文化圜丘、西汉长安南郊辟雍可谓一脉相承，皆运用了方圆环环相套的经典构图比例，而方楼、五凤楼中同样蕴含丰富的方圆作图手法。

第一节 北京四合院

北京四合院是中国最负盛名的传统民居之一。典型的一进四合院由正房（亦称北房）、东西厢房和倒座房（亦称南房）围合成院落，主入口通常位于东南隅（胡同南侧的四合院入口则位于西北隅）；二进四合院则是由正房、东西厢房和垂花门、抄手游廊等围合成主庭院，在其前部还有倒座房与垂花门之间的一个狭长院落；如果在正房北侧加后罩房（或后罩楼），在正房与后罩房（或后罩楼）之间形成一个类似倒座房院的狭长院落，则成为典型的三进四合院；如果倒座房院加两个主庭院（皆由正房和东、西厢房组成）再加一个后罩房院则成为典型的四进四合院，通常四进四合院的进深已经占满北京城两条胡同之间的距离。更大的宅邸则或者采取中、东、西多路布局，或者形成跨若干条胡同的深宅大院。

下面来看几座不同规模北京典型四合院的总平面构图比例。

一、东堂子胡同蔡元培故居

北京东堂子胡同蔡元培故居为三进四合院，其中前两进格局较规整，可视作典型的面阔五间（即正房三间带东、西耳房各一间）的两进四合院。

第一进院有倒座房四间和大门一间（位于院落东南隅）。第二进院正房三间带东、西耳房各一间，南房三间带东、西耳房各一间，东耳房辟为连接前后院的过道，东、西厢房各三间。第三进院形状不规则，仅有北房二间。

通过对《东华图志：北京东城史迹录》（2005）一书中的实测图进行几何作图，可得如下结论。

（1）取1丈（1丈=3.2米）网格作为总平面布局的模数网格，则：

总面阔5丈，前两进院总进深10丈，第一进院进深3丈，第二进院进深7丈。

（2）第二进院进深（7丈）：面阔（5丈）=7：5≈$\sqrt{2}$。

（3）前两进院总进深（10丈）：总面阔（5丈）=2（图5-1）。

综上可知：蔡元培故居的面阔、第二进院进深和前两进院总进深呈1：$\sqrt{2}$：2

的比例关系，并且以1丈网格进行总平面布局。

二、纪晓岚故居

北京纪晓岚故居坐北朝南，共二进院落。一进院有广亮大门一间、倒座房三间、正房三间带前后廊，南立面为民国初年修建的中西合璧形式。二进院为阅微草堂旧址，正房五间前接勾连搭抱厦三间，东西厢房各三间，正房、前院正房与东西厢房均有抄手游廊相连。

通过对贾珺《北京四合院》（2009）一书中的实测图进行几何作图，可得如下结论。

（1）取1丈（1丈＝3.2米）网格作为总平面布局的模数网格，则：

总面阔约5丈，总进深约16丈；第一进院面阔5丈，进深（取倒座房南墙外皮至一进院正房台基北沿）7丈，第二进院进深约9丈。

（2）第一进院进深（7丈）：面阔（5丈）＝7：5≈$\sqrt{2}$。

（3）第二进院进深（9丈）：面阔（5丈）＝9：5≈$2\sqrt{2}-1$（图5–2）。

三、板厂胡同27号四合院

位于南锣鼓巷东侧的板厂胡同27号院为典型的面阔七间的三进四合院。广亮大门一间，门内有独立影壁，一进院有倒座房东一间、西七间，北为垂花门。二进院有正房三间带东西耳房各两间，东西厢房各三间，各带南耳房一间。抄手游廊连接诸房。两侧角廊向北经耳房进第三进院，院内有后罩房七间。

通过对《东华图志：北京东城史迹录》（2005）一书中的实测图进行几何作图，可得如下结论。

（1）取1丈（1丈＝3.2米）网格作为总平面布局的模数网格，则：

总面阔7丈，前两进院总进深约10.5丈，其中第一进院进深约3.5丈，第二进院进深约7丈；故第二进院（主院）为正方形，第一进院面阔与进深之比为2：1。

（2）垂花门北侧台阶北沿至东西厢房台基北沿一线距离：东西厢房台基内沿间距≈$\sqrt{3}/2$——即垂花门北侧台阶北沿中点北望60°视角包括庭院总面阔（图5–3）。

四、东四四条绵宜宅

东四四条5号四合院为清宗室绵宜故宅，坐北朝南，为典型的面阔七间的三进四合院。大门为如意门一间，门内迎面有一字影壁，西有屏门，过屏门有四间倒座房，倒座房北有垂花门。第二进院为主院，正房三间左右各带两间耳房。东、西厢房各三间。三进院有后罩房五间，西带耳房一间。

通过对《东华图志：北京东城史迹录》（2005）一书中的实测图进行几何作图，可得如下结论。

（1）取1丈（1丈＝3.2米）网格作为总平面布局的模数网格，则：

总面阔7丈（第一进院略窄），总进深13丈；第一进院进深约3.5丈，第二进院进深7丈，第三进院进深2.5丈。

（2）总进深（13丈）：总面阔（7丈）＝13：7≈$2\sqrt{2}-1$。

（3）第二进院进深（7丈）：面阔（7丈）＝1——第二进院即主院落为正方形，与板厂胡同27号院构图相同（图5-4）。

五、黑芝麻胡同奎俊宅

南锣鼓巷黑芝麻胡同13号四合院为清光绪时期四川总督、刑部尚书奎俊宅邸，民国时期为外交总长顾孟余居所。

宅院建在高台之上，七级台阶上为广亮大门一间，门内有一字影壁，西侧屏门通西路一进院，门东西各有倒座房二间与九间。一进院过道房八间，通过门道入二进院。一座垂花门将二、三进院分隔。三进院正房三间，东、西耳房各一间，东、西厢房各三间，抄手游廊连接各房。四进院已被改建。

大门东侧为东路院，一进院倒座房七间，过垂花门为二进院，正房三间，左右耳房各一间，东、西厢房各三间，抄手游廊连接各房。三进院北房七间，东、西厢房各一间。东路院东侧还有一路两进小院。东、西路院落之间过道现添建房舍。

通过对《东华图志：北京东城史迹录》（2005）一书中的实测图进行几何作图，可得如下结论。

（1）取1丈（1丈＝3.2米）网格作为总平面布局模数网格，则：

东路总面阔7丈，总进深13丈，其中第一、二进共进深10丈，第三进进深3丈；

西路总面阔12丈，前三进总进深16丈，其中第一进进深4丈，第二进进深4丈，第三进进深8丈。

（2）东路：

总进深（13丈）：总面阔（7丈）＝13：7≈$2\sqrt{2}-1$；

前两进院进深（10丈）：面阔（7丈）＝10：7≈$\sqrt{2}$——东路与东四四条绵宜宅构图十分接近。

垂花门台基北沿至正房台基南沿：庭院面阔（取抄手游廊台基内侧间距）≈$\sqrt{3}/2$——即垂花门台基北沿中点北望60度视角包括庭院面阔。

（3）西路：

总面阔（12丈）：二三进院总进深（12丈）＝1；

二三进院进深：二门倒座房总面阔≈$\sqrt{2}$（图5–5）。

综上可知：奎俊宅综合运用了$\sqrt{2}$、$\sqrt{3}/2$比例构图和1丈网格布局。

六、清华园工字厅

清华园工字厅为东、西并列的四路布局。其中，中路三进，沿中轴线依次为大门、穿堂、工字厅和临水平台（即水木清华景区）。东路四进，西一路四进，西二路不规则，分作南北两组院落。

通过对《中国古建筑测绘十年：2000～2010清华大学建筑学院测绘图集》（上册，2011）一书中的实测图进行几何作图，可得如下结论。

（1）取1丈（1丈＝3.2米）网格作为总平面布局模数网格，则：

建筑群总面阔约35丈，总进深约32丈；

中路总面阔约11丈，总进深（取倒座房台基南沿至临水平台北沿）31丈；

东路面阔约8丈，进深30丈；

西一路面阔约8丈，进深32丈；

西二路北院面阔约8丈，进深约12丈。

（2）中路：

总进深（31丈）：总面阔（11丈）＝2.818≈$2\sqrt{2}$。

（3）西一路：

总进深（32丈）：总面阔（8丈）＝4。

（4）中路面阔（11丈）：西一路面阔（等于东路面阔，8丈）≈$\sqrt{2}$（图5–6）。

第二节 徽州民居及祠堂

徽州民居是中国江南民居的重要代表。学者研究指出，徽州民居是中原合院民居文化与山越的巢居文化的结合，形成特殊的“天井楼居式”民居。徽州民居总平面布局的基本模式，由简而繁依次有凹字形、回字形（或曰口子形）、H形和日字形等。[1]

凹字形：为“一进一天井”格局，主体建筑为一正两厢（亦称“一明两暗”），两侧有廊，形成凹字形的建筑平面，与围墙、大门共同围合成天井，此为徽州民居的基本单元，亦可视作徽州民居的“细胞”——千变万化的徽州民居皆由此基本单元扩展而成。

回字形：即四合式天井住宅，为“两进一天井”格局，门厅与大厅皆正对天井，两侧有廊。

H形：相当于两个凹字形单元背靠背组合在一起，前后两天井，中间两厅合用一道屋脊，称“一脊翻两堂”。

日字形：相当于一个回字形与一个凹字形单元串联，为“三进两天井”格局；当然也可以是两个凹字形单元串联，形成“两进两天井”格局。

需要特别指出的是，在描述北京四合院等北方民居时，往往以中轴线上院落的数目来确定“进”数，而描述徽州民居的习惯则是以中轴线上建筑的数目来确定“进”数，例如门屋、天井及正厅构成“两进一天井”格局；门屋、前天井、正厅、后天井、后厅则构成“三进两天井”格局。

典型的徽州祠堂一般采取“三进两天井”的基本模式：所谓“三进”指的是沿中轴线建有门屋、享堂和寝楼，“两天井”则分别是位于门屋与享堂之间的前天井和位于享堂与寝楼之间的后天井。此外，天井两侧还有廊庑等附属建筑。在“三进两天井”的基本配置之外，大型祠堂还可以在门屋前加设前门、牌楼、棂星门、照壁之类的前导空间，有的还会增加厅堂和天井的数量，形成更加富于纵深感的轴线空间序列。

下面讨论几处典型徽州祠堂与民居的构图比例。

1. 参见单德启.安徽民居［M］.北京：中国建筑工业出版社，2009

一、黄山呈坎罗东舒祠

罗东舒祠全称“贞靖罗东舒先生祠”，又名宝纶阁，位于呈坎村东北隅，系明代中后期建筑。该祠堂坐西朝东，包括照壁、棂星门、前天井、南北碑亭、正门、两庑、大庭院、大堂、后天井、寝楼及南侧之女祠、北侧之厨房杂院，四进四院，共占地3300平方米，规模庞大，建筑宏丽，堪称徽州祠堂之冠。

通过对《中国古代建筑史》（第四卷：元、明建筑，2009年第2版）一书中的实测图进行几何作图，可得如下结论。

（1）总进深（取照壁南沿至北墙外皮间距）：总面阔（取前院东西墙外皮间距）≈$2\sqrt{2}$。

（2）照壁南沿至门屋台基北沿：总面阔≈6：7≈$\sqrt{3}/2$。

（3）主庭院进深：面阔（取东西厢房檐柱间距）≈$\sqrt{3}/2$——即门屋台基北沿中点北望60°视角包括主庭院总面阔。

（4）享堂台基南沿至寝楼台基南沿：寝楼台基面阔≈$\sqrt{3}/2$；享堂台基南沿中点北望60°视角包含享堂屏风墙总宽。

（5）取1丈（明中期1丈＝3.184米）网格作为总平面布局的模数网格，则：

总面阔（包括东西两路）约14丈，总进深约24丈，二者之比为7：12≈$\sqrt{2}$：（$\sqrt{2}$＋1）。

照壁至门屋台基南沿约4丈；门屋台基南沿至享堂台基南沿约9丈；享堂台基进深约6.5丈；享堂台基北沿至建筑群北墙约4.5丈（图5-7）。

综上可知，罗东舒祠总平面布局综合运用了$\sqrt{2}$、$\sqrt{3}/2$比例和1丈模数网格。

二、歙县郑氏宗祠

歙县郑氏宗祠始建于明成化二年（1466年），院落开敞，为徽州典型的廊院式祠堂。沿中轴线依次建有石坊、前廊、门屋、廊院和寝堂。

通过对《中国古代建筑史》（第四卷：元、明建筑，2009年第2版）一书中的实测图进行几何作图，可得如下结论。

（1）总进深（取前廊檐柱一线至寝堂后檐柱）：总面阔（取东西墙外皮间距）≈$\sqrt{2}$。

（2）天井进深（取门屋后檐柱至寝堂前檐柱）：面阔（东西廊庑檐柱间距）≈

6：7≈$\sqrt{3}/2$。

（3）取1丈（明中期1丈＝3.184米）网格作为总平面布局的模数网格，则：

总面阔约8丈，总进深略大于11丈；其中寝堂以南进深7丈（图5-8）。

三、黟县韩氏宗祠

黟县韩氏宗祠又称“敬爱堂”，建于明代中期，三进二天井，包括门屋、享堂、寝楼和前、后天井。建筑群结构规整，古朴典雅，具有典型的明代风格。

通过对《中国古代建筑史》（第四卷：元、明建筑，2009年第2版）中的实测图进行几何作图，可得如下结论。

（1）总面阔（取东西墙外皮间距）：第一进进深（取享堂前檐柱以南）≈$\sqrt{2}$。

（2）总面阔：第二进进深（享堂前檐柱至寝楼前檐柱）≈$\sqrt{2}$。

由（1）、（2）可知：前两进进深：总面阔≈$\sqrt{2}$。

寝楼进深：总面阔≈7：16≈$\sqrt{3}/4$。

（3）总平面以享堂金柱一线为界，北部为一正方形，南部为一6：7矩形（接近$\sqrt{3}/2$矩形）（图5-9）。

四、黄山潜口方文泰宅*

方文泰宅为明代中后期民居，原坐落在潜口乡绅沙村，为典型的口字形四合院。建筑群两进三间，面阔9.33米，进深15.9米，高8.8米。楼下前进明间为门厅，两旁是厢房；后进明间为客厅，次间为卧室。两进之间为狭长天井，两侧为廊屋，西廊内设楼梯。

通过对《中国古代建筑史》（第四卷：元、明建筑，2009年第2版）一书中的实测图进行几何作图以及上述实测数据分析，可得如下结论。

（1）总进深（15.9米）：总面阔（9.33米）＝1.704≈（$\sqrt{2}$＋1）：$\sqrt{2}$（吻合度99.8%）——总平面由一个正方形和一个$\sqrt{2}$矩形组成，其中前进加天井（含两侧回廊）为正方形，后进为$\sqrt{2}$矩形。

（2）总面阔：前进后檐柱至后进前檐柱间距≈2——即天井及周围回廊构成2：1的矩形（图5-10）。

综上可知：方文泰宅（徽州典型“口”字形住宅）总平面由一个正方形和

一个$\sqrt{2}$矩形组成，这是可以追溯到偃师二里头夏代晚期宫殿总平面的经典构图比例。

五、黟县西递大夫第

大夫第位于西递前边溪街与横路街交汇处，建于清康熙三十年（1691年）。建筑群主体为中部的带天井的二层四合院，旁边为一座二层三合院，二者之间以一座天井相隔。最妙的是中部主体院落临街一侧极不规则的“隙地”被巧妙设计为一座临街绣楼，既成为整个大夫第的标志，又可供主人观景远眺。

通过对《世界文化遗产西递古村落空间解析》（2006）一书中的实测图进行几何作图，可得如下结论。

（1）中部四合院：

通面阔：通进深≈7：8≈$\sqrt{3}/2$；大门内影壁中点60°视角包括正厅全景。

（2）三合院：

通进深：通面阔≈7：8≈$\sqrt{3}/2$——入口处60°视角包括正厅全景。（图5-11）

六、黟县西递西园

西递西园建于清道光四年（1824年），实际上是三座一字排开住宅的前院，之间以墙相隔、又以门及漏窗相通。三座小院之间以墙分隔，墙上的门洞、漏窗位置互相交错，形成“隔而不绝、连而不透”的意趣。

通过对《世界文化遗产西递古村落空间解析》（2006）一书中的实测图进行几何作图，可得如下结论：

主要三座住宅院落的总平面均为$\sqrt{2}$矩形，其中后两进院落与第一进呈90°扭转（图5-12）。

七、黟县宏村承志堂

承志堂位于宏村西北、上水圳中段，建于清咸丰五年（1855年），被誉为“民间故宫”，是清末盐业、糖业大商人，江西九江商会会长，汪氏第九十二世祖汪定贵所建，堪称宏村民居之冠。全宅共有九个天井、七座楼宇、大小厅室60余间，总占地面积约2000平方米，建筑面积3000余平方米。

建筑主体部分分作中、东、西三路。其中核心部分是中路，即二门门厅内的正厅和后堂，呈标准的三进二天井格局。东路建筑群极为狭长，自设门楼，并有侧门通中路，内设“排山厅”、“吞云轩”等建筑，自成一片小天地。西路包括厨房等附属设施。三路建筑群南侧合为一体，由大门、门厅、轿厅等建筑围合第一进天井。主体建筑东侧还有两组相对独立的院落，西侧有三角形水院一座，称“鱼塘厅”，与住宅西侧不规则的街道自然衔接。

通过对《中国古代建筑史》（第五卷：清代建筑，2009年第2版）一书中的实测图进行几何作图，可得如下结论。

（1）取1丈（1丈＝3.2米）网格作为总平面布局的模数网格，则：

建筑群通面阔16丈，总进深略大于15丈；其中，主体部分面阔8丈（为总进深的1/2）；主体部分东侧两组院落各面阔3丈，“鱼塘厅”最宽处2丈。

（2）中路：

总进深∶总面阔≈$\sqrt{2}+1$；

正厅面阔∶进深≈$\sqrt{2}$；

后堂面阔∶进深≈$\sqrt{2}$——正厅与后堂形状相同，均为$\sqrt{2}$矩形，此构图在下面要讨论的苏州民居中也大量存在。

（3）主体部分总进深（取大门南墙外皮至东路后天井外墙外皮）∶总面阔≈$\sqrt{2}$（图5-13）。

综上可知，作为徽州大型民居代表的宏村承志堂总平面设计是综合运用$\sqrt{2}$比例与1丈模数网格的佳作。

第三节 苏州民居

本节讨论的苏州民居均为深宅大院，皆由十余座乃至数十座院落组成。苏州民居沿南北中轴线排列的一路院落建筑群称一“落”，全宅主轴线上的一路院落称“正落”，“正落”两旁的院落组合称“边落”或“次落”，一如单体建筑的“明间”和“次间”。按照传统礼制，正落是家族长辈居住之所，正落一般沿中轴线依次建门厅、轿厅（茶厅）、正厅、内厅、堂楼，每两座建筑中隔以天井、庭院、门楼等，庭院深深，常常可达五进乃至五进以上。边落既可如正落般严谨布局，也有灵活处理者，结合园林设置花厅、跑马楼等。正落和边落之间常常以“备弄”相隔，作为二者之间的过渡和联系，同时是各进院落之间重要的交通空间。

苏州大宅往往由多路院落和备弄组成错综复杂的总平面布局，但其中的方圆作图比例依然清晰可辨，以下举其中典型者6例加以分析。

一、东杨安浜吴宅（阁老厅）

东杨安浜16号吴宅建于明嘉靖八年（1529年），为明代大学士吴一鹏故居，亦称“阁老厅”。建筑群位于山塘街西侧，东临山塘河，南临杨安浜河，坐北朝南，两面临水，为五路五进大宅，占地5800平方米，现存较完整的是中路（正落）和西一路（边落）。

中路（正落）五进（苏州民居与徽州民居相同，以中轴线上建筑数目为进数），沿中轴线依次建门厅、茶厅、正厅、内厅和堂楼，中间以天井或庭院相通。

西一路（边落）四进，前两进为门厅、楼厅，三、四进共同形成走马楼，平面形状呈不规则梯形。西二路（边落）尚存两进楼厅。

东一路（边落）五进，第四进为“祀母堂”，供奉吴母塑像。东二路（边落）四进，因临水故用地不规则，有花园通向山塘河畔。

通过对《苏州古民居》（2004）一书中的实测图进行几何作图，可得如下结论。

（1）取1丈（明中期1丈＝3.184米）网格作为总平面布局的模数网格，则：

中路（含东侧备弄）面阔5丈，东一路面阔3.5丈，东二路主体部分面阔3.5丈，东二路附属部分面阔2丈，西一路面阔4丈，西二路面阔略大于3丈。

中路进深（取中路门厅南壁外皮至堂楼北壁外皮)25丈，其中前两进进深8丈，后三进进深17丈。

（2）中路面阔（5丈）：东一路面阔（3.5丈）＝10：7≈$\sqrt{2}$。

（3）中路：

总进深（25丈）：面阔（5丈）＝5；

门厅面阔（取西侧三间主体）：进深≈$\sqrt{2}$；

茶厅（含前后天井）进深：面阔（取西侧三间主体）≈$\sqrt{2}$；

正厅前檐柱至后堂后壁外皮：正厅面阔（取山墙外皮间距）≈$2\sqrt{2}$；

正厅进深（含后天井）：正厅面阔（取山墙外皮间距）≈1；

内厅后檐柱至后堂后壁外皮：内厅面阔（取山墙外皮间距）≈1；

正厅面阔（取山墙外皮间距）：进深（不含前廊）≈$\sqrt{2}$；

内厅中央三间面阔：进深（不含前廊）≈$\sqrt{2}$。

（4）东一路：

二至五进总进深：总面阔（取山墙外皮间距）≈$2\sqrt{2}$——与中路正厅、内厅、后堂部分形状相同。

（5）东二路：

第二进楼厅进深（含前庭院）：面阔（取山墙内皮间距）≈$\sqrt{2}$。

（6）西一路：

第二进楼厅进深（含前庭院）：面阔（不含东侧备弄）≈$\sqrt{2}$。

（7）西二路：

两座楼厅均接近正方形（图5-14）。

综上可知：此宅综合运用$\sqrt{2}$构图比例和1丈网格布局；各路建筑沿中轴线大量运用进深方向为长边的$\sqrt{2}$矩形构图，而主要门厅、正厅、内厅等单体建筑则使用面阔方向为长边的$\sqrt{2}$矩形构图；中路面阔与东一路、东二路面阔之比亦为$\sqrt{2}$；一系列$\sqrt{2}$比例的运用构成和谐统一的整体布局。此外，一些主要庭院面阔与进深之比为2，一些主要厅堂或楼厅则使用正方形平面。住宅总进深为中路（正落）面阔的5倍。

二、东花桥巷汪宅

东花桥巷33号汪宅系清康熙年间汪姓富商的大宅，坐北朝南，三路六进。

中路（正落）沿中轴线依次为门厅、轿厅、正厅（中和堂）、内厅、堂楼和内堂楼。东路由鸳鸯厅、东楼厅、厨房、下房等组成，其中鸳鸯厅为全宅最精美之建筑。西路有小斋、书厅、鸳鸯厅等，后部本有小型园林，现不存。

通过对《苏州古民居》（2004）一书中的实测图进行几何作图，可得如下结论。

（1）取1丈（1丈＝3.2米）网格作为总平面布局的模数网格，则：

总面阔约13丈，其中中路面阔约5丈，东路面阔约4丈，西路前部面阔约4丈，后部面阔约3丈，总进深略大于25丈。

（2）中路（正落）：

总进深（25丈）：面阔（5丈）＝5——与上一例构图相同；

前两进（正厅至轿厅）总进深：中路面阔≈1；

三至五进（正厅至堂楼，含院落及天井）总进深：中路面阔≈$2\sqrt{2}$；

内堂楼进深：中路面阔≈1。

（3）东路：

鸳鸯厅及前后院落总进深：东路面阔≈2；

东楼厅进深（含前后天井）：东路面阔≈$\sqrt{2}$；

厨房及前院进深：厨房面阔≈$\sqrt{2}$；

下房院进深：面阔≈1。

（4）西路：

书厅及后院进深：书厅面阔≈$\sqrt{2}$；

鸳鸯厅进深：面阔≈$\sqrt{2}$（图5-15）。

三、东北街李宅

东北街李宅建于清康熙六十年（1721年），咸丰十年（1860年）忠王李秀成将其并入忠王府。现状为拙政园的一部分——苏州园林博物馆，为两路四进宅第。

正落中轴线依次有大门、二门、轿厅、正厅、内厅和堂楼，穿过堂楼，过云墙就是拙政园中部的枇杷园。东路有鸳鸯厅、花厅、四面厅和楼厅等。

通过对《苏州古民居》(2004)一书中的实测图进行几何作图，可得如下结论。

(1)取1丈(1丈=3.2米)网格作为总平面布局的模数网格，则：

总面阔约14丈，其中正落面阔(含东侧备弄)约7丈，东路面阔约7丈。

总进深约35丈，其中中路大门至内厅20丈，后部堂楼及前后院15丈；东路花厅、鸳鸯厅等20丈，四面厅及楼厅等15丈。

(2)正落：

总进深(35丈)：面阔(7丈)=5——与上二例构图相同；

大门至内厅进深：面阔≈$2\sqrt{2}$；

堂楼及前后院总进深：面阔≈$\sqrt{2}+1$；

正厅中央三间面阔：进深(不含前廊)≈$\sqrt{2}$；

堂楼中央三间面阔：中央四间进深≈$\sqrt{2}$。

(3)东路：

鸳鸯厅、花厅及其庭院总进深：鸳鸯厅面阔≈$2+\sqrt{2}$；

四面厅所在庭院总进深(含楼厅前廊)：庭院总面阔≈$\sqrt{2}$；

四面厅(不含外廊)进深：面阔≈$\sqrt{2}$(图5-16)。

四、仓桥浜邓宅

建于清代的仓桥浜邓宅北靠桃花坞河、东临仓桥浜河、南有河埠水湾，为一座三面依水的枕河古宅。

建筑群三路五进。中路(正落)依次建门廊、轿厅、正厅、内厅和堂楼。东路临河，有望溪楼、对照厅等，由曲折的备弄相连，充满空间趣味。

西路为一小型园林。

通过对《苏州古民居》(2004)一书中的实测图进行几何作图，可得如下结论。

(1)中路：

门廊及轿厅总进深：中路面阔≈1；

正厅、内厅总进深(含庭院天井)：中路面阔≈$\sqrt{2}+1$；

堂楼进深：中路面阔≈1；

轿厅面阔：进深(不含前廊)≈$\sqrt{2}$；

正厅面阔：进深（不含前廊）≈$\sqrt{2}$。

（2）东路：

望溪楼及第一对照厅进深：东路面阔≈$\sqrt{2}+1$；

第二对照厅及前院进深：东路面阔≈$\sqrt{2}$；

库房及前院进深：库房面阔≈$\sqrt{2}$（图5-17）。

五、南石子街潘宅

南石子街潘宅为清咸丰二年（1852年）壬子科探花潘祖荫故居，坐北朝南，三路五进。中路（正落）由门厅、茶厅、正厅、内厅（攀古楼，原有380件潘祖荫收藏的珍贵青铜器）、走马楼组成。东路为花园，南部有花厅“竹山堂”。西路有账房、回马楼、堂楼。

通过对《苏州古民居》（2004）一书中的实测图进行几何作图，可得如下结论。

（1）中路：

前半部（包括门厅、茶厅及正厅及院落）总进深：总面阔≈$3\sqrt{2}-1$；

其中门厅南墙外皮至正厅后檐柱：总面阔≈$2\sqrt{2}$；

后半部分（包括内厅、走马楼及院落）总进深：总面阔≈$2\sqrt{2}$；

茶厅通面阔：通进深（不含前廊）≈$\sqrt{2}$；

正厅通面阔：通进深（不含前廊）≈$\sqrt{2}$。

（2）西路：

堂楼面阔：进深≈1；

回马楼总进深（含前后天井）：西路面阔≈$\sqrt{2}+1$（图5-18）。

六、西北街吴宅

西北街吴宅临近北寺塔，建于清乾隆年间，占地5200平方米，四路四进。中路（正落）依次建有大门、轿厅、正厅（尚志堂）、内厅、堂楼。东路为园林。西一路有花厅、园亭等。西二路为数重楼厅。

通过对《苏州古民居》（2004）一书中的实测图进行几何作图，可得如下结论。

（1）中路：

前两进总进深（包括轿厅、正厅及庭院）：中路总面阔≈2；

中路总面阔：内厅前主庭院进深≈$\sqrt{3}/2$；

内厅进深（包括东西厢）：中路总面阔≈1；

后堂总进深（包括前后庭院）：中路总面阔≈$\sqrt{2}$。

（2）西二路：

第一进楼厅总进深（包括后院）：面阔≈$\sqrt{2}$；

第二进楼厅进深：面阔≈1；

最后一进楼厅进深（含前后院）：面阔≈$2\sqrt{2}-1$（图5–19）。

综上所述：苏州民居中一些大型宅邸多用1丈网格作为总平面布局的模数网格；多路多进大院，在进深方向上大量使用进深与面阔之比为$\sqrt{2}$的纵向矩形构图，通过重叠手法形成纵深格局；一些重要主体建筑如正厅、内厅、轿厅等多呈面阔与进深之比为$\sqrt{2}$的横向矩形构图。此外，正方形、长宽比2：1的矩形、长宽比（$\sqrt{2}+1$）：1的矩形亦属常用构图。许多宅邸的总进深为中路（正落）面阔的倍数，即以中路面阔为总平面规划的一个模数，一如上一章所讨论的一批寺观建筑群。

第四节 福建土楼民居

福建土楼特指分布在闽西和闽南地区的适应大家族聚族而居、具有突出的防御功能，并且采用夯土墙和木梁柱共同承重的巨型居住建筑。[1]

土楼从类型分可以分为圆楼、方楼和五凤楼。其中，圆楼、方楼单是从外形已经充分透露出“天圆地方”的意味。而通过对一批典型土楼总平面实测图的作图分析，可以进一步揭示其平面布局中包含的方圆作图和经典构图比例。

一、圆楼

（一）永定承启楼

承启楼位于永定县高头乡高北村，清康熙四十八年（1709年）开工，历时三年建成。总平面由外、中、内三环房屋和位于中央的祖堂构成。内环一层，21开间，作为女子的书房；中环一层（局部二层），40开间，用作客房；外环四层楼，67开间，设四部楼梯、一座大门和两座边门，底层为厨房，二层为谷仓，三四层为卧房。

通过对《福建土楼：中国传统民居的瑰宝（修订本）》（2009）一书中的实测图进行几何作图，可得如下结论。

（1）外环外径∶中环外径∶内环外径（取台基）$\approx 2:\sqrt{2}:1$。

（2）内环门屋后檐直径∶祖堂直径$\approx\sqrt{2}$。

（3）祖堂直径∶内环门屋后檐直径∶内环外径（取台基）∶中环外径∶外环外径$\approx 1:\sqrt{2}:2\sqrt{2}:4:4\sqrt{2}$（图5-20）。

综上可知：作为福建圆形土楼的典型代表，承启楼环环相套的布局中，每一重要圆形的直径之间均包含了$\sqrt{2}$比例关系。

（二）永定振成楼

振成楼位于永定县湖坑镇洪坑村，建于1912年。平面由内外两环楼及中央祖堂组

1. 参见黄汉民. 福建土楼：中国传统民居的瑰宝（修订本）[M]. 北京：生活·读书·新知三联书店，2009：112.

成。外环楼四层，环周按八卦方位，用砖墙将木构圆楼分隔成八段，走马廊通过隔墙的门洞连通。内环楼二层。祖堂方形平面、攒尖屋顶，正面四根立柱采用西洋古典柱式，为中西合璧样式。内外环楼之间用四组走廊连接，将环楼间的庭院分隔成八个天井。此外，外环楼的两侧各有一段双层的弧形小楼，形如乌纱帽的两翼，各成合院，别有洞天。

通过对《福建土楼：中国传统民居的瑰宝（修订本）》（2009）一书中的实测图进行几何作图，可得如下结论。

（1）外环楼外径：外环楼内径≈$\sqrt{2}$。

（2）外环楼内径：内环楼外径（不含一层外围浴室）≈$\sqrt{2}$。

（3）内环楼外径（不含一层外围浴室）：内环楼内径（不含走马廊）≈$\sqrt{2}$（图5-21）。

综上可知——内环楼内径（不含走马廊）：内环楼外径（不含一层外围浴室）：外环楼内径：外环楼外径≈1：$\sqrt{2}$：2：2$\sqrt{2}$，振成楼呈四环相套格局，十分完美。

（三）华安二宜楼

二宜楼位于华安县仙都镇大地村，建于清乾隆五年至三十五年（1740～1770年），直径达71.2米，由四层的外环楼和单层的内环屋组成。二宜楼为单元式圆楼，外环共52开间，正门、祖堂及两侧门占4开间，其余48开间分成12个单元（从平面看就像钟表之格局），每个单元自成体系，从内院入口进入，各自有内天井，独自设楼梯上下（四楼墙内有一圈隐通廊可沟通各单元），俗称透天厝。

通过对《福建土楼：中国传统民居的瑰宝（修订本）》（2009）一书中的实测图进行几何作图，可得如下结论。

（1）外环外径：外环内径≈$\sqrt{2}$。

（2）外环外径：中央庭院直径≈5：2（与西汉长安陵寝中最常见的陵园边长与方上边长的比值相同，见第三章）（图5-22）。

（四）南靖怀远楼

怀远楼位于南靖县梅林镇坎下村，始建于清宣统元年（1909年），是内通廊式圆楼的典型代表，由外环楼、中央圆形祖堂（环以一圈猪圈形成内环屋）组成。通过对《福建土楼：中国传统民居的瑰宝（修订本）》（2009）一书中的实测图进行几何作图，可得如下结论。

（1）祖堂前半圆形天井直径：内环屋外径：外环楼外径（取外墙外皮）≈1：2：4。

（2）外环楼外径（取外墙内皮）：外环楼内径≈$\sqrt{2}$（图5–23）。

（五）永定振福楼

振福楼位于永定县湖坑镇西片村，由外环楼、内半环屋及中央大厅（祖堂）组成。通过对《福建土楼：中国传统民居的瑰宝（修订本）》（2009）一书中的实测图进行几何作图，可得如下结论：

内环屋外径：外环楼内径（取前檐柱）：外环楼外径（取台基）≈1：$\sqrt{2}$：2（图5–24）。

（六）平和龙见楼

龙见楼位于平和县九峰镇黄田村，建于清康熙年间，是单元式圆楼的典型实例。外径82米，环周50个开间，每个开间为一个独立的居住单元，单元之间完全隔断，各家均从设在内院一侧的门入户。每个单元平面布局相同，包括入口、前院、前厅、小天井、后厅和卧房，其中卧房共三层，有独用的楼梯上下。

虽然各单元从空间上并不相通，可是从平面布局上看，卧房楼形成外环，前厅形成中环，入口形成内环。

通过对《福建土楼：中国传统民居的瑰宝（修订本）》（2009）一书中的实测图进行几何作图，可得如下结论：

外环外径（取外墙内皮）：中环（前厅）外径：内环（入口）外径≈2：$\sqrt{2}$：1（图5–25）。

（七）漳浦锦江楼*

锦江楼位于漳浦县深土镇锦江村，由三环构成。外环一层，外径58.5米；中环（1803年建）一层，外径40.5米；内环（1791年建）三层，外径23.7米。通过对《福建土楼：中国传统民居的瑰宝（修订本）》（2009）一书中的实测图进行几何作图及实测数据分析，可得如下结论：

（1）外环外径（58.5米）：中环外径（40.5米）=1.44≈$\sqrt{2}$（吻合度98.2%）。

（2）中环外径：中环内径≈$\sqrt{2}$。

（3）中环外径（40.5米）：内环外径（23.7米）=1.709≈（$\sqrt{2}$+1）：$\sqrt{2}$（吻合度99.9%）（图5–26）。

二、方楼

（一）龙岩善成楼

善成楼位于龙岩市适中镇，是一座带有东西护厝和两重前院的方楼。通过对《福建土楼：中国传统民居的瑰宝（修订本）》（2009）一书中的实测图进行几何作图，可得如下结论。

（1）总进深（前院南墙至护厝北墙）：总面阔≈$\sqrt{3}/2$。

（2）总面阔：中路面阔≈$2\sqrt{2}-1$。

（3）中路总进深（前院南墙至中路台基北沿）：中路面阔≈（$\sqrt{2}$+1）：$\sqrt{2}$——即一个正方形加一个$\sqrt{2}$矩形，其中主体方楼为一正方形，其前部空间为一$\sqrt{2}$矩形（图5–27）。

（二）平和西爽楼

西爽楼位于平和县霞寨镇西安村，始建于清康熙十八年（1679年），是典型的单元式方楼。楼面阔86米，进深94米，平面为四角抹圆的长方形。周边为三层高的土楼，由65个独门独户的小单元围合，每户占一开间。内院中整齐排列着六组两进的祠堂。

通过对《福建土楼：中国传统民居的瑰宝（修订本）》（2009）一书中的实测图进行几何作图，可得如下结论。

（1）内院面阔：进深≈6：7≈$\sqrt{3}/2$。

（2）南部三祠堂：

进深：面阔≈（$\sqrt{2}$+1）：$\sqrt{2}$——其中门厅加天井为正方形，正厅为$\sqrt{2}$矩形。

（3）北部三祠堂：

门厅加天井约为$\sqrt{3}/2$矩形（长宽比7：8），正厅为$\sqrt{2}$矩形（图5-28）。

（三）平和思永楼

思永楼坐落在平和县五寨乡埔坪村，建于清雍正五年（1727年），其独特之处在于在三层单元式方楼的内院之中，又建一座四层的方楼，当地称“楼心”。通过对《福建土楼：中国传统民居的瑰宝（修订本）》（2009）一书中的实测图进行几何作图，可得如下结论。

（1）内院进深：面阔≈$\sqrt{2}$；内院面阔：内方楼面阔≈$\sqrt{2}$。

（2）内方楼面阔：进深≈7：8≈$\sqrt{3}/2$。

（3）外方楼面阔≈东西直墙长度，此正方形中心位于内方楼门厅南沿中点（图5-29）。

（四）永定遗经楼

遗经楼位于永定县高陂镇上洋村，始建于清嘉庆十一年（1806年），费时七十多年建成。其总体布局当地称为“楼包厝、厝包楼”，即四、五层高的方楼包围着内院的单层方厝，而方楼前又被一、二层的厝包围，形成楼前的前院。整个方楼的布局为通廊式与单元式的结合。

通过对《福建土楼：中国传统民居的瑰宝（修订本）》（2009）一书中的实测图进行几何作图，可得如下结论。

（1）方楼：

面阔：进深≈1。

方楼边长：东西厨房檐墙间距≈$\sqrt{2}$。

内院进深：面阔≈7：8≈$\sqrt{3}/2$；祖堂进深（不含两隅浴室）：面阔≈7：8≈$\sqrt{3}/2$。

（2）前院：

进深：面阔≈$\sqrt{3}/2$——入口60°视角正好包括前院通面阔。

前院、内院、祖堂为相似形（图5-30）。

三、五凤楼

（一）永定大夫第

大夫第位于永定县高陂镇大塘角村，系王氏建于清道光八年（1828年），建筑群坐北朝南，面阔52米，进深53米，呈“三堂两横式”布局。“三堂”即中轴线上的下堂、中堂和后堂，三堂之间是前后二天井。“两横”即两侧的横屋，分别由三个平面形式相同的基本单元沿纵向拼接而成，横屋的九脊顶层层跌落极富韵律。

通过对《福建土楼：中国传统民居的瑰宝（修订本）》（2009）一书中的实测图进行几何作图，可得如下结论。

（1）总进深：总面阔（不含东侧猪舍厕所）≈1——正方形中心位于中堂屏风墙中点。

（2）中路三堂：

下堂、天井及中堂总进深：中路面阔≈$\sqrt{2}$。

后堂面阔：进深≈$\sqrt{2}$（图5-31）。

（二）永定福裕楼

福裕楼位于永定县湖坑镇洪坑村，建于1882年，为五凤楼之变体，“三堂四横式”，且下堂边长二层楼房，延长与两侧三层高的横屋相连，中堂建成楼房，后堂五层的主楼扩大与两横相接，构成四周高楼围合更具防卫性的形式，是五凤楼向方楼发展的过渡类型。

通过对《福建土楼：中国传统民居的瑰宝（修订本）》（2009）一书中的实测图进行几何作图，可得如下结论。

（1）总进深（照壁至后墙外皮）：台基总宽≈1。

（2）中路：

门厅、大厅及两天井总进深：中路面阔≈$\sqrt{2}$。

（3）东路、西路：

总进深：总面阔≈2；

中路面阔：东、西路面阔≈$\sqrt{2}$（图5-32）。

第六章 苑囿园林

中国古代园林，不论是皇家苑囿还是私家园林，都追求“虽由人作，宛自天开”之境界。因此，与上述各类建筑群规整严谨的总平面布局相比，园林的总平面布局要灵活自由得多。但即便是“虽由人作，宛自天开”的中国古代园林，同样是“由人作”，同样有其总平面构图的“规矩”，特别是在园林整体或主要景区的总用地形状方面，还是经常运用方圆作图比例——可以说是“虽似天开，实由人作”。

下面通过北京景山、圆明园两处皇家苑囿和五座苏州、扬州的江南私家园林为例，探讨园林总平面布局中的构图比例。

第一节 皇家园林

一、北京景山*

景山采取对称布局，四周缭以宫墙，山北平地上布置主要殿宇。景山正门（即南门）为“景山门”，其北为绮望楼，楼后即景山五峰。五峰之巅各建一亭，中曰万春，东曰观妙、周赏，西曰辑芳、富览。景山北面是皇寿殿。寿皇殿原在景山东北，乾隆十四年（1749年）移建到景山以北、京城中轴线上，建筑群仿太庙之制，正殿奉祀清历代帝王之御容。

通过对1940年代的实测图进行几何作图，结合对2002北京旧城测绘图（CAD文件）的实测数据分析，可得如下结论。

（1）据2002北京旧城测绘图（CAD文件），景山北墙430.7米，南墙426.6米，东西平均428.7米，取明早期1尺＝0.3173米计，合135.1丈≈135丈（吻合度99.9%）；东墙519.1米，西墙527.2米，南北平均523.2米，合164.9丈≈165丈（吻合度99.9%）。

由此可知，景山东西135丈、南北165丈，周长600丈。若以5丈网格作为总平面布局的模数网格，则面阔27格，进深33格。

（2）景山、紫禁城、太庙、社稷坛之关系：

景山周长（600丈）：紫禁城周长（1088丈）＝0.551≈5：9（吻合度99.3%）；

太庙、社稷坛核心建筑群面阔65丈、进深85丈，周长均为300丈。故景山周长（600丈）：太庙或社稷坛主体部分周长（300丈）＝2。

并且据2002北京旧城测绘图，太庙、社稷坛中轴线间距430.6米，合135.7丈，约135丈（吻合度99.5%），等于景山面阔。

综上可知紫禁城、太庙、社稷坛和景山的规划设计有着精确的整体比例控制。

（3）据2002北京旧城测绘图，寿皇殿东墙151.3米，西墙151.8米，南北进深平均151.6米，合47.8丈（约47.5丈，相当于5丈网格的9.5格，吻合度99.4%），故景山南墙至寿皇殿南墙共计523.2–151.6＝371.6米。由此可知：

景山总进深（523.2米）：景山南墙至寿皇殿南墙（371.6米）＝1.408≈$\sqrt{2}$

（吻合度99.6%）;

景山南墙至寿皇殿南墙（371.6米）：景山总面阔（428.7米）=0.867≈$\sqrt{3}/2$（吻合度99.9%）。

综上可知，景山的总平面规划综合运用了5丈网格布局和$\sqrt{2}$、$\sqrt{3}/2$比例，并且与紫禁城、太庙和社稷坛进行了统一规划，具有清晰的比例关系（图6-1）。

二、北京圆明园*

清雍正三年（1725年），雍正帝把他的“赐园”圆明园（始建于康熙四十六年，即1707年）正式改作离宫御苑，大加扩建。雍正年间的圆明园已达200余公顷，乾隆时期圆明园“四十景”中有二十八处已建成。乾隆二年（1737年）对圆明园进行第二次扩建，营建了“四十景”的其余十二处；此后乾嘉两朝又在圆明园东部与东南部建“长春园”和“绮春园”，与圆明园合称“圆明三园”[1]。

圆明园全盛时期规模浩瀚，居“三山五园”之首：总面积达350余公顷，约5倍于北京紫禁城；三园外墙总长约10公里，设园门19座，水闸5座。

圆明三园的最大特点是“平地起山水”，以人工山水为造园之“骨架”。与通常的一池三山、山北水南负阴抱阳的简单构图不同，圆明园的山水勾连环抱，呈现岗、阜、岛、堤与河、海、湖、池交织嵌套、“虚实相生”的独特构图。全园以山水结构为骨架，并依山临水、因地制宜布置大量点景建筑群，与大小水景、山形共同构成一系列大中小型园林组合而成的“园林群”。

圆明园绝大部分建筑尽皆毁去，所幸山水格局尚在，可以根据2002年圆明园总平面实测图（CAD文件）测量相关数据，从而推测其总平面规划设计的一些重要比例关系。此外，清代样式雷的图档也提供了关于圆明园规划设计构图比例的宝贵线索。

（1）样式雷图档中的《圆明园大墙丈尺平面图》（中国国家图书馆善本部藏，样式雷排架098-3号，绘制于嘉庆十六年至道光七年之间［1811-1827］）中标注圆明园西墙375丈，北墙528.9丈。由此可知：

圆明园面阔（528.9丈）：进深（375丈）=1.41≈$\sqrt{2}$（吻合度99.7%）。其中，进深375丈取整数，面阔取“方100斜141”，故数值为一看似零碎的尺寸。可知作为圆明三园规划起始点的圆明园之总平面采用了$\sqrt{2}$矩形，仅东南隅缺一角。

1. 如果算上绮春园以东的熙春园和长春园以北的春熙园两座附属园林，则形成“圆明五园”之格局。

（2）样式雷图档中的《圆明园河道泊岸总平面图》（中国国家图书馆善本部藏，样式雷排架043-1号，绘制于乾隆中晚期，嘉庆早期进行局部修改）十分珍贵，其最突出特点是在圆明园园墙范围内以淡墨绘制了完整的方格网，进深方向36格，面阔方向53格。

已有学者通过对上述两幅样式雷图的研究指出，圆明三园中圆明园的规划模数网格采用了面阔10丈、进深10.4丈的特殊尺寸进行布局，此网格与圆明园中大部分重要建筑位置颇为吻合。[1]

如果我们取《圆明园大墙丈尺平面图》中圆明园面阔528.9丈，进深375丈的数据，结合《圆明园河道泊岸总平面图》中东西53格，南北36格的模数网格可得：东西1格＝9.98丈≈10丈（吻合度99.8%）；南北1格＝10.42丈≈10.4丈（吻合度99.8%）。

（3）对样式雷图档中的《圆明园河道泊岸总平面图》进行几何作图可得：

首先，总平面基本为$\sqrt{2}$矩形。

其次，圆明园南北中轴线（即宫门—正大光明—九州清晏一线）位于东起第19格中央，可知圆明园中轴线至西墙距离为185丈；185/375＝0.493≈1∶2（吻合度98.7%）。

由此可知，圆明园中轴线的确立应该是取边长为375丈（总进深）的正方形的东西中分线（距离西墙187.5丈），并结合面阔方向的10丈网格，微调至第19格中央（距离西墙185丈）。

（4）再看圆明园总平面因东南隅缺一角而形成一大一小两个矩形，大的矩形内包含中轴线主体部分，小矩形内则以福海景区为主。

东侧小矩形进深28格，合291.7丈；面阔略大于21格，取21格，合210丈。西侧大矩形进深36格，合375丈；面阔32格，合320丈。由此可知：

东侧小矩形进深（291.7丈）∶面阔（210丈）＝1.39≈7∶5（吻合度99.3%）；1.39≈$\sqrt{2}$（吻合度98.3%）。

西侧大矩形面阔（320丈）∶进深（375丈）＝0.853≈6∶7（吻合度99.5%）；0.853≈$\sqrt{3}/2$（吻合度98.5%）。

故西侧大矩形接近$\sqrt{3}/2$矩形，东侧小矩形接近$\sqrt{2}$矩形；而总平面整体是$\sqrt{2}$矩形（图6-2）。

（5）通过对2002年圆明三园遗址实测图（CAD文件）进行几何作图和实测数据

1. 郭黛姮、贺艳. 圆明园的“记忆遗产”——样式房图档［M］. 杭州：浙江古籍出版社，2010：128-132.

分析，可以得到与对样式雷图纸进行作图分析同样的结论。圆明园面阔（取东西墙外皮间距平均值，1714.362米）：进深（取南北墙外皮间距平均值，1231.924米）=1.392≈7：5（吻合度99.4%）；1.392≈$\sqrt{2}$（吻合度98.4%）。此外，还可进一步得到长春园与圆明园之比例关系：长春园东西855.352米（取东西墙外皮间距平均值），南北861.688米（取南北墙最大间距），二者大致相等（吻合度99.3%）。圆明园面阔（1714.362米）：长春园边长（平均值，858.52米）=1.997≈2（吻合度99.8%）；圆明园进深（1231.924米）：长春园边长（平均值，858.52米）=1.435≈$\sqrt{2}$（吻合度98.5%）。由此可知：长春园为一正方形，且其边长为圆明园面阔的1/2，或者圆明园进深的$1/\sqrt{2}$。

由此可知，乾隆年间加建的长春园，与圆明园的比例关系至为紧密，其边长为圆明园面阔之半；其所在正方形，相当于以圆明园进深为边长的正方形内切圆的内接正方形；从圆明园和长春园形成的整体构图来看，长春园似乎可以看作是将圆明园的核心景区沿福海进行了“镜像”。不仅如此，其山水构图也将圆明园的“岛环水”进行了图底反转，变成“水环岛”——因此，整个长春园就像是圆明园核心区在福海东侧的“镜像”，不失为充满诗意的规划意匠（图6-3）。

综上可知：看似“宛若天开”的圆明园山水园林，其实是方圆作图（$\sqrt{2}$和$\sqrt{3}/2$构图比例）与模数网格（10×10.4丈网格）的完美结合，令人不得不为古代匠人的“规矩”所能产生的无穷无尽可能性叹服。

第二节 私家园林

一、苏州网师园

网师园位于苏州古城东南阔家头巷，始建于南宋淳熙年间，园名“渔隐”。后几经兴废，至清乾隆年间归宋宗元所有，更名“网师园”。乾隆末年，园归瞿远村，增建亭宇轩馆八处，俗称瞿园。今日之网师园，大体为昔日瞿园之规模与格局。

网师园紧邻宅邸。宅邸位于总平面东南隅，为四进院落，中轴线上依次建大门、轿厅、大厅和撷秀楼（花厅），此外北侧还有五峰书屋。

园林平面略呈“丁”字形。其主体部分居中，以水池为中心，主要建筑物环水布置。西面“殿春簃”一区与主景区一墙之隔。总平面东北隅另凸出一角庭院。

通过对《苏州古典园林》（1979）一书中的实测图进行几何作图，可得如下结论。

（1）总平面：

总进深（取南墙至东北隅凸出部分北墙）：总面阔（取东西墙）≈$\sqrt{2}$；主体部分进深（不含东北隅凸出部分）：总面阔≈1。

可知网师园总平面为$\sqrt{2}$矩形，不含东北隅凸出部分则为正方形，且正方形的南北中轴线与中心水池南岸的主体建筑——小山丛桂轩轴线基本重合（仅略偏东少许）。

（2）园林主体部分：

集虚斋北墙至小山丛桂轩南侧院墙距离：月到风来亭西墙至集虚斋东墙距离≈$2\sqrt{2}-1$。

其中，小山丛桂轩台基北沿至竹外一枝轩后墙距离等于月到风来亭西墙至集虚斋东墙距离，即环水主要景点位于一个正方形区域内，包括射鸭廊、竹外一枝轩、石桥、月到风来亭、曲廊、濯缨水阁及大假山。这一正方形向南加上小山丛桂轩及庭院为$\sqrt{2}$矩形，向北加上集虚斋进深同为$\sqrt{2}$矩形。

（3）东路宅邸部分：

总进深（取南墙至撷秀楼北墙）：总面阔（东西墙间距）≈$\sqrt{2}+1$。

（4）东北隅凸出部分：

总进深：总面阔≈（$\sqrt{2}+1$）/$\sqrt{2}$；第一进（梯云室）为$\sqrt{2}$矩形，第二进为正方形——此为前文反复出现的经典构图。

（5）西北隅殿春簃院落：

总进深：总面阔≈2（图6-4）。

综上可知：和苏州民居类似，苏州园林网师园也大量运用$\sqrt{2}$与1：2构图比例，贯穿于总平面布局及不同景区的局部平面设计中。

二、苏州留园

留园位于苏州阊门外，原为明代“东园”废址。清乾隆五十九年（1794年），归当时吴县人刘恕，对其整修扩建，更名为“寒碧庄”。同治十二年（1873年）园归大官僚盛康，又加以改建、扩大，更名为“留园”。

留园位于宅邸北面，以位于宅邸和祠堂之间曲折迂回的庭院和巷弄构成入口空间序列，为苏州园林入口意境最佳者。园林分为西、中、东三区，各具特色：西区以山景为主，中区山水兼长，东区则以建筑空间取胜。

通过对《中国古典园林史》（1999年第2版）一书中的实测图进行几何作图，可得如下结论。

（1）中部园林主体：

总进深（取入口南墙至远翠阁北墙一线）：总面阔（取闻木樨香轩西墙至西楼东墙）≈2；其中，以涵碧山房—明瑟楼南墙为界，南部进深等于北部进深，且均等于面阔。

闻木樨香轩西墙至鹤所东墙距离：闻木樨香轩西墙至西楼东墙距离≈$\sqrt{2}$。

五峰仙馆面阔：进深≈$\sqrt{2}$。

（2）东路院落：

总进深：总面阔≈2（图6-5）。

综上可知：留园总平面虽看似较网师园更加曲折、自由，实际上也同样运用了$\sqrt{2}$、1：2构图比例进行基本的控制，其曲折悠长的入口空间所占进深为中部主体建筑群总进深的1/2。

三、苏州狮子林

狮子林原为菩提正宗寺之一部分，元末至正间僧惟则为其师天如所建，相传当时曾集名画家倪瓒、朱德润、赵善良、徐幼文等共同商酌而成。其后园主屡易，至民国初为贝氏所有。

总平面东部为宗祠，由宗祠西廊可通位于园东南隅之入口。入口主厅“燕誉堂”，北有小方厅、指柏轩，皆旧日园主宴饮宾客之所。其西于中央掘大池，池东北有荷花厅及平台，池东、南两面为叠石大假山，面积为苏州诸园之冠。

通过对《苏州古典园林》（1979）一书中的实测图进行几何作图，可得如下结论。

（1）总平面：

总进深：总面阔≈1。

总进深的二分之一位于卧云室南侧游廊北墙、园林西侧横桥一线，总面阔之半位于荷花厅南侧平台东沿一线。

（2）祠堂：

前院、门厅加主庭院进深：祠堂面阔≈2；

祠堂面阔：进深≈$\sqrt{2}$。

祠堂面阔：总面阔≈1：6（图6–6）。

四、扬州个园

个园位于扬州新城东关街，清嘉庆二十三年（1818年）大盐商黄应泰利用废园“寿芝圃”旧址建成。

总平面呈南宅北园之格局。宅第分为东西两路，之间有备弄可通园林。园林由园门、桂花厅、抱山楼形成主要南北轴线，以四季假山形成空间序列。园门外为石笋象征的春山，抱山楼西南为太湖石“夏山”，抱山楼东南为大型黄石“秋山”，桂花厅东南三间“透风漏月”厅南为雪石假山“冬山”，意境绝妙。

通过对《扬州园林》（2007）一书中的实测图进行几何作图，可得如下结论。

（1）宅第：

总进深：总面阔≈$\sqrt{2}$。

正落总进深：面阔≈5：2。

（2）园林中部主体：

总进深（取园林南墙至抱山楼后檐）：总面阔（取抱山楼西山墙至园东墙）≈1。

其中，总进深（取园林南墙至抱山楼后檐）：中区面阔（取抱山楼西山墙至“冬山”东墙）≈$\sqrt{2}$。

（3）园林西区：

总进深：总面阔（取园林西墙至抱山楼西山墙）≈$\sqrt{2}$（图6-7）。

综上可知：个园从住宅到园林，几乎全部以$\sqrt{2}$矩形构图组合而成，可谓是私家园林中运用$\sqrt{2}$比例的经典杰作。

五、扬州小盘谷

小盘谷始建于清乾隆年间，光绪时归两广总督周馥所有，重加修葺。此园为小型宅园，紧邻宅第东侧，由园西墙月洞门连接宅第。园分东西二区，二者以南北向游廊、假山相隔。如今东区完全圮废，西区保存较好。西区南窄北宽，南部以花厅和假山夹成入口小庭院，北部豁然开朗，以花厅、水榭、风亭、游廊及太湖石大假山（有“九狮图山”之谓）环绕水池，形成园林主景。

通过对《扬州园林》（2007）一书中的实测图进行几何作图，可得如下结论：

总平面由两大、两小4个$\sqrt{2}$矩形组成，西半部南小北大，东半部南大北小，略呈镜像关系。且大$\sqrt{2}$矩形与小$\sqrt{2}$矩形边长之比为$\sqrt{2}$，整体构图十分巧妙（图6-8）。

上篇小结

通过上文对中国古代都城、宫殿、坛庙、陵寝、寺观、民居、祠堂、皇家苑囿及私家园林等上百个实例的总平面构图比例分析，我们发现在中国古代城市规划与建筑群布局中，蕴含着极为丰富多样的运用方圆作图及$\sqrt{2}$、$\sqrt{3}/2$构图比例的设计手法——方圆作图比例的运用，既有整体层面的，也有局部层面的；既有单独使用某一比例的，也有综合运用多种比例的；在一些特别经典的实例中，往往从整体到局部，综合运用多种构图比例，取得变化丰富同时又整体和谐的效果。

为了更加清楚地解析中国古代城市规划与建筑群布局的方圆作图手法与基本构图规律，我们可以将上述数以百计的实例中所体现出的构图比例与设计手法，进一步总结为以下八个主要方面——将此八类构图手法与本书下册图版中对应的分析图相互参照，可以更好地理解与把握古代匠师对于“规矩”之道的巧妙而灵活的运用。

一、总平面整体或局部运用$\sqrt{2}$矩形、$\sqrt{3}/2$矩形及相关构图比例

（一）$\sqrt{2}$矩形

都城、建筑群（包括大型建筑群中的独立小建筑群）的总平面整体为$\sqrt{2}$矩形（或包含在$\sqrt{2}$矩形构图之中）的实例包括以下（注：实例后面的页码指下册图版对应的分析图所在页，下文均同）：

（1）偃师商城大城，p38；

（2）偃师商城3号宫殿，p38；

（3）岐山凤雏村西周礼制建筑，p86—87；

（4）汉景帝阳陵陵园整体，p111；

（5）北魏洛阳永宁寺，p126；

（6）唐长安太极宫（含东宫），p46；

（7）唐长安青龙寺塔院，p128；

（8）北京紫禁城武英殿，p76；

（9）北京紫禁城东六宫加乾东五所，p77；

（10）北京紫禁城寿安宫，p78；

(11) 北京紫禁城英华殿，p78；

(12) 北京紫禁城慈宁宫，p78；

(13) 北京颐和园东宫门—仁寿殿建筑群，p82；

(14) 北京历代帝王庙，p106；

(15) 承德须弥福寿之庙妙高庄严殿建筑群，p146；

(16) 安徽歙县郑氏宗祠，p157；

(17) 北京圆明园 (雍正时期)，p179；

(18) 苏州网师园 (含东北隅凸出部分)，p181；

(19) 扬州个园宅第，p184。

建筑群总平面局部运用$\sqrt{2}$矩形构图的实例包括：

(1) 山西五台山南禅寺 (主体部分)，p128；

(2) 山西五台山佛光寺 (主体部分)，p129；

(3) 大同善化寺 (主体部分)，p135；

(4) 登封中岳庙 (前导空间)，p92；

(5) 泰安岱庙 (前导空间；主体建筑群)，p92；

(6) 衡山南岳庙 (主体部分)，p94；

(7) 嘉祥曾庙 (前导空间)，p97；

(8) 北京孔庙 (前部主体)，p98；

(9) 北京紫禁城文华殿 (前部主体)，p75；

(10) 北京紫禁城宁寿宫后寝，p78；

(11) 明十三陵献陵 (南部院落)；

(12) 明十三陵定陵 (第二进院)，p120；

(13) 北京太庙戟门与大殿部分，p99；

(14) 清东陵定东陵前朝建筑群，p122；

(15) 清西陵慕陵主体院落，p124；

(16) 承德溥仁寺 (前两进院)，p148；

(17) 北京蔡元培故居 (第二进院)，p152；

(18) 北京纪晓岚故居 (第一进院)，p152；

(19) 北京奎俊宅 (西路第二、三进院)，p154；

(20) 安徽黟县韩氏宗祠 (门屋加前天井；享堂加后天井)，p158；

(21) 安徽黟县西递西园三宅，p159；

（22）安徽黟县宏村承志堂（主体部分），p160；

（23）苏州东杨安浜吴宅（中路茶厅及前后天井；东二路第二进；西一路第二进），p161；

（24）苏州东花桥巷汪宅（东路东楼厅及前后天井；厨房及庭院），p162；

（25）苏州东北街李宅（东路四面厅及庭院），p163；

（26）苏州仓桥浜邓宅（东路第二对照厅及庭院；库房及庭院），p164；

（27）福建永定福裕楼中路，p175；

（28）苏州留园（中部园林主体及五峰仙馆院落），p182；

（29）扬州个园（园林中部；西部），p184；

（30）扬州小盘古（两大两小四个$\sqrt{2}$矩形），p185。

综合上述两部分，在都城和建筑群总平面整体或局部运用$\sqrt{2}$矩形构图的实例共计49例，是最常见的构图手法之一。

（二）$\sqrt{3}/2$矩形

都城、建筑群（包括大型建筑群中的独立小建筑群）的总平面整体为$\sqrt{3}/2$矩形（或包含在$\sqrt{3}/2$矩形构图之中）的实例包括：

（1）偃师二里头1号宫殿，p34；

（2）偃师二里头2号宫殿，p36；

（3）陕西凤翔马家庄一号建筑群遗址，p88；

（4）陕西临潼秦始皇陵地宫（推测）；

（5）汉长安王莽九庙整体，p90；

（6）汉高祖长陵陵园，p110；

（7）唐长安太极宫（推测），p46；

（8）唐长安兴庆宫；

（9）隋唐洛阳（除去西南角凸出部分），p56；

（10）元大都，p58—59；

（11）明北京皇城，p65；

（12）北京天坛祈年殿建筑群，p103；

（13）承德安远庙普渡殿建筑群，p149；

（14）安徽西递大夫第（东路、西路主体），p159；

（15）福建龙岩善成楼，p170；

（16）福建平和思永楼祠堂，p172；

（17）福建永定遗经楼（前院、祖堂），p173。

（三）（$\sqrt{2}+1$）/$\sqrt{2}$矩形（约12：7）

都城、建筑群（包括大型建筑群中的独立小建筑群）总平面整体或局部运（$\sqrt{2}+1$）/$\sqrt{2}$矩形（即一个大正方形加一个小$\sqrt{2}$矩形）构图的实例包括：

（1）偃师二里头1号宫殿（为一个12：7的矩形的1.5倍），p34；

（2）偃师二里头2号宫殿（为一个12：7的矩形的2倍），p37；

（3）偃师商城3号宫殿（主殿轴线分面阔为$\sqrt{2}$：1），p39；

（4）汉长安未央宫（由一个边长1的正方形、一个边长$\sqrt{2}$的正方形和两个$\sqrt{2}$矩形组成一个边长$\sqrt{2}+1$的正方形），p42—43；

（5）汉长安城（宣平门大街以南为两个12：7的矩形），p44；

（6）汉长安建章宫；

（7）唐长安大明宫（推测理想情况，实际形状较不规则），p51；

（8）衡山南岳庙中路主体部分，p94；

（9）承德殊像寺，p145；

（10）黄山潜口方文泰宅，p158；

（11）福建龙岩善成楼（中路），p170；

（12）福建平和西爽楼祠堂，p171；

（13）苏州网师园（东北隅凸出院落），p181；

（14）苏州狮子林（门厅至祠堂），p183。

（四）2$\sqrt{2}$矩形

都城、建筑群（包括大型建筑群中的独立小建筑群）总平面整体或局部运2$\sqrt{2}$矩形构图的实例包括：

（1）隋大兴—唐长安（外郭北区为2$\sqrt{2}$矩形，整体为2.5个2$\sqrt{2}$矩形），p48；

（2）大同善化寺山门与影壁之间前庭，p135；

（3）曲阜颜庙，p96；

（4）北京紫禁城外朝中路，p72；

（5）北京护国寺金刚殿至千佛阁，p140；

（6）北京清华园（原熙春园）工字厅中路，p155；

（7）安徽黄山呈坎罗东舒祠中路，p156；

（8）苏州东杨安浜吴宅（中路正厅至堂楼；东一路二至五进），p161；

（9）苏州东花桥巷汪宅（中路三至五进；西路书厅至鸳鸯厅），p162；

（10）苏州东北街李宅（正路大门至内厅），p163；

（11）苏州南石子街潘宅（中路门厅至正厅；内厅、走马楼及庭院），p165。

（五）$\sqrt{2}+1$矩形

建筑群（包括大型建筑群中的独立小建筑群）总平面整体或局部运$\sqrt{2}+1$矩形构图的实例包括：

（1）登封中岳庙后部，p92；

（2）明十三陵长陵（不含宝城），p116；

（3）明十三陵裕陵（不含宝城），p117；

（4）明十三陵茂陵（不含宝城），p117；

（5）明十三陵泰陵（不含宝城），p118；

（6）明十三陵思陵（不含宝城），p121；

（7）安徽黟县宏村承志堂中路，p160；

（8）苏州东北街李宅（正路堂楼及前后院），p163；

（9）苏州仓桥浜邓宅（中路正厅、内厅及庭院；东路望溪楼及第一对照厅），p164；

（10）苏州南石子街潘宅（西路走马楼及庭院），p165；

（11）苏州西北街吴宅（中路内厅、堂楼及庭院；西二路第一进楼厅及庭院），p166；

（12）苏州网师园（住宅部分），p181；

（13）福建永定大夫第（中路），p174。

（六）$2\sqrt{2}-1$矩形

建筑群（包括大型建筑群中的独立小建筑群）总平面整体或局部运$2\sqrt{2}-1$矩形构图的实例包括：

（1）北京紫禁城后寝中路（后三宫）建筑群，p76；
（2）北京紫禁城寿康宫，p78；
（3）北京纪晓岚故居第二进，p152；
（4）北京东四四条绵宜宅，p153；
（5）北京奎俊宅东路，p154；
（6）苏州西北街吴宅（西二路最后一进楼厅及庭院），p166；
（7）苏州网师园（中部园林主体），p181。

（七）$\sqrt{3}/4$矩形

建筑群总平面整体或局部运$\sqrt{3}/4$矩形构图的实例包括：
（1）河北平山县战国中山王陵，p108；
（2）陕西临潼秦始皇陵，p109；
（3）陕西西安汉惠帝安陵陵邑；
（4）明十三陵康陵前两进院落，p118；
（5）承德安远庙，p149。

二、进深、面阔方向上在整体和局部之间运用$\sqrt{2}$比例构图

（一）总进深与局部进深之比为$\sqrt{2}:1$

建筑群总进深与局部进深之比为$\sqrt{2}:1$的实例包括：
（1）正定隆兴寺（总进深与前部主体进深），p130；
（2）山西芮城永乐宫（总进深与后部主体进深），p138；
（3）北京妙应寺（总进深与白塔所在高台以南进深），p139；
（4）北京护国寺（总进深与前部主体进深），p140；
（5）北京紫禁城（总进深与体仁阁—弘义阁轴线以北进深），p71；
（6）北京景山（总进深与寿皇殿南墙以南进深），p178；
（7）北京颐和园排云殿—佛香阁（总进深与佛香阁高台以南进深），p83；
（8）承德避暑山庄正宫（总进深与前朝后寝进深），p80；
（9）承德普宁寺（总进深与大乘阁高台以南进深），p143；

（10）承德普陀宗乘之庙（总进深与五塔门以北进深），p144；

（11）承德须弥福寿之庙（总进深与万法宗源殿以南进深），p146；

（12）遵化清东陵孝陵（总进深与宝城南墙以南进深），p121；

（13）遵化清东陵景陵（总进深与宝城南墙以南进深），p122；

（14）遵化清东陵定东陵（总进深与宝城南墙以南进深），p122；

（15）易县清西陵泰陵（总进深与前朝建筑群进深），p123；

（16）衡山南岳庙（总进深与后部主体部分进深），p93。

（二）总面阔与局部面阔之比为$\sqrt{2}$：1

建筑群总面阔与局部面阔之比为$\sqrt{2}$：1的实例包括：

（1）偃师商城4号宫殿基址（建筑群面阔与正殿台基总宽），p41；

（2）岐山凤雏村西周礼制建筑群（建筑群面阔与东西厢房檐柱间距），p86—87；

（3）凤翔马家庄一号建筑群遗址（主庭院面阔与主殿面阔），p88；

（4）应县佛宫寺（建筑群面阔与庭院面阔），p133；

（5）紫禁城武英殿（建筑群面阔与庭院面阔），p74；

（6）福建平和思永楼（庭院面阔与祠堂面阔），p172；

（7）福建永定遗经楼（建筑群面阔与东西厢房檐柱间距），p173。

下文所列“总平面运用方圆相含构图”的实例其实也属于总面阔与局部面阔之比为$\sqrt{2}$：1，由于是特殊的中心对称式构图，故单独讨论。

除了上述两种类型之外，在面阔、进深方向运用$\sqrt{2}$比例构图还有一些其他手法，如：

（1）明北京内城总面阔与内城中轴线长之比为$\sqrt{2}$，p67；

（2）曲阜孔庙主体建筑群进深与前导空间进深之比为$\sqrt{2}$，p95；

（3）易县清西陵慕陵前朝进深与后寝进深之比为$\sqrt{2}$，p124；

（4）中岳庙前导空间与后部主体进深之比为$\sqrt{2}$:（$\sqrt{2}$+1），p92；

（5）北京紫禁城周长与东、西华门轴线以北城墙长之比为$\sqrt{2}$；

（6）北京紫禁城宁寿宫前朝进深与后寝进深之比为$\sqrt{2}$，p78。

三、总平面运用方圆相含构图

建筑群总平面运用方圆相含构图的实例包括：

（1）汉长安辟雍中心建筑群，p89；

（2）北京紫禁城外朝，p73；

（3）承德普宁寺后部（曼荼罗），p142；

（4）承德普乐寺后部（曼荼罗），p147；

（5）～（11）福建土楼（承启楼、振成楼、二宜楼、怀远楼、振福楼、龙见楼、锦江楼），p167—170。

四、庭院运用$\sqrt{3}/2$矩形或$\sqrt{2}$矩形构图

（一）$\sqrt{3}/2$矩形（甲）

庭院整体形状为$\sqrt{3}/2$矩形的实例包括：

（1）偃师二里头2号宫殿，p36；

（2）陕西凤翔马家庄一号建筑群，p88；

（3）紫禁城太和殿庭院，p72；

（4）紫禁城乾清宫庭院，p76；

（5）紫禁城钦安殿庭院，p76；

（6）紫禁城中正殿庭院，p78；

（7）北京太庙享殿庭院，p100；

（8）北京天坛祈年殿庭院，p103；

（9）曲阜颜庙复圣殿庭院，p96；

（10）承德避暑上庄正宫主殿“澹泊敬诚”殿庭院，p81；

（11）安徽黄山呈坎罗东舒祠享堂庭院，p156；

（12）安徽歙县郑氏宗祠寝堂庭院，p157；

（13）苏州西北街吴宅（内厅前主庭院），p166；

（14）福建平和西爽楼，p171；

（15）福建永定遗经楼主庭院，p173；

（16）北京明十三陵景陵第一进院，p116；

（17）北京明十三陵裕陵第一进院，p117；

（18）北京明十三陵茂陵第一进院，p117；

（19）北京明十三陵泰陵第一进院，p118；

（20）北京明十三陵康陵第一、二进院，p118。

（二）$\sqrt{3}/2$矩形（乙）

庭院进深与主殿台基总宽（或通面阔）构成$\sqrt{3}/2$矩形（令主体建筑获得60°视野）的实例包括：

（1）山西五台山南禅寺大殿，p128；

（2）～（3）大同善化寺大雄宝殿、三圣殿，p136；

（4）宝坻广济寺三大士殿，p137；

（5）登封中岳庙寝殿，p92；

（6）曲阜孔庙大成殿，p95；

（7）明长陵祾恩殿，p116；

（8）紫禁城坤宁宫，p76；

（9）紫禁城文华殿，p75；

（10）紫禁城武英殿，p74；

（11）紫禁城宁寿宫，p78；

（12）紫禁城英华殿，p78；

（13）北京社稷坛享殿，p102；

（14）北京历代帝王庙，p106；

（15）曲阜颜庙寝殿，p96；

（16）陕西西安化觉巷清真寺大殿，p141；

（17）～（18）承德普乐寺天王殿、大殿，p147；

（19）承德溥仁寺宝相长新殿，p148。

（三）$\sqrt{2}$矩形

庭院整体形状为$\sqrt{2}$矩形的实例包括：

（1）偃师二里头1号宫殿，p35；

（2）偃师商城3号宫殿（外朝），p38；

（3）福建平和思永楼，p172。

此外，偃师商城4号宫殿庭院为$2\sqrt{2}$矩形，p41。

总体看来，建筑群主庭院形状以$\sqrt{3}/2$矩形构图居多，$\sqrt{2}$矩形较少，这应该与观赏主建筑（或主庭院）的60°视角有着密切的关系。

五、建筑群以主殿（或郭城以宫城）为面积模数

一如牛河梁红山文化方丘构图，中国古代许多建筑群以主殿为面积模数，郭城以宫城为面积模数，实例包括：

（1）偃师二里头1号宫殿（建筑群所占矩形面积12倍于主殿台基，面阔3倍，进深4倍），p35；

（2）中山王陵《兆域图》（内宫垣17倍、中宫垣34倍于王堂面积）；

（3）汉高祖长陵（陵园面阔5倍、进深7倍于方上，面积35倍于方上），p110；

（4）王莽九庙各宗庙（围墙内占地面积25倍于中心建筑，与牛河梁方丘构图相同），p90—91；

（5）北魏洛阳永宁寺（建筑群占地面积70倍于木塔首层，面阔7倍，进深10倍），p127；

（6）隋大兴—唐长安（郭城为皇城9倍，为宫城含东宫及掖庭20倍）；

（7）隋唐洛阳（郭城所包含正方形约为宫城49倍），p55；

（8）元大都（大城72倍与大内，面阔9倍，进深8倍），p61；

（9）明北京（内城49倍于紫禁城，大城面阔为紫禁城进深7倍，大城进深为紫禁城面阔7倍），p63—64。

六、主殿面阔与建筑群总面阔（或宫城面阔与郭城面阔）成比例

建筑群主殿面阔与总面阔（都城之宫城面阔与郭城面阔）成清晰比例关系的实例包括：

（1）偃师商城（宫城：小城=（$\sqrt{2}$−1）：$\sqrt{2}$）；

（2）隋大兴—唐长安（皇城：郭城=（$\sqrt{2}$−1）：$\sqrt{2}$），p48；

（3）隋唐洛阳（宫城：郭城=（$\sqrt{2}$−1）：$\sqrt{2}$），p54—55；

（4）偃师商城4号宫殿（1：$\sqrt{2}$），p41；

（5）偃师商城3号宫殿（1：2），p39；

（6）偃师二里头1号宫殿（1：3），p35；

（7）汉长安（宫城：郭城=1：3）；

（8）北京天坛圜丘（1：3），p105；

（9）汉长安王莽九庙（1：5），p90—91；

（10）北魏洛阳永宁寺塔（1：7），p127；

（11）元大都（宫城：郭城=1：9），p61；

（12）明北京（宫城：郭城=1：9），p62；

（13）偃师二里头2号宫殿（5：9）；

（14）汉武帝茂陵（5：9），p112；

（15）～（19）：汉景帝阳陵、昭帝平陵、宣帝杜陵、元帝渭陵、哀帝义陵（2：5），p111、112、113、114；

（20）应县佛宫寺（前部2：3；后部1：2），p132。

七、总进深为总面阔的倍数

建筑群总进深为总面阔一定倍数（即总面阔为总平面规划的基本模数）的实例包括（按进深与面阔之比从大到小排列）：

（1）山西芮城永乐宫7，p138；

（2）河北正定隆兴寺6，p130；

（3）苏州东杨安浜16号吴宅（总进深：中路面阔=5），p161；

（4）苏州东花桥巷33号汪宅（总进深：中路面阔=5），p162；

（5）苏州东北街李宅（总进深：中路面阔=5），p163。

（6）承德避暑山庄正宫4.5，p80；

（7）北京清华园（原熙春园）工字厅西路4，p155；

（8）应县佛宫寺3.5，p133；

（9）承德普陀宗乘之庙3.5，p144；

（10）北京妙应寺主体部分3，p139；

（11）承德普宁寺3，p142—143；

（12）承德须弥福寿之庙3，p146；

（13）扬州个园宅第（西路）2.5，p184；

（14）明景陵前朝建筑群2.5，p116；

（15）紫禁城宁寿宫前朝2，p78；

（16）曲阜孔庙前导空间2，p95；

（17）曲阜颜庙主体建筑群2，p96；

（18）嘉祥曾庙2，p97；

（19）明永陵前朝建筑群2，p119；

（20）明昭陵前朝建筑群2，p119；

（21）清东陵孝陵前两进院落2，p121；

（22）清西陵泰陵前部建筑群2，p123；

（23）清西陵昌陵前部建筑群2，p124；

（24）大同善化寺2，p136；

（25）北京蔡元培故居前两进2，p152；

（26）苏州西北街吴宅中路门厅至正厅2，p166；

（27）苏州网师园西路（殿春簃）2，p181。

八、多路布局时中路与东、西路面阔之比为$\sqrt{2}$

（1）苏州东杨安浜吴宅（中路与东一路），p161；

（2）福建永定福裕楼（中路与东西路），p175；

（3）北京清华园（原熙春园）工字厅（中路与东、西路），p155。

下篇　建筑单体设计

与上篇所讨论的都城规划与建筑群布局类似，在中国古代单体建筑设计中，基于方圆作图的构图比例也得到十分广泛地运用。本书下篇对中国古代单体建筑的一系列主要类型进行了构图比例分析，包括：木结构单层建筑[1]（134例），楼阁、城楼（51例），佛塔、经幢（46例），牌楼、牌坊及棂星门（34例），亭（23例），墓祠、墓阙及墓表（11例），石窟（10例），无梁殿、砖拱门楼（14例），仿木结构铜殿、铜亭（3例），石碑（5例），华表（1例），石塔座（1例），共计333例。

前文对都城规划与建筑群布局的讨论主要是着眼于总平面构图比例，而下文对单体建筑设计的探究，则尽可能结合建筑的平、立、剖面的实测图展开对建筑三维空间的全面分析，也由此得以发现比都城规划和建筑群布局更为丰富的构图比例与设计手法。

对于各类单体建筑而言，尤其着重讨论其正立面（或者纵剖面）的总高与总宽之比（即高宽比），此乃形成单体建筑外部轮廓最重要的构图比例，也是一座建筑外观特征中最重要的因素（特别是建筑群中轴线上的一系列主体建筑，被人观赏的主要角度往往是其正面）；仅次于正立面高宽比的是单体建筑的平面与横剖面的整体构图比例；再次是建筑各局部之间的比例关系，诸如垂直方向上总高、檐高、柱高之比，水平方向上各间面阔之比，以及各开间（尤其是明间）本身的形状比例等。

1. 本书第七章所讨论的木结构单层建筑主要包括殿、厅、大门等类型，而单层的木结构亭子则在第十一章中专门讨论，特此说明。

第七章　木结构单层建筑

中国古代单体建筑最主要的、数量最大的类型，是木结构单层建筑（包括各类殿、厅及大门等），它们是中国古代建筑群中最常见的构成元素。

通过对唐代至清代134个案例的实测图进行几何作图以及实测数据分析可知，中国古代木结构单层建筑的面阔、进深、高度等设计要素之间的比例关系，大多经过精心推敲，并且蕴含着十分丰富的方圆作图手法，最常见的仍然是$\sqrt{2}$和$\sqrt{3}/2$构图比例的运用，有些实例（如五台山佛光寺东大殿、大同善化寺大雄宝殿、北京明长陵祾恩殿等）甚至同时运用$\sqrt{2}$和$\sqrt{3}/2$比例。有些实例同时在平、立、剖面设计中运用方圆作图比例，有些实例则仅在某一个维度中运用；绝大部分实例的总高与总宽之比符合方圆作图比例，也有一些实例仅在局部（如明间面阔[1]与次间面阔之比、总高与明间面阔之比等）运用基于方圆作图的比例关系。

对于本章为数众多的实例，为了使读者能够直观地理解其构图特征，下文将按正立面（亦即纵剖面）高宽比（下文简称“高宽比”）对实例进行分类（从中可以总结出中国古代建筑空间造型的一系列经典比例），而不依单体建筑的时代、类型或规模来分类——采取这样的分类方法，也符合本书的研究目的，即探讨单体建筑设计的构图比例。

需要特别说明的是，在对单体建筑高宽比的讨论中，对建筑总高的界定包括两类：第一类指地面至正脊上皮（攒尖顶至宝顶上皮，佛塔至塔刹尖），以下简称“总高”；第二类指台基顶面（即台明）至正脊上皮（攒尖顶至宝顶上皮，佛塔至塔刹尖），以下简称“总高（台基以上）”。对建筑总宽的界定也包括两类：第一类指台基正面总宽，以下简称“台基总宽”；第二类是木构架通面阔，以下简称“通面阔”。

由以上两类总高和总宽所形成的高宽比则包括以下四大类：

1. 中国古建筑之“明间”亦称“当心间”、“心间”（《营造法式》即如此），“面阔”亦称“间广”。本文不论称何时代之建筑，均统一用“明间”和“面阔”，特此说明。

A类——总高：台基总宽

B类——总高（台基以上）：台基总宽

C类——总高：通面阔

D类——总高（台基以上）：通面阔

需要强调的是，本书所讨论的“高宽比”这一重要概念，既是正立面高宽比，同时也是纵剖面高宽比。由于目前所能获得的实测图中，正立面比纵剖面要多，因此本书对“高宽比”的分析集中在正立面图中绘制——对同时兼有正立面和纵剖面实测图的实例，也主要在正立面图中进行高宽比的分析，而利用纵剖面图来进一步分析木构架的比例以及塑像与室内空间的比例关系等内容。过去曾有学者认为中国传统木结构建筑或者中国古代匠师不具备建筑正立面（或主立面）的观念。[1]我们通过对大量实例的分析，倾向于认为中国古代匠师通过对单体建筑“高宽比”的控制，既是对建筑纵剖面的设计，由此来获得建筑内部空间的良好比例，同时更包含了匠师们对建筑正立面形象的苦心经营，不论正脊高度、屋檐高度[2]、立柱高度、台基高度，还是台基宽度、通面阔、各间面阔（尤其是明间面阔）及正脊长度等等，大都有着精心设计的比例关系。此外，本书上篇对大量建筑群主要庭院60°视线的分析恰恰可以证明，由建筑群主庭院南面的门屋或前殿台基北沿中点北望主体建筑的60°视角内，常常包括主庭院总宽或主体建筑总宽（台基总宽或通面阔），可见单体建筑（特别是中轴线上的主要建筑）的正立面外观形象必定是中国古代建筑群规划和单体建筑设计中重要的考量因素。

通过对下文134例木结构单层建筑的分析，我们发现高宽比是控

1. 参见赵辰.“立面”的误会：建筑·理论·历史［M］. 北京：生活·读书·新知三联书店，2007，然而实际上，描绘中国古代城市或建筑群的数以千计的“舆图”中，往往直接绘出所有重要建筑的正立面形象（以著名的金代《中岳庙图》和清代乾隆《京城全图》为典型代表）；清代“样式雷”家族的大批建筑设计图中，也包含大量建筑立面设计图，并标有详细的设计尺寸。因此该书提出的中国古建筑或古代匠师不重视立面设计甚至不具备正立面观念的看法是不符合史实的。
虽然中国古建筑的正立面有别于西方古典建筑主立面直上直下的墙面（即Facade），但是中国古代匠师对于正立面的精心设计不仅体现在前面提到的“样式雷”立面图样中，更反映在下文将要揭示的数以百计的各类建筑正立面从整体到局部精确的构图比例设计之中。

2. 屋檐的高度由于颇难控制和界定，故过去学者多取橑檐枋上皮高度为“檐高”。本书对正立面构图比例分析中的屋檐高度给出一个相对较为宽松的范围，从飞椽下皮至瓦当上皮之间，均大致视作檐口高度，并于每个案例中具体说明。

制建筑单体空间造型的一个关键因素，并且绝大部分建筑实例的高宽比蕴涵着基于方圆作图的比例关系。其中，最常见的高宽比值包括$1:2\sqrt{2}$、$\sqrt{3}:4$、$1:2$、$1:\sqrt{2}$、$\sqrt{3}:2$等。有着相同高宽比的实例共同组成一个个空间造型极为相似的“大家族”，以下逐一讨论之。

一、高宽比＝1∶$2\sqrt{2}$

高宽比等于1∶ $2\sqrt{2}$的实例，以五台山佛光寺东大殿（A类）、大同善化寺大雄宝殿（B类）、大同上华严寺大雄宝殿（D类）为典型代表，共计24例。这是中国古建筑中五至十一开间单层建筑所惯用的重要比例之一，正立面呈现极其水平舒展的效果。

具有1∶ $2\sqrt{2}$高宽比的“家族”包括了中国古代建筑史各时期诸多最为经典的杰作：如五台山佛光寺东大殿（唐）、大同善化寺大雄宝殿（辽）、大同上华严寺大雄宝殿（金）、北京长陵祾恩殿（明）、北京太庙享殿（明）、北京紫禁城太和门（清）、北京天坛祈年殿（清）等，因此这一比例可谓中国古代最高等级建筑所习用的一种经典比例。

（一）A类：总高∶台基总宽＝1∶$2\sqrt{2}$

1．山西五台山佛光寺东大殿（唐大中十一年，857年）*

五台山佛光寺东大殿建于唐大中十一年（857年），为中国现存规模最大、结构保存最完整、艺术价值最高的唐代木构殿堂，被梁思成誉为“国内古建筑之第一瑰宝”。[1]

大殿面阔七间，进深四间，单檐庑殿顶。平面内、外柱两周，将殿身分为内、外槽，类似《营造法式》中所谓“金箱斗底槽”格局，主要塑像三十五尊位于面阔五间、进深二间的内槽之中，外槽犹如回廊一周，为信众的礼佛空间。

傅熹年指出大殿木构架各部分之间存在明显比例关系（并绘制了平、立、剖面比例分析图）：平面上，通面阔约为通进深的2倍，中央五间面阔均为17尺（取唐代1尺＝29.4厘米），梢间面阔及各间进深均为15尺；立面上，正立面中央五间为五个方17尺的正方形，而山面四间和正面二梢间同为高17尺、宽15尺的矩形；横剖面上，屋顶举高（自橑风槫上皮至脊槫上皮）500厘米，檐柱顶至中平槫上皮距离499厘米，均与檐柱（平柱）高（499厘米）相等；柱头铺作高249厘米，为平柱高的二分之一；外槽平闇（天花）高744厘米，基本为平柱高的1.5倍；内槽平闇高870厘米，基本与内槽进深（886厘米）相等。[2]

1. 梁思成. 记五台山佛光寺建筑［J］. 中国营造学社汇刊第七卷第一期，1944.
2. 傅熹年. 中国古代城市规划、建筑群布局及建筑设计方法研究（上册）［M］. 北京：中国建筑工业出版社，2001：96-97；傅熹年主编. 中国古代建筑史（第二卷：三国、两晋、南北朝、隋唐、五代建筑，第二版）［M］. 北京：中国建筑工业出版社，2009：527.

清华大学建筑设计研究院、北京清华城市规划设计研究院文化遗产保护研究所的《佛光寺东大殿建筑勘察研究报告》（2011）一书，通过对三维激光扫描仪、全站仪和手工测绘相结合所获得的精测数据分析得出：佛光寺东大殿通面阔33.98米，通进深17.61米（柱头）；其中，中央五间面阔大致相等，平均值为5.04米（柱头）；尽间面阔平均值为4.39米（柱头）；各间进深平均值为4.4米（柱头），大致等于尽间面阔；材厚210毫米，即1分°＝21毫米。故中央五间面阔5.04/0.021＝240分°；各间进深（即尽间面阔）4.4/0.021＝209.5分°≈210分°。

在以上研究的基础上，笔者进一步发现：佛光寺东大殿是在平、立、剖面设计（包括塑像陈设）中综合运用方圆作图比例关系的典型代表，展现了唐代木结构建筑设计的高超技艺。[1]

通过对《佛光寺东大殿建筑勘察研究报告》（2011）一书中的东大殿建筑实测图以及天津大学建筑学院的东大殿唐代塑像三维扫描点云图片进行几何作图，结合实测数据分析，可得如下结论。

（1）正立面：

如果以1.008米（取1分°＝2.1厘米，合48分°）为单位绘制正立面模数网格，则中央五间面阔均为5格，台基总宽40格，立面总高14格。由此可得：

总高：台基总宽＝14：40≈1：$2\sqrt{2}$；

明间面阔（即中央五间面阔）：总高＝5：14≈1：$2\sqrt{2}$；

明间面阔（即中央五间面阔）：台基总宽＝1：8。

以实测数据校核，明间面阔为5.04米，台基西侧长40.21米，东侧长40.62米，台基总宽平均值为40.42米，由此可得：

台基总宽（40.42米）：明间面阔（5.04米）＝8.02≈8（吻合度99.8%）。

立面总高14格中，地面至角柱顶6格，屋檐至正脊顶6格，铺作高度（屋檐以下部分）2格，故屋顶高度：铺作高度：台基加立柱高度＝3：1：3。

正脊长（不含鸱尾）＝总高——由正脊长和总高形成的正方形的几何中心基本位于“佛光真容禅寺”匾额中心（图7-1、图7-2）。

（2）剖面：

纵剖面

大殿木构架总高（取明间南北缝横剖面平均值11.85米）：通面阔（33.98米）＝0.349≈14：40（吻合度99.7%）；0.349≈1：$2\sqrt{2}$（吻合度99%）。

1. 参见王南. 规矩方圆，佛之居所——五台山佛光寺东大殿构图比例探析［J］. 建筑学报，2017（6）：29-36.

大殿木构架总高：内槽平闇高（取平闇小方格下皮）≈7：5≈$\sqrt{2}$（方五斜七）。

正脊总长（含鸱吻）：通面阔≈1：2（图7–3）。

横剖面

大殿木构架总高（11.85米）：通进深（17.61米）=0.673≈2：3（吻合度99%）。

（3）平面：

内槽面阔五间（240×5=1200分°），进深二间（210×2=420分°），内槽进深：内槽面阔=420：1200=14：40≈1：2$\sqrt{2}$（图7–4）。

以实测数据校核：内槽进深（8.8米）：内槽面阔（25.2米）=0.349≈1：2$\sqrt{2}$（吻合度99%）。

综上可知：佛光寺东大殿的总高与台基总宽，明间面阔与总高，木构架总高与通面阔，内槽进深与面阔，其实是4个相似形（均接近于长宽比2$\sqrt{2}$：1的矩形）。

据实测，大殿台基西侧长40.21米，东侧长40.62米，南侧宽23.63米，北侧宽23.5米。由此可知：

台基总宽（平均值40.42米）：总深（平均值23.57米）=1.715≈（$\sqrt{2}$+1）/$\sqrt{2}$（吻合度99.5%）——台基平面构图为一个正方形加上一个以正方形边长为长边的$\sqrt{2}$矩形。

（4）塑像：

明间中央主佛净高（取须弥座上皮至头顶）：明间面阔≈1：$\sqrt{2}$；中央主佛净高：总宽（取两膝处宽度）≈$\sqrt{2}$；中央主佛头部以下高≈总宽——由此可知，中央主佛高宽比为$\sqrt{2}$，主佛净高为明间面阔的1/$\sqrt{2}$即大殿总高的1/4，主佛总宽为明间面阔的1/2，这是佛光寺东大殿佛像与建筑空间的重要比例关系，并很可能是东大殿设计的基本出发点之一。

中央三佛总高（包含背光）：明间面阔≈1.5（即3：2）；三佛总高（包含背光）：中央主佛高（含须弥座）≈$\sqrt{2}$；各胁侍菩萨高约为三佛总高（包含背光）的1/2；各供养菩萨高约为各胁侍菩萨高的1/2；三佛背光顶部（三者略有微差，北侧佛像背光最高，中央主佛背光最低）接近内槽平闇（仅比平闇小方格下皮低10厘米左右）——由此可知，三佛总高（包含背光）为塑像群陈设的重要控制尺寸，它分别是中央主佛高（包含须弥座）的$\sqrt{2}$倍、胁侍菩萨高的2倍、[1]供养菩萨高的4倍、明

1．据最新发表的实测数据，中央主佛高（包含须弥座）5.4米，胁侍菩萨高3.86米，可知：中央主佛高：胁侍菩萨高=5.4/3.86=1.399≈7：5（吻合度99.9%），故中央主佛与胁侍菩萨符合"方五斜七"的比例关系，与几何作图结论一致。实测数据引自：张荣等. 佛光寺东大殿建置沿革研究//贾珺 主编. 建筑史（第41辑）[M]. 北京：中国建筑工业出版社，2018.

间面阔的1.5倍，并且决定了内槽平闇的位置。

内槽全部塑像分作5组，每组都基本上分布在边长5.04米（即明间面阔）的正方形区域内。

由上述分析可知：东大殿内槽的塑像群不仅自身有着清晰的比例关系，并且明显是与大殿的建筑尤其是内槽空间统一设计的（图7–5）。

（5）平面与塑像陈设：

大殿各间进深（210分°）：中央五间面阔（240分°）＝7：8≈$\sqrt{3}/2$；中央三间总面阔：前三间总进深＝7：8≈$\sqrt{3}/2$。

佛光寺东大殿面阔、进深尺寸的设计实际上大有深意：大殿面阔方向的中央三间、进深方向的前三间构成一个近似$\sqrt{3}/2$矩形——如果由中央大门内侧中点绘制59°视线（接近60°的人眼舒适视野），恰好经过两根内柱包括了中央三佛——这一平面设计体现了极为精确的视线控制，即站在主入口中点的信徒可以通过两内柱形成的框景看到完整的三座主要佛像，这可能是中国早期佛殿中重要的构图手法之一，因为瞻仰佛像（即礼佛）是佛殿最主要的功能之一。实际上，由于大殿中央五间的面阔、进深均相同，因此在大殿的五个大门中点（即信徒甫进大门所站立的位置）皆可看到两至三尊完整的主像——其中，中央大门可见三尊主佛，两次间大门可见二佛一菩萨，再次两间大门可见一佛一菩萨（图7–6、图7–7）。

需要特别指出的是，有学者推测东大殿始建时，板门位于前内槽柱列明、次、梢间，而前檐柱与前内柱之间原为檐廊——如果的确如此，则原始的平面设计意图应是令信众在檐廊中央五间各柱间可以获得礼佛的近60°视角。

综上所述，佛光寺东大殿设计手法之关键在于以明间面阔等于明间主佛像净高的$\sqrt{2}$倍（同时等于主佛像宽度的2倍）作为整体空间设计的“原点”。大殿总高为明间面阔的$2\sqrt{2}$倍，即主佛像净高的4倍，大殿台基总宽为大殿总高的$2\sqrt{2}$倍（即明间面阔的8倍），内槽（即容纳佛殿主要塑像的核心空间）总面阔为总进深的$2\sqrt{2}$倍，大殿木构架通面阔为木构架总高的$2\sqrt{2}$倍——4个$2\sqrt{2}$矩形构成佛光寺东大殿的基本构图，将大殿的平、立、剖面加以统合，并且令建筑空间与塑像陈设之间获得完美的比例关系（图7–8）。此外，通过将大殿中央五间与进深各间之面阔、进深比值设计为8：7，使得在五个大门的中点处皆获得瞻仰佛像的接近60°的最佳视角。

整个佛光寺东大殿的平、立、剖面设计，通过$\sqrt{2}$与$\sqrt{3}/2$这两种基本的方圆作图比例的巧妙运用，最终使整座佛殿的塑像（即佛殿的主角）与建筑空间（佛像的容器和背景）形成水乳交融、不可分割的整体，体现了唐代佛殿建筑设计的卓越水平。而这种将建筑空间与塑像统一进行设计的手法，我们还将在下文更多的实例中见到。

2．北京长陵　恩殿（明永乐十四年至宣德二年，1416～1427年）*

长陵祾恩殿面阔九间，进深五间，重檐庑殿顶，坐落在三重汉白玉台基之上，是中国现存通面阔最大的殿堂。

通过对天津大学建筑学院及胡汉生《明十三陵》（1998）一书的实测图进行几何作图以及实测数据[1]分析，可得如下结论。

（1）正立面：

总高（29.45米）：台基总宽（82.56米）=0.357≈1：$2\sqrt{2}$（吻合度99%）；

总高（29.45米）：明间面阔（10.34米）=2.848≈$2\sqrt{2}$（吻合度99.3%）；

台基总宽（82.56米）：明间面阔（10.34米）=7.985≈8（吻合度99.8%）；

明间面阔（10.34米）：次间面阔（7.19米）=1.438≈10：7（吻合度99.3%）；1.438≈$\sqrt{2}$（吻合度98.3%）；

总高（29.45米）：通面阔（66.56米）=0.442≈7：16（吻合度99%）；0.442≈$\sqrt{3}$：4（吻合度98%）（图7-9～图7-11）。

（2）正立面模数网格：

如果以1.031米（取明早期1尺=31.73厘米，合3.25尺）为单位绘制模数网格，则：

台基总宽80格，立面总高约28格，明间面阔10格，次间面阔约7格，上檐以上高11格，上檐至下檐高6格，下檐以下高11格，高度一半位于下檐博脊下皮；正脊总长（含鸱吻）40格，为台基总宽的1/2；明间面阔约等于下檐柱柱头至院落地面距离；上檐柱（含平板枋）以上高：总高=3：7。[2]

（3）平面：

通进深（29.12米）：通面阔（66.56米）=0.4375=7：16≈$\sqrt{3}$：4（吻合度99%）；

通进深（29.12米）：总高（29.45米）=0.989≈1（吻合度98.9%）；

大台基总面阔（82.56米）：总进深（45.12米）=1.83≈$2\sqrt{2}-1$（吻合度99.9%）（图7-12）。

综观长陵祾恩殿，虽然建造年代与佛光寺东大殿相差570年，但许多构图手法却如出一辙：总高为明间面阔的$2\sqrt{2}$倍，台基总宽为建筑总高的$2\sqrt{2}$倍，台基总宽为明间面阔的8倍。但长陵祾恩殿又有不同于佛

1. 部分实测数据引自闫凯、王其亨、曹鹏. 北京明清皇家三大殿之比较研究［J］. 山东建筑工程学院学报，2006（2）：116-128.
2. 此外，据傅熹年研究指出，下檐柱高=尽间面阔=6.68米，故通面阔：下檐柱高=66.56：6.68=9.96≈10。

光寺东大殿的构图手法：如明间面阔约为次间面阔的$\sqrt{2}$倍，这是明、清建筑中常见的手法；又如总高（或通进深）与通面阔之比为$\sqrt{3}$：4，这是中国古建筑中又一经典比例——因此，长陵祾恩殿是横跨1：2$\sqrt{2}$家族和$\sqrt{3}$：4家族的精彩杰作。

3．北京太庙享殿（明嘉靖二十四年[1545年]重建，清乾隆二十六年至五十年间［1761～1785年］改建）*

北京太庙享殿创建于明永乐十八年（1420年），中经改建，现存建筑为明嘉靖二十四年（1545年）重建，其时为面阔九间、进深六间，约清乾隆二十六年至五十年间（1761～1785年）改作现在面阔十一间、进深六间（实际是殿身面阔九间、进深四间，四周加一圈进深半间的副阶）、重檐庑殿顶之形制，坐落在三重汉白玉台基之上，其整体比例与长陵祾恩殿颇为接近。[1]

通过对1940年代实测图进行几何作图以及实测数据分析，可得如下结论。

（1）正立面：

总高（30.123米）：台基总宽（82.64米）＝0.3645≈5：14（吻合度98%）；0.3645≈1：2$\sqrt{2}$（吻合度97%）。

总高（台基以上，26.645米）：明间面阔（9.59米）＝2.778≈14：5（吻合度99.2%）；2.778≈2$\sqrt{2}$（吻合度98.2%）。

总高的一半约位于下檐博脊下皮；正脊总长（含鸱吻）约为台基总宽的1/2。

总高（台基以上，26.645米）：通面阔（66.515米）＝2：5。

总高（台基以上，26.645米）：上檐柱柱头至台明距离（13.515米）＝1.972≈2（吻合度98.6%）（图7–13、图7–14）。

明间面阔（9.59米）：檐柱高（6.865米）＝1.397≈7：5（吻合度99.8%）；1.397≈$\sqrt{2}$（吻合度98.8%）。

（2）平面：

通进深（28.825米）：通面阔（66.515米）＝0.433≈$\sqrt{3}$：4（吻合度接近100%）。

御路南端中点与大殿东北角、西北角形成等边三角形，即大殿平面向南复制一倍正好覆盖台基和御路。（图7–15）

（3）各开间比例：

明间面阔（9.59米）：次间面阔（6.43米）＝1.491≈3：2（吻合度99.4%）——据傅熹年研究指出，太庙大殿除了明间、尽间之外其余各间面阔大致相等，约合2丈，而明间面阔为次间面阔的1.5倍（约合3丈）。

1. 亦有说法认为明代太庙享殿即是殿身九间、副阶周匝，应是明代延宋代叫法称殿身九间，而清代改称殿十一间，以至误传改建。见郭华瑜. 明代官式建筑大木作［M］. 南京：东南大学出版社，2005：195.

4．北京社稷坛后殿（明永乐十八年，1420年）

北京社稷坛后殿（戟门）面阔五间，进深三间，单檐歇山顶，属厅堂型构架。通过对1940年代实测图进行几何作图及实测数据分析，可得如下结论。

（1）总高：台基总宽≈1：$2\sqrt{2}$。

（2）明间面阔（9.36米）：次间面阔（等于梢间面阔，平均值6.31米）＝1.483≈3：2（吻合度98.9%）——与太庙享殿开间比例相同。（图7-16）

5．北京紫禁城坤宁宫（清）*

紫禁城坤宁宫为皇后寝宫，始建于明永乐十八年（1420年），多次失火重建，现存为清嘉庆三年（1798年）重修。面阔九间、进深三间，前后廊（后部中央三间出抱厦），重檐庑殿顶。通过对1940年代实测图进行几何作图及实测数据分析，可得如下结论。

（1）正立面：

总高（不含下部大台基，17.84米）：小台基总宽（51.06米）＝0.349≈7：20（吻合度99.7%）；0.349≈1：$2\sqrt{2}$（吻合度98.7%）。

总高（不含下部大台基，17.84米）：明间面阔（7 .12米）＝2.506≈2.5（吻合度99.8%）。

明间面阔≈檐口高（取瓦当上皮）；次间面阔（平均值6.175米）：明间面阔（7.12米）＝0.867≈$\sqrt{3}/2$（吻合度99.9%）。（图7-17）

（2）横剖面：

总高（不含下部大台基，17.84米）：通进深（17.78米）＝1.003≈1（吻合度99.7%）。（图7-18）

6．北京报国寺大殿（清）

北京报国寺[1]大殿面阔九间，进深三间，单檐歇山顶。通过对《宣南鸿雪图志》（1997）一书中的实测图进行几何作图，可得如下结论。

（1）总高：台基总宽≈1：$2\sqrt{2}$。

（2）明间面阔：总高≈1：$2\sqrt{2}$——以上构图手法与佛光寺东大殿、长陵祾恩殿一脉相承。

（3）总高的二分之一约位于平板枋上皮（图7-19）。

7～8．北京天安门、端门城楼上部殿堂（明、清）

1. 北京宣南报国寺原为辽刹故址，明成化二年（1466年）重建，后毁于清康熙十八年（1679年）大地震，乾隆十九年（1754年）重建，1900年毁于“八国联军”炮火，光绪末（1904-1908年）修复，现存大殿为晚清建筑。参见王世仁主编；北京市宣武区建设管理委员会、北京市古代建筑研究所编. 宣南鸿雪图志［M］. 北京：中国建筑工业出版社，1997：111.

具体分析详见第八章。

以上8个实例中，长陵祾恩殿和太庙享殿最相似，且皆为明代最高等级的大殿，面阔九至十一间，重檐庑殿顶，坐落于崇台之上，规模胜过其余诸例。坤宁宫及天安门、端门上部城楼仅次于以上二殿。社稷坛后殿与报国寺大殿虽然一个是五间、一个是九间，然而规模及各部分比例皆类似。佛光寺东大殿虽然实际面阔不及社稷坛后殿或报国寺大殿，但由于斗栱雄大、出檐深远，且为庑殿顶，加之立柱的生起、侧脚等细节，产生出比规模稍大的明、清建筑更为雄壮豪劲的气魄，凸显出唐代建筑高度的艺术造诣。

（二）B类：总高（台基以上）：台基总宽＝1：$2\sqrt{2}$

1．大同善化寺大雄宝殿（辽，约11世纪中期）*

大同善化寺大雄宝殿面阔七间，进深五间，单檐庑殿顶，立于崇台之上。

通过对梁思成、刘敦桢《大同古建筑调查报告》（《中国营造学社汇刊》第四卷第三期，1934）一文中的实测图进行几何作图以及实测数据分析，可得如下结论。

（1）正立面：

总高（台基以上）：台基总宽≈1：$2\sqrt{2}$；

总高（台基以上）：明间面阔≈$\sqrt{2}+1$；

总高：明间面阔≈$2\sqrt{2}$；

总高（台基以上）≈正脊总长（含鸱吻）；

总高：通面阔≈1：2。

以实测数据校核：

通面阔40.54米，由上述作图分析可推得总高20.27米，则总高（20.27米）：明间面阔（7.1米）＝2.855≈$2\sqrt{2}$（吻合度99.1%），与上述作图结论吻合。

此外，月台宽31.42米，月台东侧至台基东侧8.51米，故台基总宽＝31.42＋8.51×2＝48.44米，由此可推得总高（台基以上）＝48.44/$2\sqrt{2}$≈17.13米，则总高（台基以上，17.13米）：明间面阔（7.1米）＝2.413≈$\sqrt{2}+1$（吻合度接近100%），与上述作图结论吻合。（图7-20、图7-21）

（2）佛像：

明间主佛像高约等于明间面阔；

明间主佛像总高（包括背光）：佛像高（等于明间面阔）≈$\sqrt{2}$；

大殿总高：明间主佛像总高（包括背光）≈2。

以上明间佛像与大殿的比例关系与佛光寺东大殿的构图手法异曲同工（图7–22）。

（3）平面：

明间面阔（7.1米）：中央三间进深（5.08米）=1.4=7：5≈$\sqrt{2}$（吻合度99%）；

内槽总面阔（30.64米）：内槽总进深（15.24米）=2.01≈2（吻合度99.5%）；

次间面阔（6.26米）：明间面阔（7.1米）=0.88≈$\sqrt{3}/2$（吻合度98.4%）；

梢间面阔（5.51米）：次间面阔（6.26米）=0.88≈$\sqrt{3}/2$（吻合度98.4%）；

尽间面阔（4.92米）：梢间面阔（5.51米）=0.89≈$\sqrt{3}/2$（吻合度97.2%）——故次间：明间=梢间：次间=尽间：梢间≈$\sqrt{3}/2$，各间面阔形成等比数列（图7–23）。

（4）剖面：

木构架总高（15.31米）：内槽总进深（15.24米）=1.005≈1（吻合度99.5%）（图7–24）。

综上可知：大同善化寺大殿与佛光寺东大殿的许多构图手法一脉相承，但略有变化。最突出的变化是由于居于高大的台基之上，因此去除台基高度，台基以上的高宽比与佛光寺东大殿相同；此外，佛像、明间面阔与大殿总高形成清晰的比例关系，沿袭了佛光寺东大殿的设计原则。在各间面阔的处理上，善化寺大殿采取了各相邻间面阔呈等比数列的手法，形成了有趣的韵律。大殿除了$\sqrt{2}$之外，还综合运用了$\sqrt{3}$ /2和1：2等构图比例。

耐人寻味的是，大殿的一些细部手法也与$\sqrt{2}$、$\sqrt{3}/2$构图比例相呼应，比如补间铺作出45°斜栱及60°斜栱，此外藻井也综合使用了八角形与等边三角形图案（图7–23）。

2．大同下华严寺海会殿（辽）

大同下华严寺海会殿面阔五间，进深三间，单檐悬山顶，可惜今已不存。我们仅能通过对梁思成、刘敦桢《大同古建筑调查报告》（《中国营造学社汇刊》第四卷第三期，1934）一文中的实测图进行几何作图以及实测数据分析，得到如下结论。

（1）正立面：

总高（台基以上）：台基总宽≈1：$2\sqrt{2}$（图7–25）。

（2）平面：

通面阔（27.55米）：通进深（19.26米）＝1.43≈10：7（吻合度99.9%，即“方七斜十”）；1.43≈$\sqrt{2}$（吻合度98.9%）（图7–26）。

（3）塑像：

总高：中央主像高≈$2\sqrt{2}$，与善化寺大殿手法接近，但中央主像高不等于明间面阔。（图7–27）

3．山西五台山佛光寺文殊殿（金天会十五年，1137年）

佛光寺文殊殿面阔七间，进深四间，单檐悬山顶，是中国现存佛寺中规模最大的配殿。文殊殿殿内仅设内柱四根，以减柱法和近似桁架的大跨度构架而著称。通过对《佛光寺文殊殿的现状及修缮设计》（《古建园林技术》1995年12期）一文中实测图进行几何作图及实测数据分析，可得如下结论。

（1）正立面：

总高（台基以上）：台基总宽≈1：$2\sqrt{2}$。

平柱高（4.65米）：次间面阔（4.66米）＝0.998≈1（吻合度99.8%）。

明间面阔≈平柱高（含普拍枋）（图7–28）。

（2）纵剖面：

通面阔（31.4米）：木构架总高（10.523米）＝2.984≈3（吻合度99.5%）。（图7–29）

作为佛光寺的配殿，文殊殿与东大殿同属1：$2\sqrt{2}$家族，只是分属不同类型。

4．山西朔州崇福寺弥陀殿（金皇统三年，1143年）

朔州崇福寺弥陀殿面阔七间，进深四间，单檐歇山顶。通过对《朔州崇福寺弥陀殿修缮工程报告》（1993）一书中实测图进行几何作图及实测数据分析，可得如下结论。

（1）正立面：

总高（台基上）：台基总宽≈1：$2\sqrt{2}$。

檐柱高≈明间面阔。（图7–30）

（2）平面：

通面阔（41.32米）：通进深（22.7米）＝1.82≈$2\sqrt{2}-1$（吻合度99.6%）。（图7–31）

（3）横剖面：

木构架总高（15.22米）：通进深（22.7米）＝0.67≈2：3（吻合度99.5%）——与五台山佛光寺东大殿构图相同。

综上可知，朔州崇福寺弥陀殿在平、立、剖面设计中综合运用了$\sqrt{2}$和2：3比例构图。

5．北京太庙戟门（明永乐十八年，1420年）

北京太庙戟门为太庙中难得的永乐时期遗构，面阔五间，进深二间，单檐庑殿顶，与门内的享殿同属1：2$\sqrt{2}$家族而分属不同类型。通过对1940年代实测图进行几何作图及实测数据分析，可得如下结论。

（1）正立面：

总高（台基以上）：台基总宽≈5：14≈1：2$\sqrt{2}$（以“方五斜七”代替1：$\sqrt{2}$）；

总高：通面阔≈$\sqrt{3}$/4；

檐口高（取飞椽下皮）：明间面阔≈$\sqrt{3}$/2——明间构图与立面整体构图的一半为相似形。（图7-32、图7-33）

（2）将总高（台基以上）五等分，则二分之一约位于瓦当下皮，柱高（含平板枋）约占二份。

（3）据实测，明间面阔9.46米（取明早期1丈＝3.173米，约3丈），西次间面阔6.36米（约2丈），东次间面阔6.48米（约2丈），两梢间面阔6.35米（约2丈），故明间面阔：次间面阔（等于梢间面阔）≈3：2，与太庙享殿手法一致。

综上可知，与长陵祾恩殿、太庙享殿一样，太庙戟门同时运用1：2$\sqrt{2}$和$\sqrt{3}$：4两种构图比例，由于三殿年代极其接近，又同为皇家最高等级的建筑，故三者类似的构图比例可视作明代皇家建筑的重要设计手法。此外，太庙戟门与社稷坛后殿（即戟门）通面阔、通进深及各开间面阔基本相等，体现出二者为永乐时期统一设计的作品。

6．北京先农坛具服殿（明永乐十八年，1420年）*

先农坛具服殿为皇帝在先农坛观耕时的更衣之所。[1]面阔五间，进深三间，单檐歇山顶。通过对《宣南鸿雪图志》（1997）一书中的实测图进行几何作图，结合对《北京先农坛研究与保护修缮》（2009）一书中的实测数据进行分析，可得如下结论。

（1）总高（台基以上,9.5米）：台基总

1．具服殿明永乐十八年（1420年）建成，成化元年（1465年）、弘治十八年（1505年）均有过修缮。大木构件及斗栱均有明代早期特征。

宽（27.22米）＝0.349≈1：$2\sqrt{2}$（吻合度98.7%）；总高的二分之一位于檐口（取瓦当上皮）。

（2）明间面阔≈檐口高（取瓦当上皮至地面）（图7–34）。

7．北京天坛皇乾殿（明嘉靖二十四年，1545年）*

天坛皇乾殿位于祈年殿北侧，为存放祈谷坛祭祀神牌之所。面阔五间，进深三间，单檐庑殿顶，其外观虽与祈年殿相去甚远，但由于高宽比相同（见下文），故取得了内在的和谐。

通过对1940年代的实测图进行几何作图及实测数据分析，可得如下结论。

（1）总高（台基以上，11.88米）：台基总宽（取栏杆中线，32.56米）＝0.365≈1：$2\sqrt{2}$（吻合度97%，如取台基最宽处则吻合度应更高）。

（2）明间面阔（7.05米）：平板枋下皮至地面距离（7.17米）＝0.983≈1（吻合度98.3%）。

（3）檐柱高（5.47米）：次间面阔（等于梢间面阔，5.5米）＝0.995≈1（吻合度99.5%）。（图7–35）

8．北京天坛祈年殿（清光绪二十二年，1896年）*

天坛祈年殿为现存中国古建筑中形制极其特殊的经典杰作，平面为圆形，上覆三重檐攒尖顶，屹立于三重圆形汉白玉台基（称祈谷坛）之上，造型完美至极——祈年殿完美的外观自然也离不开经典构图比例的运用。

据1940年代实测图：祈年殿总高（含祈谷坛）38米，祈谷坛高5.6米，祈年殿净高（含小台基）32.4米，祈谷坛最下层直径90.24米。

通过对1940年代实测图进行几何作图以及实测数据分析，可得如下结论。

（1）总高（祈谷坛以上，32.4米）：祈谷坛总宽（90.24米）＝1：2.785≈5：14（吻合度99.5%）；1：2.785≈1：$2\sqrt{2}$（吻合度98.5%）。

（2）总高（38米）：祈谷坛总宽（90.24米）＝0.421≈1：（$1+\sqrt{2}$）（吻合度98.4%）。

（3）总高（38米）：顶层檐口至地面高（取瓦当上皮，27.27米）＝1.393≈7：5（吻合度99.5%）；1.393≈$\sqrt{2}$（吻合度98.5%）——即祈年殿顶层檐口高与总高呈“方五斜七”比例。

（4）祈年殿（含祈谷坛）正立面模数网格：

若取总高的二十分之一即A＝1.9米（取1尺＝31.83厘米，约合6尺，吻合度99.5%）为正立面模数网格，则高度方向上：

总高（38米）＝20A（12丈）；[1]

总高（祈谷坛以上，32.4米）＝17.05A≈17A（吻合度99.7%）；

祈谷坛每层高约为A，共计3A；

第三重檐平板枋下皮距庭院地面高（25.07米）＝13.19A≈13A（吻合度98.5%）；

第三重檐檐口距庭院地面高（取瓦当上皮，27.27米）＝14.35A≈14A（吻合度97.5%）；

最上部的攒尖屋顶高约6A，其中最顶部的鎏金宝顶正好高A。

面阔方向上：

祈谷坛顶层直径（68.24米）＝35.92A≈36A（吻合度99.8%，21.6丈）；中层直径（79.24米）＝41.71A≈42A（吻合度99.3%，25.2丈）；底层直径（90.24米）＝47.49A≈48A（吻合度98.9%，28.8丈）。由上可知，祈谷坛每层直径之间相差6A（即3.6丈），三环直径之比约为6∶7∶8。（图7–36、图7–37）

（5）祈年殿（不含祈谷坛）剖面模数网格：

总高（祈谷坛以上，32.4米）∶首层檐柱圈直径（24.24米）＝1.337≈4∶3（吻合度99.7%）。

总高（祈谷坛以上，32.4米）∶二层檐柱（即首层金柱）圈直径（19.44米）＝5∶3。

二层檐柱（即首层金柱）圈直径（19.44米）∶三层檐柱（即童柱）圈直径（12.76米）＝1.524≈3∶2（吻合度98.4%）。

由上可知：总高（祈谷坛以上）∶一层檐柱圈直径∶二层檐柱圈直径∶三层檐柱圈直径≈20∶15∶12∶8。

总高（祈谷坛以上，32.4米）∶第三层檐平板枋上皮高（19.33米）＝1.676≈5∶3（吻合度99.4%）。

若取总高（祈谷坛以上，32.4米）的二十分之一即B＝1.62米（约合5.1尺，吻合度99.8%）为祈年殿（不含祈谷坛）的剖面模数网格，则：

总高（祈谷坛以上）＝20B；

一层檐柱圈直径（24.24米）＝14.96B≈15B（吻合度99.8%）；

二层檐柱（即金柱）圈直径（19.44米）＝

1. 据王其亨《风水形势说和中国建筑外部空间设计探析》一文提供的实测数据，祈年殿小台基台明至宝顶高31.78米，取清光绪时营造尺1尺＝31.83厘米，约合九丈九尺九寸，参见王其亨主编. 风水理论研究［M］. 天津：天津大学出版社，1992：131。同据该文，祈年殿通高（含祈谷坛）38.14米，合11.98丈，约12丈（吻合度99.8%），与本书结论接近。祈年殿总高十二丈，可能是象征一年十二个月、一天十二个时辰，与平面两圈各12根柱子的象征意义相同。

12B；

三层檐柱（即童柱）圈直径（12.76米）＝7.88B≈8B（吻合度98.5%）；

一层檐博脊上皮高≈7B；

二层檐博脊上皮高≈11B；

三层檐平板枋上皮高（19.33米）＝11.93B≈12B（吻合度99.4%）；

三层檐口（取飞椽下皮）≈13B；

顶层攒尖屋面（含宝顶）总高≈7B——总高（祈谷坛以上）：顶层攒尖屋顶总高（等于一层檐博脊上皮高）＝20：7≈$2\sqrt{2}$（图7-38）。

（6）祈年殿总高（38米）：祈年殿庭院总进深（190.62米）＝0.199 ≈1：5（吻合度99.7%）——可知祈年殿总高为庭院总进深的五分之一。

综上所述：天坛祈年殿是综合运用$\sqrt{2}$构图比例的完美杰作，除了自身运用1：$2\sqrt{2}$构图比例之外，在总平面构图中，主庭院总进深与祈年殿—祈谷坛圆心至主庭院南墙距离之比为$\sqrt{2}$：1，而正立面构图中，祈年殿总高（含祈谷坛）与顶层檐口至地面距离之比同样为$\sqrt{2}$：1——这就造成了建筑群总体布局与单体建筑设计的内在和谐。

不仅如此，祈年殿正立面（含祈谷坛）很可能使用了1.9米（祈年殿加祈谷坛通高的二十分之一，约合6尺）模数网格作为设计基准，由此控制了祈谷坛与祈年殿的许多重要尺寸；而位于祈谷坛以上的祈年殿建筑本身，很可能同时又运用了1.62米（祈年殿净高的二十分之一，约合5尺1寸）作为另一个重要的设计模数，进一步控制祈年殿自身的构图比例——这是颇值得注意的一个现象。

**9．北京紫禁城太和门（清光绪十五年，1889年）*

北京紫禁城太和门面阔九间，进深四间，重檐歇山顶，是国内现存规模最大的门殿。太和门始建于明永乐十八年（1420年），现存建筑为清光绪十四年（1888年）火灾烧毁后重建，光绪十五年（1889年）建成。

通过对1940年代实测图进行几何作图以及实测数据分析，可得如下结论。

（1）正立面$\sqrt{2}$构图：

总高（台基以上，20.36米）：台基总宽（57.96米）＝0.351≈1：$2\sqrt{2}$（吻合度99.3%）。

正脊总长（含鸱吻）：台基总宽≈1：$\sqrt{2}$；正脊总长（含鸱吻）：总高（台基以上）≈2。

总高（23.8米）：明间面阔（8.3米）=2.867≈$2\sqrt{2}$（吻合度98.6%）。

上檐平板枋上皮至正脊上皮距离≈明间面阔（图7-39）。

（2）正立面$\sqrt{3}/2$构图：

总高（台基以上，20.36米）：通面阔（48.03米）=0.424≈$\sqrt{3}/4$（吻合度97.9%）。

下檐口高（取瓦当下皮）：明间面阔≈$\sqrt{3}/2$。（图7-40）

（3）平面：

通进深（20.47米）：通面阔（48.03米）=0.426≈$\sqrt{3}/4$（吻合度98.4%）（图7-41）。

（4）横剖面：

总高（台基以上，20.36米）：通进深（20.47米）=0.995≈1（吻合度99.5%）。（图7-42）

综上可知：建于19世纪晚期的太和门与11世纪中期的善化寺大殿虽然相去八百余载，设计手法却一脉相承，平、立、剖面设计中综合运用了$\sqrt{2}$与$\sqrt{3}/2$构图比例，并且在正立面（纵剖面）设计中同时兼顾了总高、总高（台基以上）、台基总宽、通面阔和明间面阔的比例关系。

10．北京紫禁城文华门（清）

文华门为紫禁城外朝东侧文华殿正门，面阔五间，进深二间，单檐歇山顶。通过对1940年代实测图进行几何作图及实测数据分析，可得如下结论。

（1）正立面：

总高（台基以上）：台基总宽≈1：$2\sqrt{2}$；总高（台基以上）的二分之一位于檐口（取瓦当下皮）。

总高（台基以上）：明间面阔≈$\sqrt{2}$——与太和门之构图异曲同工（图7-43）。

（2）平面：

通进深（11.17米）：明间面阔（7.38米）=1.514≈3：2（吻合度99.1%）。

通面阔（27.64米）：通进深（11.17米）=2.474≈5：2（吻合度99%）（图7-44）。

11．北京雍和宫法轮殿（清）

雍和宫法轮殿前身是雍亲王府寝殿，乾隆朝改建为佛殿：主体面阔七间，进深三间，单檐歇山顶；前后各出面阔五间之抱厦，上覆卷棚歇山顶；主体歇山顶上开有一大四小五座天窗，大天窗用单檐歇山顶，小天窗用单檐悬山顶，每座小顶的正脊上又安有一座镏金喇嘛塔，五塔形成如金刚宝座塔一般的格局。建筑造型奇特，具有浓厚的藏传佛教建筑气息。

通过对《东华图志：北京东城史迹录》（2005）一书中的实测图进行几何作图，可得如下结论。

（1）总高（台基以上）：台基总宽≈1：$2\sqrt{2}$。

（2）地面至中央天窗塔顶总高：台基总宽≈1：（$2\sqrt{2}-1$）（总高约等于两侧天窗中线距离）。

（3）总高（台基以上）：明间面阔≈2；

明间面阔：次间面阔（等于梢间、尽间面阔）≈$\sqrt{2}$；

总高（台基以上）的二分之一位于檐口（取瓦当上皮）；

台明至中央天窗塔顶距离：明间面阔≈3（图7-45、图7-46）。

综上可知：雍和宫法轮殿造型组合复杂并带有强烈藏式建筑特征，但其基本构图手法还是运用$\sqrt{2}$比例，可能是融合了中国传统建筑设计方法和藏传佛教“曼荼罗”（即坛城）图式的产物，一如前述承德普宁寺总平面构图。

12．山西五台山塔院寺延寿殿（清）*

五台山塔院寺延寿殿为寺中主殿，位于大白塔南侧。殿面阔五间，进深三间，单檐歇山顶，北侧凸出抱厦三间。

通过对《中国古建筑测绘十年：2000～2010清华大学建筑学院测绘图集》（上册，2011）一书中的实测图进行几何作图及实测数据分析，可得如下结论。

（1）总高（台基以上，9.66米）：台基总宽（27.55米）＝0.351≈1：$2\sqrt{2}$（吻合度99.3%）。

（2）檐柱高（4.8米）：明间面阔（5.6米）＝6：7≈$\sqrt{3}/2$（吻合度99%）。

（3）檐柱高（4.8米）：次间面阔（等于梢间面阔，4.81米）＝0.998≈1（吻合度99.8%）——故次间、梢间为正方形构图，明间为$\sqrt{3}/2$矩形构图（图7-47）。

以上12个实例中：善化寺大殿和太和门构图手法十分接近；善化寺海会殿与佛光寺文殊殿外观、规模、构图均极其相似；太庙戟门与天坛皇乾殿亦极相似；先农坛具服殿与五台山塔院寺延寿殿规模、构图均接近；天坛祈年殿、雍和宫法轮殿均为此类型中造型独特的作品，但不论整体还是局部的构图比例均经过精心推敲。

（三）D类：总高（台基以上）：通面阔＝1：$2\sqrt{2}$

1．大同上华严寺大雄宝殿（金）

大同上华严寺大雄宝殿面阔九间，进深五间，单檐庑殿顶，立于崇台之上，为现存规模最大的金代木构。

通过对梁思成、刘敦桢《大同古建筑调查报告》(《中国营造学社汇刊》第四卷第三期，1934)、《中国古代建筑史》(第二版，1984)、《中国古代建筑史》(第三卷：宋、辽、金、西夏建筑，第二版，2009)中的实测图进行几何作图以及实测数据分析，可得如下结论。

(1)纵剖面：

总高(台基以上)：通面阔≈5：14≈$2\sqrt{2}$(以“方五斜七”代替1：$\sqrt{2}$)。

总高(台基以上)的二分之一约位于内柱柱头(含普拍枋)；

总高(台基以上)：檐柱高(含普拍枋)≈5：2(图7–48)。

(2)平面：

通进深(27.44米)：中央五间面阔(32.1米)=0.855≈6：7(吻合度99.8%)；0.855≈$\sqrt{3}/2$(吻合度98.7%)。

故大殿主入口中点61°视角可见中央三佛，与前述佛光寺东大殿等佛殿视线设计手法相同——最富特色的是此殿明间正中补间铺作后尾出60°斜栱，仿佛暗示出60°视线一般。此外，月台南端中点与台基东北角、西北角连线呈60°角，与下文义县奉国寺大殿手法相同(图7–49)。

综上可知：大同上华严寺大雄宝殿同样是综合运用$\sqrt{2}$与$\sqrt{3}/2$构图比例的佳作。可惜此殿一直未发表完整的正立面图，故无从分析包含下部高台的建筑整体造型。

2．福建泉州开元寺大殿(明)*

泉州开元寺大殿亦称紫云大殿，建于明洪武年间，面阔九间，进深九间，俗称百柱殿(实际由于减柱，共有86根立柱)，重檐歇山顶，呈现水平向极其舒展之态势。其殿身(七间)部分系沿用宋代平面，洪武年间复建时利用了原有平面和柱础，在四周加了一圈回廊(副阶)。崇祯十年(1637年)又将内柱易为石柱，故大殿平面为宋、明复合体，而构架则是明初和明末之混合。

通过对《福建古建筑》(2015)一书中的实测图进行几何作图以及实测数据分析，可得如下结论。

(1)正立面：

总高(台基以上)：通面阔≈1：$2\sqrt{2}$；

总高(台基以上)：明间面阔≈$2\sqrt{2}$；

通面阔：明间面阔(中央五间面阔大致相等)≈8；

梢、尽间面阔之和：明间面阔≈3：2。

以实测数据校核：中央五间面阔分别为5.1、5.07、5.22、5.07、5.11米，平均值为5.114米，通面阔为41.05米。

故通面阔（41.05米）：明间面阔（取中央五间平均值5.114米）＝8.03≈8（吻合度99.6%）；

梢、尽间面阔之和（7.74米）：明间面阔（5.114米）＝1.51≈3∶2（吻合度99.3%）（图7–50、图7–51）。

（2）平面：

通面阔（41.05米）：通进深（30.79米）＝1.33＝4∶3。

中央两间进深：中央三间面阔≈7∶8≈$\sqrt{3}/2$——金柱一线中央三间60°视线内均包含三佛（图7–52）。

综上可知，泉州开元寺正立面及平面构图手法与佛光寺东大殿颇多相似之处。

3．北京怡亲王府（孚王府）寝殿（清）

北京怡亲王府（孚王府）寝殿面阔七间，进深三间，单檐歇山顶。通过对《东华图志：北京东城史迹录》（2005）一书中的实测图进行几何作图，可得如下结论。

（1）总高（台基以上）：通面阔≈1∶$2\sqrt{2}$。

（2）总高：明间面阔≈2。

（3）明间面阔：其余各间面阔≈$\sqrt{2}$（图7–53）。

4．北京地安门（明）[*]

地安门为北京皇城北门，与天安门南北相对。地安门面阔七间，进深二间，单檐歇山顶。中央三间辟为门道，两端四间作为值房。1950年代被拆除。通过对1940年代实测图进行几何作图以及实测数据分析，可得如下结论。

（1）正立面/纵剖面：

总高（12.94米）：通面阔（36.33米）＝0.356≈1∶$2\sqrt{2}$（吻合度99.3%）。

总高（12.94米）：明间面阔（6.46米）＝2.003≈2（吻合度99.8%）（图7–54）。

（2）平面：

通进深（11.87米）：明间面阔（6.46米）＝1.837≈$2\sqrt{2}-1$（吻合度99.5%）。

通面阔（36.33米）：通进深（11.87米）＝3.06≈3（吻合度98%）（图7–55）。

D类实例在1∶$2\sqrt{2}$家族中所占比例不大，但大同上华严寺大殿和泉州开元寺大殿皆是中国古代大型殿堂的重要代表，并且是1∶$2\sqrt{2}$家族中极为水平伸展的作品。

二、高宽比＝$\sqrt{3}$：4

高宽比等于$\sqrt{3}$：4的实例为数众多，以北京社稷坛享殿（A类）、大同下华严寺薄伽教藏殿（B类）、义县奉国寺大殿（C类）和北京紫禁城太和殿（D类）为典型代表，共计34例，是中国古建筑五至十一开间单层建筑惯用的又一重要比例。

与1：2$\sqrt{2}$“家族”类似，$\sqrt{3}$：4“家族”同样包括中国古代建筑史上众多经典杰作：如义县奉国寺大殿（辽）、大同下华严寺薄伽教藏殿（辽）、北京长陵祾恩殿（明）、北京太庙享殿（明）、北京太庙戟门（明）、北京社稷坛享殿（明）、北京紫禁城太和殿（清）、保和殿（明）、英华殿（明）、武英殿（清）及山东泰安岱庙天贶殿（清）等，因此这一比例与1： 2$\sqrt{2}$同为中国古代最高等级建筑所惯用之经典比例。

（一）A类：总高：台基总宽＝$\sqrt{3}$：4

1. 北京社稷坛享殿（明永乐十八年，1420年）*

北京社稷坛享殿（今中山堂）面阔五间，进深三间，单檐歇山顶。据傅熹年研究指出，社稷坛享殿明间面阔约3丈，次间、梢间面阔约2丈，各间平均进深约2丈。

通过对1940年代实测图进行几何作图，以及实测数据分析，可得如下结论。

（1）正立面：

总高（17.5米）：台基总宽（39.58米）＝0.442≈$\sqrt{3}$/4（吻合度98%）。

檐柱高（含平板枋，6.29米）：次间面阔（等于梢间面阔，6.32米）＝0.995≈1（吻合度99.5%）。

明间面阔（9.465米）：次间面阔（等于梢间面阔，6.32米）＝1.498≈3：2（吻合度99.8%）（图7–56）。

（2）平面：

通面阔（34.745米）：通进深（19.12米）＝1.817≈2$\sqrt{2}$–1（吻合度99.4%）。

通进深（19.12米）：中央三间面阔（22.105米）＝0.865≈$\sqrt{3}$/2（吻合度99.9%）（图7–57）。

（3）纵剖面：

总高（台基以上，16.64米）：通进深（19.12米）＝0.87≈$\sqrt{3}$/2（吻合度

99.5%)。(图7–58)

综上可知：社稷坛享殿在平、立、剖面中综合运用$\sqrt{3}/2$构图比例，与主要使用$\sqrt{2}$构图比例的后殿（即戟门）相区别。

社稷坛前殿、后殿（戟门）和太庙享殿、戟门的中央五间面阔几乎都相等，即明间3丈，其余各间2丈，充分体现了“左祖右社”规划设计的统一性。

2．北京紫禁城英华殿（明）

英华殿为紫禁城中珍贵的明代遗存，面阔五间，进深三间，单檐庑殿顶。通过对刘畅《北京紫禁城》(2009)一书中的实测图进行几何作图以及实测数据分析，可得如下结论。

(1)总高：台基总宽≈$\sqrt{3}/4$。

总高的二分之一位于檐口（取飞椽下皮）；正脊长（不含鸱吻）：台基总宽≈1∶2。

(2)柱高(4.99米)：明间面阔(7.143米)=0.7=7∶10≈1∶$\sqrt{2}$(吻合度99%，即“方七斜十”)(图7–59)。

(3)次间面阔(5.535米)：梢间面阔(3.942米)=1.404≈$\sqrt{2}$(吻合度99.3%)；次间面阔约等于檐口（取飞椽下皮）至台明距离。(图7–60)

3．北京紫禁城慈宁宫花园咸若馆（明）

咸若馆为紫禁城慈宁宫花园正殿，面阔五间，进深三间，周回廊，单檐歇山顶；前出抱厦三间、三面回廊。通过对贾珺《中国皇家园林》(2013)一书中的实测图进行几何作图，可得如下结论。

(1)总高：台基总宽≈7∶16≈$\sqrt{3}/4$。

(2)总高：抱厦总高≈$\sqrt{2}$；总高的二分之一位于檐口（取飞椽上皮）。

(3)明间面阔：次间面阔（等于抱厦小额枋下皮至台明距离）≈$\sqrt{2}$(图7–61)。

4．天坛祈年门（明）*

天坛祈年门面阔五间，进深二间，单檐庑殿顶。通过对1940年代的实测图进行几何作图及实测数据分析，可得如下结论。

(1)正立面：

总高(16.29米)：台基总宽（取栏杆中线，36.82米)=0.442≈$\sqrt{3}/4$(吻合度98%)。

总高(16.29米)：平板枋下皮至地面距离(8.09米)=2.014≈2(吻合度

99.3%)。(图7–62)

平板枋下皮至地面距离(8.09米):明间面阔(9.33米)=0.867≈$\sqrt{3}/2$(吻合度99.9%)。

明间面阔(9.33米):次间面阔(6.58米)=1.418≈$\sqrt{2}$(吻合度99.7%)。

明间面阔(9.33米):檐柱高(含平板枋,6.69米)=1.395≈7:5(吻合度99.6%);1.395≈$\sqrt{2}$(吻合度98.6%)。

次间面阔(6.58米):檐柱高(含平板枋,6.69米)=0.984≈1(吻合度98.4%)(图7–63)。

(2)平面:

通面阔(33.05米):通进深(13.2米)=2.504≈5:2(吻合度99.8%)。

5. 北京先农坛庆成宫大殿(明天顺二年,1458年)*

先农坛庆成宫为斋宫。庆成宫大殿[1]面阔五间,进深三间,单檐庑殿顶。通过对《宣南鸿雪图志》(1997)一书中的实测图进行几何作图,结合对《北京先农坛研究与保护修缮》(2009)一书的实测数据进行分析,可得如下结论。

(1)总高(11.532米):台基总宽(27.2米)=0.424≈$\sqrt{3}/4$(吻合度97.9%)。

(2)总高(11.532米):明间面阔(6.6米)=1.747≈$\sqrt{3}$(吻合度99.1%);总高的二分之一位于檐口(取瓦当下皮)。

(3)明间面阔(6.6米):次间面阔(4.35米)=1.517≈3:2(吻合度98.9%);次间面阔(4.35米):檐柱高(含平板枋,4.375米)=0.994≈1(吻合度99.4%)(图7–64)。

6. 北京历代帝王庙景德崇圣殿(明嘉靖十年,1531年)*

历代帝王庙大殿景德崇圣殿明嘉靖九年(1530年)始建,次年建成,清雍正七年(1729年)重修。大殿面阔九间,进深五间,重檐庑殿顶。

通过对笔者2015年的实测图进行几何作图及实测数据分析,可得如下结论。

(1)总高(22.644米):台基总宽(51.17米)=0.4425≈7:16(吻合度99%);0.4425≈$\sqrt{3}/4$(吻合度98%)。

(2)明间面阔(7.09米):次间面阔(4.92米)=1.44≈$\sqrt{2}$(吻合度98.2%)。

(3)明间面阔=一层檐口高(取飞椽上皮)(图7–65)。

7. 北京紫禁城武英殿(清)

紫禁城武英殿面阔五间,进深三间,单檐歇山顶,并以穿廊与后殿相连,共同形成

1. 庆成宫大殿明天顺二年(1458年)建,弘治十八年(1505年)及清乾隆十九年(1754年)均有修缮。

“工”字殿形式。

通过对1940年代实测图进行几何作图及实测数据分析，可得如下结论。

（1）正立面：

总高：台基总宽≈$\sqrt{3}/4$。

总高：明间面阔≈2。

明间面阔（8.56米）：次间面阔（6.05米）＝1.415≈$\sqrt{2}$（吻合度99.9%）。

次间面阔≈小额枋至地面距离（图7–66）。

（2）平面：

前殿通面阔（32.1米）：前殿通进深（18.62米）＝1.724≈$\sqrt{3}$（吻合度99.5%）。

后殿通面阔（32.1米）：后殿通进深（13.03米）＝2.464≈5：2（吻合度98.5%）（图7–67）。

8．北京雍和宫“雍和宫”殿（清）

雍和宫殿前身为雍亲王府正殿（银安殿），乾隆朝改建为雍和宫正殿即大雄宝殿。面阔七间，进深四间前出廊，单檐歇山顶。

通过对《东华图志：北京东城史迹录》（2005）一书中的实测图进行几何作图，可得如下结论。

（1）总高：台基总宽≈6：14≈$\sqrt{3}/4$。

（2）明间面阔：次间面阔（明间以外各间面阔相等）≈$\sqrt{2}$（图7–68）。

9．北京吉安所大殿（清）

吉安所亦称吉祥所，《京师坊巷志稿》载：“吉祥所：凡宫眷薨逝，殡于此。”大殿为停灵之所，面阔五间，前后各出抱厦三间，前后均有回廊。

通过对《东华图志：北京东城史迹录》（2005）一书中的实测图进行几何作图，可得如下结论。

（1）总高：台基总宽≈7：16≈$\sqrt{3}/4$；总高的二分之一位于檐口（取飞椽上皮）。

（2）檐柱高：明间面阔≈$\sqrt{3}/2$——明间构图与正立面之半为相似形（图7–69）。

10．北京颐和园仁寿殿（清）*

颐和园仁寿殿面阔七间，周回廊，单檐卷棚歇山顶。通过对《中国古建筑测绘大系·园林建筑：颐和园》（2015）一书中的实测图进行几何作图及实测数据分析，可得如下结论。

（1）总高（15.57米）：台基总宽（36.32米）=0.429≈$\sqrt{3}/4$（吻合度99%）。

（2）总高的二分之一位于檐口（取飞椽下皮）（图7-70）。

11．北京颐和园东宫门（清）

颐和园东宫门为颐和园正门，面阔五间，进深二间，单檐卷棚歇山顶。通过对《中国古建筑测绘大系·园林建筑：颐和园》（2015）一书中的实测图进行几何作图及实测数据分析，可得如下结论。

（1）总高：台基总宽≈7：16≈$\sqrt{3}/4$。

（2）明间面阔（3.87米）：檐柱高（3.835米）=1.009≈1（吻合度99.1%）——明间采取正方形构图（图7-71）。

12．山东泰安岱庙天贶殿（清）

天贶殿为岱庙主殿，供奉东岳大帝，面阔九间，进深四间、前出廊，重檐庑殿顶。内壁有巨幅壁画《泰山神启跸回銮图》，传为宋代作品。

通过对陈从周《岱庙》（2005）一书中的实测图进行几何作图，可得如下结论。

（1）总高：台基总宽≈$\sqrt{3}/4$。

（2）明间面阔：一层檐口高（取飞椽下皮）≈1：$\sqrt{2}$。（图7-72）

以上12例之中，先农坛庆成宫大殿与紫禁城英华殿比例颇为相似；紫禁城武英殿与社稷坛前殿的比例极为接近。由王府改建的雍和宫正殿虽面阔七间，但尺度还要略逊于面阔五间的武英殿和社稷坛前殿，但整体比例与后二者接近。虽然建筑功能截然不同，但紫禁城慈宁宫花园的咸若馆和吉安所大殿却在形式与比例上极其相似。北京历代帝王庙景德崇圣殿与泰山岱庙天贶殿皆为九间重檐大殿，但与长陵祾恩殿这样最高等级的大殿相比，虽然面阔同为九间，但实际通面阔尺寸相差约20米，应该是次一等的九间殿堂。

（二）B类：总高（台基以上）：台基总宽=$\sqrt{3}$：4

1．山西芮城广仁王庙大殿（唐大和五年，831年）[*]

山西芮城广仁王庙（俗称五龙庙）大殿为珍贵的唐代木构遗物，也是现存唯一的唐代道教木构建筑。殿面阔五间，进深三间，单檐歇山顶。

通过对《山西芮城广仁王庙唐代木构大殿》（《文物》2014年第8期）一文中的实测图进行几何作图以及实测数据分析，可得如下结论。

（1）正立面/纵剖面：

总高（台基以上，6.11米）：台基总宽（14.08米）=0.434≈$\sqrt{3}/4$（吻合度99.8%）。

总高（台基以上，6.11米）：平柱高（3.045米）=2.007≈2（吻合度99.6%）。（图7–73）

（2）平面：

通进深（4.92米）：通面阔（11.47米）=0.429≈3：7（吻合度99.9%）；0.429≈$\sqrt{3}/4$（吻合度99.1%）——由此可知大殿之平、立面构图运用了相似形。（图7–74）

（3）侧立面/横剖面：

总高（7.51米）：台基总深（7.52米）=0.999≈1（吻合度99.9%）（图7–75）。

综上可知：芮城广仁庙大殿正立面（纵剖面）、平面均使用了$\sqrt{3}/4$矩形构图，侧立面（或横剖面）则为正方形构图，总高（台基以上）恰为平柱高之2倍。

2．大同下华严寺薄伽教藏殿（辽重熙七年，1038年）

薄伽教藏殿为大同下华严寺主殿，因殿内教藏而闻名。殿面阔五间，进深四间，单檐歇山顶，居于极其高大的崇台之上，气宇不凡。殿内教藏为《营造法式》小木作的珍贵实例。

通过对梁思成、刘敦桢《大同古建筑调查报告》（《中国营造学社汇刊》第四卷第三期，1934）一文中的实测图进行几何作图以及实测数据分析，可得如下结论。

（1）正立面：

总高（台基以上）：台基总宽≈$\sqrt{3}/4$；

总高：台基总宽≈1：$\sqrt{3}$；

平柱高：明间面阔≈$\sqrt{3}/2$——明间构图与正立面之半为相似形；

总高的二分之一位于阑额下皮；总高（台基以上）的二分之一位于檐口（取瓦当下皮）（图7–76）。

（2）平面：

通面阔（25.65米）：通进深（18.47米）=1.39≈7：5（吻合度99.3%）；1.39≈$\sqrt{2}$（吻合度98.3%）。

前三进进深（13.95米）：中央三间面阔（16.51米）=0.845≈6：7（吻合度98.6%）；0.845≈$\sqrt{3}/2$（吻合度97.6%）——即主入口61°视角可见三佛，与佛光寺东大殿手法一致（图7–77）。

（3）塑像：

中央三间藻井顶至地面距离：面阔≈3：2；

中央主佛高：中央小佛高≈2（图7–78）。

（4）教藏：

以中央三间面阔为基本模数A，中央三间两侧总面阔各为$\sqrt{2}$A，总高的二分之一位于一层檐口（取瓦当下皮）（图7–79）。

综上可知：薄伽教藏殿是同时在建筑的平、立、剖面以及塑像、教藏方面综合运用方圆作图比例的杰作。在正立面上同时考虑了包含高台的总高、台基上部的净高与台基总宽的比例关系，十分巧妙——其中，总高与台基总宽之比（1：$\sqrt{3}$）为中国古建筑正立面高宽比另一重要类型，详见下文。

3．大同善化寺山门（金）

大同善化寺山门面阔五间，进深二间，单檐庑殿顶。

通过对梁思成、刘敦桢《大同古建筑调查报告》（《中国营造学社汇刊》第四卷第三期，1934）一文中的实测图进行几何作图以及实测数据分析，可得如下结论。

（1）正立面：

总高（台基以上）：台基总宽≈6：14≈$\sqrt{3}$/4；

明间面阔≈檐柱高（图7–80）。

（2）平面：

通面阔（28.14米）：通进深（10.04米）＝2.8＝14：5≈2$\sqrt{2}$（吻合度99%）（图7–81）。

（3）横剖面：

木构架总高：通进深≈2：$\sqrt{3}$（图7–82）。

4．曲阜颜庙杞国公殿（元）

颜庙杞国公殿是祭祀颜回之父颜无繇之所，为曲阜难得的元代建筑遗存。面阔五间，单檐庑殿顶。

通过对《曲阜孔庙建筑》（1987）一书中的实测图进行几何作图，可得如下结论：

（1）总高（台基以上）：台基总宽≈$\sqrt{3}$/4。

（2）檐柱高：明间面阔≈$\sqrt{3}$/2——明间构图与正立面之半为相似形（图7–83）。

5. 北京东四清真寺大殿（明）

东四清真寺，明正统十二年（1447年）后军都督同知陈友创建。礼拜大殿面阔五间，进深三间，单檐庑殿顶；西有窑殿三间，为无梁殿，单檐歇山顶；东有抱厦三间，卷棚悬山顶。建筑外观及内部彩绘均保留明代风格。

通过对《东华图志：北京东城史迹录》（2005）一书中的实测图进行几何作图，可得如下结论。

（1）总高（台基以上）：台基总宽≈$\sqrt{3}/4$。

（2）总高（台基以上）：明间面阔≈2；

正脊总长（含鸱吻）：台基总宽≈1：2；

总高（台基以上）的二分之一位于檐口（取瓦当下皮）（图7–84）。

6. 北京北海西天梵境大慈真如宝殿（清乾隆二十四年，1759年）

北海西天梵境大慈真如宝殿面阔五间，进深三间，重檐庑殿顶。

通过对《中国古典园林建筑图录·北方园林》（2015）一书中的实测图进行几何作图，可得如下结论：

（1）总高（台基以上）：台基总宽≈6：14≈$\sqrt{3}/4$。

（2）明间面阔：檐柱高≈$\sqrt{2}$（图7–85）。

7. 北京凝和庙寝殿（清雍正八年，1730年）

凝和庙亦称云神庙。寝殿面阔五间，进深三间，单檐歇山顶。

通过对《东华图志：北京东城史迹录》（2005）一书中的实测图进行几何作图，可得如下结论。

（1）总高（台基以上）：台基总宽≈$\sqrt{3}/4$。

（2）明间面阔≈檐柱高（含平板枋）——明间采取正方形构图（图7–86）。

以上7例中，薄伽教藏殿、颜庙杞国公殿明间均采用$\sqrt{3}/2$矩形，与正立面之半为相似形。

（三）C类：总高：通面阔=$\sqrt{3}$：4

1. 义县奉国寺大殿（辽开泰九年，1020年）*

义县奉国寺大殿为国内现存最大的辽代木构，面阔九间，进深五间，单檐庑殿顶，台基高大，整体气势恢宏。殿内中央七间前两进为礼佛空间，后两进内一字排开七尊大佛，一间一佛，为国内佛殿之孤例。此外，殿内东、西、北面各有一间回廊可供信众环绕。

通过对《义县奉国寺》(2005)一书中的实测图进行几何作图以及实测数据分析，可得如下结论。

(1)正立面：

总高(21.035米):通面阔(48.055米)=0.438≈7/16(吻合度99.9%);0.438≈$\sqrt{3}/2$(吻合度98.8%)。

总高(台基以上，17.665米):明间面阔(柱脚值5.845米)=3.02≈3(吻合度99.3%)。

若以3.005米为正立面模数网格：则总高7格，通面阔约16格，正脊总长(含鸱吻)8格(为通面阔之半)，月台高1格，阑额下皮高3格，檐口(取瓦当上皮)高约4格(图7–87)。

(2)平面：

月台南端中点与大殿台基东北角、西北角形成等边三角形，故在大殿中央七间大门全部打开时，立于月台南端(即信众刚登上月台时)，60°视角内可同时瞻仰七佛。

总进深(25.085米):中央五间面阔(柱脚28.095米)=0.89≈$\sqrt{3}/2$(吻合度97.3%)。故大殿主入口59°视角可见中央三佛，与佛光寺东大殿平面设计一脉相承(图7–88)。

(3)横剖面：

总高(台基以上，17.665米):通进深(25.085米)=0.704≈1:$\sqrt{2}$(吻合度99.6%)(图7–89)。

(4)纵剖面：

后金柱高:明间面阔≈$\sqrt{2}$(图7–90)。

(5)佛像：

中央主佛总高(从佛坛顶面至头顶8.75米):总高(台基以上，17.665米)=0.495≈1:2(吻合度99%)。

中央主佛高(8.75米):明间面阔(5.845米)=1.497≈3:2(吻合度99.8%)(图7–91)。

各佛像高宽比均接近3:2，以中央主佛最接近(图7–92)。

综上所述，奉国寺大殿与佛光寺东大殿一样，完美地将建筑空间(平、立、剖面设计)与七尊佛像的比例系统水乳交融，同时综合运用了$\sqrt{2}$、$\sqrt{3}/2$、3:2、

2∶1等构图比例。

2．北京明长陵　恩殿（明永乐十四年至宣德二年，1416～1427年）*

分析见前文（图7-11）。

3．北京太庙戟门（明永乐十八年，1420年）

分析见前文（图7-33）。

4．曲阜孔府大堂（明）

孔府大堂面阔五间，进深三间，单檐悬山顶，并以穿堂与二堂共同组成“工”字形平面，为中国古代衙署主体建筑的重要遗存。

通过对《曲阜孔庙建筑》（1987）一书中的实测图进行几何作图，可得如下结论。

（1）总高∶通面阔≈7∶16≈$\sqrt{3}/4$。

（2）总高∶明间面阔≈2。

（3）檐柱高∶明间面阔≈7∶8≈$\sqrt{3}/2$——明间构图与正立面之半为相似形（图7-93）。

5．北京紫禁城武英门（清）

武英门为紫禁城外朝西侧武英殿正门，面阔五间，进深二间，单檐歇山顶。通过对1940年代实测图进行几何作图及实测数据分析，可得如下结论。

（1）正立面：

总高∶通面阔≈$\sqrt{3}/4$。

檐口至地面距离（取瓦当下皮）∶明间面阔≈$\sqrt{3}/2$。

次间面阔≈檐口（取瓦当下皮）至台明距离≈小额枋下皮至地面距离。

总高的二分之一位于平板枋上皮（图7-94）。

（2）平面：

通进深（11.58米）∶明间面阔（8.3米）=1.395≈7∶5（吻合度99.7%）；1.395≈$\sqrt{2}$（吻合度98.7%）。

明间面阔（8.3米）∶次间面阔（平均值5.6米）=1.482≈3∶2（吻合度98.8%）。

通面阔（28.67米）∶通进深（11.58米）=2.476≈5∶2（吻合度99%）。

从中央石桥南端中点北望61°视角正好包括武英门台基总宽（图7-95）。

6．北京社稷街门（清）*

太庙街门、社稷街门分立端门与午门之间御街东西两侧，为御街进入太庙和社稷坛的入口，二门形制相同。面阔五间，进深二间，单檐歇山顶。

通过对1940年代实测图进行几何作图及实测数据分析，可得如下结论。

（1）正立面：

总高（10.95米）：通面阔（25.02米）=0.438≈$\sqrt{3}/4$（吻合度98.8%）（图7–96）。

（2）平面：

明间面阔（6.46米）：次间面阔（等于梢间面阔及各间进深，4.64米）=1.392≈$\sqrt{2}$（吻合度98.5%）。

通进深（9.28米）：明间面阔（6.46米）=1.437≈$\sqrt{2}$（吻合度98.4%）（图7–97）。

（3）横剖面：

木构架总高（9.21米）：次间面阔（4.64米）=1.985≈2（吻合度99.2%）（图7–98）。

7．北京景山门（绮望门，清）[*]

景山门即绮望门，为景山御苑大门，面阔五间，进深二间，单檐歇山顶。通过对1940年代实测图进行几何作图及实测数据分析，可得如下结论。

（1）总高（9.09米）：通面阔（21.4米）=0.425≈$\sqrt{3}/4$（吻合度98.1%）。

（2）次间面阔（4.38米）：明间面阔（5.1米）=0.859≈$\sqrt{3}/2$（吻合度99.2%）；梢间面阔（3.77米）：次间面阔（4.38米）=0.861≈$\sqrt{3}/2$（吻合度99.4%）——可知明间、次间、梢间面阔形成等比数列，一如大同善化寺大殿构图（图7–99）。

8．北京地坛皇　室（清）

地坛皇祇室位于方泽坛南，为供奉皇祇（地神）、五岳、五镇、四海、四渎、五陵山诸神位之所。面阔五间，进深三间，单檐歇山顶，内檐彩画为双凤和玺彩画，以凤象征地坛属阴的特性。

通过对《坛庙》（2014）一书中的实测图进行几何作图，可得如下结论。

（1）总高：通面阔≈$\sqrt{3}/4$。

（2）平板枋上皮高：明间面阔≈7：8≈$\sqrt{3}/2$——明间构图与正立面之半为相似形。

（3）总高的二分之一位于檐口（取瓦当上皮）（图7–100）。

9．北京宁郡王府正殿（清）

宁郡王府正殿（银安殿）面阔五间，进深三间，周回廊，单檐歇山顶。通过对《东华图志：北京东城史迹录》（2005）一书中的实测图进行几何作图，可得如下结论。

（1）总高：通面阔≈$\sqrt{3}/4$；总高的二分之一位于檐口（取飞椽上皮）。

（2）明间面阔≈瓦当上皮至台明距离（图7-101）。

以上9例：奉国寺大殿与太庙戟门规模虽相差较多，但轮廓相似。

（四）D类：总高（台基以上）：通面阔=$\sqrt{3}$：4

1．北京紫禁城保和殿（明天启七年，1627年）*

紫禁城保和殿为外朝三大殿之一，面阔九间，进深五间（实为面阔七间，进深三间，副阶周匝），重檐歇山顶。

通过对1940年代实测图进行几何作图及实测数据分析，可得如下结论。

（1）正立面/纵剖面：

总高（台基以上，20.36米）：通面阔（46.42米）=0.4386≈$\sqrt{3}/4$（吻合度98.7%）。

总高（台基以上，20.36米）：明间面阔（7.32米）=2.781≈14：5（吻合度99.3%）；2.781≈$2\sqrt{2}$（吻合度98.3%）。

总高（台基以上）的二分之一位于下檐博脊上皮（图7-102）。

（2）平面：

台基总宽（49.68米）：台基总进深（24.97米）=1.99≈2（吻合度99.5%）。

（3）横剖面：

木构架高（18.62米）：通进深（21.67米）=0.859≈$\sqrt{3}/2$（吻合度99.2%）。（图7-103）

（4）纵剖面：

木构架总高（18.62米）：通面阔（46.42米）=0.401≈2：5（吻合度99.8%）。

2．北京紫禁城协和门（明万历三十六年，1608年）*

协和门为紫禁城外朝沟通太和门前广场与文华殿之间的门户。面阔五间，进深二间，单檐歇山顶。

通过对《中国古建筑测绘十年：2000～2010清华大学建筑学院测绘图集》（上册，2011）一书中的实测图进行几何作图及实测数据分析，可得如下结论。

（1）总高（台基以上，11.319米）：通面阔（25.936米）=0.436≈$\sqrt{3}/4$（吻

合度99.3%)；0.436≈7：16(吻合度99.7%)(图7-104)。

(2)通进深(9.684米)：明间面阔(6.91米)＝1.4＝7：5≈$\sqrt{2}$(吻合度99%，即“方五斜七”)。(图7-105)

3．北京紫禁城太和殿(清康熙三十四年，1695年)[*]

太和殿为紫禁城外朝三大殿之首，举行国家重大典礼之所，为皇权的最重要象征。太和殿始建于明永乐十八年(1420年)，明代曾经历永乐十九年(1421年)、嘉靖三十六年(1557年)、万历二十五年(1597年)三次焚毁，又分别于正统六年(1441年)、嘉靖四十一年(1562年)、天启七年(1627年)三次重建。清康熙十八年(1679年)又遭焚毁，留存至今的太和殿是康熙三十四年(1695年)重建的(但平面柱网应保留了明天启年间原状)。殿面阔十一间，进深五间，重檐庑殿顶，为现存中国古建筑中面积最大者。

紫禁城三大殿均坐落在高达8.13米的三重汉白玉台基(称三台)之上。以下对三大殿正立面的讨论仅限于三台之上的部分。

通过对1940年代实测图进行几何作图以及实测数据分析，可得如下结论。

(1)正立面$\sqrt{3}/2$构图：

总高(台基以上，25.94米)：通面阔(60.08米)＝0.432≈$\sqrt{3}/4$(吻合度99.8%)。

檐柱高(不含柱础，7.36米)：明间面阔(8.44米)＝0.872≈$\sqrt{3}/2$(吻合度99.3%)。[1]

由上可知：太和殿明间接近$\sqrt{3}/2$矩形，而总高(台基以上)与通面阔构成两个并列的$\sqrt{3}/2$矩形，明间形状与正立面之半为相似形。(图7-106)

(2)正立面$\sqrt{2}$构图：

总高(台基以上，25.94米)：檐柱柱头以上高(18.41米)＝1.409≈$\sqrt{2}$(吻合度99.6%)。

一层檐口高：明间面阔≈1。[2]

总高(台基以上)的二分之一约位于上檐平板枋中心(图7-107)。

(3)平面：

通面阔(60.08米)：通进深(33.33米)＝1.803≈9：5(吻合度99.8%)——寓意“九五之尊”。

三台总进深(取栏杆中线，228.05米)：

1. 康熙三十四年《太和殿纪事》载：檐柱高二丈三尺，内明间面阔二丈六尺三寸五分，二者之比为0.873，与实测结果接近。
2. 据刘畅《北京紫禁城》一书，一层檐高(取挑檐桁上皮，即檐柱通高)8.43米，与明间面阔8.44米几乎相等。见刘畅. 北京紫禁城[M]. 北京：清华大学出版社，2009.

三台总面阔（取栏杆中线，127.7米）＝1.786≈9：5（吻合度99.2%）。

明间面阔（8.44米）：除尽间以外各次、梢面阔（平均值，5.553米）＝1.52≈3：2（吻合度98.7%）；进深明间（11.17米）：次间（7.46米）＝1.497≈3：2（吻合度99.8%）。

台基面阔（63.95米）：台基进深（37.2米）＝1.719≈$\sqrt{3}$（吻合度99.3%）。（图7-108）

（4）横剖面：

总高（台基以上，25.94米）：中央三间进深（26.09米）＝0.994≈1（吻合度99.4%）。（图7-109）

（5）纵剖面：

木构架总高（24.14米）：通面阔（60.08米）＝0.402≈2：5（吻合度99.5%）——与保和殿构图相同。

综上可知：紫禁城太和殿是综合运用$\sqrt{3}/2$、$\sqrt{2}$和9：5等构图比例的杰作。

4．北京紫禁城太和门（清光绪十五年，1889年）*

分析见前文。（图7-46）

5．北京紫禁城乾清门（明成化十一年（1475年）重建，清顺治十二年（1655年）重修）

乾清门为紫禁城后三宫正门，面阔五间、进深三间，单檐歇山顶。通过对1940年代实测图进行几何作图及实测数据分析，可得如下结论。

（1）总高（台基以上）：通面阔≈$\sqrt{3}/4$。

（2）明间面阔（6.8米）：梢间面阔（4.75米）＝1.432≈$\sqrt{2}$（吻合度98.7%）。

（3）通进深（12.22米）：明间面阔（6.8米）＝1.797≈9：5（吻合度99.8%）（图7-110）。

6．北京景山寿皇殿（清乾隆十五年，1750年）*

景山寿皇殿为清代奉祀历代帝王御容之所，面阔九间，进深五间（含前廊），重檐庑殿顶。通过对1940年代实测图进行几何作图及实测数据分析，可得如下结论。

（1）正立面/纵剖面：

总高（台基以上，19.71米）：通面阔（45.62米）＝0.432≈$\sqrt{3}/4$（吻合度99.8%）。

次间面阔（5.3米）：明间面阔（6米）＝0.883≈$\sqrt{3}/2$（吻合度98.1%）（图7-111）。

（2）平面：

月台南沿中点至大殿北侧檐柱一线距离：大殿通面阔≈$\sqrt{3}/2$。

台基总宽（53.22米）：台基总深（含月台，39.92米）=4：3（图7–112）。

以上6例中5例为紫禁城重要建筑，太和门、太和殿、保和殿、乾清门与协和门（及与其对称的熙和门）运用了完全相同的总体高宽比，取得了高度和谐的效果。

三、高宽比=1：2

高宽比等于1：2的实例，以曲阜孔庙大成殿（A类）、太原晋祠圣母殿（B类）、大同善化寺大雄宝殿（C类）和芮城永乐宫三清殿（D类）为典型代表，共计25例，是中国古建筑中五至九开间单层建筑惯用的重要比例。

（一）A类：总高：台基总宽=1：2

1．青海瞿昙寺隆国殿（明宣德二年，1427年）

瞿昙寺隆国殿为青海难得的明早期遗存，尤其是保留了古老的“斜廊”形制，十分珍贵。殿面阔五间，进深三间，周回廊，重檐庑殿顶。

通过对《中国古代建筑史》（第四卷：元、明建筑，2009年第二版）一书中的实测图进行几何作图，结合对《青海乐都瞿昙寺隆国殿大木结构研究补遗》（载于《故宫博物院院刊》2010年第4期）一文中的实测数据进行分析，可得如下结论。

（1）总高：台基总宽≈1：2；正脊总长（含鸱吻）：台基总宽≈1：2。

（2）总高：下檐小额枋下皮以上高≈$\sqrt{2}$；明间面阔≈下檐平板枋上皮高。（图7–113）

（3）次间面阔（柱头平均值，5.694米）：明间面阔（柱头值，6.518米）=0.874≈7：8（吻合度99.9%）；0.874≈$\sqrt{3}/2$（吻合度99.1%）。上檐柱高（平均值8.092米）：次间面阔（5.694米）=1.421≈$\sqrt{2}$（吻合度99.5%）；次间面阔（5.694米）：下檐柱高（平均值4.126米）=1.38≈7：5（98.6%）；1.38≈$\sqrt{2}$（吻合度97.6%）。

2．曲阜孔庙大成殿（清雍正八年，1730年）

大成殿为曲阜孔庙核心建筑，始建于北宋初，原为面阔七间单檐歇山顶建筑，明成化九年（1483年）扩建为九间，后经明弘治十二年（1499年）和清雍正二年（1724年）两次雷火焚毁后重建，现存建筑为雍正八年（1730年）重建。殿面阔九间，进深五间（实为殿身面阔七间，进深三间，周以下檐副阶），重檐歇山顶。殿之平面柱网与下檐石柱高仍为明时旧制，木构部分为清代重修。

通过对《曲阜孔庙建筑》（1987）一书中的实测图进行几何作图以及实测数据分析，结合对梁思成《曲阜孔庙之建筑及其修葺计划》（载于《中国营造学社汇刊》第六卷第一期，1935）的实测数据分析，可得如下结论。

（1）正立面整体：

总高：台基总宽≈1：2。

总高：檐柱头（即平板枋下皮）以上高≈$\sqrt{2}$。

总高的二分之一位于下檐博脊下皮（图7–114）。

（2）正立面局部：

总高（台基以上）：明间面阔≈$2+\sqrt{2}$。

其中，一层檐口高（取飞椽上皮）≈明间面阔；二层檐口高（取飞椽上皮）≈2×明间面阔；上檐屋顶总高（取飞椽上皮至正脊上皮）≈$\sqrt{2}$×明间面阔。

明间面阔（7.43米）：次间面阔（5.23米）=1.421≈$\sqrt{2}$（吻合度99.5%）。

明间面阔（7.43米）：其余各间面阔均值（5.215米）=1.425≈$\sqrt{2}$（吻合度99.2%）（图7–115）。

（3）平面：

通面阔（45.6米）：通进深（24.8米）=1.839≈$2\sqrt{2}-1$（吻合度99.4%）（图7–116）。

（4）横剖面：

总高（台基以上，24.6米）：通进深（24.8米）=0.992≈1（吻合度99.2%）（图7–117）。

综上可知，曲阜孔庙大成殿是在平、立、剖面，从整体到局部的设计中综合运用$\sqrt{2}$、2：1、1：1构图比例的佳作。

3．曲阜孔庙弘道门（明弘治十七年，1504年；一说清雍正七年，1729年）

曲阜孔庙弘道门面阔五间，进深二间，单檐歇山顶。

通过对《曲阜孔庙建筑》（1987）一书中的实测图进行几何作图，及对梁思成《曲阜孔庙之建筑及其修葺计划》（载于《中国营造学社汇刊》第六卷第一期，

1935）的实测数据分析，可得如下结论。

（1）总高：台基总宽≈1：2。

（2）明间面阔（4.54米）：次、梢间面阔（平均值3.185米）=1.425≈$\sqrt{2}$（吻合度99.2%）（图7–118）。

4．曲阜孔府内宅门（明）

曲阜孔府内宅门面阔三间，进深二间，单檐悬山顶。

通过对《曲阜孔庙建筑》（1987）一书中的实测图进行几何作图，可得如下结论。

（1）总高：台基总宽≈1：2。

（2）总高的二分之一约位于平板枋上皮（图7–119）。

5．北京孔庙大成门（清）

北京孔庙大成门面阔五间，进深二间，单檐庑殿顶。著名的西周石鼓曾一度置于此地。

通过对《东华图志：北京东城史迹录》（2005）一书中的实测图进行几何作图，可得如下结论。

（1）总高：台基总宽≈1：2。

（2）总高的二分之一约位于额枋下皮（图7–120）。

6．山西五台山显通寺大雄宝殿（清）*

五台山显通寺大雄宝殿面阔七间，进深五间，周回廊，重檐庑殿顶，前出抱厦五间，三面环廊，重檐悬山顶，形制极其独特，屋顶造型丰富之极。

通过对清华大学建筑学院的实测图（CAD文件）进行几何作图和实测数据分析，可得如下结论。

（1）正立面：

总高（17.24米）：台基总宽（34.41米）=0.501≈1：2（吻合度99.8%）。

总高（17.24米）：抱厦檐口（取飞椽下皮）以上高（12.287米）=1.403≈$\sqrt{2}$（吻合度99.2%）。

明间面阔（5.09米）：抱厦檐口高（取飞椽下皮，5.088米）≈1（吻合度接近100%）（图7–121）。

（2）平面：

通面阔（不含副阶，30.31米）：通进深（不含副阶，21.08米）=1.438≈$\sqrt{2}$（吻合度98.3%）。

通面阔（不含副阶，30.31米）：通进深（不含抱厦，16.66米）=1.819≈$2\sqrt{2}-1$（吻合度99.5%）。

前三进进深（12.72米）：中央三间面阔（14.51米）=0.877≈7∶8（吻合度99.8%）；0.877≈$\sqrt{3}/2$（吻合度98.7%）——大门60°视角包含三佛（图7–122）。

7．山东泰山岱庙配天门（清）

岱庙配天门面阔五间，进深二间，单檐歇山顶。通过对陈从周《岱庙》（2005）一书中的实测图进行几何作图，可得如下结论。

（1）总高：台基总宽≈1∶2。

（2）明间面阔≈檐柱高——明间采取正方形构图，且与正立面之半为相似形（图7–123）。

8．山东泰山碧霞祠大殿（清）

位于泰山顶部的碧霞祠大殿面阔五间，进深二间，带前廊，单檐歇山顶。通过对陈从周《岱庙》（2005）一书中的实测图进行几何作图，可得如下结论。

（1）总高：台基宽≈1∶2。

（2）明间面阔≈檐柱高（含平板枋）——明间采取正方形构图，且与正立面之半为相似形（图7–124）。

同属泰山建筑的碧霞祠和岱庙配天门构图手法高度一致。

9．河南登封嵩山中岳庙峻极门（清）[*]

中岳庙峻极门面阔五间，进深二间，单檐歇山顶。通过对清华大学建筑学院的实测图（CAD文件）进行几何作图及实测数据分析，可得如下结论。

（1）总高（12.062米）：台基总宽（24.37米）=0.495≈1∶2（吻合度99%）。

（2）明间面阔（4.991米）：（二层台基高+檐柱高+平板枋高，7.084米）=0.705≈1∶$\sqrt{2}$（吻合度99.7%）。

（3）明间面阔（4.991米）：檐柱高（4.984米）=1.001≈1（吻合度99.9%）——与上述二例构图如出一辙（图7–125）。

10．承德普宁寺大雄宝殿（清）

普宁寺为承德外八庙之一。大雄宝殿面阔七间、进深五间，重檐歇山顶。

通过对《承德古建筑——避暑山庄和外八庙》（1982）中的实测图进行几何作图，可得如下结论。

（1）正立面：

总高：台基总宽≈1：2。

总高：上层檐口（取瓦当上皮）以下高≈$\sqrt{2}$。

总高（台基以上）：明间面阔≈3.5（图7–126）。

（2）纵剖面及塑像：

中央主佛高≈明间面阔；

总高（台基以上）：平棊至地面距离≈$\sqrt{2}$（图7–127）。

综上可知：承德普宁寺大雄宝殿也是建筑空间与塑像陈设综合设计的经典实例。

以上10例，瞿昙寺隆国殿、曲阜孔庙大成殿、五台山显通寺大雄宝殿规模与构图均接近；而岱庙配天门、碧霞祠大殿和中岳庙峻极门则手法极其相似。

（二）B类：总高（台基以上）：台基总宽＝1：2

1．山西太原晋祠圣母殿（北宋）*

太原晋祠圣母殿建于北宋天圣年间（1023～1031年），一说崇宁元年（1102年）重建。殿身面阔五间，进深四间，副阶周匝，前廊进深达两间，形成最终面阔七间，进深六间之格局，重檐歇山顶。前檐柱为木制盘龙柱。

通过对《晋祠文物透视——文化的烙印》（1997）一书中的实测图进行几何作图以及实测数据（原载彭海. 晋祠圣母殿勘测收获——圣母殿创建年代析.文物，1996（1）：66～80）分析，可得如下结论。

（1）正立面：

总高（台基以上，15.43米）：台基总宽（31.09米）＝0.496≈1：2（吻合度99.3%）。

总高（台基以上15.43米）：上檐柱高（7.7米）＝2.004≈2（吻合度99.8%）。

上檐柱高（7.7米）：下檐柱高（3.86米）＝1.995≈2（吻合度99.7%）。

傅熹年曾经研究指出，下檐柱高为晋祠圣母殿立面设计的模数，上檐柱为下檐柱高的2倍，通面阔约为下檐柱高的7倍。[1]实际上根据上述分析还可以再进一步得出：台基总宽：总高（台基以上）：上檐柱高：下檐柱高＝8：4：2：1（图7–128）。

总高：台基总宽≈1：$\sqrt{3}$（图7–129）。

1. 傅熹年. 中国古代城市规划、建筑群布局及建筑设计方法研究（上册）[M]. 北京：中国建筑工业出版社，2001：101-102.

（2）平面：

前五间进深（17.98米）：中央五间面阔（20.49米）=0.878≈7：8（吻合度99.7%）；0.878≈$\sqrt{3}/2$（吻合度98.6%）（图7–130）。

（3）纵剖面：

木构架总高（含柱础，14.49米）：中央五间通面阔（20.49米）=0.707=1：$\sqrt{2}$。

木构架总高（含柱础，14.49米）：通面阔（26.69米）=0.543≈1：（$2\sqrt{2}-1$）（吻合度99.3%）（图7–131、图7-132）。

综上所述，晋祠圣母殿是一座在平、立、剖面设计中综合运用$\sqrt{2}$、$\sqrt{3}/2$和1：2构图比例的杰作。

2．山西高平崇明寺大殿（北宋开宝四年，971年）*

分析见下文。

3．陕西韩城文庙大成殿（元）

陕西韩城文庙大成殿面阔五间，进深三间，前出檐廊三间，柱网布置颇不规则，单檐歇山顶。

通过对《中国古代建筑史》（第四卷：元、明建筑，2009年第二版）、《陕西古建筑》（2015）中的实测图进行几何作图，可得如下结论。

（1）正立面：

总高（台基以上）：台基总宽≈1：2；

总高（台基以上）的二分之一位于檐口（取瓦当下皮）；

总高：明间面阔≈$2\sqrt{2}$（图7–133）。

（2）平面：

通面阔：通进深≈$\sqrt{2}$（图7–134）。

4．曲阜孔庙大成寝殿（清雍正八年，1730年）

曲阜孔庙大成寝殿位于大成殿北侧，与大成殿同属1：2家族的不同类型。殿面阔五间，进深二间，副阶周匝，重檐歇山顶。寝殿台基通过甬路与大成殿台基共同形成“工”字形台基。

通过对《曲阜孔庙建筑》（1987）一书中的实测图进行几何作图，可得如下结论。

（1）总高（台基以上）：台基总宽≈1：2。

（2）总高：下檐额枋下皮以上高≈$\sqrt{2}$（图7–135）。

（3）总高：明间面阔≈3；

明间面阔：次间（梢间）面阔≈$\sqrt{2}$；

檐柱高（含平板枋）≈次间面阔；

一层平板枋上皮高：明间面阔≈1；

一层平板枋上皮高：次间面阔≈$\sqrt{2}$。

故如果不含台基，明间为横向的$\sqrt{2}$矩形构图，次间、梢间为正方形构图；如果包含台基，明间为正方形构图，次间、梢间为纵向的$\sqrt{2}$矩形构图——各间构图比例十分讲究（图7–136）。

综上可知：与大成殿一样，大成寝殿同样是从整体到局部综合运用$\sqrt{2}$和1：2构图比例的佳作。

5．山东泰山岱庙寝殿（清）

岱庙寝殿位于正殿天贶殿之后，面阔五间，进深二间，前出廊，单檐歇山顶。与曲阜孔庙类似，寝殿台基通过甬到与天贶殿台基连成“工”字形平面。

通过对陈从周《岱庙》（2005）一书中的实测图进行几何作图，可得如下结论：

总高（台基以上）：台基总宽≈1：2（图7–137）。

6．山西五台山罗　寺大雄宝殿（清）*

五台山罗睺寺大雄宝殿面阔三间，进深三间，单檐庑殿顶，前出抱厦三间，重檐卷棚硬山顶，形制独特。

通过对清华大学建筑学院的实测图（CAD文件）进行几何作图及实测数据分析，可得如下结论。

（1）总高（台基以上，9.17米）：台基总宽（18.07米）=0.507≈1：2（吻合度98.6%）。

（2）总高（台基以上，9.17米）：抱厦上檐口（取飞椽下皮，6.51米）=1.409≈$\sqrt{2}$（吻合度99.6%）。

（3）次间面阔（4.61米）：明间面阔（5.38米）=0.857=6：7≈$\sqrt{3}/2$（吻合度99%）（图7–138）。

7．北京颐和园排云门（清）*

颐和园排云门面阔五间，进深二间，单檐歇山顶。通过对《中国古建筑测绘大系·园林建筑：颐和园》（2015）一书中的实测图进行几何作图及实测数据分析，可得如下结论。

总高（台基以上，10.177米）：台基总宽（20.523米）=0.496≈1：2（吻合

度99.2%)(图7–139)。

以上7例中，太原晋祠圣母殿与曲阜孔庙大成寝殿外观接近，同时也体现出北宋建筑（因为具备生起、侧脚等细节）较之清代建筑更加细腻而富有韵味。

（三）C类：总高：通面阔=1：2

1．大同善化寺大雄宝殿（辽，约11世纪中期）*

分析见前文（图7–21）。

2．北京宣仁庙寝殿（清）

北京宣仁庙亦称风神庙，寝殿面阔五间，进深三间，单檐歇山顶。通过对《东华图志：北京东城史迹录》(2005）一书中的实测图进行几何作图，可得如下结论。

（1）总高：通面阔≈1：2。

（2）总高：明间面阔（等于甬道宽）≈2；

通面阔：明间面阔≈4（图7–140）。

整体高宽比为1：2，明间与总高之比为1：2，二者呈90°扭转的相似形，一如佛光寺东大殿的手法。

3．北京景山北上门（清）*

景山北上门位于紫禁城神武门与景山门之间，面阔五间，进深二间，单檐歇山顶，1950年代被拆除。通过对1940年代实测图进行几何作图及实测数据分析，可得如下结论。

（1）正立面/纵剖面：

总高（15.11米）：通面阔（30.5米）=0.495≈1：2（吻合度99.1%)。(图7–141）

（2）平面：

通面阔（30.5米）：通进深（12.52米）=2.436≈$1+\sqrt{2}$（吻合度99.1%)。

台基总宽（33.14米）：台基总深（16.8米）=1.973≈2（吻合度98.6%）——台基与正立面为相似形。

通进深（12.52米）：明间面阔（8.3米）=1.508≈3：2（吻合度99.5%)(图7–142)。

（3）横剖面：

木构架总高（12.36米）：通进深（12.52米）=0.987≈1（吻合度98.7%)。

通进深（12.52米）：檐柱高（6.33米）＝1.978≈2（吻合度98.9%）（图7–143）。

（四）D类：总高（台基以上）：通面阔＝1：2

1．山西芮城永乐宫三清殿（约蒙古中统三年，1262年）

永乐宫建筑群为元代建筑遗存的重要代表。三清殿为永乐宫主殿，殿内壁画为旷世杰作。殿面阔七间，进深四间，单檐庑殿顶，居于高大的台基以上。

通过对《中国古代建筑史》（第二版，1984）一书中的实测图进行几何作图，可得如下结论。

（1）总高（台基以上）：通面阔≈1：2。

（2）总高（台基以上）的二分之一位于檐口（取瓦当上皮）（图7–144）。

2．山西芮城永乐宫无极门（约蒙古中统三年，1262年）

无极门面阔五间，进深二间，单檐庑殿顶。通过对杜仙洲《永乐宫的建筑》（载于《文物》1963年第8期）一文中的实测图进行几何作图，可得如下结论：

总高（台基以上）：通面阔≈1：2（图7–145）。

3．山西洪洞广胜寺下寺大殿（元）*

山西洪洞广胜寺下寺大殿（后殿）面阔七间，进深三间，单檐悬山顶。通过对清华大学建筑学院的实测图（CAD文件）进行几何作图以及实测数据分析，可得如下结论。

（1）正立面：

总高（台基以上，13.903米）：通面阔（27.757米）＝0.501≈1：2（吻合度99.8%）；

总高（台基以上，13.903米）：檐口高（取瓦当下皮，6.986米）＝1.99≈2（吻合度99.5%）。

总高（台基以上，13.903米）：明间面阔（4.947米）＝2.81≈$2\sqrt{2}$（吻合度99.4%）（图7–146）。

（2）平面：

通面阔（27.757米）：通进深（15.416米）＝1.8＝9：5（图7–147）。

4．北京　亲王府正殿（清）

北京諴亲王府正殿（银安殿）面阔五间，进深四间，前出廊，单檐歇山顶。

通过对《东华图志：北京东城史迹录》（2005）一书中的实测图进行几何作图可得：

总高（台基以上）：通面阔≈1：2（图7–148）。

5．曲阜孔林享殿（清雍正十年，1732年）

曲阜孔林享殿面阔五间，进深二间，前出廊，单檐歇山顶。通过对《曲阜孔庙建筑》（1987）一书中的实测图进行几何作图可得：

总高（台基以上）：通面阔≈1：2（图7–149）。

以上5例中前二例、后二例外观均极为接近。

四、高宽比＝1：$\sqrt{2}$

高宽比等于1：$\sqrt{2}$的实例，以四川平武报恩寺大雄宝殿（A类）、北京智化寺智化门（C类）与湖北武当山紫霄宫大殿（D类）为典型代表，共计17例，是现存中国古建筑三至七开间单层建筑惯用的重要比例。

（一）A类：总高：台基总宽＝1：$\sqrt{2}$

1．山西高平开化寺大殿（北宋熙宁六年至绍圣三年，1073～1096年）*

分析见下文。

2．四川平武报恩寺大雄宝殿（明正统十一年，1446年）

平武报恩寺始建于明正统五年（1440年），十一年（1446年）建成，是明代龙州（平武）地方官王玺奏请朝廷为报答皇恩所建。由于当时王玺进京朝贡获准建寺时，正值紫禁城内一项大型工程竣工，因而得以招聘一批谙熟官式做法的匠师赴龙州兴建报恩寺。

大殿面阔三间，进深二间，周回廊，北侧出抱厦三间，重檐歇山顶。大殿两侧带斜廊，为明代宫殿、庙宇常用手法，实物已极为罕见。殿内天花以下用抬梁式结构，天花以上则用穿斗式结构，为四川地区常见的设计手法。

通过对《中国古代建筑史》（第四卷：元、明建筑，2009年第二版）一书中的实测图进行几何作图，可得如下结论。

（1）总高：台基总宽≈$\sqrt{2}$；总高的二分之一位于下檐博脊上皮。

（2）总高：明间面阔≈2$\sqrt{2}$；故台基总宽：明间面阔≈4（图7–150）。

3．曲阜颜庙复圣门（明）

复圣门为颜庙大门，面阔三间，进深二间，单檐歇山顶。通过对《曲阜孔庙建筑》（1987）一书中的实测图进行几何作图，可得如下结论。

（1）总高：台基总宽≈1：$\sqrt{2}$。

（2）明间面阔≈檐口（取瓦当下皮）至台明距离（图7–151）。

4．北京紫禁城钦安殿（明嘉靖十四年，1535年）[*]

钦安殿位于紫禁城中轴线北端，为供奉真武大帝的道教建筑。殿面阔五间，重檐盝顶；前出抱厦五间，单檐卷棚歇山顶，整体造型极为独特。

通过对1940年代实测图进行几何作图及实测数据分析，可得如下结论。

（1）正立面/纵剖面：

通高（地面至宝顶上皮，16.82米）：台基总宽（取栏杆中线，24.25米）＝0.694≈7：10（吻合度99.1%，即“方七斜十”）；0.694≈1：$\sqrt{2}$（吻合度98.1%）。

通高的七分之三约在下檐口，七分之四约在上檐平板枋上皮——通高（地面至宝顶上皮，16.82米）：上檐平板枋上皮高（9.62米）＝1.748≈7：4（吻合度99.9%）；通高（地面至宝顶上皮，16.82米）：下檐口高（取挑檐桁下皮，7.14米）＝2.356≈7：3（吻合度99%）（图7–152）。

总高（13.62米）：上檐平板枋上皮高（9.62米）＝1.416≈$\sqrt{2}$（吻合度99.9%）。

上檐通面阔：上檐平板枋上皮高≈$2\sqrt{2}-1$（图7–153、图7–154）。

总高（台基以上，11.74米）：明间面阔（4.7米）＝2.498≈2.5（吻合度99.9%）。

（2）平面：

通面阔（20.95米）：通进深（不含抱厦，10.56米）＝1.984≈2（吻合度99.2%）。

次间面阔（平均值4.125米）：明间面阔（4.7米）＝0.878≈7：8（吻合度99.7%）：0.878≈$\sqrt{3}/2$（吻合度98.6%）（图7–155）。

5．北京颐和园排云殿（清）[*]

北京颐和园排云殿为万寿山南坡建筑群主殿，面阔五间，进深三间，周回廊，重檐歇山顶。通过对《中国古建筑测绘大系·园林建筑：颐和园》（2015）一书中的实测图进行几何作图及实测数据分析，可得如下结论。

（1）总高（18.613米）：台基总宽（26.331米）=0.707≈1：$\sqrt{2}$（吻合度接近100%）；总高约等于歇山顶上部总宽。

（2）明间面阔≈檐柱高（图7-156）。

（3）总高（台基以上，16.773米）：明间面阔（4.82米）=3.48≈3.5（吻合度99.4%）。

（4）总高（18.613米）：上层檐口以上高（取飞椽下皮，7.668米）=2.427≈1+$\sqrt{2}$（吻合度99.5%），即上层檐口以上高与上层檐口以下高之比为1：$\sqrt{2}$（图7-157）。

综上可知，排云殿是从整体到局部综合运用$\sqrt{2}$构图比例的佳作。

6．北京报国寺天王殿（清）

北京报国寺天王殿面阔三间，进深二间，单檐悬山顶。通过对《宣南鸿雪图志》（1997）一书中的实测图进行几何作图，可得如下结论。

（1）总高：台基总宽≈1：$\sqrt{2}$。

（2）总高（台基以上）：明间面阔≈2；总高（台基以上）的二分之一位于檐口（取飞椽下皮）。（图7-158）

报国寺天王殿正立面高宽比（1：$\sqrt{2}$）为大雄宝殿（1：2$\sqrt{2}$，见前文）的2倍。

7．北京宣仁庙享殿（清）

北京宣仁庙（即风神庙）享殿面阔三间，进深三间，单檐歇山顶。通过对《东华图志：北京东城史迹录》（2005）一书中的实测图进行几何作图，可得如下结论。

（1）总高：台基总宽≈1：$\sqrt{2}$。

（2）明间面阔≈额枋下皮距地面距离。（图7-159）

8．北京显忠祠前殿（清）

北京显忠祠前殿面阔三间，进深三间，前出廊，单檐硬山顶。通过对《东华图志：北京东城史迹录》（2005）一书中的实测图进行几何作图，可得如下结论。

（1）总高：台基总宽≈1：$\sqrt{2}$。

（2）台基总宽：明间面阔≈3；

明间面阔≈檐口（取瓦当上皮）至台明距离（图7-160）。

9．山西五台山塔院寺天王殿（清）[*]

五台山塔院寺天王殿面阔三间，进深三间，单檐歇山顶。通过对清华大学建筑学院的实测图（CAD文件）进行几何作图以及实测数据分析，可得如下结论。

（1）总高（9.733米）：台基总宽（13.859米）=0.702≈1：$\sqrt{2}$（吻合度99.3%）。

（2）明间面阔（4.301米）：檐口至台明距离（取飞椽上皮，4.352米）=0.988≈1（吻合度98.8%）（图7–161）。

10．曲阜孔庙启圣寝殿（清雍正七年，1729年）

曲阜孔庙启圣寝殿面阔三间，进深三间，单檐歇山顶。通过对《曲阜孔庙建筑》（1987）一书中的实测图进行几何作图，可得如下结论。

（1）正立面：

总高：台基总宽≈1：$\sqrt{2}$；

檐口（取飞椽下皮）至台明距离≈明间面阔（图7–162）。

（2）平面：

通面阔：通进深≈$\sqrt{2}$（图7–163）。

以上10例中，平武报恩寺大殿与颐和园排云殿均为歇山重檐殿宇且构图接近，钦安殿构图独特，报国寺天王殿与显忠祠前殿外观近似，其余诸例构图皆颇相近。

（二）C类：总高：通面阔=1：$\sqrt{2}$

1．山西高平崇明寺大殿（北宋开宝四年，971年）*

高平崇明寺大殿面阔三间，进深二间，单檐歇山顶，斗栱雄大（柱头铺作用双杪双下昂），出檐深远。通过对清华大学建筑学院2017年的实测图进行几何作图及实测数据分析，可得如下结论。

（1）总高（8.747米）：通面阔（12.127米）= 0.721≈5：7（吻合度99.1%）；0.721≈1：$\sqrt{2}$（吻合度98%）。（图7–164）

（2）总高（台基以上，8.272米）：台基总宽（16.865米）=0.49≈1：2（吻合度98%）。

总高（台基以上，8.272米）：平柱高（2.93米）=2.823≈2$\sqrt{2}$（吻合度99.8%）；

檐口高（取飞椽上皮，4.187米）：平柱高（2.93米）=1.429≈$\sqrt{2}$（吻合度98.9%）；

总高（台基以上，8.272米）：檐口高（4.187米）=1.976≈2（吻合度98.8%）（图7–165）。

（3）通进深（7.535米）：总高（8.747米）=0.861≈$\sqrt{3}/2$（吻合度99.5%）

（图7–166）。

（4）木构架总高（7.307米）：通面阔（12.127米）＝0.603≈3：5（吻合度99.6%）。

2．北京智化寺智化门（明正统九年，1444年）

智化门面阔三间，进深二间，单檐歇山顶。

通过对《东华图志：北京东城史迹录》（2005）一书中的实测图进行几何作图，可得如下结论。

（1）总高：通面阔≈1：$\sqrt{2}$。

（2）明间面阔：次间面阔≈$\sqrt{2}$；

总高：明间面阔≈（$\sqrt{2}$＋1）：$\sqrt{2}$（图7–167）。

智化门立面设计的构图类似前文讨论的西汉长安未央宫总平面的构图——在本书所讨论的众多三开间建筑中，北京智化门是运用$\sqrt{2}$构图比例最完美的实例之一。

3．曲阜孔庙毓粹门（元或明初）

曲阜孔庙毓粹门面阔三间，进深二间，单檐悬山顶。通过对《曲阜孔庙建筑》（1987）一书中的实测图进行几何作图，可得：

总高：通面阔≈1：$\sqrt{2}$（图7–168）。

4．曲阜颜庙克己门（明）

颜庙克己门为归仁门左右掖门之一，面阔三间，进深二间，单檐悬山顶。通过对《曲阜孔庙建筑》（1987）一书中的实测图进行几何作图，可得如下结论。

（1）总高：通面阔≈1：$\sqrt{2}$。

（2）明间面阔≈檐柱头（即平板枋下皮）至地面距离（图7–169）。

5．山西陵川崇安寺大雄宝殿（清）

山西陵川崇安寺大雄宝殿面阔五间，进深三间，前出廊，单檐悬山顶。通过对《中国古建筑测绘十年：2000～2010清华大学建筑学院测绘图集》（下册，2011）一书中的实测图进行几何作图，可得如下结论。

（1）总高：通面阔≈1：$\sqrt{2}$。

（2）各间面阔：檐柱高（含平板枋）≈1：$\sqrt{2}$。

此殿特殊之处在于各开间面阔相等，且均为竖向的$\sqrt{2}$矩形，颇为罕见（图7–170）。

以上5例以北京智化寺智化门构图最完美，曲阜二门殿外观接近，陵川崇安寺大殿开间比例构图特殊。

（三）D类：总高（台基以上）：通面阔＝1：$\sqrt{2}$

1．湖北武当山紫霄宫大殿（明永乐十年，1412年）*

武当山紫霄宫大殿为武当山建筑群中保存完整的规模最大的木结构殿宇。大殿面阔五间，进深五间，重檐歇山顶，立于极其高大的台基之上。

通过对《武当山紫霄大殿维修工程与科研报告》（2009）一书中的实测图进行几何作图以及实测数据分析，可得如下结论。

（1）正立面：

总高（台基以上，18.34米）：通面阔（26.27米）＝0.7＝7：10≈1：$\sqrt{2}$（吻合度99%，即“方七斜十”）；

总高（台基以上）：下檐柱头（即平板枋下皮）以上高≈$\sqrt{2}$（图7-171）。

（2）平面：

通面阔（26.27米）：通进深（18.38米）＝1.429＝10：7≈$\sqrt{2}$（吻合度99%，即“方七斜十”）。

明间面阔（8.37米）：山面明间进深（5.94米）＝1.409≈$\sqrt{2}$（吻合度99.6%）（图7-172）。

（3）横剖面：

总高（台基以上，18.34米）：通进深（18.38米）＝0.998≈1（吻合度99.8%）。

综上可知：紫霄宫大殿是从整体到局部综合运用$\sqrt{2}$比例的杰作。

2．北京宣仁庙献殿（清）

宣仁庙（即风神庙）献殿面阔三间，进深二间，单檐歇山顶。通过对《东华图志：北京东城史迹录》（2005）一书中的实测图进行几何作图，可得如下结论。

（1）总高（台基以上）：通面阔≈1：$\sqrt{2}$。

（2）明间面阔≈额枋下皮至台明距离（图7-173）。

五、高宽比＝$\sqrt{3}$：2

高宽比等于$\sqrt{3}$：2的实例，以山西高平西里门二仙庙大殿（A类）、北京国子监辟雍（B类）、北京北海小西天极乐世界大殿（C类）、平遥镇国寺万佛殿（D类）为典型代表，共计11例，是现存中国古建筑三至五开间单层建筑较常用的比例之一。

（一）A类：总高：台基总宽＝$\sqrt{3}$ ：2

1．山西高平西里门二仙庙大殿（金正隆二年，1157年）*

山西高平西里门二仙庙大殿面阔三间，进深三间（含前廊），单檐歇山顶。通过对清华大学建筑学院的实测图进行几何作图及实测数据分析，可得如下结论。

（1）总高（11.419米）：台基总宽（13.215米）＝0.864≈$\sqrt{3}/2$（吻合度99.8%）。

（2）总高（11.419米）：明间面阔（4.101米）＝2.784≈14：5（吻合度99.4%）；2.784≈$2\sqrt{2}$（吻合度98.4%）。

（3）总高（台基以上，10.249米）：通面阔（10.064米）＝1.018≈1（吻合度98.2%）（图7–174）。

2．山西高平炎帝中庙元祖殿（清）*

山西高平炎帝中庙大殿（元祖殿）面阔三间，进深二间，出前廊，单檐悬山顶。通过对清华大学建筑学院的实测图（CAD文件）进行几何作图及实测数据分析，可得如下结论。

（1）总高（9.713米）：台基总宽（11.295米）＝0.86≈$\sqrt{3}/2$（吻合度99.3%）。

（2）总高（9.713米）：通面阔（9.813米）＝0.99≈1（吻合度99%）。

（3）明间面阔（等于次间面阔，3.271米）：檐柱高（3.311米）＝0.988≈1（吻合度98.8%）（图7–175）。

（二）B类：总高（台基以上）：台基总宽＝$\sqrt{3}$：2

1．北京国子监辟雍（清乾隆四十九年，1784年）

国子监辟雍面阔三间，进深三间，四周两圈回廊，重檐攒尖顶。通过对北京市古代建筑研究所《坛庙》（2014）及《东华图志：北京东城史迹录》（2005）中的实测图进行几何作图，可得如下结论。

（1）正立面：

总高（台基以上）：台基总宽≈6：7≈$\sqrt{3}/2$。

一层檐口（取瓦当上皮）以上高：总高（台基以上）≈1：$\sqrt{2}$（图7–176）。

（2）平面：

内圈柱（檐柱）通面阔：外廊柱通面阔≈1：$\sqrt{2}$；

台基边长：大平台边长≈1：$\sqrt{2}$（图7–177）。

2．北京紫禁城交泰殿（清嘉庆三年，1798年）

交泰殿始建于明嘉靖年间，万历二十四年（1596年）毁于火，二十六年（1598年）重建。清顺治十二年（1655年）、康熙八年（1669年）重修。嘉庆二年（1797年）再毁于火，次年重建。方三间，单檐攒尖顶，为中和殿的具体而微者。

通过对1940年代实测图进行几何作图及实测数据分析，可得如下结论。

（1）总高（台基以上）：台基总宽≈$\sqrt{3}/2$。

（2）明间面阔：总高（台基以上）≈$\sqrt{3}/4$。

（3）明间面阔（7.15米）：次间面阔（4.49米）＝1.592≈8：5（吻合度99.5%）（图7–178）。

（三）C类：总高：通面阔＝$\sqrt{3}$：2

1．江苏扬州西方寺大殿（明）

扬州西方寺大殿面阔三间，进深三间，周回廊，重檐歇山顶。

通过对《扬州西方寺明代大殿的地方做法》（1996）一文中的实测图进行几何作图及实测数据分析，可得如下结论。

（1）总高：通面阔≈$\sqrt{3}/2$；总高的二分之一位于上檐柱头。

（2）明间面阔（5.75米）：次间面阔（3.36米）＝1.711≈（$\sqrt{2}$＋1）/$\sqrt{2}$（吻合度99.8%）（图7–179）。

2．北京北海小西天极乐世界大殿（清）

北海小西天极乐世界大殿方七间，周回廊，重檐攒尖顶。通过对《中国古建筑测绘大系・园林建筑：北海》（2015）一书中的实测图进行几何作图，可得如下结论。

（1）总高：通面阔（不含副阶）≈$\sqrt{3}/2$。

（3）总高：首层檐口高（取瓦当上皮）≈$\sqrt{2}$（图7–180）。

3．山西五台山龙泉寺地藏殿（清）

五台山龙泉寺地藏殿面阔三间，进深三间，周回廊，单檐歇山顶。

通过对《中国古建筑测绘十年：2000～2010清华大学建筑学院测绘图集》（上

册，2011）一书中的实测图进行几何作图，可得如下结论。

（1）总高：通面阔≈6：7≈$\sqrt{3}/2$。

（2）檐柱高（含平板枋）：明间面阔≈$\sqrt{2}$（图7–181）。

（四）D类：总高（台基以上）：通面阔=$\sqrt{3}$：2

1．山西平遥镇国寺万佛殿（北汉天会七年即北宋乾德元年，963年）

平遥镇国寺万佛殿面阔三间，进深三间，单檐歇山顶。

通过对《山西平遥镇国寺万佛殿与天王殿精细测绘报告》（2013）一书中的实测图进行几何作图，可得如下结论。

（1）总高（台基以上）：通面阔≈6：7≈$\sqrt{3}/2$；总高（台基以上）的二分之一位于檐口（取瓦当下皮）。

（2）总高：台基总宽≈2：3（图7–182）。

2．山西高平开化寺大殿（北宋熙宁六年至绍圣三年，1073～1096年）*

山西高平开化寺大殿面阔三间，进深三间，单檐歇山顶。通过对清华大学建筑学院的实测图进行几何作图及实测数据分析，可得如下结论。

（1）总高（台基以上，9.926米）：通面阔（11.688米）=0.849≈6：7（吻合度99.1%）；0.849≈$\sqrt{3}/2$（吻合度98.1%）。

平柱高（含普拍枋，3.606米）：明间面阔（4.291米）=0.84≈6：7（吻合度98%）——明间与整体呈相似形。

总高（台基以上，9.926米）：明间面阔（4.291米）=2.313≈4：$\sqrt{3}$（吻合度99.8%）（图7–183）。

（2）总高（11.176米）：台基总宽（15.509米）=0.721≈5：7（吻合度99.1%）；0.721≈1：$\sqrt{2}$（吻合度98%）（图7–184）。

（3）通面阔（11.688米）：通进深（11.6米）=1.008≈1（吻合度99.2%）。

3．河南登封少林寺初祖庵大殿（北宋宣和七年，1125年）

少林寺初祖庵大殿面阔三间，进深三间，单檐歇山顶。

通过对《中国古代建筑史·第三卷：宋、辽、金、西夏建筑》（第二版，2009）一书中的实测图进行几何作图，以及对《中国古代城市规划、建筑群布局及建筑设计方法研究》（2008）一书中的实测数据分析，可得如下结论。

（1）总高（台基以上）：通面阔≈6：7≈$\sqrt{3}/2$。

（2）平柱高（3.53米）：明间面阔（4.12米）＝0.857＝6：7≈$\sqrt{3}/2$（吻合度99%）。

明间与正立面呈相似形，构图十分和谐（图7–185）。

4．北京凝和庙享殿（清）

凝和庙（即云神庙）享殿面阔三间，进深三间，单檐歇山顶。通过对《东华图志：北京东城史迹录》（2005）一书中的实测图进行几何作图，可得如下结论。

（1）总高（台基以上）：通面阔≈6：7≈$\sqrt{3}/2$；总高（台基以上）的二分之一位于檐口（取瓦当下皮）。

（2）总高：明间面阔≈2.5。

（3）明间面阔≈檐柱高（含平板枋）——明间采取正方形构图（图7–186）。

以上11例中，平遥镇国寺大殿、高平开化寺大殿、少林寺初祖庵大殿、高平西里门二仙庙大殿和北京凝和庙享殿一五代、二北宋、一金代、一清代，外观比例却极接近，唯清代建筑之神韵比之五代、北宋（金）诸例要逊色一些，一如前文所述曲阜孔庙大成寝殿之于太原晋祠圣母殿；而紫禁城交泰殿、北海小西天极乐世界和国子监辟雍均为攒尖顶建筑，采取了类似的构图比例。

六、其他高宽比

除了以上五种最常见的高宽比之外，还有另一些使用方圆作图比例的高宽比类型，如1：1、1：（$2\sqrt{2}-1$）、1：（$\sqrt{2}+1$）、$\sqrt{2}$：（$\sqrt{2}+1$）、1：$\sqrt{3}$、1：$2\sqrt{3}$等，此外还有9：10、10：9等特殊高宽比类型。

（一）高宽比＝1：1

1．山西高平游仙寺毗卢殿（北宋）*

山西高平游仙寺毗卢殿面阔三间，进深三间，单檐歇山顶。通过对清华大学建筑学院的实测图进行几何作图及实测数据分析，可得如下结论。

（1）总高（10.259米）：通面阔（10.183米）＝1.007≈1（吻合度99.3%，C类）；总高（10.259米）：檐口离地面高（5.152米）＝1.991≈2（吻合度99.5%）。

（2）通面阔（10.183米）：通进深（10.215米）＝0.997≈1（吻合度99.7%）——可知此殿总高、通面阔与通进深基本相等。

（3）总高（台基以上，9.486米）：平柱高（3.365米）＝2.819≈$2\sqrt{2}$（吻合度99.7%）。（图7–187）

2．承德普乐寺旭光阁（清）

承德普乐寺旭光阁名虽称阁，实为重檐攒尖顶圆殿，形制特殊。通过对《承德古建筑——避暑山庄和外八庙》（1982）中的实测图进行几何作图，可得如下结论：

总高：台基总宽（约等于下檐宽）≈1（A类）（图7–188）。

3．承德普陀宗乘之庙万法归一殿（清）

普陀宗乘之庙万法归一殿方五间，周回廊，重檐攒尖顶，覆以鎏金铜瓦，金碧辉煌。

通过对《承德古建筑——避暑山庄和外八庙》（1982）中的实测图进行几何作图，可得如下结论。

（1）正立面：

总高：台基总宽≈1（A类）。

总高：一层平板枋上皮以上高≈$\sqrt{2}$。

总高的二分之一位于上层檐口（取瓦当上皮）（图7–189）。

（2）平面：

通面阔：中央三间面阔≈2（图7–190）。

4．北京北海团城承光殿（清）

北海团城承光殿方三间，重檐歇山顶，四面各出单檐卷棚歇山顶抱厦一间。通过对《中国古建筑测绘大系·园林建筑：北海》（2015）一书中的实测图进行几何作图，可得如下结论。

（1）总高：台基总宽（不含抱厦台基）≈1（A类）。

（2）总高：台基总宽（含抱厦台阶）≈1：（$2\sqrt{2}$–1）（图7–191）。

以上4例高宽比为1的建筑均为中心对称之平面布局，再采取高宽比为1的立、剖面构图，即形成高度对称、完美的造型与空间比例。

（二）高宽比＝1：（$2\sqrt{2}$–1）

1．天津蓟县独乐寺山门（辽统和二年，984年）*

独乐寺山门面阔三间，进深二间（四架椽），单檐庑殿顶。进深方向为版门、隔墙一分为二，形成门内、门外，明间内外皆为门道，门外东、西次间各设金刚像一尊，威武雄强。山门不仅建筑为辽代木构，且两尊金刚像亦为辽代塑像，为同时期寺庙山门中之罕贵孤例。

通过对丁垚《蓟县独乐寺山门》（2016）、陈明达《蓟县独乐寺》（2007）二书中的实测图进行几何作图以及实测数据分析，[1]可得如下结论。

（1）正立面/纵剖面：

总高（10.31米）：台基总宽（平均值19.119米）＝0.539≈1：$(2\sqrt{2}-1)$（吻合度98.5%，A类）。

明间面阔（柱头尺寸平均值6.074米）：平柱高（中央六柱平均值4.329米）＝1.403≈7：5（吻合度99.8%）；1.403≈$\sqrt{2}$（吻合度99.2%）。

总高（10.31米）：明间面阔（柱头尺寸平均值6.074米）＝1.697≈1＋1/$\sqrt{2}$（吻合度99.4%）。（图7–192、图7–193）

（2）平面：

通进深（柱头尺寸平均值8.668米）：明间面阔（柱头尺寸平均值6.074米）＝1.427≈$\sqrt{2}$（吻合度99.1%）——可知独乐寺山门明间门道为$\sqrt{2}$矩形，又被大门分为两个小$\sqrt{2}$矩形（此为$\sqrt{2}$矩形之特性，二等分之后变为两个旋转90°的小$\sqrt{2}$矩形）。

通进深（柱头尺寸平均值8.668米）：次间面阔（柱头尺寸平均值5.096米）＝1.701≈1＋1/$\sqrt{2}$（吻合度99.6%）——通进深与次间面阔之比例和总高与明间面阔之比例相同。

台基面阔（平均值19.119米）：进深（平均值13.241米）＝1.444≈$\sqrt{2}$（吻合度97.9%）。（图7–194）

（3）横剖面：

通进深（柱头尺寸平均值8.668米）：木构架总高（平均值8.478米）＝1.022≈1（吻合度97.8%）。

平柱高（中央六柱平均值4.329米）：山面间广（柱头尺寸平均值4.334米）＝0.999≈1（吻合度99.9%）。

以上两点结论此前陈明达、王贵祥均已指出。

（4）纵剖面与金刚像：

金刚像高（二像之平均值5.035米）：总高（台基以上，9.91米）＝0.508≈1：2（吻合度98.4%）。

1. 丁垚《蓟县独乐寺山门》（2016）一书中的实测图及实测数据皆为天津大学建筑学院运用三维激光扫描仪结合手工测绘所得，是目前已发表的独乐寺山门实测图及数据中最为精确的成果。以陈明达《蓟县独乐寺》（2007）或杨新编著《蓟县独乐寺》（2007）二书中的相应数据加以校核，下文所有分析结论均维持不变，限于篇幅，本书不再逐一校核验算。由于《蓟县独乐寺山门》（2016）一书中没有发表山门正立面图，故下文正立面分析图底图仍然引用陈明达《蓟县独乐寺》（2007）中天津大学建筑系1990年代测图。

平柱高（中央六柱平均值4.329米）：金刚像高（平均值5.035米）=0.86≈$\sqrt{3}/2$（吻合度99.3%）（图7–195）。

综上可知，独乐寺山门是在平、立、剖面中综合运用$\sqrt{2}$、（$2\sqrt{2}-1$）：1、（$1+1/\sqrt{2}$）：1等构图比例的杰作，同时令建筑总高（台基以上部分）为金刚像高之2倍，令平柱高与像高呈$\sqrt{3}/2$（接近6：7）比例，使像与门之间获得了良好的比例关系。

2．太原晋祠献殿（金大定八年，1168年）

太原晋祠献殿面阔三间，进深三间，单檐歇山顶。

通过对《中国古代建筑史》（第三卷：宋、辽、金、西夏建筑，2009年第二版）一书中的实测图进行几何作图，可得如下结论。

（1）总高（台基以上）：台基总宽≈$2\sqrt{2}-1$（B类）。

（2）明间面阔≈檐口（取瓦当上皮）至台明距离（图7–196）。

3．五台山罗　寺天王殿（清）[*]

五台山罗睺寺天王殿面阔三间，进深二间，单檐歇山顶。通过对清华大学建筑学院的实测图（CAD文件）进行几何作图及实测数据分析，可得如下结论。

（1）总高（台基以上,7.68米）:台基总宽（14.08米）=0.545≈1:（$2\sqrt{2}-1$）（B类，吻合度99.6%）。

（2）明间面阔（4.3米）:檐口至台明距离（取飞椽上皮,4.28米）=1.005≈1（吻合度99.5%）（图7–197）。

罗睺寺天王殿与晋祠献殿构图手法极其相似。

4．北京景山山右里门（清）[*]

山右里门即景山西门，面阔三间，进深二间，单檐歇山顶。通过对1940年代实测图进行几何作图及实测数据分析，可得如下结论。

（1）正立面/纵剖面:

总高（台基以上，8.96米）：通面阔（16.44米）=0.545≈1:（$2\sqrt{2}-1$）（吻合度99.6%，D类）。

明间面阔（6.8米）：次间面阔（4.82米）=1.411≈$\sqrt{2}$（吻合度99.8%）。

次间面阔（4.82米）：檐柱高（4.96）=0.972≈1（吻合度97.2%）（图7–198）。

（2）平面:

台基总宽（20.04米）：台基总深（10.94米）=1.832≈$2\sqrt{2}-1$（吻合度

99.8%）——与正立面为相似形构图（图7–199）。

（三）高宽比$=\sqrt{2}:(\sqrt{2}+1)$

1．正定隆兴寺摩尼殿（北宋皇　四年，1052年）

正定隆兴寺摩尼殿形制独特，主体部分面阔五间，进深三间，副阶周匝，四面各出抱厦一座，其中南面抱厦面阔三间，其余抱厦面阔各一间。主体部分用重檐歇山顶，抱厦用单檐歇山顶并以山面作为正面，形成极其丰富的屋顶轮廓，一如宋画中常见之造型。

据《正定隆兴寺》（2000）一书实测数据：

台基总宽（含东西抱厦台基）45.72米，取北宋1丈＝3.05米，合15丈。

主体部分通面阔33.29米，合10.91丈，约10.9丈；通进深27.12米，合8.89丈，约8.9丈；木构架总高（含柱础）16.18米，合5.3丈。

南面抱厦通面阔9.29米，合3.046丈，约3丈，进深6.17米，合2.023丈，约2丈。

通过对《正定隆兴寺》（2000）中的实测图进行几何作图及实测数据分析，可得如下结论。

（1）正立面：

总高：通面阔（不含抱厦，共计七间）≈7：12≈$\sqrt{2}:(\sqrt{2}+1)$（C类）。

总高：一层普拍枋以上高≈7：5≈$\sqrt{2}$。

台基总宽（15丈）：南面抱厦通面阔（3丈）＝5（图7–200）。

（2）平面：

主体部分通面阔（33.29米）＝主体部分通进深＋南抱厦进深（27.12＋6.17＝33.29米）。

中央三间面阔15.65米，第二、三进进深之和为9.48＋4.46＝13.94米，二者形成的空间为主要礼佛空间。第二、三进进深（13.94米）：中央三间面阔（15.65米）＝0.89≈$\sqrt{3}/2$（吻合度97.3%）——主要礼佛视线良好（图7–201）。

综上可知：正定隆兴寺摩尼殿同样是综合运用$\sqrt{2}$和$\sqrt{3}/2$构图比例的杰作。

2．大同善化寺三圣殿（金）

大同善化寺三圣殿面阔五间，进深四间，单檐庑殿顶。殿内通过减柱法，使得“三圣”塑像和前面的礼佛之处获得无柱大空间。

通过对梁思成、刘敦桢《大同古建筑调查报告》（《中国营造学社汇刊》第四卷第三期，1934）一文中的实测图进行几何作图以及实测数据分析，可得如下结论。

（1）正立面：

总高：通面阔≈$\sqrt{2}$：（$\sqrt{2}$+1）（C类）。

平柱高（含普拍枋）：明间面阔≈6：7≈$\sqrt{3}/2$（图7–202）。

（2）平面：

通面阔（32.68米）：通进深（19.3米）=1.693≈（$\sqrt{2}$+1）/$\sqrt{2}$（吻合度99.2%）——平面与立面为相似形（图7–203）。

（3）塑像：

总高：主佛像高（头顶至室内地面距离）≈2（图7–204）。

3．河北易县清西陵昌陵隆恩殿（清）[*]

河北易县清西陵昌陵隆恩殿面阔五间，进深三间，重檐歇山顶。通过对清华大学建筑学院的实测图（CAD文件）进行几何作图以及实测数据分析，可得如下结论。

（1）总高（19.85米）：台基总宽（33.916米）=0.585≈$\sqrt{2}$：（$\sqrt{2}$+1）（吻合度99.9%，A类）。

（2）总高（19.85米）：月台总宽（19.652米）=1.01≈1（吻合度99%）。

（3）总高（19.85米）：小额枋下皮以上高（14.095米）=1.408≈$\sqrt{2}$（吻合度99.6%）。

（4）明间面阔（7.87米）：次间面阔（5.59米）=1.408≈$\sqrt{2}$（吻合度99.6%）。

次间面阔（5.59米）：檐柱高（5.575米）=1.003≈1（吻合度99.7%）。

二层檐口高（取飞椽下皮，11.17米）：明间面阔（7.87米）=1.419≈$\sqrt{2}$（吻合度99.6%）（图7–205、图7–206）。

相比于明长陵祾恩殿1：2$\sqrt{2}$（7：20）的宽阔舒展，清代隆恩殿$\sqrt{2}$：（$\sqrt{2}$+1）（即7：12）的比例显得狭窄得多。

（四）高宽比=1：（$\sqrt{2}$+1）

曲阜孔庙大成门（清雍正七年，1729年）

孔庙大成门面阔五间，进深二间，单檐歇山顶。通过对《曲阜孔庙建筑》

（1987）一书中的实测图进行几何作图，及对梁思成《曲阜孔庙之建筑及其修葺计划》（载于《中国营造学社汇刊》第六卷第一期，1935）的实测数据分析，可得如下结论：

（1）总高（台基以上）：台基总宽≈1：($\sqrt{2}+1$)（B类）。

（2）总高（台基以上）：明间面阔≈2；

总高（台基以上）的二分之一位于檐口（取瓦当上皮）。

（3）次间面阔（平均值5.08米）：明间面阔（5.76米）=0.88≈$\sqrt{3}/2$（吻合度98.4%）；梢间面阔（4.38米）：次间面阔（平均值5.08米）=0.862≈$\sqrt{3}/2$（吻合度99.6%）——故明间、次间、梢间面阔为等比数列，手法接近大同善化寺大雄宝殿（图7–207）。

（五）高宽比=1：$\sqrt{3}$

1．大同下华严寺薄伽教藏殿（辽重熙七年，1038年）

分析见前文（图7–75）。

2．山西太原晋祠圣母殿（北宋）

分析见前文（图7–129）。

3．陕西韩城禹王殿（元）

陕西韩城禹王殿面阔三间，进深四间，后檐面阔五间，单檐悬山顶。殿内无柱，柱网布置颇不规则，正面阑额、内部四椽栿皆以不规则的自然木材当之。即便如此，其正立面依旧比例严谨。

通过对《中国古代建筑史》（第四卷：元、明建筑，第二版，2009）一书中的实测图进行几何作图，可得如下结论。

（1）总高（台基以上）：通面阔≈1：$\sqrt{3}$（D类）。

（2）总高（台基以上）的二分之一位于檐口（取瓦当上皮）（图7–208）。

4．北京智化寺智化殿（明正统九年，1444年）

智化寺为北京最完整的明代建筑群之一。正殿智化殿面阔三间，进深三间，单檐歇山顶；后出抱厦一间，卷棚悬山顶。

通过对《东华图志：北京东城史迹录》（2005）一书中的实测图进行几何作图，可得如下结论。

（1）总高：台基总宽≈1：$\sqrt{3}$（A类）。

（2）明间面阔∶檐柱高（含平板枋）≈$\sqrt{2}$。

（3）总高的二分之一位于檐口（取飞椽下皮）（图7–209）。

5．河北承德溥仁寺慈云普荫殿（清）

承德溥仁寺为外八庙之一，正殿慈云普荫殿面阔五间、进深三间，周回廊，单檐歇山顶。

通过对《承德古建筑——避暑山庄和外八庙》（1982）中的实测图进行几何作图，可得如下结论。

（1）立面：

总高∶台基总宽≈4∶7≈1∶$\sqrt{3}$（A类）；

总高的二分之一位于檐口（取飞椽上皮）；

檐柱高∶明间面阔≈$\sqrt{2}$（图7–210）。

（2）平面：

台基面阔∶台基进深≈$\sqrt{2}$（图7–211）。

6．北京雍和宫雍和门（清）

北京雍和宫雍和门原为雍亲王府大门，后改建为佛寺山门。面阔五间，进深三间，单檐歇山顶。通过对《东华图志：北京东城史迹录》（2005）一书中的实测图进行几何作图，可得如下结论。

（1）总高∶通面阔≈4∶7≈1∶$\sqrt{3}$（C类）。

（2）总高的二分之一位于平板枋上皮；明间面阔≈额枋下皮高（图7–212）。

（六）高宽比＝1∶$2\sqrt{3}$

以北京先农坛太岁殿拜殿（C类）与北京太庙中（后）殿（D类）为典型代表，是现存中国古建筑七至九开间大殿最为横长的比例。

1．北京先农坛太岁殿拜殿［明嘉靖十一年（1532年）之前］

北京先农坛太岁殿拜殿面阔七间，进深三间，单檐悬山顶。通过对《宣南鸿雪图志》（1997）一书中的实测图进行几何作图，可得：

总高∶通面阔≈1∶$2\sqrt{3}$（C类）（图7–213）。

2．北京太庙中殿（明嘉靖二十四年，1545年）[*]

北京太庙中殿面阔九间，进深四间，单檐庑殿顶。通过对1940年代实测图进行几何作图以及实测数据分析，可得如下结论。

（1）总高（台基以上，17.15米）：通面阔（60.76米）＝0.282≈1：$2\sqrt{3}$（吻合度97.8%，D类）。

（2）总高（台基以上，17.15米）：明间面阔（9.45米）＝1.815≈$2\sqrt{2}-1$（吻合度99.3%）。

（3）明间面阔（9.45米）：檐柱高（含平板枋，6.73米）＝1.404≈$\sqrt{2}$（吻合度99.3%）；檐柱高（不含平板枋）≈次间面阔。

（4）取1丈＝3.187米，明间面阔9.45米，约3丈（吻合度98.8%），其余各间平均面阔6.414米，约2丈（吻合度99.4%），与太庙享殿、戟门相同（图7–214、图7–215）。

3．北京太庙后殿（明）*

北京太庙后殿与中殿形制接近，面阔九间，进深四间，单檐庑殿顶。通过对1940年代实测图进行几何作图以及实测数据分析，可得如下结论。

（1）总高（台基以上，17.2米）：通面阔（60.56米）＝0.284≈1：$2\sqrt{3}$（吻合度98.4%，D类）。

（2）总高（台基以上，17.2米）：明间面阔（9.4米）＝1.83≈$2\sqrt{2}-1$（吻合度99.9%）。

（3）明间面阔（9.4米）：檐柱高（含平板枋，6.78米）＝1.386≈$\sqrt{2}$（吻合度98%）。

（4）明间面阔9.4米，约3丈（吻合度98.3%），其余各间平均面阔6.395米，约2丈（吻合度99.3%）（图7–216、图7–217）。

（七）高宽比＝9：10

北京紫禁城中和殿（明天启七年，1627年）*

中和殿明万历四十三年（1615年）火灾后重建，天启七年（1627年）竣工，清乾隆三十年（1765年）重修，从现存梁下题记看，现有大木构架为明天启年间原物。

通过对1940年代实测图进行几何作图，可得如下结论。

（1）正立面：

总高（台基以上，18.74米）[1]：通面阔（平均值20.9米）＝0.897≈9：10（吻合度

1. 1940年代实测图中标注了中和殿总高19.7米，但小台基高未标，据唐恒鲁现场实测，中和殿小台基高0.96米，故总高（台基以上）18.74米。

99.6%，D类）。

檐柱高（5.72米）：明间面阔（平均值6.35米）=0.901≈9：10（吻合度99.9%）——明间形状与整体轮廓为相似形。

中和殿高宽比为9：10，十分特殊——如果以正立面垂直中轴线将立面分作两半，则每一半之高宽比均为9：5，这也是紫禁城建筑中极常见的比例，带有“九五之尊”之象征含义。（图7-218）

明间面阔≈檐口高（取飞椽下皮至台明距离）；明间面阔（平均值6.35米）：小额枋下皮至台明距离（4.46米）=1.424≈$\sqrt{2}$（吻合度99.3%）。

台基总宽（平均值24.15米）：明间面阔（平均值6.35米）=3.803≈$2\sqrt{2}+1$（吻合度99.4%）。

总高（台基以上，18.74米）：明间面阔（平均值6.35米）=2.951≈3（吻合度98.4%）。（图7-219）

（2）剖面（包括三台）：

总高（包括三台，27.83米）：总高（19.7米）=1.413≈$\sqrt{2}$（吻合度99.9%）——可见中和殿的设计与三台进行了统一考虑（图7-220）。

（3）平面：

通面阔（平均值20.9米）：台基总宽（24.15米）=0.865≈$\sqrt{3}/2$（吻合度99.9%）。

（八）高宽比=10：9

天坛皇穹宇（清乾隆十七年，1752年）*

皇穹宇平面为圆形，上覆单檐圆形攒尖顶，屹立于圆形汉白玉台基之上。通过对20世纪40年代的实测图进行几何作图及实测数据分析，可得如下结论。

（1）总高（台基以上，16.7米）：檐柱圈直径（15.1米）=1.106≈10：9（吻合度99.5%，D类）。

屋檐直径（取瓦当外皮，20.2米）：金柱圈直径（10.1米）=2。

屋檐直径（20.2米）：檐柱圈直径（15.1米）=1.338≈4：3（吻合度99.7%）。

由上可知：金柱圈直径：檐柱圈直径：总高（台基以上）：屋檐直径=6：9：10：12。

（2）总高（台基以上，16.7米）：檐柱高（含平板枋，5.9米，约等于各间面阔）= 2.831≈$2\sqrt{2}$（吻合度99.9%）；

总高（台基以上，16.7米）：檐口高（取瓦当上皮，6.7米）=2.493≈5：2（吻合度99.7%）。

（3）立、剖面模数网格：

若以总高（台基以上）的二十分之一即A=0.835米为立、剖面模数网格，则：

总高（台基以上，16.7米）=20A；

屋檐直径（20.2米）=24.19A≈24A（吻合度99.2%）；

台基直径≈22A；

檐柱圈直径（15.1米）=18.08A≈18A（吻合度99.5%）；

金柱圈直径（10.1米）=12.1≈12A（吻合度99.2%）；

藻井直径≈8A；

檐柱高（含平板枋，5.9米）=7.07A≈7A（吻合度99%）；

檐口高（取瓦当上皮，6.7米）=8.02≈8A（吻合度99.7%）（图7-221、图7-222）。

（4）总高（台基以上，16.7米）：总高（19.51米）=0.856≈6：7（吻合度99.9%）。

综上可知：天坛皇穹宇运用了与祈年殿类似的设计方法，即以总高（台基以上）的二十分之一作为剖面设计的重要模数。此外，天坛皇穹宇与紫禁城中和殿作为单层攒尖顶建筑，形制皆十分特殊，二者高宽比分别采取了10：9和9：10，或许都包含有“九五之尊”的含义，这方面还有待进一步探究。

第八章 楼阁与城楼

楼阁（包括城楼）为中国古建筑又一重要类型。与单层建筑类似，楼阁的高宽比同样大量运用方圆作图比例。楼阁、城楼较常见的高宽比包括1∶1、$\sqrt{2}$∶1、$\sqrt{3}$∶1、$\sqrt{3}$∶2、1∶$\sqrt{2}$、1∶$\sqrt{3}$、1∶2、1∶2$\sqrt{3}$等。

除此之外，楼阁建筑有着自身的一系列较为突出的构图规律，本书称之为上檐构图甲、上檐构图乙和下檐构图甲、下檐构图乙（上一章分析的单层建筑也有少量实例运用了这些构图方法，下一章所要讨论的佛塔也大量运用此类构图）：

上檐构图甲—总高∶上层檐口以下高=$\sqrt{2}$；

上檐构图乙—总高∶上檐柱头（或包含平板枋）以下高=$\sqrt{2}$；

下檐构图甲—总高∶下层檐口以上高=$\sqrt{2}$；

下檐构图乙—总高∶下檐柱头（或包含平板枋）以上高=$\sqrt{2}$。

以下分别讨论楼阁、城楼建筑的各比例“家族”。

一、高宽比＝1∶1

（一）A类：总高∶台基总宽＝1

1．天津蓟县独乐寺观音阁（辽统和二年，984年）*

独乐寺观音阁面阔五间，进深四间（八架椽），上层覆单檐歇山顶，平坐以下设腰檐一周，阁外观二层，实际平坐背后设一暗层，内部实为三层。中央立高约16米的十一面观音巨像，整座楼阁的空间布局其实是为观音像量身设计，分别在暗层和顶层设矩形、六边形的中庭，上下贯通，以容纳此像。底层平面如《营造法式》所谓“金厢斗底槽”，信众可由外槽回廊一周仰视立像；暗层中专门设内廊一周，观者可在观音腰部高度绕行；至顶层信众终于可以近距离目睹观音面相，遂达宗教气氛之高潮。

通过对陈明达《蓟县独乐寺》（2007）一书中的实测图（天津大学建筑系20世纪90年代测绘）[1]进行几何作图，结合实测数据分析，[2]可得如下结论。

（1）正立面：

总高（22.141米）[3]：平坐总面阔（22.57米）＝0.981≈1（吻合度98.1%）；总高的二分之一约位于二层平坐楼面。

总高（22.141米）：上层檐口高（15.387米）＝1.439≈$\sqrt{2}$（吻合度98.2%，上檐构图甲）。

首层平柱高（4.025米）：明间面阔（柱头尺寸4.645米）＝0.867≈$\sqrt{3}/2$（吻合度99.9%）——即首层明间为$\sqrt{3}/2$矩形构图（图8–1）。[4]

（2）纵剖面与观音像：

观音阁总高（22.141米）：观音像总高（含基座，15.93米）[5]＝1.39≈7∶5（吻合度

1．迄今为止，已发表的独乐寺观音阁实测图及数据共计4个版本，分别为1930～1940年中国营造学社测图（见梁思成《蓟县独乐寺观音阁山门考》一文及陈明达《蓟县独乐寺》一书第47～54页）、1960～1970年代“古代建筑修整所”测图（见陈明达《蓟县独乐寺》一书第55～60页）、天津大学建筑系1990年代测图（见陈明达《蓟县独乐寺》一书第61～84页）及1990年代中国文物研究所结合修缮工程的实测图（见杨新编著的《蓟县独乐寺》一书第239～271页）。其中，陈明达《蓟县独乐寺》（2007）中的天津大学建筑系1990年代实测图和杨新编著的《蓟县独乐寺》（2007）中的修缮工程实测图均更为准确、翔实——鉴于本文需要分析完整的正立面、纵剖面构图比例，故而选取立、剖面实测图更加完整的天津大学建筑系1990年代实测图作为分析图的底图。

2．本文所引观音阁实测数据大部分引自陈明达《蓟县独乐寺》（2007）一书中的天津大学建筑系1990年代实测图中标注的数据，同时酌情引用了一些杨新编著的《蓟县独乐寺》（2007）一书中的数据，作为增补或校核之用，详见下文各注释。

3．天津大学建筑系1990年代观音阁实测图中，各立面、剖面图中标注的“总高”数值均有微差，是对观音阁大修前实际情况较为忠实的反映，本文“总高”取陈明达《蓟县独乐寺》（2007）第71页“观音阁南立面残损现状图”中东侧正脊上皮高度（下文上层檐口高亦同）；如取其他立面、剖面“总高”数值校核，结论不变。而杨新编著的《蓟县独乐寺》（2007）一书第307页“观音阁正立面图”（修缮竣工图）中标注：正脊距台明21.27米，该书第25页称台基高90厘米，故总高22.17米，与本文所取总高值22.141米仅差2.9厘米。

4．首层平柱高取陈明达《蓟县独乐寺》（2007）第76页“观音阁明间横剖面残损现状图–1”平均值；首层明间面阔取该书第68页“观音阁首层仰视残损现状图”平均值，下文所引首层面阔值均取自该图之平均值。而据杨新编著《蓟县独乐寺》（2007）第54页，首层平柱高4.05米，首层明间面阔（柱头尺寸）4.68米，二者之比为0.865≈$\sqrt{3}/2$（吻合度99.9%），结论不变。此外，上层平柱高2.84米，故首层平柱高（4.05米）：上层平柱高（2.84米）＝1.426≈$\sqrt{2}$（吻合度99.2%）。

5．关于独乐寺观音阁十一面观音像的高度：陈明达《蓟县独乐寺》（2007）一书第8页“表6”称，观音像净高15.25米，基座高0.68米，故观音像高（含基座）15.93米；杨新主编《蓟县独乐寺》（2007）一书第83页称，基座高0.68米，观音像通高15.4米，连同基座高16.08米；第99页又称，手测小佛头顶至莲台上皮高14.87米，莲台高0.46米，须弥坛（即基座）高0.7米，观音像通高16.03米；立体摄影测绘，观音像高15.25米（不包括须弥坛高）。综合上述二书中一系列数据，本文取观音像净高15.25米（出现两处，且为立体摄影测绘数据），基座高0.68米（出现两处），故观音像总高（含基座）15.93米。

99.3%）；1.39≈$\sqrt{2}$（吻合度98.3%）——观音阁总高与观音像总高（含基座）之比约为7∶5，即像高与阁高呈“方五斜七”之比例关系。

平坐总面阔（22.57米）∶观音像总高（含基座，15.93米）＝1.417≈$\sqrt{2}$（吻合度99.8%）。

观音像总高（含基座，15.93米）∶中庭总面阔（取中庭两侧栏杆外沿间距，11.375米）[1]＝1.4＝7∶5≈$\sqrt{2}$（吻合度99%）。

平坐总面阔（22.57米）∶中庭总面阔（11.375米）＝1.984≈2（吻合度99.2%）；观音阁总高（22.141米）∶中庭总面阔（11.375米）＝1.946≈2（吻合度97.3%）。

综上可知，中庭总面阔∶观音像总高∶观音阁总高（或平坐总面阔）≈1∶$\sqrt{2}$∶2——这是构成观音阁与观音像之间空间关系的最重要的构图比例（图8-2、图8-3）。[2]

此外，观音像总高（含基座，15.93米）∶首层平柱高（4.025米）＝3.958≈4（吻合度98.9%），可知首层平柱高不仅是观音阁正立面设计的重要模数（如陈明达已经指出的），可能同时也是观音像高的一个模数。

（3）纵剖面木构架与斗八藻井：

木构架总高（19.49米）∶首层通面阔（柱头尺寸19.92米）＝0.978≈1（吻合度97.8%）；二层柱头至首层地面距离（12.975米）∶首层内槽通面阔（柱头尺寸13.295米）＝0.976≈1（吻合度97.6%）——以上两个近似正方形构图陈明达已经指出。

首层通面阔（柱头尺寸19.92米）∶首层内槽通面阔（柱头尺寸13.295米）＝1.498≈3∶2（吻合度99.9%）。[3]

室内地面至斗八藻井顶部距离∶首层通面阔≈6∶7≈$\sqrt{3}/2$。

如果以首层东、西山墙立柱轴线底部为圆心，以木构架总高（约等于首层通面阔）为半径分别作圆弧，则圆弧交汇点略高于观音头像上方的斗八藻井顶部（图8-4）。

1. 中庭总面阔数据引自杨新编著《蓟县独乐寺》（2007）第247页“观音阁暗层平面图”平均值。
2. 此外，观音阁总高（台基以上，21.231米）∶观音像净高（15.25米）＝1.392≈7∶5（吻合度99.4%）；1.392≈$\sqrt{2}$（吻合度98.4%）。如果取刘畅推测的观音阁营造尺即1尺＝30.3厘米（参见刘畅. 河北蓟县独乐寺观音阁大木尺度设计新探——《蓟县独乐寺》修缮工程公布数据的启发//王贵祥、刘畅、段智钧. 中国古代木构建筑比例与尺度研究［M］. 北京：中国建筑工业出版社，2011：227-237），则观音像净高15.25米，合5.033丈，约5丈（吻合度99.3%）；观音阁总高（台基以上）21.231米，合7.007丈，约7丈（吻合度99.9%）——因此或许令观音像净高5丈、观音阁总高（台基以上）7丈是观音阁与塑像设计的一个重要出发点。当然这一推测尚有待更精细的实测数据（如三维激光扫描仪测量数据）发表以及更加可靠的观音阁营造尺推算结论来加以验证。
3. 木构架总高数值引自陈明达《蓟县独乐寺》（2007）第76页“观音阁明间横剖面残损现状图-1”；二层柱头至首层地面距离数值引自该书第74页“观音阁二进纵剖面残损现状图-1”。而据杨新编著《蓟县独乐寺》（2007）第58、第32页，木构架总高19.82米，首层通面阔19.96米，二者之比为0.993≈1（吻合度99.3%）；首层通面阔（19.96米）∶内槽通面阔（13.32米）＝1.498≈3∶2（吻合度99.9%），结论不变（吻合度更高）。

（4）横剖面：

木构架总高（19.49米）：首层通进深（柱头尺寸14.04米）＝1.39≈7：5（吻合度99.3%）；1.39≈$\sqrt{2}$（吻合度98.3%）（图8–5）。[1]

（5）平面：

首层通面阔（柱头尺寸19.92米）：首层通进深（柱头尺寸14.04米）＝1.419≈$\sqrt{2}$（吻合度99.6%）。

首层明间面阔（柱头尺寸4.645米）：梢间面阔（柱头尺寸3.313米）＝1.402≈7：5（吻合度99.9%）；1.402≈$\sqrt{2}$（吻合度99.2%）——即首层梢间面阔与明间面阔呈“方五斜七”比例关系（图8–6）。[2]

综上所述，观音阁设计之关键，首先在于对纵剖面的整体控制即令中庭总面阔：观音像总高（含基座）：观音阁总高（或平坐总面阔）[3]＝1：$\sqrt{2}$：2——如果以观音像心口为圆心作三环同心圆（直径之比为1：$\sqrt{2}$：2），则第一环直径等于中庭总面阔，也等于观音像总高的1/$\sqrt{2}$；第二环直径等于观音像总高（约等于观音阁上层檐口至地面距离，同时约等于观音阁歇山顶二博风板间距）；第三环直径等于观音阁总高（约等于二层平坐总面阔）。这三个同心圆的直径分别控制了内部中庭、观音像高、楼阁上层檐高、平坐总面阔和楼阁总高等观音阁设计中极其关键的尺寸，构图比例精彩而简洁，近乎完美（图8–7）。

其次，诚如陈明达所指出的：木构架总高约等于首层通面阔，二者与首层通进深之比皆约为$\sqrt{2}$，即令木构架的首层平面、横剖面均为$\sqrt{2}$矩形，纵剖面为正方形；二层柱头高与内槽通面阔形成另一个近似正方形构图，这一小正方形边长与木构架整体形成的大正方边长呈2：3比例关系。

足见$\sqrt{2}$比例贯穿于观音阁建筑的整体与局部（平、立、剖面）、建筑与塑像，可谓“吾道一以贯之”。

最后，观音阁首层通面阔与斗八藻井的高度构成一个$\sqrt{3}/2$矩形，而首层明间面阔与平柱高同样构成一个$\sqrt{3}/2$矩形，二者一大一小，形成了另一组和谐的构图——可以看作是观音阁一系列$\sqrt{2}$比例这一“主旋律”之外的“伴奏”。

陈明达曾经敏锐地指出：“从观音阁的断面图上看到所用尺度及所形成的空间布局，也非常恰当而紧凑，可以说无懈可击。”上述精彩绝伦的比例关系，恰恰印证了陈明

1. 据杨新编著《蓟县独乐寺》（2007）第58、第32页，木构架总高19.82米，首层通进深14.04米，二者之比为1.412≈$\sqrt{2}$（吻合度99.8%），结论不变（吻合度更高）。
2. 取杨新编著《蓟县独乐寺》（2007）第32页数据校核可得：首层通面阔（19.96米）：首层通进深（14.04米）＝1.422≈$\sqrt{2}$（吻合度99.4%）；首层明间面阔（4.68米）：梢间面阔（3.32米）＝1.41≈$\sqrt{2}$（吻合度99.7%），结论不变。
3. 观音阁高宽比之总宽取二层平坐总宽，为一特例，值得注意。

达的观点——这些比例关系也充分证明了这座所谓的“观音之阁”（二层匾额之题名）的确是为观音像“度身定制”的建筑杰作。

独乐寺观音阁作为中国古代木结构楼阁的重要代表，通过对$\sqrt{2}$和$\sqrt{3}/2$方圆作图比例的巧妙驾驭，将建筑空间与塑像完美融合，营造出震撼人心的艺术效果，堪称现存中国古建筑中一件登峰造极的“神品”。

2．陕西西安钟楼［明洪武十七年（1384）年建，万历十年（1582年）移至今址，清乾隆五年（1740年）重修］*

西安钟楼下为墩台，上建楼阁。墩台内开十字交叉孔道，楼阁面阔、进深均为三间，副阶周匝，上下二层，上层覆重檐攒尖顶，下层设腰檐一周，构成“三滴水”形制。通过对《陕西古建筑》（1992）一书中的实测图进行几何作图，结合对《西安钟楼建筑刍议》（2014）一文中实测数据的分析，可得如下结论。

（1）总高（36.08米）：城台总宽（35.5米）=1.016≈1（吻合度98.4%）。

总高的二分之一位于顶层楼面。

总高：上层檐口高（取瓦当上皮）≈$\sqrt{2}$（上檐构图甲）。

上部城楼高（台明以上，26.93米）：首层檐柱高（3.83米）=7.031≈7（吻合度99.6%）（图8-8）。

（2）城台边长：小台基边长≈$\sqrt{2}$；小台基边长：楼身外墙边长≈$\sqrt{2}$（图8-9）。

3．北京明长陵方城明楼（明）*

明长陵的方城明楼由下部方城与上部明楼组成，方城南面正中辟门洞，可由其中通道登城；城上明楼为重檐歇山顶的砖石建筑，四面开拱门（与碑亭形制相似），内立“大明成祖文皇帝之陵”石碑，和其下方城共同构成高峻挺拔的身姿，与雄浑宽广的祾恩殿形成造型、体量上强烈的对比，是中国古代建筑群设计构图的又一佳例。

通过对《中国古代建筑史》（第四卷：元、明建筑，2009年第二版）中的实测图进行几何作图，结合对胡汉生《明十三陵》（1998）一书中的实测数据分析，可得如下结论。

（1）总高（31.95米，取1丈=3.173米，约合10丈）：城台总宽（取顶宽，31.96米，约合10丈）≈1（吻合度接近100%）。

（2）上部明楼高（21米，约合6.6丈）：明楼小台基宽（21米，约合6.6丈）=1。

（3）上部明楼高（21米）：总高（31.95米）=0.657≈2：3（吻合度98.6%）（图8-10）。

（二）C类：总高：通面阔=1

1．北京正阳门城楼（明清）*

正阳门为北京内城正门（俗称前门），始建于明正统四年（1439年），清光绪二十六年（1900年）被“八国联军”所毁，自1902年起约用五年按原样修复。正阳门城楼下设墩台，上建城楼。城楼面阔七间，进深三间，周回廊，歇山重檐三滴水形制。通过对1940年代实测图进行几何作图以及实测数据分析，可得如下结论。

（1）正立面/纵剖面：

总高（42.14米）：通面阔（41.25米）=1.02≈1（吻合度98%）。

总高（42.14米）：上部城楼高（29.79米）=1.415≈$\sqrt{2}$（吻合度99.9%）（图8-11、图8-12）。

上部城楼高（29.79米）：顶层平板枋上皮高（21.14米）=1.409≈$\sqrt{2}$（吻合度99.7%，上檐构图乙）（图8-13、图8-14）。

（2）侧立面/横剖面：

总高（42.14米）：通进深（20.79米）=2.027≈2（吻合度98.7%）（图8-15）。

（3）平面：

通面阔（41.25米）：通进深（20.79米）=1.984≈2（吻合度99.2%）（图8-16）。

综上可知：正阳门城楼是平、立、剖面设计综合运用$\sqrt{2}$及1：2构图比例的杰作。

2．北京颐和园景明楼（清）*

颐和园景明楼高二层，方三间，周回廊，歇山顶，四面出抱厦。通过对《中国古建筑测绘大系·园林建筑：颐和园》（2015）一书中的实测图进行几何作图及实测数据分析，可得如下结论。

（1）总高（14.017米）：通面阔（14.03米）=0.999≈1（吻合度99.9%）。

（2）总高：上层檐口高（取飞椽下皮）≈$\sqrt{2}$（上檐构图甲）。

（3）台基总宽（含抱厦台阶，25.86米）：总高（14.017米）=1.845≈$2\sqrt{2}-1$（吻合度99.1%）（图8-17）。

二、高宽比＝$\sqrt{2}$：1

（一）A类：总高：台基总宽＝$\sqrt{2}$

1．北京紫禁城角楼（明永乐十八年，1420年）

紫禁城角楼主体为三开间方楼，四面各出抱厦一间，但朝向紫禁城内的两座抱厦进深大，朝向城外的两座进深短，形成了不是完全对称的平面。主体部分覆以三重檐十字脊歇山顶，四面抱厦各出重檐歇山顶，其中长抱厦歇山顶正面朝外，短抱厦歇山顶山面朝外，总计有屋脊72条，形成错综复杂而美轮美奂的屋顶轮廓。看似复杂至极、巧夺天工的角楼，同样在方圆作图比例的精确控制之中。

傅熹年曾研究指出，角楼大木构架的平、立、剖面均以攒档即2.5尺（取明早期1尺＝31.73厘米）为基本模数。实际上，这一模数控制可以扩展到角楼的建筑整体。

通过对1940年代实测图进行几何作图及实测数据分析，可得如下结论。

（1）正立面整体：

总高（包含下部城墙）：须弥座台基总宽（按台基对称计）[1]≈$\sqrt{2}$。

总高（不含下部城墙）：一层平板枋上皮以上高≈$\sqrt{2}$（下檐构图乙）。

不含下部城墙，则一层檐口高（取瓦当下皮）：顶层檐口高（取瓦当上皮）：总高≈1：2：3；且一层檐口高（取瓦当下皮）≈顶层歇山顶上部总宽（图8-18）。

（2）平面模数网格：

如果以0.793米（取明早期1尺＝31.73厘米，合2.5尺）为平面模数网格，可得：

通面阔（不含抱厦）8.73米，合11格，即2.75丈；

台基总宽（取栏杆中线距离）17.21米，合21.7格；台基总宽（取须弥座圭脚最宽处）17.65米，合22.3格；二者的平均值为22格（约为台基须弥座上枋宽），即5.5丈，恰为通面阔的2倍；

朝向城墙内侧两座抱厦面阔5.59米，合7格；进深3.98米，合5格；二者之比为7：5≈$\sqrt{2}$（即“方五斜七”）；

朝向城墙外侧两座抱厦面阔5.59米，合

1. 角楼的须弥座台基一侧长一侧短，但长的一侧其实与城墙外沿关于角楼中线呈镜像对称——见图8-18。

7格；进深1.6米，合2格。

综上所述，角楼主体部分11格见方，四座抱厦面阔均为7格，进深两座5格、两座2格，环绕角楼一周的台基宽约2格，包含台基的正方形边长22格，2倍于角楼主体部分（图8–19）。

（3）角楼正立面（不含下部城墙）模数网格：

如果以0.793米（2.5尺）为正立面模数网格，可得：

总高（至宝珠顶）约23格（5.75丈）；

总高（至正脊上皮）约20格（5丈）；

台基总宽（取须弥座上枋）22格；台基长的一侧与城墙外沿关于角楼中线呈镜像对称，故从台基内侧至城墙外侧总宽25格；

通面阔18格；主体部分通面阔11格（图8–20）。

综上可知：紫禁城角楼的设计是与城墙统一考虑的，包含城墙边界在内，角楼从不对称变为对称构图，且总高宽比为$\sqrt{2}$；角楼自身设计的关键则是令台基总宽为主体通面阔的2倍，并用2.5尺（即斗栱攒档）作为全部平、立、剖面设计的基本模数。

2．山西陵川崇安寺插花楼（元）

山西陵川崇安寺插花楼为寺中难得的元代遗存，为重檐歇山顶三滴水楼阁。底层方三间，环以厚墙，二层方三间，周回廊。

通过对《中国古建筑测绘十年：2000～2010清华大学建筑学院测绘图集》（下册，2011）一书中的实测图进行几何作图，可得如下结论。

（1）总高：台基总宽≈$\sqrt{2}$。

（2）总高：上层檐口（取飞椽下皮）高≈$\sqrt{2}$（上檐构图甲）。

（3）总高：明间面阔≈4（图8–21）。

3．北京钟楼（清乾隆十二年，1747年）[*]

位于北京中轴线最北端的钟楼是北京最高大的无梁阁。始建于明永乐十八年（1420年）的钟楼原本与鼓楼类似，城楼为木结构，后遭焚毁。清乾隆十年（1745年）重建，十二年（1747年）落成。重建后，钟楼全部改为砖石结构：下为墩台（墩台下还有一个更大的基座），四面各辟一座巨大拱门，台顶绕以“雉堞”；墩台上的钟楼又立于一座小台基之上，绕以汉白玉栏杆；钟楼四面各辟拱门一座及拱窗两扇，覆以重檐歇山屋顶，灰瓦绿琉璃剪边。钟楼内悬挂的巨大铜钟为明永乐朝铸造。

通过对1940年代的实测图进行几何作图及实测数据分析，可得如下结论。

（1）总高（大基座以上，43.25米）：墩台总宽（取顶宽，30.19米）=1.433≈10：7（吻合度99.7%）；1.433≈$\sqrt{2}$（吻合度98.7%）——故钟楼墩台总宽与总高（大基座以上）呈“方七斜十”比例关系（图8–22）。

（2）总高（46.9米）：下檐平板枋下皮以下高（33.46米）=1.402≈7：5（吻合度99.9%，即下檐平板枋下皮以下高与总高呈“方五斜七”构图）；1.402≈$\sqrt{2}$（吻合度99.2%，上檐构图乙）（图8–23）。

（3）墩台顶面以上高（27.25米）：墩台顶面至地面距离（19.65米）=1.387≈$\sqrt{2}$（吻合度98.1%）（图8–24）。

（4）墩台顶面以上高（27.25米）：上檐口至墩台顶面距离（取瓦当上皮，19.12米）=1.425≈$\sqrt{2}$（吻合度99.2%，上檐构图甲）（图8–25）。

综上可知，钟楼充分考虑了总高、总高（大基座以上）、墩台高、檐柱高、檐口高等重要立面控制要素，巧妙运用$\sqrt{2}$构图比例，获得了和谐的立面效果。

4．北京北海西天梵境钟鼓楼（清）

北海西天梵境钟、鼓楼皆为三开间二层方楼，二层覆单檐歇山顶。通过对《中国古典园林建筑图录・北方园林》（2015）一书中的实测图进行几何作图，可得：

总高：台基总宽≈$\sqrt{2}$（图8–26）。

（二）B类：总高（台基以上）：台基总宽=$\sqrt{2}$

北京宣仁庙钟楼（清）

北京宣仁庙钟楼为首层三开间、二层单间方楼，二层覆单檐歇山顶。通过对《东华图志：北京东城史迹录》（2005）一书中的实测图进行几何作图，可得如下结论。

（1）总高（台基以上）：台基总宽≈$\sqrt{2}$。

（2）总高（台基以上）：首层平板枋下皮高≈$\sqrt{2}$（下檐构图乙）。

（3）总高：明间面阔≈$2\sqrt{2}$（图8–27）。

（三）C类：总高：通面阔=$\sqrt{2}$

1．河北定兴慈云阁（元大德十年，1306年）

河北定兴慈云阁名虽曰阁，内部实为单层建筑，面阔三间，进深三间，重檐歇山顶。平面有内外两层檐柱，外层檐柱承下檐，内层檐柱承上檐，结构颇独特。

通过对《中国古代建筑史》（第四卷：元、明建筑，2009年第二版）和刘敦桢《河北省西部古建筑调查记略》（《中国营造学社汇刊》第五卷第四期，1935）中的实测图进行几何作图，可得如下结论。

（1）正立面：

总高：首层通面阔≈$\sqrt{2}$。

首层阑额下皮以上高≈首层通面阔。

总高的二分之一位于下层腰檐博脊上皮（图8-28）。

（2）平面：

通进深：通面阔≈6：7≈$\sqrt{3}/2$（图8-29）。

2．承德普宁寺大乘阁（清乾隆二十年，1755年）*

普宁寺大乘阁通高39.16米（月台下地面至宝顶），为中国现存第二高木构建筑，仅次于山西应县木塔。首层主体部分面阔七间，进深五间，南面出抱厦五间，东西各出抱厦三间。阁外观五层六檐（实为三层），主体大攒尖顶四隅设四座小攒尖顶，以象征须弥山。内部核心中庭空间面阔五间，进深三间，立千手观音像一尊，通高24.14米（由室内地面至双手仰托日月顶部）[1]，是世界最大的木制佛像。与独乐寺观音阁相似，大乘阁亦是为千手观音立像度身而建。

通过对孙大章《承德普宁寺——清代佛教建筑之杰作》（2008）一书中的实测图进行几何作图以及实测数据分析，可得如下结论。

（1）正立面：

总高（39.16米）：通面阔（含抱厦，27.7米）=1.414≈$\sqrt{2}$（吻合度接近100%）。

总高：顶层下檐口高（取瓦当上皮）≈$\sqrt{2}$（上檐构图甲）（图8-30）。

（2）平面：

通面阔（含抱厦，27.7米）：通进深（含抱厦19.94米）=1.389≈7：5（吻合度99.2%）；1.389≈$\sqrt{2}$（吻合度98.2%）（图8-31）。

（3）纵剖面与千手观音像：

观音像总高（24.14米）：中庭总面阔（17.06米）=1.415≈$\sqrt{2}$（吻合度99.9%）——与独乐寺观音阁十一面观音像与中庭之构图比例一脉相承。

总高（台基以上，36.75米）：观音像总高（24.14米）=1.522≈3：2（吻合度

1．大乘阁总高及千手观音像总高见孙大章《承德普宁寺——清代佛教建筑之杰作》（2008）第246页。

98.6%)。

由此可知：大乘阁建筑空间与千手观音像比例关系之确定，应是令像高与中庭总面阔（即中央五间面阔）之比为$\sqrt{2}$，阁之总高（台基以上）与像高之比为3∶2。

纵剖面上另一个重要的控制高度是中庭总高，即平棊天花至室内地面距离24.54米，比观音像总高24.14米仅高40厘米，显然是根据观音像总高确定的——中庭总高与阁总高（台基以上）、中庭总面阔也有十分类似的比例关系：

总高（台基以上，36.75米）：中庭总高（平棊天花至室内地面，24.54米）＝1.498≈3∶2（吻合度99.8%）；中庭总高（平棊天花至室内地面，24.54米）：中庭总面阔（17.06米）＝1.438≈$\sqrt{2}$（吻合度98.3%）。

比较上述两组数据分析结果可以发现：阁总高（台基以上）与中庭总高的3∶2比例关系吻合度更高（达到99.8%），而观音像总高与中庭总面阔的$\sqrt{2}$比例关系吻合度更高（达到99.9%）；四个数据分析结果的吻合度都超过98%——就具体设计而言，不论采取像高还是平棊天花高来确定千手观音像与大乘阁的比例关系都是合理可行的（图8-32）。

（4）横剖面：

总高（39.16米）：首层通进深（含抱厦19.94米）＝1.964≈2（吻合度98.2%）。

中庭总进深（10.6米）：中庭总高（24.54米）＝0.432≈$\sqrt{3}/4$（吻合度99.8%）——可知大乘阁中庭空间的纵剖面为一$\sqrt{2}$矩形，横剖面为两个$\sqrt{3}/2$矩形的叠加（沿长边方向），中庭设计综合运用了$\sqrt{2}$与$\sqrt{3}/2$两种方圆作图比例。（图8-33）

（5）大乘阁总高与观音像总高：

大乘阁总高（39.16米）：观音像总高（24.14米）＝1.622≈1.618（即西方所谓“黄金比”，吻合度99.8%）——不同于独乐寺观音阁的是，大乘阁总高与观音像高之比不再取$\sqrt{2}$，因为大乘阁屋顶形式为重檐攒尖，高于观音阁之歇山顶，但其总高与像高之比例恰好是西方的“黄金比”（1.618∶1），究竟是巧合还是刻意为之，值得深入探究。

综上可知：普宁寺大乘阁与七百七十余年前的独乐寺观音阁一样，是为千手观音立像度身定制的楼阁建筑，通过一系列$\sqrt{2}$、$\sqrt{3}/2$、3∶2构图比例的运用，将建筑空间与塑像完美结合。尤其是阁正立面高宽比、首层平面宽深比皆为$\sqrt{2}$，观音像总高（或中庭总高）与中庭总面阔之比亦为$\sqrt{2}$——故而塑像与中庭形成的室内主体空间与阁之外轮廓呈相似形，使得建筑与塑像获得了内在和谐。

（四）D类：总高（台基以上）：通面阔=$\sqrt{2}$

颐和园德合园大戏楼（清）*

德和园大戏楼面阔三间，进深三间，高三层，顶覆单檐卷棚歇山顶。背后是面阔九间，进深三间的扮戏楼，单檐卷棚歇山顶；出抱厦五间，单檐卷棚歇山顶。

通过对《中国古建筑测绘大系·园林建筑：颐和园》（2015）一书中的实测图进行几何作图及实测数据分析，可得如下结论。

（1）总高（台基以上，20.809米）：通面阔（14.55米）=1.43≈10：7（吻合度99.9%）；1.43≈$\sqrt{2}$（吻合度98.9%）。

（2）总高（22.069米）：首层明间面阔（5.49米）=4.02≈4（吻合度99.5%）；首层次间面阔≈檐柱高。

（3）后部扮戏房总高（台基以上，15.605米）：台基总宽（26.944米）=0.579≈1：$\sqrt{3}$（吻合度99.7%）——大戏楼和扮戏房一高耸一舒展，形成绝妙的立面组合（图8-34）。

三、高宽比=$\sqrt{3}$：1

（一）C类：总高：通面阔=$\sqrt{3}$

1．北京智化寺钟楼（明正统九年，1444年）

智化寺钟楼为二层方楼，底层三间，二层一间。通过对《东华图志：北京东城史迹录》（2005）一书中的实测图进行几何作图，可得如下结论。

（1）总高：通面阔≈$\sqrt{3}$。

（2）总高：一层平板枋下皮以上高≈$\sqrt{2}$（下檐构图乙）。

（3）一层檐口（取瓦当上皮）高约等于明间面阔，二层檐口（取瓦当上皮）高约等于2倍明间面阔（图8-35）。

2．山西陵川崇安寺鼓楼（清）*

山西陵川崇安寺鼓楼为重檐歇山顶二层楼阁。通过对《中国古建筑测绘十年：2000～2010清华大学建筑学院测绘图集》（下册，2011）一书中的实测图进行几何作图及实测数据分析，可得如下结论。

（1）总高（11.954米）：一层面阔（6.858米）=1.743≈$\sqrt{3}$（吻合度99.4%）。

（2）总高（11.954米）：上层平板枋下皮高（8.481米）=1.41≈$\sqrt{2}$（吻合度99.7%；上檐构图乙）。

（3）下层檐口高（取飞椽上皮，6.835米）：一层面阔（6.858米）=0.997≈1（吻合度99.7%）（图8–36）。

（二）D类：总高（台基以上）：通面阔=$\sqrt{3}$

大同善化寺普贤阁（金）

善化寺普贤阁为三开间方阁，上层单檐歇山顶，平坐下设腰檐一周，比例纤秀。

通过对梁思成、刘敦桢《大同古建筑调查报告》（《中国营造学社汇刊》第四卷第三期，1934）一文中的实测图进行几何作图，可得如下结论。

（1）总高（台基以上）：通面阔≈$\sqrt{3}$。

（2）总高（台基以上）：一层普拍枋上皮以上高（等于平坐总宽）≈$\sqrt{2}$（下檐构图乙）。

（3）一层平柱高≈明间面阔——明间采取正方形构图（图8–37、图8–38）。

四、高宽比=$\sqrt{3}$：2

（一）A类：总高：台基总宽=$\sqrt{3}$：2

1．北京紫禁城宁寿宫符望阁（清）

紫禁城宁寿宫符望阁为二层攒尖顶方阁，首层方五间，周回廊，二层方三间，周回廊。

通过对贾珺《中国皇家园林》（2013）一书中的实测图进行几何作图，可得如下结论。

（1）总高：台基宽≈7：8≈$\sqrt{3}/2$。

（2）总高：一层檐口以上高（取瓦当上皮）≈7：5≈$\sqrt{2}$（下檐构图甲）；总高的二分之一约位于平坐楼面。

（3）首层明间面阔≈檐柱高（含平板枋）（图8–39）。

（二）C类：总高∶通面阔$=\sqrt{3}:2$

1．北京内城东南角楼（明正统四年，1439年）

北京内城东南角楼下为城台，上建曲尺形角楼，每面面阔七间，进深二间，重檐歇山顶（角部形成局部十字脊）。通过对《东华图志：北京东城史迹录》（2005）一书中的实测图进行几何作图，可得如下结论。

（1）总高∶通面阔≈7∶8≈$\sqrt{3}/2$。

（2）总高∶下层檐口高（取飞椽上皮）≈$\sqrt{2}$（上檐构图甲）（图8–40）。

2．北京雍和宫万福阁（清乾隆十五年，1750年）

雍和宫万福阁为二层重檐三滴水楼阁。主体面阔五间，进深五间，周回廊。阁中庭立有高约18米的弥勒立像，据称系整根白檀巨木雕成。万福阁与左右配阁永康阁、延绥阁以飞廊相连，形如敦煌壁画，气势撼人。

通过对《东华图志：北京东城史迹录》（2005）一书中的实测图进行几何作图，可得如下结论。

（1）总高∶通面阔≈$\sqrt{3}/2$。

（2）总高∶一层檐口以上高（取飞椽下皮）≈$\sqrt{2}$（下檐构图甲）。

（3）总高∶台基总宽≈4∶5（图8–41）。

（三）D类：总高（台基以上）∶通面阔$=\sqrt{3}:2$

1．四川平武报恩寺万佛阁（明正统十一年，1446年）

平武报恩寺万佛阁为二层重檐三滴水楼阁。主体面阔三间，进深二间，周回廊。

通过对《中国古代建筑史》（第四卷：元、明建筑，2009年第二版）一书中的实测图进行几何作图，可得如下结论。

（1）总高（台基以上）∶通面阔≈7∶8≈$\sqrt{3}/2$。

（2）总高∶上层檐口高（取瓦当上皮）≈$\sqrt{2}$（上檐构图甲）。

（3）总高（台基以上）∶明间面阔≈3；明间面阔∶首层檐柱高≈$\sqrt{2}$（图8–42）。

报恩寺大殿和万佛阁这两座珍贵的地方明代建筑，高宽比分别为$1:\sqrt{2}$和$\sqrt{3}:2$，形成了有趣的构图对比，与下文要提到的北京钟楼和鼓楼可谓异曲同工（图8–43）。

2．北京鼓楼（明嘉靖二十年，1541年）

鼓楼位于古都北京中轴线北端，与钟楼一南一北，形成中轴线的结束。始建于明永乐十八年（1420年），嘉靖十八年（1539年）毁于雷火，二十年（1541年）重建。下为墩台，上为木结构重檐三滴水城楼。城楼面阔五间，进深三间，周回廊。

通过对1940年代实测图、《东华图志：北京东城史迹录》（2005）一书中的实测图进行几何作图及实测数据分析，可得如下结论。

（1）正立面：

总高（基座之上）：首层通面阔≈$\sqrt{3}/2$。

总高（基座之上）：二层檐博脊上皮以下高≈$\sqrt{2}$。

二层檐博脊上皮以下高：一层檐博脊下皮以下高≈2（图8–44）。

城楼明间面阔（平均值9.93米）：次、梢间面阔（平均值7.028米）=1.413≈$\sqrt{2}$（吻合度99.9%）。

明间面阔≈下层额枋下皮高；次间面阔≈上层檐口（取飞椽下皮）至平坐楼面距离（图8–45）。

（2）平面：

城楼通面阔（平均值42.605米）：通进深（平均值23米）=1.852≈$2\sqrt{2}-1$（吻合度98.7%）（图8–46）。

墩台总宽（平均值48.79米）：总深（平均值29.205米）=1.649≈5：3（吻合度98.9%）。

综观北京钟、鼓二楼，一瘦高，一横长，与钟、鼓之造型特征相似，相映成趣。若以正立面高宽比观之，则分别是$\sqrt{2}$矩形和$\sqrt{3}/2$矩形，充分反映出运用此两种经典比例所形成的立面对比效果（图8–47）。

3．北京紫禁城御花园延辉阁（清）*

紫禁城御花园延辉阁面阔三间，进深一间，周回廊，卷棚歇山顶。通过对1940年代实测图进行几何作图及实测数据分析，可得如下结论。

（1）总高（台基以上，14.54米）：通面阔（16.46米）=0.883≈$\sqrt{3}/2$（吻合度98%）。

（2）下檐柱高（含平板枋，5.46）：明间面阔（6.38米）=0.856≈6：7（吻合度99.8%）；0.856≈$\sqrt{3}/2$（吻合度98.8%）——即明间与正立面整体构图为相似形。（图8–48）

（3）总高（14.64米）：下檐小额枋下皮以上高（10.37米）=1.412≈$\sqrt{2}$（吻合度99.8%）；总高的二分之一约位于平坐额枋下皮。

（4）明间面阔（6.38米）：总高（14.64米）=0.436≈$\sqrt{3}/4$（吻合度99.3%）。

下檐口高（取瓦当上皮至地面，6.3米）：明间面阔（6.38米）=0.987≈1（吻合度98.7%）（图8–49）。

4．北京雍和宫班禅楼（清乾隆四十三年，1778年）

雍和宫班禅楼为二层歇山顶方楼，一层方五间，二层方三间周回廊。通过对《东华图志：北京东城史迹录》（2005）一书中的实测图进行几何作图，可得：

总高：通面阔≈7：8≈$\sqrt{3}/2$——与其后部主体建筑万福阁构图比例相似（图8–50）。

五、高宽比=1：$\sqrt{2}$

（一）A类：总高：台基总宽=1：$\sqrt{2}$

1．青海塔尔寺祈寿殿（清康熙五十六年，1717年）

塔尔寺祈寿殿为祈祷七世达赖喇嘛长寿而建，名虽曰殿，实为二层楼阁。面阔五间，进深四间，重檐歇山顶。

通过对《青海塔尔寺修缮工程报告》（1996）一书中的实测图进行几何作图以及实测数据分析，可得如下结论。

（1）正立面：

总高：总宽≈1：$\sqrt{2}$。

总高：下檐平板枋下皮以上高≈$\sqrt{2}$（下檐构图乙）（图8–51）。

（2）平面：

通面阔（14.1米）：通进深（10.2米）=1.382≈7：5（吻合度98.7%，即“方五斜七”）。

山面中央两间进深（3米）：端头两间进深（2.1米）=10：7≈$\sqrt{2}$（吻合度99%，即“方七斜十”）（图8–52）。

2．山西五台山塔院寺大藏经阁（清）*

五台山塔院寺大藏经阁面阔五间，进深四间，高二层，硬山顶。通过对清华大学建筑学院的实测图（CAD文件）进行几何作图及实测数据分析，可得如下结论。

（1）总高（17.625米）：台基总宽（25.2米）=0.699≈7：10（吻合度

99.9%，即“方七斜十”)；0.699≈1：$\sqrt{2}$（吻合度98.9%)。

（2）总高（17.625米）：首层平板枋上皮以上高（12.577米）=1.401≈7：5（吻合度99.9%，即“方五斜七”)；1.401≈$\sqrt{2}$（吻合度99.1%，下檐构图乙)。

（3）明间面阔（5.64米）：檐柱高（4.04米）=1.396≈7：5（吻合度99.7%，即“方五斜七”)；1.396≈$\sqrt{2}$（吻合度98.7%)（图8–53)。

（二）B类：总高（台基以上）：台基总宽=1：$\sqrt{2}$

北京景山绮望楼（清）*

景山绮望楼面阔五间，进深三间（含前廊)，二层楼阁，卷棚歇山顶。通过对1940年代实测图进行几何作图及实测数据分析，可得如下结论。

（1）总高（台基以上，14.09米）：台基总宽（20.02米）=0.704≈1：$\sqrt{2}$（吻合度99.5%)。

（2）总高（台基以上，14.09米）：首层平板枋下皮以上高（9.84米）=1.432≈$\sqrt{2}$（吻合度98.7%，下檐构图乙)（图8–54)。

（3）总高（14.34米）：明间面阔（4.84米）=2.963≈3（吻合度98.8%)。

（4）檐柱高（4.27米）：明间面阔（4.84米）=0.882≈$\sqrt{3}/2$（吻合度98.2%)（图8–55)。

（5）台基总宽（20.02米）：台基总深（11.94米）=1.677≈5：3（吻合度99.4%)。

（三）C类：总高：通面阔=1：$\sqrt{2}$

青海塔尔寺大金瓦殿（清康熙五十年即1711年扩建）

大金瓦殿为塔尔寺中心建筑，名虽称殿，实为三层楼阁，是存放宗喀巴大师纪念塔（即大银塔）之所。主体以藏式风格为主，上覆汉式重檐歇山顶，面阔七间，进深六间。

通过对《青海塔尔寺修缮工程报告》(1996）一书中的实测图进行几何作图以及实测数据分析，可得如下结论。

（1）正立面：

总高：通面阔（取二层外墙总宽）≈1：$\sqrt{2}$。

总高：一层平板枋下皮以上高≈$\sqrt{2}$（下檐构图乙）（图8–56）。

（2）平面：

通面阔（21.32米）：通进深（15.06米）＝1.416≈$\sqrt{2}$（吻合度99.9%）。

（3）木构架总高（15.69米）：一层檐柱高（2.85米）＝5.505≈5.5（吻合度99.9%）；

通面阔（21.32米）：一层檐柱高（2.85米）＝7.481≈7.5（吻合度99.7%）；

尽间面阔（2.86米）：一层檐柱高（2.85米）＝1.004≈1（吻合度99.6%）——可知一层檐柱高是大金瓦殿木构架设计的一个基本模数（图8–57）。

综上可知，塔尔寺大金瓦殿在平、立面综合运用了$\sqrt{2}$比例——与承德外八庙的汉藏融合风格建筑类似，塔尔寺大金瓦殿以及本书讨论的塔尔寺其他建筑很可能融合了中国传统方圆作图比例与藏传佛教"曼荼罗"构图手法。

（四）D类：总高（台基以上）：通面阔＝1：$\sqrt{2}$

北京永定门城楼（明清）*

永定门为明北京外城正门，位于北京城中轴线南部起点，为外城诸门中最壮丽者。明嘉靖年间建，清乾隆三十二年（1767年）修葺。下为墩台，上为重檐歇山三滴水楼阁，首层面阔五间，进深一间，周回廊。

通过对1940年代实测图进行几何作图及实测数据分析，可得如下结论。

（1）上部城楼总高（台基以上，17.38米）：通面阔（23.91米）＝0.727≈1：$\sqrt{2}$（吻合度97.2%）。

（2）上部城楼总高（台基以上，17.38米）：明间面阔（5.79米）＝3。

（3）总高（含墩台，25.38米）：墩台总宽（30.88米）＝0.822≈5：6（吻合度98.6%）（图8–58）。

六、高宽比＝1：$\sqrt{3}$

1．北京紫禁城文渊阁（清乾隆四十一年，1776年）

紫禁城文渊阁首层面阔六间（取"天一生水，地六成之"之义，欲以水克火，包括东部主体五间，西端又增出一小间作楼梯间，不过主轴线仍取东部五间的中央明间，并且与文华殿建筑群中轴线对齐），进深三间并前后出廊。外观二层，但两层楼中设有夹层，因此内部为上、中、下三层。二层覆以单檐歇山顶，与山面的磨砖实墙和一层腰檐的硬山顶形成奇异的造型组合。

通过对刘敦桢、梁思成《清文渊阁实测图说》(《中国营造学社汇刊》第六卷第二期，1935）一文的实测图进行几何作图，可得如下结论。

（1）总高（台基以上）：通面阔（不含西侧小间）≈$\sqrt{3}$（D类）。

（2）明间面阔：次间面阔（等于梢间面阔）≈$\sqrt{2}$。

（3）二层平板枋下皮至台明距离：明间面阔≈$\sqrt{2}$（图8–59）。

综上可知，文渊阁外观虽为了取得“天一生水，地六成之”的象征含义而设计为面阔六间，但是除去西侧小间后的构图，依旧是对称的五开间楼阁样式，并且综合运用了$\sqrt{3}$和$\sqrt{2}$构图比例，是一个在习惯构图比例基础上的“创新”。

2．颐和园德合园大戏楼扮戏房（清）*

颐和园德合园大戏楼扮戏房为二层楼阁，主体面阔九间，进深三间，卷棚歇山顶；前出抱厦五间，卷棚歇山顶，并与主体屋顶形成勾连搭形式。

通过对《颐和园》(2000）中的实测图进行几何作图，以及《中国古建筑测绘大系·园林建筑：颐和园》(2015）中的实测数据进行分析，可得如下结论。

（1）总高（台基以上，15.605米）：台基总宽（26.944米）＝0.579≈1：$\sqrt{3}$（吻合度99.7%，B类）。

（2）总高（台基以上，15.605）：明间面阔（5.49米）＝2.842≈2$\sqrt{2}$（吻合度99.5%）。

（3）首层次间面阔≈檐柱高（图8–60）。

七、高宽比＝1：2$\sqrt{3}$

1．北京天安门［清顺治八年（1651年）重建］*

天安门为北京皇城正门，始建于明永乐十八年（1420年），原名“承天门”，取“承天启运”“受命于天”之意。明天顺元年（1457年）被焚，明成化元年（1465年）重建。清朝定鼎之初仍沿明旧称，顺治八年（1651年）重建后改称“天安门”。

天安门下设城台，上建城楼。城台设五道券门，中央为御路门，御路门两侧为王公门，最外侧为品级门。城楼面阔九间，进深五间，重檐歇山黄琉璃瓦顶。城楼与城台共同形成一纵一横的平衡构图，总体壮丽和谐。

通过对1940年代实测图进行几何作图以及实测数据分析，可得如下结论。

（1）总高（34.4米）：城台总宽（118.99米）＝ 0.289≈1：$2\sqrt{3}$（吻合度99.9%，A类）。

如果以1.35丈（取1丈＝3.173米）为正立面模数网格，则：

总高约8格，城台总宽约28格；

上部楼高：下部台高＝5：3；

整个城楼构图约为4个$\sqrt{3}/2$矩形（或7：8矩形）（图8–61）。

（2）总高（34.4米）：上层檐平板枋下皮高（24.27米，即上檐柱顶至地面距离）＝1.417≈$\sqrt{2}$（吻合度99.8%；上檐构图乙）。

（3）总高（34.4米）：明间面阔（8.52米）＝4.04≈4（吻合度99%）（图8–62）。

（4）城楼明间面阔（8.52米，约合2.7丈）：次间面阔（明间之外其余八间面阔相等，平均值为6.07米，约合1.9丈）＝1.404≈$\sqrt{2}$（吻合度99.3%）。

下檐柱高6.04米，约合1.9丈，等于次间面阔——故城楼明间为$\sqrt{2}$矩形，其余各间为正方形。

（5）城楼上层檐口高（取瓦当上皮）：明间面阔≈$\sqrt{2}$；

城楼上层檐口高：下檐柱高（等于次间面阔）≈2；

城台女墙以下高（12.05米）：下檐柱高（6.04米，等于次间面阔）＝1.995≈2（吻合度99.8%）。

故明间面阔2.7丈和次间面阔（等于下檐柱高）1.9丈均为天安门正立面设计的重要模数（图8–63）。[1]

（6）城楼总高（城台以上）：城楼台基总宽≈1：$2\sqrt{2}$。

城楼总高（城台以上）的二分之一位于下檐博脊上皮（图8–64）。

（7）城台进深（40.25米）：城楼总高（城台以上，22.08米）＝1.823≈$2\sqrt{2}-1$（吻合度99.7%）（图8–65）。

综上所述：天安门是又一个将$\sqrt{2}$和$\sqrt{3}$构图比例完美融合的经典实例，其中整体高宽比为1：$2\sqrt{3}$，而上部城楼高宽比则为1：$2\sqrt{2}$，二者皆是城楼建筑与殿堂建筑中极为横长的构图比例；此外，上部城楼的次间面阔（等于下檐柱高）、明间面阔和上檐口高形成1：$\sqrt{2}$：2的比例，同时上檐口距城台顶面高等于下部城台红墙（除去灰色女墙）总高，使得城台与城楼获得内在和谐。

2．北京端门（清）*

端门形制与天安门完全相同（图8–66）。

1．傅熹年曾研究指出下檐柱高（等于明间以外各间面阔）为天安门城楼设计的基本模数。

3．青海塔尔寺大经堂（1915年重建）

塔尔寺大经堂为全寺最大的殿堂，是全寺僧众聚集礼佛、诵经之所。建筑始建于明万历三十四年（1606年），后历经扩建，最终建为面阔十三间、进深十一间的规模，高二层。1912年遭焚毁，1915年重建。

通过对《青海塔尔寺修缮工程报告》（1996）及《青海古建筑》（2015）中的实测图进行几何作图以及实测数据分析，可得如下结论。

（1）外立面：

总高：总宽≈1：$2\sqrt{3}$（A类）（图8–67）。

（2）内立面：

总高：总宽≈1：4（A类）；总高的二分之一位于下檐平板枋下皮（图8–68）。

（3）通面阔（46.19米）：通进深（32.365米）＝1.427≈10：7（吻合度99.9%，即"方七斜十"）；1.427≈$\sqrt{2}$（吻合度99.1%）（图8–69）。

八、其他高宽比

（一）高宽比＝3：10

北京紫禁城午门（明永乐十八年，1420年）*

午门为紫禁城正门，明永乐十八年（1420年）建，清顺治四年（1647年）重修。午门下部墩台呈"凹"字形，台高12米，台下正中三道券门。文武百官从左门出入，皇室王公从右门出入，中央券门只有皇帝祭祀、大婚或亲征等重大仪式时才开启。墩台的两翼还各有掖门一座，因而午门的门洞被称作"明三暗五"。上部城楼面阔九间，进深五间，重檐庑殿顶。城台两侧，各设廊庑十三间，在门楼两翼向南排开，俗称"雁翅楼"。在雁翅楼的两端，各设有一座重檐攒尖顶的阙亭。

通过对1940年代的实测图进行几何作图以及实测数据分析，可得如下结论。

（1）正立面/纵剖面：

总高37.95米，取1丈＝3.173米，合11.96丈，约12丈（吻合度99.7%）；城台总宽127.13米，合40.07丈，约40丈（吻合度99.8%）；中央城台（不含双阙）宽76.03米，合23.96丈，约24丈（吻合度99.8%）。

总高（37.95米）：城台总宽（127.13米）＝0.299≈3：10（吻合度99.7%）。

总高（37.95米）：中央城台宽（76.03米）＝0.499≈1：2（吻合度99.8%）。（图8–70）

总高（37.95米）：上层檐平板枋下皮高（26.92米）＝1.41≈$\sqrt{2}$（吻合度99.7%，上檐构图乙）。

总高≈正脊长。

城楼明间面阔（9.15米）：次间面阔（明间两侧六间面阔基本相等，平均值为6.39米）＝1.43≈$\sqrt{2}$（吻合度98.9%）。

次间面阔≈檐柱高（含平板枋）（图8–71）。

城楼通面阔（60.05米）：木构架总高（脊桁上皮至室内地面，21.23米）＝2.829≈$2\sqrt{2}$（吻合度接近100%）（图8–72）。

（2）平面：

城楼通面阔（60.05米）：通进深（25米）＝2.402≈12：5（吻合度99.9%）；2.402≈$\sqrt{2}$＋1（吻合度99.5%）——午门城楼平面大约相当于一个正方形加一个$\sqrt{2}$矩形（图8–73）。

（3）阙亭：

总高35.1米，合11.06丈，约11丈（吻合度99.5%）。

总高（台基以上，20.4米）：城台顶宽（23.68米）＝0.861≈$\sqrt{3}$：2（吻合度99.5%）。

总高（台基以上，20.4米）：下檐平板枋下皮以上高（14.36米）＝1.421≈$\sqrt{2}$（吻合度99.5%，下檐构图乙）。

明间面阔（5.95米）：次间面阔（4米）＝1.4875≈3：2（吻合度99.2%）。

明间面阔（5.95米）：檐柱高（6.04米）＝0.985≈1（吻合度98.5%）（图8–74）。

（二）高宽比＝1：2

青海塔尔寺小金瓦寺殿（明清）

小金瓦寺殿初建于明崇祯四年（1631年），原为琉璃瓦顶，清嘉庆七年（1802年）改为镏金板瓦，故俗称“小金瓦寺殿”。小金瓦寺殿为歇山顶二层楼阁，面阔七间，进深五间。

通过对《青海塔尔寺修缮工程报告》（1996）一书中的实测图进行几何作图以及实测数据分析，可得如下结论。

（1）正立面：

总高：总宽≈1：2（A类）；平顶总高：总宽≈1：$2\sqrt{2}$（图8–75）。

（2）平面：

通面阔（取墙外皮间距23.35米）：通进深（取墙外皮间距16.61米）＝1.406≈$\sqrt{2}$（吻合度99.4%）（图8–76）。

（三）高宽比＝3：5

1．北京紫禁城神武门（明永乐十八年，1420年）*

神武门下为墩台，上建城楼，面阔五间、进深一间，周回廊，重檐庑殿顶。通过对1940年代实测图进行几何作图以及实测数据分析，可得如下结论。

（1）正立面/纵剖面：

总高（31.46米）：城台总宽（51.66米）＝0.609≈3：5（吻合度98.5%，A类）——神武门高宽比为午门之2倍。

总高（31.46米）：上部城楼高（22.01米）＝10：7≈$\sqrt{2}$（吻合度99%，即“方七斜十”）。

次间面阔（6.62米）＝下檐柱高（含平板枋6.62米）。（图8–77、8–78）

（2）纵剖面：

上部城楼高（22.01米）：台基总宽（取栏杆中线，43.06米）＝0.511≈1：2（吻合度97.8%，A类）（图8–79）。

（3）平面：

上部城楼通进深（17.96米）：通面阔（41.68米）＝0.431≈$\sqrt{3}/4$（吻合度99.5%）（图8–80）。

2．北京紫禁城西华门（明万历二十四年，1596年）*

西华门始建于明永乐十八年（1420年），万历二十二年（1594年）雷雨大作，西华门城楼火灾，二十四年（1596年）重建竣工。

西华门形制与神武门十分接近，下为墩台，上建城楼，面阔五间、进深一间，周回廊，重檐庑殿顶。通过对1940年代实测图进行几何作图以及实测数据分析，可得如下结论。

（1）正立面：

总高（31.5米）：城台总宽（51.33米）＝0.614≈3：5（吻合度97.7%，A类）。

总高（31.5米）：上檐额枋下皮高（22.22米）＝1.418≈$\sqrt{2}$（吻合度99.7%）。

次间面阔（6.51米）≈下檐柱高（含平板枋6.52米）；明间面阔：上檐口高（取飞椽上皮）≈1：$\sqrt{2}$（图8–81）。

（2）纵剖面：

上部城楼高（21.66米）：台基总宽（43.53米）＝0.498≈1：2（吻合度99.5%，A类）（图8–82）。

（3）平面：

上部城楼通进深（17.66米）：通面阔（41.27米）＝0.428≈$\sqrt{3}$/4（吻合度98.8%）（图8–83）。

3．北京北海西天梵境琉璃阁（清乾隆二十四年，1759年）

北海西天梵境（俗称大西天）琉璃阁为一座无梁阁，分上、下两层，上部为重檐歇山顶。阁外墙体满铺琉璃砖，上有浮雕佛像1376尊，绚烂夺目。每层南北两面各有五座拱门，东西两面各开一座拱门，拱门的券面雕刻藏传佛教装饰题材，十分精美。二层设有平坐一周可供览胜。

通过对《中国古典园林建筑图录·北方园林》（2015）一书中的实测图进行几何作图，可得如下结论。

（1）总高：通面阔≈3：5（C类；五间面阔皆相等，立面设计以各间面阔为基本模数）。

（2）总高：一层檐口以上高（取飞椽上皮）≈$\sqrt{2}$（下檐构图甲）。

（3）一层各间面阔：平板枋上皮高≈$\sqrt{2}$。

（4）一层平板枋上皮高≈平坐平板枋上皮至二层平板枋上皮距离。（图8–84）

4．承德避暑山庄丽正门（清）

承德避暑山庄丽正门下为城台，上建楼阁，面阔三间，周回廊，单檐歇山顶。通过对《承德古建筑——避暑山庄和外八庙》（1982）中的实测图进行几何作图，可得如下结论。

（1）总高（台基以上）：台基总宽≈3：5（B类）。

（2）总高（台基以上）：城楼柱头高≈$\sqrt{2}$（上檐构图乙）。（图8–85）

（四）高宽比＝4：5

北京正阳门箭楼（明清）*

正阳门箭楼下为城台，上为箭楼，面阔七间，进深二间，重檐歇山顶，北侧出抱厦五间。通过对1940年代实测图进行几何作图以及实测数据分析，可得如下结论。

（1）总高（34.74米）：墩台南部凸出部分总宽（43.67米）＝0.796≈4：5（吻合度99.5%；A类）。

（2）总高（34.74米）：墩台总宽（62.67米）＝0.554≈5：9（吻合度99.8%）。

（3）总高（34.74米）：通面阔（主体七间，35.3米）＝0.984≈1（吻合度98.4%）（图8–86）。

（五）高宽比＝5：6

永定门箭楼（明清）

永定门箭楼明嘉靖年间建，清乾隆三十二年（1767年）修葺。下为墩台，上为箭楼，面阔三间，进深一间。通过对1940年代实测图进行几何作图及实测数据分析，可得如下结论。

（1）总高：墩台总宽（取顶宽）≈5：6；总高：城楼总宽≈5：4。

（2）总高（15.85米）：城门门洞宽（5.27米）＝3.008≈3（吻合度99.7%）（图8–87）。

九、局部运用方圆作图比例

除了上述具有清晰高宽比的实例之外，还有一些楼阁尽管总高与总宽之比例关系不明显，但却在局部运用了方圆作图比例，尤其运用了上述上、下檐构图比例，以下论述之。

1．西安鼓楼（明洪武十三年，1380年）

西安鼓楼始建于明洪武十三年（1380年），清康熙三十八年（1699年）、乾隆五年（1740年）重修，较好地保持了明代原貌。下为城台，上建重檐歇山顶三滴水城楼，楼面阔七间，进深三间，周回廊。

通过对《中国古代城市规划、建筑群布局及建筑设计方法研究》（2008）中实测图（引自《陕西古建筑》）进行几何作图，可得如下结论。

（1）总高：城台女墙顶部以上高≈$\sqrt{2}$。

（2）总高：上檐平板枋下皮高≈$\sqrt{2}$（上檐构图乙）。

（3）上部城楼：

总高（台基以上）：台基总宽≈1：（$2\sqrt{2}-1$）。

总高（台基以上）：明间面阔≈$2\sqrt{2}$（图8–88、图8–89）。

2．北京智化寺万佛阁（明正统九年，1444年）

智化寺万佛阁底层面阔五间，进深三间，二层单檐庑殿顶，平坐下出腰檐一周。通过对《东华图志：北京东城史迹录》（2005）一书中的实测图进行几何作图，可得如下结论。

（1）总高：上层檐口高（取飞椽上皮）≈$\sqrt{2}$（上檐构图甲）。

（2）总高：擎檐柱间距≈1（图8–90）。

3．曲阜孔庙奎文阁（明弘治十七年，1504年）

曲阜孔庙奎文阁为重檐歇山顶三滴水二层楼阁，底层面阔五间，进深三间，副阶周匝。通过对《曲阜孔庙建筑》（1987）一书中的实测图进行几何作图及实测数据分析，可得如下结论：

（1）总高（台基以上）：上层平板枋下皮高（即上檐柱头高）≈$\sqrt{2}$（上檐构图乙）。

（2）通面阔：上层平板枋下皮高（即上檐柱头高）≈$2\sqrt{2}-1$。

（3）明间面阔（5.94米）：次间面阔（平均值4.285米）＝1.386≈7：5（吻合度99%）（图8–91）。

4．山西五台山显通寺大无梁殿（明万历三十四年，1606年）*

五台山显通寺现存三座无梁殿，一大二小，呈品字形格局，均为僧妙峰于明万历三十四年所建。大无梁殿面阔七间，进深三间，二层上覆单檐歇山顶。

通过对清华大学建筑学的实测图（CAD文件）进行几何作图以及实测数据分析，可得如下结论。

（1）总高（20.808米）：上层檐口高（取飞椽下皮，14.782米）＝1.408≈$\sqrt{2}$（吻合度99.6%，上檐构图甲）。

（2）总高（20.808米）：上层屋檐总宽（29.677米）＝0.701≈1：$\sqrt{2}$（吻合度99.2%）。

（3）通面阔（28.881米）：通进深（16米）＝1.805≈9：5（吻合度99.7%）（图8–92）。

5．山西五台山显通寺小无梁殿（明万历三十四年，1606年）

显通寺小无梁殿面阔三间，进深一间，二层上覆单檐歇山顶。通过对《中国古代建筑史》（第四卷：元、明建筑，2009）一书中实测图进行几何作图，可得如下结论：

（1）总高：上层平板枋下皮以下高≈$\sqrt{2}$（上檐构图乙）。

（2）总高≈下层屋檐总宽。

（3）下层檐口高（取瓦当上皮）：明间面阔≈$\sqrt{2}$（图8–93）。

6．山西陵川崇安寺山门（明）*

山西陵川崇安寺山门形制古老，为重檐歇山三滴水楼阁，主体面阔五间，进深三间，周回廊。通过对《中国古建筑测绘十年：2000～2010清华大学建筑学院测绘图集》（下册，2011）一书中的实测图进行几何作图及实测数据分析，可得如下结论：

（1）总高（15.365米）：一层檐口以上高（取飞椽下皮，10.923米）＝1.407≈$\sqrt{2}$（吻合度99.5%，下檐构图甲）。

（2）总高≈歇山顶两垂脊间距（图8–94）。

7．北京颐和园佛香阁（清光绪二十一年，1895年）*

颐和园佛香阁位于万寿山顶，始建于乾隆二十五年（1760年），咸丰十年（1860年）英法联军火烧圆明园，清漪园亦遭劫难，佛香阁被焚毁。光绪十七年（1891年）开始重修，二十一年（1895年）竣工。佛香阁的重建设计由时任样式房掌案的样式雷第七代传人雷廷昌负责。阁平面八角形，三层四檐两平坐，顶部覆八角攒尖顶，总高（地面至宝顶上皮）36.47米（取1尺＝31.83厘米，合11.48丈，约11.5丈），为中国现存第三高大的木结构建筑，仅次于应县木塔和承德普宁寺大乘阁。通过对《中国古建筑测绘大系•园林建筑：颐和园》（2015）、《颐和园》（2000）、《颐和园佛香阁精细测绘报告》（2014）中的实测图进行几何作图，以及对《颐和园佛香阁精细测绘报告》（2014）中的实测数据进行分析，结合现场实测平面数据[1]，可得如下结论。

（1）正立面：

总高（36.47米）：顶层平板枋下皮高（25.74米）＝1.417≈$\sqrt{2}$（吻合度99.8%；上檐构图乙）[2]（图8–95）。

总高≈下部大基座高（图8–96）。

（2）平面：

庭院边长（37.687米）：佛香阁台基总宽（26.655米）＝1.414＝$\sqrt{2}$。

1. 据王南、唐恒鲁实测数据：佛香阁庭院东西37.636米，南北37.738米，庭院边长平均值37.687米；台基边长（取须弥座上枋）均值11.042米，由此可得台基总宽26.655米。取1尺＝31.83厘米，庭院边长11.84丈，与清华大学建筑学院图书馆藏光绪十三年（1887）《万寿山准底册》中雷廷昌组织样子匠对佛香阁遗址勘测所得“佛香阁内院当见方十一丈九尺”基本吻合。

2. 佛香阁正立面实测数据采自《颐和园佛香阁精细测绘报告》（2014）中运用三维扫描仪测得的数据，由于该书中的正立面图清晰度极差，故正立面分析图底图选取《中国古建筑测绘大系•园林建筑：颐和园》（2015）中的实测图，对该实测图的几何作图分析与实测数据分析结果十分吻合，特此说明。出于同样原因，平面分析图底图选取《颐和园》（2000）一书中的实测图。

佛香阁底层檐柱圈边长（首层八边平均值9.725米）：底层金柱圈边长（首层八边平均值6.923米）=1.405≈$\sqrt{2}$（吻合度99.4%）（图8-97）。

（3）剖面：

通天柱高（8根通天柱高平均值26.755米）：金柱高（24根金柱高平均值18.871米）=1.418≈$\sqrt{2}$（吻合度99.7%）。

通天柱高（8根通天柱高平均值26.755米）：台基总宽（26.655米）=1.004≈1（吻合度99.6%）（图8-98）。

综上可知，佛香阁为平、立、剖面综合运用$\sqrt{2}$比例的杰作。

8．北京北海阐福寺钟楼（清）

北京北海阐福寺钟楼为歇山顶二层楼阁，面阔五间。通过对《中国古典园林建筑图录·北方园林》（2015）一书中的实测图进行几何作图，可得如下结论。

（1）总高：一层平板枋下皮高≈$\sqrt{2}$（下檐构图乙）。

（2）明间面阔≈一层平板枋上皮高（图8-99）。

9．北京柏林寺藏经阁（清）

北京柏林寺藏经阁为硬山顶二层楼阁，面阔五间。通过对《东华图志：北京东城史迹录》（2005）一书中的实测图进行几何作图，可得如下结论。

（1）总高（台基以上）：一层檐口以上高（取飞椽上皮）≈$\sqrt{2}$（下檐构图甲）。

（2）总高（台基以上）：明间面阔≈3。

（3）明间面阔：一层檐柱高≈$\sqrt{2}$（图8-100）。

10．承德安远庙普渡殿（清乾隆二十九年，1764年）

承德安远庙为外八庙之一，普渡殿名曰殿，其实为方七间的三层歇山三滴水楼阁。

通过对《承德古建筑——避暑山庄和外八庙》（1982）中的实测图进行几何作图，可得如下结论。

（1）总高：上层檐口高（取瓦当下皮）≈$\sqrt{2}$（上檐构图甲）（图8-101）。

（2）总高：首层平板枋下皮以上高≈$\sqrt{2}$（下檐构图乙）（图8-102）。

（3）首层通面阔：中央五间面阔≈$\sqrt{2}$；三层通面阔：中央三间面阔≈2（图8-103）。

11．承德避暑山庄金山上帝阁（清）

避暑山庄金山上帝阁仿镇江金山寺意境，阁三层六角攒尖顶。通过对《承德古建筑——避暑山庄和外八庙》（1982）中的实测图进行几何作图，可得如下结论。

（1）总高（台基以上）：第一层腰檐以上高≈$\sqrt{2}$。

（2）总高（台基以上）：一层（廊柱）边长≈3（图8-104）。

12．北京牛街清真寺宝月楼（明末清初）

牛街清真寺宝月楼为二层六角楼阁，覆攒尖顶。通过对《宣南鸿雪图志》（1997）一书中的实测图进行几何作图，可得如下结论。

（1）总高：上层檐口高（取瓦当上皮）≈$\sqrt{2}$（上檐构图甲）。

（2）总高：底层边长≈3（图8-105）。

第九章 佛塔与经幢

佛塔是中国古建筑中造型最为丰富多样的类型，同时也是中国古建筑中运用方圆作图比例的手法最为精彩纷呈的类型。

佛塔按外观造型可大致分为楼阁式塔（又可依材料分为木塔、石塔和砖塔）、密檐式塔、单层塔、覆钵式塔（即喇嘛塔）、金刚宝座塔、楼阁与覆钵混合式塔等，[1]由于各类型之间造型差异极大，故本章对佛塔构图比例的讨论不依照高宽比分类，而直接按佛塔类型分类。

陈明达在对应县木塔的研究中曾经发现木塔第三层（即中间层）边长为木塔设计的重要模数。傅熹年在陈明达研究的基础上进一步指出楼阁式塔设计的基本方法：

“以塔中间一层每面之宽为塔在高度和宽度上的模数：塔高（底层柱脚至塔顶檐口）为中间一层每面之宽的倍数；塔每层面阔以中间一层为基准，上下各层递减或递加一定尺寸。”[2]

在前人研究的基础上，本章对各类佛塔构图比例的探讨更进一步，开始关注塔总高与首层通面阔（或总宽、边长）、塔总高与局部高度的方圆作图比例关系。

1. 梁思成在《图像中国建筑史》（1946）中将中国古代佛塔分作单层塔、多层塔、密檐塔和窣堵坡（又细分作瓶形塔和金刚宝座塔）四大类；刘敦桢在《中国之塔》（1945）一文中则分作楼阁式塔、单檐塔、密檐塔、喇嘛塔、金刚宝座式塔五大类。参见梁思成. 梁思成全集（第八卷）[M].北京：中国建筑工业出版社，2001；刘敦桢:《中国之塔》（刘敦桢. 刘敦桢全集（第四卷）[M]. 北京：中国建筑工业出版社，2007：79-91）. 其实上述两种分类只是名称上略有不同，而梁思成的第四类包括刘敦桢的第四、五两类。本文在上述五类佛塔的基础上，增加了楼阁与覆钵混合式塔（包括所谓的“花塔”）一类，共计六大类。

2. 傅熹年. 中国古代城市规划、建筑群布局及建筑设计方法研究（上册）[M]. 北京：中国建筑工业出版社，2001：176-177.

一、楼阁式塔

佛塔之天竺（印度）原型称“窣堵坡”（即梵文stupa的音译，为玄奘所译），为建于台基上的半球形圆坟，因形如一只倒扣的碗，因此中国古代亦称之为“覆钵”，其上有方形宝匣（乃奉藏舍利之所在），再上树立带数层圆盘状伞盖（亦称相轮）的刹杆，典型实例如桑奇大塔。窣堵坡于汉代随佛教传入中国，逐渐与中国传统建筑融合：《后汉书·陶谦传》中记载的东汉初平年间（190～193年）丹阳人笮融所建之塔“上累金盘，下为重楼”，即将窣堵坡原型缩小，置于方形的多层楼阁之上，遂形成中国特有的楼阁式塔（如果将缩小的窣堵坡置于单层建筑上则形成下文所要讨论的单层塔）。多层楼阁屋顶上方的窣堵坡，演化成为佛塔的塔刹，其中窣堵坡的方台变为须弥座，半球形圆坟变为覆钵，刹杆上的多层圆盘称相轮。

塔刹（天竺原型）与重楼（中国原型）形成全新的楼阁式塔之整体造型，并且在平、立、剖面设计中皆有十分精妙的构图比例。以下分别探讨木构、石仿木构、砖仿木构和砖木混合结构的各类楼阁式塔实例。

（一）木塔

山西应县佛宫寺释迦塔（辽清宁二年，1056年）*

山西应县佛宫寺释迦塔，即著名的应县木塔，是中国现存最古老也是规模最大的木塔，同时也是全世界规模最大的木塔，价值无与伦比。

塔平面为八角形，每面三开间，高五层，首层带副阶一周，故外观共出檐六重。首层以上，每层皆有平坐、屋身及屋檐，且逐层缩进，顶层覆以八角攒尖屋顶，上立铁刹。全塔立于双重石基之上。平面设内、外柱各一周，外柱二十四根，内柱八根，木塔全部重量均由各层的三十二根立柱承担，并自上而下依次传递至地基。木塔外观五层，实际内部每两层之间有一暗层，位于平坐和腰檐之后。

通过对清华大学建筑学院中国营造学社纪念馆藏营造学社实测图及陈明达《应县木塔》（2001）一书中实测图进行几何作图以及实测数据分析，可得如下结论。

（1）正立面、总剖面：

总高（66.67米）：首层通面阔（不含副阶，柱头尺寸23.36米）＝2.854≈20：7

（吻合度99.9%）；2.854≈$2\sqrt{2}$（吻合度为99.1%）[1]——可知应县木塔正立面高宽比＝$2\sqrt{2}$（C类），其构图相当于把五台山佛光寺东大殿正立面旋转90°。

总高（66.67米）：顶层普拍枋下皮以下高（46.83米）＝1.424≈10：7（吻合度99.7%）；1.424≈$\sqrt{2}$（吻合度为99.3%）——上檐构图乙。

顶层普拍枋下皮以下高（46.83米）：首层通面阔（不含副阶，柱头尺寸23.36米）＝2.0052≈2（吻合度99.8%）。

由上可知——应县木塔首层通面阔（不含副阶）：顶层普拍枋下皮以下高：总高＝1：2：$2\sqrt{2}$。

以总高的1/20即3.33米为正立面模数网格，则：

总高20格。正立面由下而上，副阶檐口高3格，二层平坐柱头高5格，二层檐口高7格（等于首层通面阔，不含副阶），顶层普拍枋下皮高14格（图9-1～图9-4）。

（2）平面：

首层内筒内径（10.25米）：外筒内径（20.76米）：下层方形台基边长（平均值40.65米）＝1：2.03：3.97≈1：2：4。取1丈＝2.94米，三者约合3.5丈（3.49）、7丈（7.06）、14丈（13.83）（图9-5）。

上层八角形台基总宽35.47米，合12.06丈，约12丈（吻合度99.5%），边长为5丈；首层通面阔（不含副阶，柱脚尺寸）23.69米，合7.95丈，约8丈（吻合度99.4%）。

上层八角形台基总宽（35.47米）：首层通面阔（23.69米）＝1.497≈3：2（吻合度99.8%）（图9-6）。

综上可知，木塔首层平面通面阔（不含副阶）8丈，内筒内径3.5丈，外筒内径7丈，上层八角形台基边长5丈，总宽12丈，下层方形台基边长14丈。

（3）首层佛像与木塔剖面：

木塔总高（66.67米）：首层佛像总高（含基座，约等于首层平棊高，11.12米）＝6。

首层佛像净高（不含基座）：首层内槽通面阔（等于佛像基座顶部至二层楼面）≈1：$\sqrt{2}$；

首层佛像净高（不含基座）≈斗八藻井总宽。

首层佛像净高（不含基座）：佛像肩部以下高（约等于佛像总宽）≈$\sqrt{2}$（图9-7）。

首层佛像总高（含基座，11.12米）：

1. 此外，总高（66.67米）：首层通面阔（不含副阶，柱脚尺寸23.69米）＝2.814≈$2\sqrt{2}$（吻合度为99.5%）。本书中木塔总高取台基周围地面至塔刹顶距离66.67米，而陈明达《应县木塔》（1966）一书取南月台南侧地面至塔刹顶部距离67.31米为总高。

内槽通面阔（12.94米）=0.859≈6∶7（吻合度99.8%）；0.859≈$\sqrt{3}/2$（吻合度99.2%）。

内槽通面阔（12.94米）∶首层层高（14.65米）=0.883≈7∶8（吻合度99.1%）；0.883≈$\sqrt{3}/2$（吻合度98%）。

因此，佛像总高∶内槽通面阔∶首层层高≈6∶7∶8（图9–8）。

综上可知：木塔首层内槽空间与佛像有着十分精密的比例关系，尤其内槽通面阔是佛像净高的$\sqrt{2}$倍；而木塔总高则是佛像总高的6倍。

（4）首层剖面：

首层层高+二层层高=14.65+8.84=23.49米，首层通面阔（不含副阶，柱头尺寸）23.36米，二者基本相等（吻合度99.4%），皆为8丈左右。

内槽通面阔（柱头尺寸12.94米，合4.4丈）∶外槽通面阔（柱头尺寸23.36米，合8丈）=0.554≈5∶9（吻合度99.7%）。

内槽通面阔（12.94米）∶二层平坐柱头距台基地面（12.93米）≈1（吻合度接近100%）。

内槽通面阔（12.94米）∶内柱高（9.05米）=1.43≈$\sqrt{2}$（吻合度98.9%）——可知首层佛像净高与内柱高基本相等（图9–9）。

（5）二层至五层剖面：

二层层高=5.48+3.36=8.84米，合3丈；

三层层高=5.51+3.34=8.85米，合3.01丈，约3丈；

四层层高=5.09+2.74=7.83米，合2.66丈；

五层层高=2.73+7.28=10.01米，合3.4丈。

由上可知：

四层层高∶三层层高（等于二层层高）=0.885≈7∶8（吻合度98.9%）；

三层层高（等于二层层高）∶五层层高=0.884≈7∶8（吻合度99%）。

因此四层层高、三层层高（等于二层层高）与五层层高为等比数列，比例均接近7∶8——这与前文辽代善化寺大雄宝殿的明间、次间、梢间与尽间面阔依次成等比数列的手法如出一辙。

（6）三层剖面：

木塔三层是除了首层之外比例关系尤为清晰的一层：

外槽边长8.83米，合3丈（等于层高）；

外槽通面阔（柱头尺寸21.3米）∶内槽通面阔（柱头尺寸12.42米）=1.715≈

（1+$\sqrt{2}$）：$\sqrt{2}$（吻合度99.5%）。

内槽通面阔（柱头尺寸12.42米）：层高（8.85米）=1.403≈$\sqrt{2}$（吻合度99.2%）（图9-10）。

（7）塔刹：

塔刹高（11.77米）：首层通面阔（不含副阶，23.36米）=0.504≈1：2（吻合度99.2%）。

（8）全塔各部分高度丈尺：

取1丈=2.94米，则：

基座4.4米，合1.497丈，约1.5丈（吻合度99.8%）；

首层层高14.65米，合4.98丈，约5丈（吻合度99.6%）；

二层层高8.84米，合3丈；

三层层高8.85米，合3.01丈，约3丈（吻合度99.7%）；

四层层高7.83米，合2.66丈；

五层层高10.01米，合3.4丈；

塔刹高11.77米，合4丈。

综上所述，应县木塔如同殿堂中的佛光寺东大殿、楼阁中的独乐寺观音阁一般，是佛塔中综合运用$\sqrt{2}$和$\sqrt{3}/2$构图比例的杰出典范。

木塔设计的关键是令总高与首层通面阔（不含副阶）之比为20：7（约2$\sqrt{2}$）。此外，首层通面阔（8丈）等于首层地面至三层（即中间层）地面的距离（5丈+3丈）；等于顶层普拍枋下皮高（16丈）的二分之一；塔刹总高（4丈）则等于首层通面阔的一半；上层八角形台基通面阔（12丈）是首层通面阔（8丈）的1.5倍，且八角形台基边长（5丈）等于首层层高——以上皆是简洁而完美的设计。因此，首层通面阔8丈为应县木塔设计中一个极为重要的模数——这一规律还将在下文大量其他佛塔中见到。

除了整体高宽比为2$\sqrt{2}$之外，木塔局部还有大量经典的比例关系：如首层内槽通面阔（等于二层平坐柱头至首层地面距离）与内柱高之比为$\sqrt{2}$；首层外槽通面阔（8丈）与内槽通面阔（4.4丈）之比为9：5；首层内槽通面阔（4.4丈）与首层层高（5丈）之比约为7：8（或$\sqrt{3}/2$）；首层平面内筒内径：外筒内径：方形大台基边长为1：2：4——足见首层的平、剖面设计是全塔设计的关键内容，决定了木塔的很多基本比例关系。

此外，四层层高、二层层高（等于三层层高）与五层层高依次成等比数列

（比值均接近7：8或$\sqrt{3}/2$）。

最后，木塔总高为首层主佛像总高（含基座）之6倍——令总高与主塑像高成一定简洁的比例关系，延续了前文所述佛殿（如佛光寺东大殿、善化寺大雄宝殿等）和佛阁（如独乐寺观音阁、普宁寺大乘阁等）的设计手法，足见在中国古代佛殿、佛阁和佛塔中，主要塑像与建筑空间的比例关系都是设计中的重要因素。此外，佛像尺寸与首层内槽剖面也有着精确的比例关系（图9–11）。

值得一提的是，陈明达、傅熹年曾经先后指出应县木塔第三层（即中间层）每面面阔8.83米（合3丈）是木塔设计的重要模数，并且木塔总高略大于第三层每面面阔的7.5倍（约7.625倍）或副阶檐柱高的15倍。事实上，木塔三层的确设计得非常完美，除了边长及层高均为3丈之外，内槽通面阔与层高之比为$\sqrt{2}$，外槽通面阔与内槽通面阔之比为（$\sqrt{2}+1$）：$\sqrt{2}$。因此，结合上述讨论与二位先生的研究，似乎可以认为，首层与三层都是应县木塔设计中十分重要的因素，而8丈与3丈也都是木塔设计的重要模数。

不过如果单就总体“高宽比”的控制效果而言：总高为首层通面阔的20/7（约$2\sqrt{2}$）倍（即以“总高”与“总宽”相比），似乎要比总高为第三层每面面阔的7.625倍（或者等于三层平面内接圆周长）更直观，也更易于达到所要追求的高宽比效果。特别是结合下文分析的一系列佛塔的高宽比及$\sqrt{2}$比例的运用来看，应县木塔高宽比等于$2\sqrt{2}$的构图似乎更有可能是其造型设计的根本意图。

（二）石塔

1．大同云冈石窟第21窟塔心柱（北魏）

云冈第21窟塔心柱下为基座，中为石雕仿木结构楼阁式五重塔，各层均方五间，顶层屋檐与窟顶之间雕纹饰。通过对《中国古代建筑史》（第二版，1984）一书中实测图进行几何作图，可得如下结论。

（1）总高：一层檐口以上高≈$\sqrt{2}$（下檐构图甲）。

（2）总高：一层通面阔≈3。

（3）总高自下而上：六分之一在台基顶部；三分之一在二层地面；二分之一略高于三层地面；六分之五在顶层阑额上皮（图9–12）。

2．大同云冈石窟第2窟塔心柱（北魏）

云冈第2窟塔心柱下为基座，中为石雕仿木结构楼阁式三重塔，各层均方三间，周回廊，顶层屋檐与窟顶之间雕方形天盖与须弥山，底层塔身残损较严重。通过对《中国古代建筑史》(第二版，1984)一书中实测图进行几何作图，可得如下结论。

(1)总高：方形天盖与须弥山以下高≈$\sqrt{2}$。

(2)总高：一层通面阔(不含回廊)≈3。

(3)总高自下而上：三分之一在二层地面；三分之二位于三层檐口。

以上二塔虽为石仿木结构，但其基本构图手法在一定程度上应是忠实反映了楼阁式塔的设计规律(图9-13)。

3．杭州闸口白塔(五代)*

杭州闸口白塔约建于北宋初建隆至开宝年间(960-975年)，其时杭州尚为吴越国钱氏辖区，故斯塔可视作五代末期建筑。闸口白塔是一座八角九层石塔，通体仿木构，细致入微。

通过对梁思成《浙江杭县闸口白塔及灵隐寺双石塔》(收入《梁思成文集》第二卷)中实测图[1](刘致平测绘)进行几何作图以及实测数据分析，可得如下结论。

(1)正立面总高：

总高14.117米，取1丈=2.94米，合4.8丈：最下层台基总宽5.007米，合1.7丈。

总高(14.117米)：最下层台基总宽(5.007米)=2.819≈$2\sqrt{2}$(吻合度99.7%)——闸口白塔整体高宽比与应县木塔相似，不同的是闸口白塔为$2\sqrt{2}$的A类，而应县木塔为C类。[2]

总高的二分之一约位于第五层(即中间层)楼面。

总高(14.117米)：塔刹高(2.37米)=5.96≈6(吻合度99.3%)(图9-14)。

(2)正立面净高：

最下层台基高1.3米，土衬石加须弥座高1.35米，其中须弥座高1.02米，故土衬石高0.33米，因此塔净高即土衬石以上高=14.117-1.3-0.33=12.487米。

塔净高(12.487米，约合4.2丈)：首层通面阔(2.065米，合0.7丈)=6.047≈6(吻合度99.2%)。

(3)平面：

须弥座总宽(取上枋，2.53米)：最下层台基总宽(5.007米)=0.505≈1：2(吻合度99%)。

此外，据傅熹年研究指出，塔身立面(除去塔刹和须弥座)分别以第五层明间面阔A与

1. 图中塔刹造型是根据测绘时残状推测的。参见梁思成. 梁思成文集(第二卷)[M]. 北京：中国建筑工业出版社，1984：136-151.
2. 此外，塔总高4.8丈和台基宽1.7丈这组数值，恰与佛光寺东大殿总高与明间面阔相同。

首层柱高H^1为模数，其中塔刹底部至台基顶面为15A，顶层檐口至台基顶面为$15H^1$。

综上可知：闸口白塔的设计综合考虑了总高与台基总宽、净高与首层通面阔、塔身与中间层明间面阔和首层柱高的比例关系。由于全塔从整体到局部都高度写仿木塔形制，故其所体现的比例关系应该在极大程度上反映了五代时期木塔的设计规律，十分难能可贵。

4．泉州开元寺仁寿塔（南宋嘉熙元年，1237年）[*]

泉州开元寺双塔，西塔称仁寿塔，东塔称镇国塔，均为八角五层石塔，通体仿木结构，是中国现存规模最大的双石塔。

通过对刘敦桢主编《中国古代建筑史》（第二版，1984）中实测图进行几何作图，以及对《泉州东西塔》（1992）所载福建省测绘局1986年测绘数据分析，可得如下结论。

（1）正立面：

总高（45.06米）：首层周长（44.48米）＝1.013≈1（吻合度98.7%）——因此，总高：首层边长≈8，类似《营造法原》记载的塔高与塔围关系，不过塔围不取书中所述的阶基周长，而取首层塔身周长。[2]

首层通面阔＝44.48/8×（$1+\sqrt{2}$）＝13.422米。

故总高（45.06米）：首层通面阔（13.422米）＝3.36≈10：3（吻合度99.1%）——实际上，所有符合总高等于首层周长的八角形塔，同时也满足总高：首层通面阔＝8：（$1+\sqrt{2}$）＝3.314≈10：3（吻合度99.4%）。

顶层檐口高＝8.53＋6.65＋5.79＋5.56＋4.9＝31.43米。

总高（45.06米）：顶层檐口高（31.43米）＝1.43≈10：7（吻合度99.9%）；1.43≈$\sqrt{2}$（吻合度98.9%；上檐构图甲）（图9–15）。

（2）正立面模数网格：

如果取A＝总高/100＝0.4506米作为正立面模数网格，则：

塔总高100A；

一层层高（含台基）8.53米，合18.9A≈19A（吻合度99.5%）；其中台基3 A，一层净高16 A；

二层层高6.65米，合14.8A≈15A（吻合度98.7%）；

三层层高5.79米，合12.8A≈13 A（吻合度98.5%）；

四层层高5.56米，合12.3A≈12 A（吻

1. 傅熹年. 中国古代城市规划、建筑群布局及建筑设计方法研究（上册）[M]. 北京：中国建筑工业出版社，2001：181–182.
2.《营造法原》载“塔盘外阶沿口周围总数，即塔葫芦尖至地高低”。

合度97.6%）；

五层层高4.9米，合10.9A≈11A（吻合度99.1%）；

屋顶加塔刹高10.65＋2.98＝13.63米，合30.2A≈30A（吻合度99.3%）；

首层通面阔13.422米，合29.8A≈30 A（吻合度99.3%）；

二层总宽（至柱外侧）28 A，三层总宽（至柱外侧）26 A，四层总宽（至柱外侧）24 A，五层总宽（至柱外侧）22 A——故塔身立面从首层至五层每层内径向内收进2A（即塔高的1/50）。

（3）平面：

台基外接圆直径（取上枋）：外壁内切圆直径≈$\sqrt{2}$；

外壁内切圆直径：内壁外接圆直径≈$\sqrt{2}$；

台基八角形为内壁八角形之2倍；

内壁内切圆直径：塔心柱外接圆直径≈2。

平面呈环环相套的构图，一如应县木塔（图9-16）。

此外据傅熹年研究指出，塔身立面（除去塔刹和须弥座）分别以第五层明间面阔与首层柱高为模数，其中塔刹底部至台基顶面为前者的7倍，顶层檐口至台基顶面为后者的7倍。[1]

综上可知：开元寺仁寿塔是从整体到局部熟练运用$\sqrt{2}$比例构图的又一完美杰作，同时是类似《营造法原》所载佛塔设计手法的典型实例，即总高等于首层周长。并且该塔以A（总高的1/100）作为立面设计的基本模数，台基、首层至五层、屋顶加塔刹的高度分别为3A、16A、15A、13A、12A、11A和30A，而首层至五层的总宽（首层取通面阔，其余各层取柱外侧间距）分别为30A、28A、26A、24A、22A，其中三、四、五层高宽比均为1∶2。

（三）砖塔及砖木混合塔

1．山西五台山佛光寺祖师塔（北齐或隋）

佛光寺祖师塔为平面六边形二层楼阁式砖塔。通过对梁思成《图像中国建筑史》（英文版，1984）中实测图进行几何作图，可得如下结论。

（1）总高：首层塔身以上高≈$\sqrt{2}$（下檐构图乙）。

（2）总高：首层塔身总宽≈2。

（3）首层塔身直径：首层屋檐直径≈

1. 傅熹年.中国古代城市规划、建筑群布局及建筑设计方法研究（上册）[M].北京：中国建筑工业出版社，2001：181-182.

1∶$\sqrt{2}$；首层塔身以上高∶首层屋檐直径≈1（图9-17）。

综上可知：佛光寺祖师塔的首层塔身直径、首层屋檐直径（等于首层塔身以上高）与总高构成1∶$\sqrt{2}$∶2的完美比例关系。

2．陕西西安慈恩寺大雁塔（唐～明）*

慈恩寺大雁塔始建于唐永徽三年（652年），是唐高宗为安放玄奘西行由印度取回的佛教经典而建，原为五层，砖表土心。唐长安年间（701～704年）改建为方形七层空心砖塔；大历年间（778～779年）又改作十层，后经战火破坏，剩下七层。后世多次重修，尤其是明万历年间，对残破的塔身加砌砖面，形成今日之格局。塔方形七层，矗立在高大的台基之上，整体比例粗壮雄强。各层以壁柱划分开间，以叠涩形成腰檐，首层、二层面阔九间，三、四层面阔七间，五、六、七层面阔五间。

通过对《陕西古建筑》（1992）中实测图进行几何作图，结合对《陕西古建筑》（2015）中的实测数据分析，可得如下结论。

（1）总高（64.5米）∶台基总宽（45.7米）＝1.411≈$\sqrt{2}$（吻合度99.8%）；总高∶二层塔身柱头以上高≈$\sqrt{2}$。[1]

（2）总高（台基以上）∶台基顶宽≈$\sqrt{2}$；总高（台基以上）∶第六层柱头距台明距离≈$\sqrt{2}$。

（3）总高（64.5米）∶首层边长（25.5米）＝2.529≈5∶2（吻合度98.9%）；

首层边长（25.5米）∶首层层高（10.36米）＝2.46≈5∶2（吻合度98.5%）。

（4）各层层高分别为：首层10.36米，二层7.37米，三层7.15米，四层6.65米，五层6.7米，六层6.4米，七层5.2米；

首层层高（10.36米）∶二三层平均层高（7.26米）＝1.427≈$\sqrt{2}$（吻合度99.1%）。

四五六层平均层高（6.583米）∶二三层平均层高（7.26米）＝0.907≈9∶10（吻合度99.2%）。

七层层高（5.2米）∶首层层高（10.36米）＝0.502≈1∶2（吻合度99.6%）（图9-18、图9-19）。

综上可知：大雁塔是在整体和局部大量运用$\sqrt{2}$比例的杰作。

3．苏州虎丘云岩寺塔（北宋建隆二年，961年）

虎丘云岩寺塔为八角七层砖塔，原为一

1. 另据《陕西古建筑》（1992），大雁塔总高63.25米，可惜该书无台基宽度尺寸。63.25/45.7＝1.384≈7∶5（吻合度98.9%）；1.384≈$\sqrt{2}$（吻合度97.9%），结论不变，吻合度略低。

座带木腰檐及平坐的外观仿木楼阁式砖塔，现腰檐平坐俱毁，仅余砖构，塔身结构采用厚壁双套筒式，内部各层均设有塔心室及回廊。通过对刘敦桢主编《中国古代建筑史》（第二版，1984）中实测图进行几何作图，可得如下结论。

（1）剖面：

总高：首层边长≈8——与《营造法原》记载类似（图9–20）。

（2）平面：

核心筒外接圆直径：内壁内切圆直径≈1：$\sqrt{2}$；

内壁内切圆直径：外径壁内切圆直径≈1：$\sqrt{2}$。

平面环环相套，一如前述诸塔（图9–21）。

据《中国古代建筑史·第三卷：宋、辽、金、西夏建筑》（第二版，2009）一书实测数据，塔总高47.68米，依照上述作图分析，则塔首层边长＝47.68/8＝5.96米，取1尺＝29.8厘米时（此数值介于唐尺29.4厘米和北宋尺30.5～31厘米之间），合2丈，塔高合16丈。

4．苏州罗汉院双塔（北宋太平兴国七年，982年）

苏州罗汉院双塔一名功德塔，一名舍利塔，形制相同，均为八角七层仿木楼阁式砖塔。通过对《中国古代建筑史·第三卷：宋、辽、金、西夏建筑》（第二版，2009）及梁思成《图像中国建筑史》（英文版，1984）中实测图进行几何作图，可得如下结论。

（1）东塔正立面

总高（台基以上）：首层边长≈15。

塔刹加屋顶高：总高（台基以上）≈1：3。

总高（台基以上）的二分之一约位于第五层檐口（图9–22）。

（2）西塔二层立、剖面

层高：每面面阔≈$\sqrt{2}$；每面面阔：柱高≈$\sqrt{2}$；层高：柱高≈2。

（3）西塔首层塔心室剖面

首层塔心室高：面阔≈3：2；平闇盝顶以下高：面阔≈$\sqrt{2}$（图9–23）。

5．内蒙古巴林右旗辽庆州释迦佛舍利塔（辽重熙十八年，1049年）

辽庆州释迦佛舍利塔俗称庆州白塔，建于辽圣宗庆陵的陵邑庆州。其建塔碑上记载了主持建塔的塔匠都作头寇守辇、副作头吕继鼎及窑坊、雕木匠、铸相轮匠、铸镜匠、锻匠、石匠、贴金匠等各工种作头的姓名，难能可贵。塔为八角七层砖塔，塔身刷白色，因而得名。

通过对《中国古代建筑史·第三卷：宋、辽、金、西夏建筑》（第二版，2009）一书中实测图进行几何作图，可得如下结论。

（1）总高（第二层台基以上）：首层边长≈8——与《营造法原》记载构图类似。

（2）总高（第二层台基以上）的二分之一位于第四层（即中间层）地面。

（3）塔刹加屋顶高：总高（第二层台基以上）≈1：4。

（4）据实测数据（引自《辽庆州释迦佛舍利塔营造历史及其建筑构制》，载于《文物》1994年12期），塔下二层台基高3.8米，台基以上至刹顶高69.47米，则塔总高73.27米，取1尺＝29.4厘米，则塔总高合24.92丈，约25丈（吻合度99.7%）（图9-24）。

此外，傅熹年研究指出：柱脚至顶层檐口高为第四层（即中间层）边长的7倍，而柱脚至塔刹底高为首层柱高之13倍。[1]

综上可知：庆州白塔的立面设计从整体到局部兼顾了首层边长、柱高和中间层边长三组模数和比例关系。

6．河北定县开元寺料敌塔（北宋至和二年，1055年）*

开元寺料敌塔创建于北宋咸平四年（1001年），至和二年（1055年）建成，历时五十余载。塔为八角十一层砖塔，通高84.2米，取1尺＝30.5厘米，合27.6丈，是中国现存最高的砖塔。

通过对刘敦桢主编《中国古代建筑史》（第二版，1984）中实测图进行几何作图，以及对刘敦桢《河北定县开元寺塔》（载于《刘敦桢全集》第十卷）一文中的实测数据进行分析，可得如下结论。

（1）剖面：

总高（台基以上，79.92米）：首层边长（9.99米）＝8——与《营造法原》记载构图接近，此点刘敦桢《河北定县开元寺塔》一文已指出。

总高（台基以上）：塔刹高≈8。

八层地面至塔顶高：总高（台基以上）≈3：8（图9-25）。

（2）平面：

核心筒内切圆直径：内壁外接圆直径≈1：$\sqrt{2}$；

外壁外接圆直径：台基内切圆直径≈1：$\sqrt{2}$。

平面环环相套，一如前述诸塔（图9-26）。

7．安徽蒙城万佛塔（北宋崇宁七年，1108年）*

蒙城万佛塔为八角十三层砖塔，各层平、剖面均不同，结构、构造形式异彩

1. 傅熹年.中国古代城市规划、建筑群布局及建筑设计方法研究（上册）[M].北京：中国建筑工业出版社，2001：175-177.

纷呈。通过对《中国古代建筑史·第三卷：宋、辽、金、西夏建筑》(第二版，2009)中实测图进行几何作图以及实测数据分析，可得如下结论。

(1)总高(42.5米)：首层边长(3.1米)=13.71≈14(吻合度98%)。

(2)七层(中间层)以上高：七层以下高≈1：$\sqrt{2}$。

若取1尺=30.5厘米，则首层边长合1.016丈，约1丈(吻合度98.4%)；总高合13.93丈，约14丈(吻合度99.5%)——故蒙城万佛塔设计的基本构图可能是令底边长1丈，塔高14丈(图9–27)。

8．北京颐和园花承阁琉璃塔(清乾隆十六年，1751年)*

颐和园花承阁琉璃塔因通体黄、蓝、靛、绿、紫五彩琉璃而著名，

为八角形的楼阁式砖塔，外覆琉璃砖瓦，晶莹夺目。塔分三层，一层塔身以黄绿蓝三色琉璃砖砌筑，各面均铺满小佛龛，东西南北四面各有大佛龛一座，一层塔身之上是两重檐，下檐用黄琉璃瓦，上檐用绿琉璃瓦，重檐之上承平坐，平坐下部为三层黄琉璃仰莲，上部为蓝、靛、黄三色琉璃制成的栏板；二层塔身与一层类似，以紫、绿、蓝、黄四色琉璃铺砌，上为重檐，分别为紫、靛琉璃瓦顶，其上又为仰莲及栏板组成之平坐；三层塔身用蓝、靛、绿、黄四色琉璃铺砌，上为三重檐，由下而上依次用蓝、靛、黄色琉璃瓦，上承塔刹。

通过对《中国古典园林建筑图录·北方园林》(2015)一书中的实测图进行几何作图，结合对《中国古建筑测绘大系·园林建筑：颐和园》(2017)一书中的实测数据进行分析，可得如下结论。

(1)总高：总宽(取须弥座上枋)≈3.5；总高(须弥座以上，16.385米)：首层通面阔(2.902米)=5.646≈4$\sqrt{2}$(吻合度99.8%)——高宽比二倍于应县木塔。

(2)总高(18.05米)：一层檐口(取瓦当上皮)以上高(12.703米)=1.421≈$\sqrt{2}$(吻合度99.5%)。

(3)总高(18.05米)：一层每面面阔(1.706米)=10.58≈10.5(吻合度99.2%)。

(4)总高(18.05米)：塔刹高(2.407米)=7.499≈7.5(吻合度接近100%)(图9–28)。

二、密檐式塔

密檐式塔下部为高大的单层塔身(下部有时设须弥座和莲座)，建在巨大的基座

上，塔身上部为重叠若干层之塔檐（通常以砖石叠涩形成塔檐，也有仿木结构出檐者，出檐层数自三、五、七、九到十一、十三、十五、十六、十八层不等），檐间只有极低矮之象征性塔身，最上为塔刹。各层塔檐往往构成极优美之梭形弧线轮廓。

有学者认为密檐塔是三世纪天竺出现的与婆罗门教天祠形式相近的砖塔于南北朝时期传入中国，并与中国楼阁式塔的一些特点相结合而形成的。[1]

1．河南登封嵩岳寺塔（北魏正光四年，523年）*

嵩岳寺塔为中国现存最古老的佛塔，[2]其造型之独特真可谓“前不见古人，后不见来者”——塔平面呈十二边形，为国内孤例。塔立面由下而上分别为台基、塔身、十五重密檐和塔刹，除了塔刹为石雕之外，通体用灰黄色砖砌成。

单层塔身立于简朴的台基之上，分上下两部分，中间以一段叠涩线脚隔开。塔身东、南、西、北四个正面有贯通上下两部分的券门，半圆形拱券上方有马蹄形尖拱券面装饰，为典型印度样式。其余八面，下半段为素面，上半段则各砌出一座单层方塔形壁龛，形制与云冈石窟单层塔造型类似。同时上半段砌出十二根角柱，柱下有砖雕的覆盆形柱础，柱头饰以砖雕的垂莲和火焰，为印度、波斯混合样式。

塔身之上是十五重密檐，为叠涩式出檐，且每层直径逐步内缩，塔的外部轮廓呈轻快秀美的抛物线形。

密檐之上为石造的塔刹，自下而上分别为覆莲、须弥座、仰莲、相轮和宝珠，覆莲造型尤为饱满有力。

内部中央塔室为八角形，直径约5米，墙体厚2.5米。

通过对刘敦桢主编《中国古代建筑史》（第二版，1984）中实测图进行几何作图，以及河南省古代建筑保护研究所《登封嵩岳寺塔勘测简报》（载于《中原文物》1987年12月）一文中详细的实测数据分析，可得如下结论。

（1）首层边长（取塔底边）平均值为2.835米，正十二边形内径＝边长×（$2+\sqrt{3}$）≈2.835×3.732≈10.58米，与《中国古代建筑史》（第二版，1984）所载塔身直径尺寸10.6米吻合。由此可知：

总高（37.045米）：首层总宽（取塔底边，10.58米）＝3.5（即7：2，吻合度100%）。

（2）首层檐口高（取叠涩出檐最远一层砖下皮）≈首层总宽，由此可知：

总高：首层檐口以上高≈7：5≈$\sqrt{2}$（下

1. 傅熹年. 中国古代城市规划、建筑群布局及建筑设计方法研究（上册）[M]. 北京：中国建筑工业出版社，2001：171；187.
2. 也有学者认为嵩岳寺建于唐代，与十五重密檐式塔西安荐福寺小雁塔和嵩山法王寺塔为“三姊妹”。参见曹汛. 嵩岳寺塔建于唐代[J]. 建筑学报.1996（6）：40-45.

檐构图甲）——即塔之密檐部分与塔总高呈“方五斜七”（即1∶$\sqrt{2}$）之关系，这也是下文大量密檐式塔的共同规律，在嵩岳寺塔这座密檐式塔“鼻祖”身上体现得十分清晰。

（3）如果将塔总高七等分，则自下而上：七分之一位于塔身上下段分界处，七分之二位于首层檐口，七分之三位于四层檐口，七分之四位于七层檐口，七分之六位于顶层塔身顶部（即叠涩第一层砖下皮），因此顶层屋顶加塔刹总高为塔高的1/7（图9–29）。

（4）总高（37.045米）∶首层边长（2.835米）＝13.07≈13（吻合度99.5%）。

与上述一系列八角形楼阁式塔总高等于首层周长不同，此塔总高13倍于首层边长，略大于12倍。

然而据实测数据，若塔高取台基以上为36.025米，首层边长取塔身上半段（倚柱之柱外角间距）平均值为2.985米。则：

总高（台基以上）∶首层边长（取塔身上半部）＝36.025/2.985＝12.07≈12（吻合度99.4%）。

因此，嵩岳寺塔同样是《营造法原》所载佛塔设计方法的一个典型实例（图9–30、图9–31）。

（5）平面：

首层塔身内部上半部为八边形，边长平均值为2.215米，故八边形内径＝2.215×（1＋$\sqrt{2}$）≈5.347米。由此可知：

塔心室八边形内径（5.347米）∶塔体十二边形内径（10.58米）＝0.505≈1∶2（吻合度99%）（图9–32）。

综上所述，这座中国最古老的佛塔通体比例清晰而完美：总高与塔身总宽形成7∶2的高宽比，且塔上部的密檐部分与全塔形成“方五斜七”的比例；与此同时，若取台基以上为塔高，则塔身上半段周长恰与塔高相等——这说明与《营造法原》所记载的佛塔设计原则相类似的塔高等于首层塔身周长的设计方法很可能可以追溯到北魏时期。该塔足以视作此后大批密檐式塔的理想原型，除了十二边形平面不再出现之外，其他比例关系则在其“后继者”身上不断延续。

2．云南大理崇圣寺千寻塔（南诏劝丰　时期，823　859年）[*]

崇圣寺三塔岿然矗立在苍山洱海之间，为大理古城最重要的标志。其中，主塔千寻塔为方形十六重密檐式塔，整体比例纤秀高峻，为中国古代佛塔中之极瘦高者。

通过对《大理崇圣寺三塔》（1998）一书中实测图进行几何作图，以及对实测数据[1]的分析，可得如下结论。

（1）原塔残高（不含塔刹，59.6米）：塔身总宽（平均值9.83米）＝6.06≈6（吻合度99%）。

（2）修复之后总高（69.13米）：塔身总宽（平均值9.83米）＝7.03≈7（吻合度99.6%）——千寻塔现状高宽比二倍于嵩岳寺塔，极为挺拔纤秀。

塔刹高：塔总高＝1：7。

据《大理崇圣寺主塔的实测和清理》（1981）一文称，原塔刹已毁，现塔刹是作者依据清末传教士拍摄的老照片以及其他现存同一时期的塔刹（如大理佛图寺塔塔刹）形制复原的，依据老照片中刹与塔身的比例，将塔刹高度设计为塔总高的1/7。从新老照片对比中可以看出塔刹比例接近，故此塔高宽比例可供参考。

（3）剖面：

总高：三层楼面以上高≈7：5≈$\sqrt{2}$。

不同于登封嵩岳寺塔一层檐口以上与总高呈“方五斜七”，千寻塔是二层檐以上高与总高呈“方五斜七”——这可能是因为千寻塔共16层密檐，且二层一组分成八组，故一、二层檐其实是一组，与一层塔身构成构图上的一个整体（图9-33、图9-34）。

3．云南大理佛图寺塔（南诏劝丰　时期，824　859年）[2]

佛图寺塔俗称蛇骨塔，建造年代与崇圣寺千寻塔接近，为方形十三重密檐塔，总高30.12米。通过对《大理崇圣寺三塔》（1998）一书中实测图进行几何作图，可得如下结论。

（1）立面：

总高（台基以上）：首层塔身总宽（约等于首层塔身高）≈6。

（2）剖面：

从佛图寺塔剖面实测图可知，下部八层每二层为一组，上部五层为单独一组。

若设首层塔身总宽为A，则总高（台基以上）6A，其中，下部八层（至第九层塔身顶部）高3.5A，上部五层及塔刹高2.5A，二者之比为7：5≈$\sqrt{2}$（即“方五斜七”）。

故佛图寺塔整体构图呈现为——首层塔身高：首层塔身顶部至第九层塔身顶部高：

1. 数据分别引自云南省文化厅文物处、中国文物研究所 姜怀英、邱宣充. 大理崇圣寺三塔［M］. 北京：文物出版社，1998；云南省文物工作队. 大理崇圣寺三塔主塔的实测和清理［J］. 考古学报，1981（2）：246-267；邱宣充.大理崇圣寺三塔［J］. 中国文化遗产，2008（6）：58-62.

2. 此外，大理县志称其建于唐元和十五年（820年）。云南省文化厅文物处、中国文物研究所 姜怀英、邱宣充. 大理崇圣寺三塔［M］. 北京：文物出版社，1998：55.

第九层塔身顶部至塔刹高＝2∶5∶5，比例清晰简洁（图9–35、图9–36）。

此外，据傅熹年研究指出，塔身总高等于第七层（即中间层面阔）的5倍。

4．山西灵丘觉山寺塔（辽大安五至六年，1089～1090年）*

山西灵丘觉山寺塔为辽代一系列密檐塔中较早的一座，八角十三重檐，可以看作下文著名的北京天宁寺塔的“原型”。全塔由塔基（包括须弥座、平坐和仰莲）、塔身、三十重密檐和塔刹组成。塔基雕刻精美，犹存唐风。塔心室内外八壁尚存辽代壁画六十余平方米，弥足珍贵。二层以上，每层每面塔身正心均悬有直径25厘米的铜镜一枚，早前在阳光照耀下应该会光芒四射，犹如佛光普照。

通过对《山西灵丘觉山寺辽代砖塔》（载于《文物》1996年第2期）一文中实测图进行几何作图以及实测数据分析，可得如下结论。

（1）塔总高44.23米，取1尺＝29.4厘米，合15.04丈，约15丈（吻合度99.7%）；

塔基最下层边长6.2米，合2.1丈；总宽＝6.2×（$1+\sqrt{2}$）≈14.97米，合5.09丈，约5丈（吻合度98.2%）；

塔基（包括须弥座、平坐、仰莲）总高7.33米，合2.49丈，约2.5丈（吻合度99.6%）；

塔身边长（取柱头）3.73米，故塔身总宽＝3.73×（$1+\sqrt{2}$）≈9米，合3.06丈，约3丈（吻合度98%）。

（2）总高（44.23米）∶塔基总宽（14.97米）＝2.95≈3（吻合度98.5%）。

（3）总高（44.23米）∶塔身边长（取柱头，3.73米）＝11.86≈12（吻合度98.8%）；

总高（44.23米）∶塔身总宽（9米）＝4.91≈5（吻合度98.2%）。

（4）总高∶首层檐口以上高≈$\sqrt{2}$（下檐构图甲）（图9–37）。

（5）平面：

内壁对角线∶外壁直径≈1∶$\sqrt{2}$；

外壁直径∶须弥座直径≈1∶$\sqrt{2}$（图9–38）。

综上可知：山西灵丘觉山寺塔高15丈，基宽5丈，塔身宽3丈，比例关系简洁，总高与首层檐口以上高之比为$\sqrt{2}$，平面则形成环环相套之构图。

5．北京天宁寺塔（辽天庆九至十年，1119　1120年）*

天宁寺塔为北京城区内最古老的建筑，也是辽南京珍贵的遗存。该塔为八角形十三重密檐式砖塔，塔的外观分为基座、塔身、十三重密檐及塔刹几部分。

基座为八角形。下层为须弥座，每面束腰雕有六座壶门形龛，内雕狮首，转角有金刚力士浮雕。须弥座之上又有束腰一道，每面雕有五龛，内雕坐佛；龛门之间及转角处均雕金刚力士（角部的金刚力士两侧还有佛教降魔的兵器金刚杵）。再上雕有平坐一圈，勾栏、斗栱俱全，其中栏板纹样丰富，寻杖下部的宝相花尤美；栱眼壁间则雕刻造型各异之西番莲花饰，雕工极佳。最上为三重仰莲承托塔身。

塔身与塔座高度相当，四个正面雕有拱门，四个侧面雕直棂窗，门窗两侧及上部雕有金刚力士、佛、菩萨等雕像，各转角柱上均有浮雕蛟龙。

十三重密檐之中，最下一层檐属于塔身，出檐稍远，檐下斗栱也与上面十二层略有不同。上部十二重檐宽度每层向上递减，并且递减率向上增加，从而使塔的外轮廓形成缓和的卷杀曲线。

一层檐下斗栱与以上十二层檐下斗栱不同，前者各面仅用补间铺作一朵，后者则用两朵。一层檐下补间铺作用五铺作重栱计心造，且两侧加45°斜栱；转角铺作（同时也是柱头铺作）也在两侧加45°斜栱，斜栱下方还加设栌斗一枚，故转角铺作呈现出三个栌斗加大量斜栱的复杂造型。二至十三层檐下斗栱相对简化，补间铺作仅用双杪斗栱直接承托撩檐枋，不施斜栱，转角铺作亦不增加栌斗和斜栱。

密檐之上以两层仰莲及小须弥座承托宝珠构成塔刹。

通过对笔者2013年用激光三维扫描仪实测的立面图进行几何作图和实测数据分析，可得如下结论。

（1）天宁寺塔通高55.94米，若按辽代1尺＝29.4厘米计，合19.027丈，约19丈（吻合度99.9%）；塔总高（三层大台基以上）53.03米，合18.037丈，约18丈（吻合度99.8%）。

全塔自下而上高度分别为：

下部三层大台基总高＝1.03＋1.25＋0.63＝2.91米，合0.99丈，约合1丈（吻合度99%）；

须弥座、平坐、仰莲总高＝2.75＋3.49＋1.79＝8.03米，合2.73丈，约2.7丈（吻合度98.9%）；

首层塔高（至二层普拍枋下皮）＝8.89米，合3.02丈，约3丈（吻合度99.3%）；

二至十二层层高分别为2.1、2.1、2.08、2.03、2.04、2.02、2.06、2.09、2.05、

2.01、2.25米，故平均层高2.075米，合每层0.706丈，约0.7丈（吻合度99.2%）；总计22.83米，7.77丈；

第十三层总高（含屋顶）4.52米，合1.54丈；故二至十三层总高＝7.77＋1.54＝9.31丈，约9.3丈（吻合度99.9%）；

塔刹高8.76米，合2.98丈，约3丈（吻合度99.3%）。[1]

（2）总高（三层大台基以上，53.03米）：须弥座总宽（取上枋，18.883米）＝2.808≈$2\sqrt{2}$（吻合度99.3%）。

（3）总高（三层大台基以上，53.03米）：首层檐口以上高（取飞椽下皮，37.634米）＝1.409≈$\sqrt{2}$（吻合度99.6%，下檐构图甲）（图9–39）。

（4）总高（三层大台基以上，53.03米）：首层台基总宽（52.79米）＝1.005≈1（吻合度99.5%）。

总高（三层大台基以上，53.03米）：塔身底部至塔刹八角形刹座顶部距离（37.264米）＝1.423≈$\sqrt{2}$（吻合度99.4%）——即塔身加密檐高与总高之比为1：$\sqrt{2}$（图9–40）。

（5）总高（三层大台基以上，53.03米）：塔身边长（5.863米）＝9.04≈9（吻合度99.6%）。

由上可知：天宁寺塔总高（三层大台基以上）53.03米，合18丈；塔身边长5.863米，合2丈，此为天宁寺塔设计的基本出发点之一——总高为9倍塔身边长。

（6）塔刹高（8.76米）≈首层塔高（含腰檐8.89米）（吻合度98.5%），且均为总高的1/6。

综上可知：天宁寺塔的设计不仅综合运用了$\sqrt{2}$构图比例和总高与塔身边长的比例关系（总高宽比为$2\sqrt{2}$，总高与塔身边长之比为9：1），同时自下而上简洁地划分成大台基1丈、基座2.7丈、首层3丈、密檐各层0.7丈（加上屋顶总计9.3丈）、塔刹3丈这五个段落，总高19丈，大台基之上18丈，其中塔刹高与首层高皆为总高（大台基之上）的1/6，同时又是首层边长（2丈）的1.5倍（图9–41）。

6．内蒙古宁城县辽中京大明塔（辽）*

辽中京大明塔即感圣寺舍利塔，位于内蒙古宁城县辽中京遗址内，为十三重密檐式砖塔。塔体由基座、双层须弥座、塔身、十三重密檐和塔刹组成。

通过对《辽中京塔的年代及其结构》

1. 王世仁认为天宁寺塔塔刹已非辽代原物，而是清代重修时更换，并依据辽代建塔碑记认为塔总高203尺。参见王世仁. 北京天宁寺塔三题//吴焕加、吕舟. 建筑史研究论文集[M]. 北京：中国建筑工业出版社，1996. 但本书依照天宁寺塔现状进行的构图分析证明，塔之现状具有从整体到局部皆极为清晰和良好的比例关系。至于改建的塔刹是否改变了辽代塔刹的高度，塔总高是否如碑记所言的203尺，则有待获得更多资料后再行分析。

（载于《古建园林技术》1985年第2期）一文中实测图进行几何作图以及实测数据分析，可得如下结论。

（1）据实测数据，塔身各面顶宽10.21米，故塔身总宽（取顶宽）＝10.21×（1＋$\sqrt{2}$）＝24.647米。由此可知：

总高（73.12米）：塔身总宽（24.647米）＝2.967≈3（吻合度98.9%）。

自下而上，三分之一位于塔身各面佛龛拱顶，三分之二位于第八层檐口。

（2）普拍枋下皮高≈须弥座总宽（取上枋）；普拍枋下皮高：须弥座上枋上皮高≈2（图9-42）。

7．云南大理宏圣寺塔（大理国时期）

大理宏圣寺塔为方形十六层密檐塔。通过对《大理崇圣寺三塔》（1998）一书中实测图进行几何作图，可得如下结论。

（1）立面：

总高（台基以上）：首层塔身总宽（约等于首层塔身高）≈6。

（2）剖面：

设首层塔身总宽为A，则总高（台基以上）6A，第十层檐以下高3.5A，第十层檐以上高2.5A，由此可知：

第十层檐以下高：第十层檐以上高＝7：5≈$\sqrt{2}$（即方五斜七）。

宏圣寺塔整体构图呈现为——首层塔身高：首层塔身顶部至第十层檐高：第十层檐至塔刹高＝2：5：5，构图手法与佛图寺塔大同小异（图9-43、图9-44）。

8．云南大理崇圣寺南塔（大理国时期，约12世纪）*

大理崇圣寺南塔为八角形十层密檐塔。通过对《大理崇圣寺三塔》（1998）一书中实测图进行几何作图及实测数据分析，可得如下结论。

（1）总高（42.19米）：塔身总宽（5.31米）＝7.95≈8（吻合度99.4%）。

其中，总高（三层台基以上）约为塔身总宽的7.5倍。

（2）总高：第二层檐以上高≈$\sqrt{2}$（图9-45）。

9．北京慈寿寺塔（明）*

慈寿寺塔建于明万历四年（1576年），史名永安万寿塔，俗称八里庄塔、玲珑塔，为明代单层密檐式塔的最典型范例。明万历四年神宗之母李太后出资建寺及塔，万历六年（1578年）建成。《日下旧闻考》引《涌幢小品》称慈寿寺“殿宇壮丽，一塔耸出云汉，四壁金刚像如生”。可惜至清光绪年间寺院被荒废，惟孤塔得以保存至今。

该塔平面为八角形，立于高台基之上，基上塔身，上出十三层密檐，是仿北京天宁寺辽塔建造。

通过对笔者2013年用激光三维扫描仪实测的立面图进行几何作图和实测数据分析，可得如下结论。

（1）总高（56.684米）：上层须弥座栏板总宽（18.936米）=2.993≈3（吻合度99.8%）。

取明中期1尺=31.84厘米，总高合17.8丈。

（2）总高（两重大台基以上，53.82米）：塔身平板枋上皮至塔顶距离（38.168米）=1.41≈$\sqrt{2}$（吻合度99.7%，下檐构图乙）。

总高（两重大台基以上，53.82米）合16.9丈；塔身平板枋上皮至塔顶距离（38.168米）合12丈。

（3）第二层大台基顶部至塔身平板枋上皮（15.652米）：塔身总面阔（15.559米）=1.006≈1（吻合度99.4%）。

塔身边长=15.559/（1+$\sqrt{2}$）≈6.445米，合2.026丈，约2丈（吻合度98.7%）（图9-46）。

10．北京万松老人塔（清乾隆十八年，1753年）

万松老人塔位于北京西城砖塔胡同，为金元间著名僧人万松老人的墓塔，原为七重密檐式砖塔，清乾隆十八年（1753年）仿造旧塔建九重密檐式砖塔，将原塔包裹其中。

通过对《北京古建文化丛书：塔桥》（2014）一书中实测图进行几何作图，可得如下结论。

（1）总高：塔身总宽≈7：2。

其中，首层檐口高≈塔身总宽；首层檐口至塔刹底部高≈2倍塔身总宽；塔刹高≈1/2塔身总宽。

（2）总高：首层檐口以上高≈7：5≈$\sqrt{2}$（下檐构图甲）（图9-47）。

三、单层塔

前文所言楼阁式塔，如果塔刹下仅一层塔身与屋檐，则为单层塔。在大同云冈石窟浮雕中或敦煌莫高窟壁画中，单层塔形象均颇多见。单层塔多为僧人墓塔，神通寺四门塔是少见的例外。

1．山东历城神通寺四门塔（隋大业七年，611年）*

神通寺四门塔为方形石塔，塔身四面各开一券门，因此得名。塔身以上叠涩出檐，再以反叠涩作攒尖顶，顶上立刹。塔内中央有塔心柱，四面各置一佛像，环绕中心柱有环廊一周，上部为人字坡顶。

通过对《四门塔的维修与研究》（载于《古建园林技术》1996年6月）一文的实测图进行几何作图以及实测数据分析，可得如下结论。

（1）正立面：

总高（15.04米）：塔身边长（7.4米）＝2.03≈2（吻合度98.5%）。

总高的二分之一位于檐口，即叠涩出挑最远的一层砖下皮（图9–48）。

（2）平面：

塔身边长（7.4米）：墙厚（0.82米）＝9.024≈9（吻合度99.7%）。

此外，塔四面叠涩出檐均为0.82米，故全塔平面以墙厚A＝0.82米为基本模数，塔室边长7A，塔身边长9A，屋檐边长11A（图9–49）。

（3）剖面：

总高：塔心柱以上高≈$\sqrt{2}$（图9–50）。

2．山东长清灵岩寺慧崇塔（唐天宝年间，742　756年）*

长清灵岩寺慧崇塔为方形单层重檐石塔，全塔由须弥座、塔身、两层叠涩出檐（之间有一段极短的塔身）和塔刹组成，通高8.52米（取1尺＝29.4厘米，合2.9丈）。塔身东、南、西三面辟门，其中南门为真门，可由此进入塔内；东、西二门为石雕半掩门，雕有一侍女探出半身状，为墓室中常见之形式。

通过对黄国康《灵岩寺慧崇塔的修缮及其特点》（《古建园林技术》1996年3月）一文的实测图进行几何作图以及实测数据分析，可得如下结论。

（1）正立面：

总高（须弥座以上，7.35米）：塔身总宽（3.75米）＝1.96≈2（吻合度98%）。

总高（台基以上）的二分之一位于首层檐口（即叠涩出檐最远一层砖下皮）——其正立面构图手法与隋代的四门塔可谓一脉相承。

总高（须弥座以上，7.35米）：须弥座上枋宽（5.25米）[1]＝1.4＝7：5≈$\sqrt{2}$（吻合度99%，即“方五斜七”）（图9–51）。

（2）平面：

须弥座上枋宽（5.25米）：塔身总宽

1. 须弥座数据为笔者2013年1月实测所得。

（3.75米）＝1.4＝7：5≈$\sqrt{2}$（吻合度99%，即“方五斜七”）。

塔身总宽（3.75米）：墙厚（0.74米）＝5.068≈5（吻合度98.6%）。

须弥座上枋宽（5.25米）：墙厚（0.74米）＝7.095≈7（吻合度98.6%）。

故全塔平面以墙厚A＝0.74米为模数，须弥座上枋宽7A，塔身边长5A，塔室边长3A——与神通寺四门塔手法相同（图9-52）。

综上可知，慧崇塔总高（须弥座以上）：须弥座上枋宽：塔身总宽＝2：$\sqrt{2}$：1，比例关系清晰而完美。

3．山西运城泛舟禅师塔（唐贞元九年，793年）

泛舟禅师塔为圆形砖塔，自下而上分作基座、塔身（含一小须弥座）、叠涩的塔檐和屋顶、塔刹。通过对《山西古建筑》（2015）一书中的实测图进行几何作图，可得如下结论：

（1）总高：台基直径≈2；总高的一半约位于叠涩出檐起始处。

（2）总高：塔身直径≈2$\sqrt{2}$；台基直径：塔身直径≈$\sqrt{2}$。

（3）塔刹高≈塔身直径（图9-53）。

综上可知，塔身直径（等于塔刹高）、台基直径与总高形成1：$\sqrt{2}$：2$\sqrt{2}$之比例关系，共同塑造出这座圆形塔完美的造型。

4．山西平顺海会院明惠禅师塔（唐乾符四年，877年）

海会院明惠禅师塔为方形石塔，自下而上分作基座、塔身（含一小须弥座）、雕作雀眼网造型的铺作层、屋顶和造型极其优美的塔刹。通过对《中国古代建筑史》（第二版，1984）一书中实测图进行几何作图，可得如下结论：

（1）正立面模数网格

取A＝总高的1/10作为立面模数网格，则：

塔总高10A，其中基座高2A，须弥座、塔身和屋顶共高4A，塔刹高4A（其中下两层带山花蕉叶的须弥座各高A），台基总宽4A，塔身边长2.5A，塔身底部至檐口距离2.5A。

（2）正立面：

总高：塔身边长≈4。

总高：基座总宽（或屋檐总宽）≈5：2。

总高：须弥座以上高≈$\sqrt{2}$（图9-54）。

综上可知：海会院明惠禅师塔是一座综合运用$\sqrt{2}$构图比例和立面模数网格的杰作，同时考虑了总高与塔围（即塔身周长）、总高与基座总宽的比例关系。

四、覆钵式塔（即喇嘛塔）

覆钵式塔即喇嘛塔，因元代藏传佛教的流行而开始广为建造。覆钵式塔下部通常建须弥座两层（清代多为一层），平面常作复杂的“亚”字形（有时为圆形）；须弥座上置覆莲或金刚圈；其上为覆钵形塔身（不同于印度原始窣堵坡的半球形，而是上部比下部宽的瓶形）；再上又是平面为“亚”字形（或圆形）的小须弥座，其上为圆锥形的“十三天”（即相轮）及宝盖、宝珠。刘敦桢认为覆钵式塔“全体形制所保存印度佛塔的成分，较我国任何一种塔为多”；他还指出印度阿旃陀石窟中“有些塔的覆钵上部反较下部稍宽；而公元6世纪以后，相轮的数目已增到十三层。此二者传入印度北部的尼泊尔（Nepal）和我国的西藏，便演变成喇嘛塔的塔肚子和十三天。”[1]

梁思成在《中国建筑史》中总结了喇嘛塔在元、明时期与清代所发生的变化：“此式佛塔自元代始见于中国，至清代而在形制上发生显著之巨变。元塔须弥座均上下两层相叠，明因之，至清乃简化为一层，其比例亦甚高大，须弥座以上，元、明塔均作莲瓣以承塔肚，清塔则作比例粗巨之金刚圈三重。元、明塔肚肥矮，外轮线甚为圆和，清塔较高瘦梗涩，并于前面作眼光门以安佛像或佛号。元、明塔脖子及十三天比例肥大，其上为圆盘及流苏铎，更上为宝珠，至清塔则塔脖子十三天瘦长，其上施天盘地盘，而宝珠则作日月火焰。此盖受蒙古喇嘛塔之影响，而在各细节上有此变动也。”[2]

1．北京妙应寺白塔（元至元十六年，1279年）

妙应寺（即白塔寺）白塔是北京现存最大的覆钵式塔，也是北京城区内仅存的元代佛塔，可视作元大都的重要象征。妙应寺白塔由著名尼泊尔匠师阿尼哥主持修建，明《长安客话》称其“制度之巧，盖古今所罕有矣”。[3]

白塔为砖砌喇嘛塔，外表粉刷成白色，建在一个“凸”字形的巨大台座上。台四周有围墙，四角有角亭，四周有转经道可供信徒绕塔诵经。塔的最下层是一个从正方形的每面再向外凸出两重的“亚”字形台座，四角各有五个转角。台座上是重叠两层的巨大须弥座，平面形式与台座相同，使巨大的须弥座既在外观上富有变化，又与其上的圆柱形塔身结合得不显突兀。须弥座以上是覆莲，覆莲以上是略近似鼓形的塔身。塔身之上又是一层须弥座，须弥座上是圆锥形的“十三天”（相当

1. 参见刘敦桢《中国之塔》（刘敦桢. 刘敦桢全集（第四卷）[M]. 北京：中国建筑工业出版社，2007：79-91）.
2. 梁思成. 梁思成全集（第四卷）[M]. 北京：中国建筑工业出版社，2001：197.
3. [明] 蒋一葵.长安客话 [M] .北京：北京古籍出版社，1994：26.

于塔刹上的相轮部分），“十三天”以上是“天盘”和宝顶，宝顶造型其实是一座缩微的喇嘛塔。塔身从凸字形台面至宝顶总高50.86米。

通过对清华建筑学院中国营造学社纪念馆藏中国营造学社实测图以及刘敦桢主编《中国古代建筑史》（第二版，1984）中实测图进行几何作图以及实测数据分析，可得如下结论。

（1）白塔及大台基构成的正立面整体：

总高（含大台基）：大台基总宽≈$\sqrt{2}$（图9–55）。

（2）白塔正立面：

总高：覆莲以上高≈10：7≈$\sqrt{2}$。

总高：台基总宽≈5：3。

总高：塔身直径（即覆钵最宽处）≈5：2（图9–56）。

（3）白塔正立面模数网格：

总高＝50.86米，取元代1尺＝31.75厘米，合16丈。

用1.6丈作为正立面模数网格，则：

总高10格，台基总宽6格，塔身直径4格，天盘宽2格，台基、须弥座及覆莲总高3格，塔身加上部小须弥座高约3格，十三天高约3格，宝顶高1格。

总高的二分之一约位于塔身轮廓线由直线向弧线的转折处。

（4）白塔正立面各部分之比例关系：

设须弥座加台基总高为A，则：

塔身（含覆莲）高≈A；

台基宽（取四角间距）≈2A；

塔身上部小须弥座总宽≈A；

塔刹总高≈（$2\sqrt{2}-1$）A；其中，天盘以下高$\sqrt{2}$A，天盘以上高（$\sqrt{2}-1$）A。

由上可知：除了1.6丈，塔身高A为立面设计的另一个基本模数（图9–57）。

（5）平面：

大台基边长：下层须弥座边长（取最宽处）≈$\sqrt{2}$；

下层须弥座边长（取最宽处）：塔身直径（取最宽处）≈$\sqrt{2}$；

塔身直径（取最宽处）：天盘直径≈2。

全塔平面呈环环相套之格局。

此外，月台面阔：大台基边长≈1：$\sqrt{2}$（图9–58）。

综上可知：妙应寺白塔是在平、立面，从整体到局部皆巧妙运用$\sqrt{2}$比例的杰作。

2．山西五台山塔院寺白塔（元大德五年，1301年）*

塔院寺白塔为五台山台怀建筑群的标志，同样出自阿尼哥之手，形制与北京妙应寺白塔极为接近，但整体比例更趋瘦高。通过对《中国古建筑测绘十年：2000～2010清华大学建筑学院测绘图集》（上册，2011）一书中的实测图进行几何作图及实测数据分析，可得如下结论。

（1）总高（55.155米）：塔身直径（16.175米）＝3.41≈$2+\sqrt{2}$（吻合度99.9%）。

总高（大台基以上54.105米）：塔身直径（16.175米）＝3.34≈10：3（吻合度99.8%）。

（2）塔总高55.155米，取1尺＝31.75厘米，合17.37丈，约17.4丈（吻合度99.8%）；

总高（大台基以上）54.105米，合17.04丈，约17丈（吻合度99.8%）；

塔身直径16.175米，合5.09丈，约5.1丈（吻合度99.8%）。

设塔身直径（5.1丈）＝A，则：

塔总高（$2+\sqrt{2}$）A——其中覆钵式塔身加上部小须弥座高A，塔刹高（十三天、天盘及宝顶）A，塔身以下高$\sqrt{2}$A。

塔身及塔刹高：塔身以下基座总高＝2A ：$\sqrt{2}$A＝$\sqrt{2}$（图9–59）。

（3）总高：小须弥座以下高＝（$2+\sqrt{2}$）A ：（$1+\sqrt{2}$）A＝$\sqrt{2}$——即塔总高与塔刹以下高之比为$\sqrt{2}$（图9–60、图9–61）。

（4）以塔身直线与曲线转折处为界，上部高$\sqrt{2}$A，下部高2A，二者之比为1：$\sqrt{2}$。

塔身直线与曲线转折处至大台基顶面距离≈大台基总宽。

北京妙应寺白塔与五台山塔院寺白塔皆出自阿尼哥之手，可谓名副其实的姊妹篇。二者都在整体和局部上综合运用$\sqrt{2}$比例构图，体现了一脉相承的设计手法；但由于前者采用5：2（2.5）的总高宽比，后者采用（$2+\sqrt{2}$）：1（3.41）的总高宽比（不含大台基则高宽比为10：3即3.33），因而前者雄浑，后者高峻，取得了不同的造型与气质。

耐人寻味的是，来自尼泊尔的建筑师阿尼哥，带来覆钵式喇嘛塔样式，但却能与汉地建筑群取得“和而不同”的效果，运用方圆作图、$\sqrt{2}$比例应该是一个重要原因。至于阿尼哥使用这套方法是尼泊尔的传统手法，或者是藏传佛教的曼荼罗（同样是方圆相含的构图）图式，还是和汉人工匠交流的结果，则是一个值得深入探究的引人入胜的课题。

3．山西代县阿育王塔（元至元十二年，1275年）

山西代县阿育王塔原为圆国寺主要建筑，今寺已不存，仅余此塔。塔平面圆形，下为双重圆形须弥座（最下有地栿和覆莲各一层），其上为覆莲座、金刚圈及覆钵塔身，再上为一层亚字形小须弥座及一层圆形小须弥座、十三天、天盘及宝珠。梁思成曾称此塔“可以说是中国现存瓶状塔中比例最好的一座”。[1]

通过对《山西古建筑》（下册，2015）一书中的实测图（引自《柴泽俊古建筑文集》）进行几何作图，可得如下结论。

（1）总高：十三天以下高≈$\sqrt{2}$。

（2）塔刹高（小须弥座、十三天及宝珠总高）：塔刹以下高≈1：$\sqrt{2}$。

（3）总高：须弥座总宽（取下枋）≈2。

（4）总高：塔身直径≈4（图9-62）。

4．北京护国寺双塔（元或明）[2]

北京护国寺东、西舍利塔均为典型覆钵式塔，西塔较东塔比例纤秀，二塔今已不存，但通过对刘敦桢《北平护国寺残迹》（《中国营造学社汇刊》第六卷第二期，1935）一文中实测图进行几何作图，可得如下结论。

西塔

（1）总高：须弥座总宽≈1＋$\sqrt{2}$。

（2）十三天以下高：十三天以上高≈$\sqrt{2}$；十三天加宝珠高≈基座总宽（图9-63、图9-64）。

东塔

（1）十三天以下高：十三天以上高≈$\sqrt{2}$——构图手法与西塔相同。

（2）十三天加宝珠高≈覆钵塔身加两重小须弥座高（图9-65）。

综上可知，二塔之共同点是以十三天底部为界，分上下两部分高度为1：$\sqrt{2}$。可惜东塔基座残缺，无法分析其整体高宽比。

5．北京北海永安寺白塔（清顺治八年，1651年）

永安寺白塔伫立北海琼华岛之巅，为古都北京之重要标志。白塔下为高大的“亚”字形须弥座，上为金刚圈三重，其上为覆钵状塔身，塔身正面作龛形壶门，曰“眼光门”。塔身之上为小须弥座承仰莲，上为十三天、圆盘二重及日月火焰宝珠。通过

1. 梁思成. 梁思成全集（第八卷）[M]. 北京：中国建筑工业出版社，2001：166.
2. 刘敦桢猜测东塔为元代建，西塔稍晚，但至迟亦在明中叶以前。参见刘敦桢《北平护国寺残迹》（载于《中国营造学社汇刊》第六卷第二期，1935）.

对《中国古建筑测绘大系·园林建筑：北海》(2015)一书中的实测图进行几何作图，可得如下结论。

(1)总高(台基以上)：须弥座总宽(取上枋)≈2。

(2)总高(台基以上)：金刚圈下皮以上高≈$\sqrt{2}$。

(3)总高(台基以上)：塔刹高≈$2\sqrt{2}$。

(4)塔身总宽：塔身高≈$\sqrt{2}$。

综上可知，北海白塔与妙应寺白塔一样，皆是从整体到局部综合运用$\sqrt{2}$构图比例之杰作(图9-66)。

6．北京颐和园须弥灵镜四塔（清）*

北京颐和园须弥灵境仿西藏桑耶寺曼荼罗(坛城)布局，其中大殿四角为四座颜色各异的喇嘛塔，分别为黑塔、白塔、绿塔和红塔，象征佛教的不同智慧(一说象征四大天王)。通过对《中国古建筑测绘大系·园林建筑：颐和园》(2017)一书中的实测图进行几何作图以及实测数据分析，可得如下结论。

西北塔(白塔)*

(1)总高(13.333米)：基座总宽(4.798米)=2.779≈2.8(吻合度99.3%)；2.779≈$2\sqrt{2}$(吻合度98.3%)。

(2)基座高≈基座总宽≈塔刹高；总高的二分之一约位于葫芦形塔身中央须弥座下皮(图9-67)。

东北塔(黑塔)*

总高(13.128米)：基座总宽(4.81米)=2.729≈2.8(吻合度97.5%)(图9-68)。

西南塔(绿塔)*

(1)总高(14.184米)：基座总宽(4.82米)=2.943≈3(吻合度98.1%)。

(2)总高：十三天以下高≈$\sqrt{2}$。

(3)基座总宽(4.82米)：基座总高(4.841米)=0.996≈1(吻合度99.6%)(图9-69)。

东南塔(红塔)*

(1)总高(14.127米)：基座总宽(4.82米)=2.931≈3(吻合度97.7%)。

(2)总高：十三天以下高≈$\sqrt{2}$。

(3)基座总宽(4.82米)：基座总高(4.841米)=0.996≈1(吻合度99.6%)(图9-70)。

综上可知：须弥灵境四塔立面均以基座总宽为基本模数，高度分别为其2.8

（约$2\sqrt{2}$）和3倍，东南、西南塔总高与十三天以下高之比均为$\sqrt{2}$。

7．五台山龙泉寺普济和尚墓塔（民国）

龙泉寺普济和尚墓塔是五台山重要的石构覆钵式塔。最下层为方形须弥座，绕以石栏杆，其上为双重八角须弥座、仰莲、覆钵式塔身、石雕的斗栱承托八角屋檐、塔刹。一段屋檐的加入算是一个勉强的创新，使得全塔略显怪异，但整体比例还是继承了传统手法。

通过对《中国古建筑测绘十年：2000～2010清华大学建筑学院测绘图集》（上册，2011）一书中的实测图进行几何作图，可得如下结论：

（1）如果以A＝0.652米作为正立面模数网格，则：

塔总高20A，塔刹高7A，塔身（含下部仰莲及其基座）高7A，双重八角形须弥座高4A，宽5A；方形大须弥座高2A，宽10A。

（2）总高：双重须弥座以上高≈20：14≈$\sqrt{2}$。

（3）总高：方形大须弥座总宽≈2。

（4）总高：八角形须弥座宽≈4（图9-71）。

五、金刚宝座塔

所谓金刚宝座塔，是在高大的方形或矩形高台（即金刚宝座）之上，建塔五座，一座居中央，四座分居四隅，中央一塔体型最大，其余四塔为同一尺度且均小于中央大塔，对中央大塔呈簇拥之势。五塔之形制既有密檐式，亦有覆钵式。金刚宝座塔形制极有可能受印度佛陀伽耶塔（亦称菩提伽耶大塔）之影响，其构图则为佛教密宗的“曼荼罗”格局。[1] 形制完整的金刚宝座塔主要于明代传入中土，虽然数量远较前几类佛塔稀少，却也独树一帜。

1．北京正觉寺金刚宝座塔（明成化九年，1473年）*

正觉寺（亦称真觉寺、五塔寺）塔称为“金刚宝座塔”，据说依印度僧人班迪达带来的印度金刚宝座塔样式建成，下垒金刚宝座，上建五塔，建成于明成化九年（1473年）。

金刚座最下为须弥座，须弥座以上划分为五层，各层以石雕屋檐为界，龛列佛像，最上端冠以女墙，石台南、北面正中各辟券门一道，为登台入口。由内部台阶可“左右蜗旋而上”台顶。台上五塔，一大塔居中，四小塔居四隅，各塔平面均为方形，形制皆为

1. 参见王世仁. 佛国宇宙的空间模式［J］. 古建园林技术，1991（2）：22-28.

单层密檐塔，四小塔十一重檐，中央大塔十三重檐。除五塔外，中塔南侧尚有方形重檐小殿一座，下檐方，上檐圆，覆黄、绿二色琉璃瓦，为登塔台阶之出入口。

金刚宝座塔的样式源自印度的“佛陀伽耶塔”（亦称菩提伽耶塔），象征释迦牟尼悟道成佛的宝座。大塔居中，小塔分列四隅，象征金刚界五方佛。佛经上说，金刚界有五部，即佛部（中）、金刚部（东）、宝部（南）、莲花部（西）、羯摩部（北），每部有一主佛：中为大日如来佛，东为阿閦佛，南为宝生佛，西为阿弥陀佛，北为不空成就佛。故金刚宝座塔上部五塔中，中央大塔代表大日如来佛，其余四塔分别代表阿閦佛、宝生佛、阿弥陀佛和不空成就佛。五方佛又各有坐骑：分别为大日狮子座、阿閦象座、宝生马座、阿弥陀孔雀座、不空成就迦楼罗（即金翅鸟王）座，所以正觉寺金刚宝座塔的宝座和五塔的须弥座四周均都雕有狮子、象、马、孔雀、金翅鸟王这五种动物形象。

通过对笔者2013年实测图进行几何作图及实测数据分析，可得如下结论：

（1）全塔总高由中央大塔塔刹顶至金刚宝座底共计21.968米，取明中期1尺＝31.84厘米计，合6.9丈；

金刚宝座高9.492米，合2.98丈，约3丈（吻合度99.3%）；

金刚宝座总宽（取须弥座上枋，15.756米），合4.95丈；

中央大塔高13.096米，合4.11丈，约4.1丈（吻合度99.8%）；

四隅小塔高10.138米，合3.18丈，约3.2丈（吻合度99.4%）。

（2）总高（大台基以上，21.968米）：金刚宝座总宽（取须弥座上枋，15.756米）＝1.394≈7：5（吻合度99.6%）；1.394≈$\sqrt{2}$（吻合度98.6%）。故金刚宝座塔高宽比为7：5（即“方五斜七”）。

（3）金刚宝座高（9.492米）：金刚宝座总宽（15.756米）＝0.602≈3：5（吻合度99.7%）。

（4）总高（大台基以上，21.968米）：大台基总宽（21.894米）＝1.003≈1（吻合度99.7%）。

（5）小塔顶至金刚宝座底部距离（18.981米）：总高（大台基以上，21.968米）＝0.864≈$\sqrt{3}$：2（吻合度99.8%）。

（6）楼梯亭上檐口至金刚宝座底部距离（13.594米）：金刚宝座总宽（15.756米）＝0.863≈$\sqrt{3}$：2（吻合度99.6%）（图9–72）。

值得一提的是，许多文献记载均称正觉寺金刚宝座塔完全按照印度样式建造。如明《帝京景物略》称：

“成祖文皇帝时，西番班迪达来贡金佛五躯，金刚宝座规式，诏封大国师，赐金印，建寺居之。寺赐名真觉。成化九年，诏寺准中印度式，建宝座，累石台五丈，藏级于壁，左右蜗旋而上，顶平为台，列塔五，各二丈……”[1]

《明宪宗御制真觉寺金刚宝座记略》则称：

“永乐初年。有西域梵僧曰班迪达大国师，贡金身诸佛之像，金刚宝座之式，由是择地西关外，建立真觉寺，创治金身宝座，弗克易就，于兹有年。朕念善果未完，必欲新之。命工督修殿宇，创金刚宝座，以石为之，基高数丈，上有五佛，分为五塔，其丈尺规矩与中印土之宝座无以异也。”[2]

然而总体观之，正觉寺金刚宝座塔虽然是以印度佛塔为蓝本，但同时明显融合了中国工匠的建筑、雕刻艺术，并增加了中国传统的琉璃方亭，成为中印建筑文化结合的典范。特别是依据以上分析，此塔综合运用了$\sqrt{2}$和$\sqrt{3}/2$比例构图，很有可能是中国工匠在印度金刚宝座塔构图（可能运用了“曼荼罗”图式）的基础上，融合了自身习惯的构图手法——这一情况与前文所述阿尼哥设计北京妙应寺白塔和五台山塔院寺白塔的情况类似，尚待深入研究。

2．湖北襄樊广德寺金刚宝座塔（明弘治七年，1494年）*

湖北襄樊广德寺多宝塔为金刚宝座塔样式，下为八角形金刚宝座，上建五塔及东侧楼梯间方亭。中央大塔为覆钵式塔（喇嘛塔），其余四塔分居东南、西南、东北、西北四个方向，皆为六角密檐式塔。

通过对高介华《广德寺多宝佛塔》(《华中建筑》1996年第3期）一文中实测图进行几何作图及实测数据分析，可得如下结论。

（1）金刚宝座高以上高（10米）：金刚宝座高（7米）＝10：7≈$\sqrt{2}$（吻合度99%，即“方七斜十”）。

（2）上部大塔总高：须弥座总宽（取上枋）≈$2\sqrt{2}$。

（3）上部大塔基座总高（须弥座加金刚圈加覆莲）≈十三天加宝珠高≈须弥座总宽（取上枋）(图9–73)。

六、楼阁与覆钵混合式塔、花塔

中国古代佛塔中还有一类极为独特的复合式造型，即下部为普通的楼阁式塔（或单层塔），上部加一座覆钵式塔，本文称之为

1.［清］于敏忠等编纂. 日下旧闻考［M］. 北京：北京古籍出版社，1983：1290.
2.［清］于敏忠等编纂. 日下旧闻考［M］. 北京：北京古籍出版社，1983：1290～1291.

"楼阁与覆钵混合式塔"——北京云居寺北塔、天津蓟县观音寺白塔皆为此类塔之代表；还有些此类佛塔，甚至在覆钵式塔身上附加层层叠叠之小塔，俗称"花塔"，河北正定广惠寺华塔、北京房山万佛堂花塔及丰台镇岗塔皆为典型代表。

1. 北京云居寺北塔（辽重熙年间，1032～1055年）*

云居寺北塔又称罗汉塔，创建于辽重熙年间（1032～1055年），为混合式砖塔，下部为楼阁式，上部为覆钵式，是云居寺现存诸塔中规模最大者。北塔的塔基为双层八角形须弥座，各面均由青砖包砌，雕饰细密。塔基上承平坐，但平坐周边无栏杆，上建八角形楼阁式砖塔两层，各面分设拱门或仿木构直棂窗，并雕出仿木构斗栱、屋檐等。塔内中空，塔心有八角形塔心柱，绕柱有砖阶可攀登。二重楼阁之上为喇嘛塔式，自下而上依次为八角形须弥座、圆形覆钵、小须弥座、"十三天"塔刹（包括圆锥形九层相轮和宝珠）。

通过对笔者2013年用激光三维扫描仪的实测图进行几何作图和实测数据分析，可得如下结论：

（1）总高（31.42米）：塔刹以下高（取覆钵上小须弥座上皮，22.135米）＝1.419≈$\sqrt{2}$（吻合度99.6%）。

（2）下部楼阁高（取二层腰檐屋脊上皮，15.601米）：上部覆钵式塔高（15.819米）＝0.986≈1（吻合度98.6%）（图9-74）。

（3）总高（31.42米）：一层腰檐以上高（取一层腰檐屋脊上皮，22.147米）＝1.419≈$\sqrt{2}$（吻合度99.6%）。

（4）覆钵式塔须弥座上皮以下高：须弥座上皮以上高＝$\sqrt{2}$（图9-75）。

（5）设覆钵直径＝A，则：

总高＝（2＋2$\sqrt{2}$）A。其中，一层楼阁高$\sqrt{2}$A；二层楼阁高A；覆钵（包含上下须弥座）高A；塔刹高$\sqrt{2}$A——整个构图以总高的中线（即楼阁式塔与覆钵式塔的分界线）为界，呈镜像对称，极具匠心（图9-76）。

2. 北京丰台镇岗塔（金）*

镇岗塔位于丰台区云岗，始建于金代，明嘉靖四十年（1561年）重修，是一座砖结构实心八角形花塔。塔基为立于平台上的砖砌须弥座，束腰部位雕出斗栱，栱眼壁雕盆花及兽面纹样。塔身八面，每面一间，每角有八角壁柱一根，塔身四正面雕出拱券门洞，四斜面雕出直棱窗，塔檐雕出斗栱、额、枋、檐椽、飞椽、角梁等构件，拱眼壁饰以花草纹样，屋面则屋瓦、瓦当、滴水均一一刻出。塔檐之上为锥台状塔身，但环绕锥台有七重佛龛交错密布，并逐渐向内收拢如笋状。

细看每座佛龛，实则为一座小塔，除了第一重为二层塔身之外，第二至第七重均为单层小塔，每座小塔均有方形塔身、叠涩塔檐和宝珠塔刹，并且每佛龛内端坐佛像一尊，层层垒叠，若盘旋而上，让人凝神静观时有升入佛国世界的幻象，奇妙不可言喻。塔顶收为八角形小墩，中心置一小塔结顶。全塔造型奇特，下部简洁，上部繁复，观之有剧烈的向上升腾之感，为古人匠心独运的杰作。

通过对笔者2013年用激光三维扫描仪实测的点云图及据此绘制的实测图和数据分析，可得如下结论。

檐口以上高（取檐椽下皮，12.127米）：檐口以下高（8.614米）＝1.408≈$\sqrt{2}$(吻合度99.6%)（图9–77）。

七、经幢

1．山西五台山佛光寺乾符四年幢（唐乾符四年，877年）

五台山佛光寺乾符四年幢位于文殊殿前主庭院中。经幢自下而上同样由八角形基座、八角形幢身和幢顶组成。与大中十一年幢不同者，幢顶由石盘（宝盖）、小八角柱、八角攒尖形屋檐、山花蕉叶、覆钵、仰莲和宝珠构成。

通过对梁思成《图像中国建筑史》（英文版，1984）插图（现藏中国国家图书馆）进行几何作图，可得如下结论：

（1）幢顶高：幢身加基座高≈1：$\sqrt{2}$；幢顶高≈幢身高。

（2）幢顶高：石盘、小八角柱、屋檐、山花蕉叶高≈$\sqrt{2}$。

（3）基座高：仰莲以下高≈$\sqrt{2}$。

（4）据梁思成《记五台山佛光寺建筑》（载于《中国营造学社汇刊》第七卷第一期），总高4.9米，取唐代1尺＝29.4厘 米，合1.667（即5/3）丈（图9–78）。

2．云南省昆明市地藏寺（庵）大理国经幢（973～1253年）

现位于昆明市博物馆内的昆明地藏寺经幢，又名大理国经幢，是北宋大理国布燮（职官名）袁豆光为超度鄯阐侯高观音之子高明生所造。

该经幢为八角七级塔形，由五段砂石组成，通高8.3米。整个幢身共雕刻有密教佛、菩萨及天龙八部等大小神像300尊，大者近1米，小者仅5～7厘米，雕工精丽，为滇中之最。

经幢基座为特殊须弥座，上下为八角形，中央束腰部分为鼓座形，浮雕八龙。幢身雕四大天王，高约0.95米，威严庄重。幢顶犹如六层佛塔，加上幢身共计七层。第二层四面设龛，龛外各有一金刚，龛内为大日尊说法，旁有弟子、菩萨、天王伫立，共计雕像40尊。第三层亦四面设龛，主尊为四大菩萨，龛外有四供养菩萨。第四层与第三层形制相仿，雕刻内容略不同。第五层作覆钵造型。第六、七层为祥云之上的两层天宫楼阁造型。最上为两重仰莲和宝珠。

通过对清华大学建筑学院中国营造学社纪念馆藏中国营造学社实测图（估计出自莫宗江先生手笔）进行几何作图，可得如下结论：

（1）基座及幢身高：幢顶高（及二至七层高）≈5：7≈1：$\sqrt{2}$。

（2）基座及幢身高：基座总宽≈$\sqrt{2}$。

（3）基座及幢身高≈二至五层高。

（4）六七层及宝珠高：六七层高≈$\sqrt{2}$。

综上可知：大悲寺石幢同样在整体与局部巧妙运用$\sqrt{2}$构图，并且相比于上述唐代经幢，幢顶在立面中所占比例加大，雕刻也愈加繁密（图9-79、图9-80）。

3．河北赵县陀罗尼经幢（元）

赵县陀罗尼经幢为县城中心重要地标。基座包括三重须弥座，幢身则被一系列雕饰包括石盘、须弥座、仰莲等分成三段，幢顶也融合了城墙城门、楼阁等一系列复杂的造型元素。

通过对刘敦桢主编《中国古代建筑史》（第二版，1984）中的实测图进行几何作图，可得如下结论：

（1）一层大台基以上高：幢顶底部至一层大台基顶面距离≈7：10≈$\sqrt{2}$。

（2）一层大台基以上高：幢身总宽≈10。

（3）幢顶总高：幢顶檐口以上高≈$\sqrt{2}$（下檐构图甲）（图9-81）。

通过上述分析与讨论，可知在中国古代佛塔设计中，基于方圆作图的$\sqrt{2}$比例广为运用，而佛塔总高与首层塔身（或台基）通面阔（或总宽、直径）、边长之间常常具有清晰的比例关系，塔身高度与首层柱高或中间层边长也常存在模数关系。

以下扼要总结本书所探讨的中国古代佛塔主要的构图比例。

（1）高宽比：总高与首层塔身通面阔（或总宽、直径）成清晰比例关系

从前文分析可知，中国古代各类佛塔之总高与首层塔身通面阔（或总宽、直径）之比例关系非常密切，主要包含如下常见比例（表1）。

中国古代佛塔常见高宽比实例列表　　表1

（表中带“*”的实例总宽取台基总宽；带“°”的实例总高取台基以上高）

高宽比（总高：首层塔身总宽）	佛塔实例	备注
$\sqrt{2}$	北京妙应寺白塔（含大台基）*；北京正觉寺金刚宝座塔*	
2	山西五台山佛光寺祖师塔；山东历城神通寺四门塔；山东长清灵岩寺慧崇塔°；山西运城泛舟禅师塔*；山西代县阿育王塔*；北京北海永安寺塔°*；山西五台山龙泉寺普济墓塔*	
$\sqrt{2}+1$	北京护国寺西塔*	
2.5	西安慈恩寺大雁塔；北京妙应寺白塔（不含大台基）°；山西平顺海会院明惠禅师塔*	
$2\sqrt{2}$	山西应县木塔；山西运城泛舟禅师塔；杭州闸口白塔*；北京天宁寺塔°*；颐和园须弥灵境西北塔*；颐和园须弥灵境东北塔*；湖北襄樊广德寺金刚宝座塔中央主塔°*	
3	山西云冈石窟第21窟塔心柱；山西云冈石窟第2窟塔心柱；内蒙古宁城县辽中京大明塔°；北京慈寿寺塔*；颐和园须弥灵境西南塔*；颐和园须弥灵境东南塔*	
$2+\sqrt{2}$	山西五台山塔院寺白塔	总宽取覆钵最宽处
3.5	河南登封嵩岳寺塔；北京万松老人塔；颐和园花承阁琉璃塔*	
4	山西平顺海会院明惠禅师塔；山西代县阿育王塔	阿育王塔总宽取覆钵最宽处
5	山西灵丘觉山寺塔	
$4\sqrt{2}$	颐和园花承阁琉璃塔°	
6	杭州闸口白塔°；大理佛图寺塔°；大理宏圣寺塔°	
7	大理崇圣寺千寻塔°	
8	大理崇圣寺南塔	总高如果取台基以上，则高宽比为7.5

特别值得注意的是，上述常见佛塔高宽比中，与$\sqrt{2}$比例相关的包括$\sqrt{2}$（2例）、$\sqrt{2}+1$（1例）、$2\sqrt{2}$（7例）、$2+\sqrt{2}$（1例）、$4\sqrt{2}$（1例），共计12例。

此外，高宽比为3的实例有6例，或许体现了“周三径一”的比例关系（古人将圆周率π近似认为是3），也可以看作是方圆关系之一种，即圆形周长与其外接正方形边长之比。

（2）总高与局部高度之$\sqrt{2}$比例

除了12例高宽比直接运用$\sqrt{2}$比例的佛塔之外，本书分析的大量佛塔均存在总高与局部高度呈$\sqrt{2}$比例的情况，主要包括以下6种类型：

上檐构图甲——总高：顶层檐口以下高$=\sqrt{2}$；

上檐构图乙——总高：顶层檐柱柱头以下高$=\sqrt{2}$；

下檐构图甲——总高：首层檐口以上高$=\sqrt{2}$；

下檐构图乙——总高：首层檐柱柱头以上高$=\sqrt{2}$；

塔刹构图——总高：塔刹以下高$=\sqrt{2}$；

基座构图——总高：基座以上高$=\sqrt{2}$。

本文实例中符合此6类构图比例的佛塔见表2。

中国古代佛塔6种$\sqrt{2}$构图典型实例列表　　表2

（表中带“°”的实例总高取台基以上高）

构图类型	佛塔实例	备注
上檐构图甲	福建泉州开元寺仁寿塔；山东长清灵岩寺慧崇塔°	
上檐构图乙	山西应县木塔	
下檐构图甲	山西大同云冈石窟第21窟塔心柱；北京颐和园花承阁琉璃塔；河南登封嵩岳寺塔；山西灵丘觉山寺塔；北京天宁寺塔°；北京万松老人塔	
下檐构图乙	山西五台山佛光寺祖师塔；北京慈寿寺塔°	
塔刹构图	大同云冈石窟第2窟塔心柱；五台山塔院寺白塔；山西代县阿育王塔；北京颐和园须弥灵境东南、西南塔	后4例塔刹高取十三天（相轮）以上
基座构图	山西平顺海会院明惠禅师塔；北京妙应寺白塔°；北京北海永安寺塔°；五台山龙泉寺普济墓塔；云居寺北塔	

此外，还有一些佛塔是总高方向上被分成1：$\sqrt{2}$的两段，如安徽蒙城万佛塔（以第七层楼面为界）、大理佛图寺塔（以第九层檐下皮为界）、大理宏圣寺塔（以第十层檐上皮为界）、五台山塔院寺白塔（以覆钵底部为界）、代县阿育王塔（以塔刹底部为界）、北京护国寺东、西塔（以十三天底部为界）、云居寺北塔（以覆钵底部为界）、丰台镇岗塔（以檐口为界），共计9例。

以上各类总高与局部高度、局部高度之间运用$\sqrt{2}$比例的实例共计30例（有个别案例同时运用多种构图手法），更进一步证明$\sqrt{2}$比例在佛塔设计中运用手法之丰富。

（3）平面之$\sqrt{2}$比例

平面设计中运用$\sqrt{2}$比例，使得平面布局呈环环相套格局的实例包括：泉州开元寺仁寿塔、五台山佛光寺祖师塔、苏州虎丘云岩寺塔、河北定州料敌塔、嵩岳寺塔、山西灵丘觉山寺塔、山东长清灵岩寺慧崇塔、山西平顺海会院明惠禅师塔、北京妙应寺白塔，共计9例。

（4）总高与首层塔身边长成清晰比例关系

佛塔总高常为首层塔身边长的倍数（类似《营造法原》的记载）。其中，许多八角形塔总高为首层塔身边长的8倍（即与首层塔身周长相等），如内蒙古巴林右旗辽庆州释迦佛舍利塔、定州开元寺料敌塔、苏州虎丘云岩寺塔及泉州开元寺仁寿塔等4例。嵩岳寺塔总高为首层塔身边长的12倍（平面为独一无二的十二边形）。此外，还有一些总高与首层塔身边长呈其他比值的情况，如苏州罗汉院双塔（15倍）、安徽蒙城万佛塔（14倍）、颐和园花承阁琉璃塔（10.5倍）、北京天宁寺塔（9倍）等。

第十章　牌楼、牌坊与棂星门

牌楼、牌坊是在中国古代街市、建筑群、园林中均大量出现的标志性建筑，是中国古建筑中极富于装饰趣味的类型。依材料区分有石牌楼（坊）、木牌楼（坊）、砖牌楼（包括琉璃牌楼）等。按外观形式则称为“×间×柱×楼”样式，从最简单的“一间二柱一楼”式至最隆重的“五间六柱十一楼”式。

牌楼、牌坊与前述各类建筑一样，有着惯用的高宽比，最普遍的是1∶1（如武当山“治世玄岳”牌楼、歙县许国石坊、歙县棠樾六坊、泰安岱庙石坊、华山西岳庙“天威咫尺”坊、北京国子监街牌楼等），其次还包括$\sqrt{3}$∶4（如北京明十三陵石牌楼）、1∶2（如曲阜孔林“万古长春”牌楼、曲阜孔庙“太和元气”牌坊与“至圣庙”牌坊、曲阜颜庙“复圣庙”牌坊、北京北海“华藏海”琉璃牌楼等）、1∶（$\sqrt{2}+1$）（如颐和园“云辉玉宇”牌楼与“涵虚”牌楼等）、3∶5（如东岳庙琉璃牌楼等）、1∶$\sqrt{2}$（如中岳庙“崧高峻极”牌楼）、$\sqrt{3}$∶2（如曲阜孔林“至圣林”坊、五台山塔院寺牌楼、北京北海小西天琉璃牌楼、北海陟山牌楼等）、2∶1（如歙县尚宾坊）及5∶2（如歙县丰口四面坊）等。

牌楼、牌坊也有属于自身的一些构图特点。例如各间的$\sqrt{2}$矩形构图、各门洞的正方形构图以及总高常常等于明间面阔的2倍等。

棂星门与牌楼、牌坊构图接近，主要运用于坛庙、陵寝之中，也在本章一并讨论。

一、石牌楼、石牌坊

（一）五开间

1．北京十三陵总神道石牌楼（明嘉靖十九年，1540年）

明十三陵石牌楼为总神道起点，也是整个庞大十三陵建筑群的序幕，为中国现存最大的石牌楼，“五间六柱十一楼”样式，通面阔28.86米（其中明间6.46米，次间5.94米，梢间5.26米），通体由白石及青白石料雕琢组装而成。十一楼包括正楼五座、夹楼四座及边楼两座，各楼屋顶均为庑殿顶，平板枋、斗栱、挑檐桁、檐椽、飞椽、瓦件、勾滴、吻兽一应俱全，雕琢细腻。六根石柱下端前后各有夹柱石，夹柱石四面雕饰均极为精美，各柱夹柱石之下承以雕饰莲瓣的础盘。

通过对《中国古代建筑史》（第四卷：元、明建筑，2009年第二版）一书中的实测图进行几何作图，可得如下结论。

（1）明间总高：明间龙门枋上皮高（约等于龙门枋长或两侧夹楼屋檐外侧间距）≈$\sqrt{2}$；

次间总高：次间大额枋上皮高（约等于两侧夹楼屋檐外侧间距）≈$\sqrt{2}$；

梢间总高：梢间大额枋上皮高（约等于两侧夹楼屋檐外侧间距）≈$\sqrt{2}$。

事实上，单独看每个开间，正楼加两侧夹楼均为一个$\sqrt{2}$矩形，其中正楼总高与正楼加两侧夹楼总宽之比皆为$\sqrt{2}$（相邻的两间均“共享”一座夹楼），且正楼总高与龙门枋（或大额枋）上皮高之比皆为$\sqrt{2}$，此外各间屋脊高恰好等于相邻更高一层的檐口高，整座牌楼可以看作五座高宽比为$\sqrt{2}$的“一间二柱三楼”式牌楼组合而成。这座看似复杂之极的“五间六柱十一楼”式牌楼，其实暗含如此清晰、简洁而完美的$\sqrt{2}$比例构图（图10–1）。

（2）明间总高：通面阔≈3：7≈$\sqrt{3}/4$——与长陵祾恩殿构图一脉相承（详见前文）（图10–2）。

（3）明间面阔：明间门洞高≈1；次间面阔：次间门洞高≈1——明、次间门洞均为正方形构图，这也是石牌楼常用之手法（图10–3）。

2．山东曲阜孔林“万古长春”牌楼（明万历二十二年，1594年）

“万古长春”石牌楼为曲阜孔林建筑群的序幕。牌楼为五间六柱五楼式，虽不及十三陵石牌楼壮伟，但却是皇家建筑群之外唯一的五开间石牌楼，足见孔林建筑群规制之高。

通过对《中国古代建筑史》(第四卷：元、明建筑，2009年第二版）一书中的实测图进行几何作图，可得如下结论。

（1）明间总高：明间屋檐总宽≈$\sqrt{2}$；

次间总高：次间屋檐总宽（假设屋檐对称）≈$\sqrt{2}$；

梢间总高：梢间屋檐总宽（假设屋檐对称）≈$\sqrt{2}$。

且各层屋脊高等于相邻更高一层檐口高——以上手法与十三陵石牌楼一脉相承，只是孔林石牌楼没有出现总高与龙门枋（或大额枋）上皮之间的$\sqrt{2}$关系（图10–4）。

（2）明间总高：明间门洞高（等于明间面阔）≈2；

次间总高：次间门洞高≈2；

梢间总高：梢间门洞高≈2（图10–5）。

（3）明间总高：总宽（取柱外侧）≈1：2（图10–6）。

（二）三开间

1．湖北武当山“治世玄岳”牌楼（明嘉靖三十一年，1552年）

武当山“治世玄岳”牌楼，亦名玄岳门，为武当山第一道“神门”，被称为“仙界第一关”，即武当道教界定的“凡间”与“仙界”的界碑。牌坊正中的“治世玄岳”匾额为嘉靖帝御赐。“治世玄岳”牌楼为“三间四柱五楼”式，大小额枋上分别以浮雕、圆雕、镂雕等手法雕刻仙鹤游云、八仙人物等道教题材。

通过对《中国古代建筑史》(第四卷：元、明建筑，2009年第二版）一书中的实测图进行几何作图，可得如下结论。

（1）总高：总宽（取柱外侧）≈1。

（2）总高：明间宽（取柱外侧）≈2（图10–7）。

2．山东曲阜孔庙“太和元气”牌楼（明嘉靖年间）

孔庙“太和元气”石牌楼为三间四柱冲天式。通过对《曲阜孔庙建筑》（1987）一书中的实测图进行几何作图，可得如下结论。

（1）明间总高：华版上皮高≈$\sqrt{2}$；

次间总高：华版上皮高（约等于次间面阔）≈$\sqrt{2}$（图10–8）。

（2）总高（台基以上）：总宽（取柱外侧）≈1：2。

（3）明间门洞约为正方形，两次间门洞约为$\sqrt{3}/2$矩形（7：8）（图10–9）。

3．山东曲阜孔庙“至圣庙”牌坊（明弘治十七年，1504年）

孔庙“至圣庙”石牌坊为三间四柱冲天式，造型十分接近棂星门。通过对《曲阜孔庙建筑》（1987）一书中的实测图进行几何作图，可得如下结论。

（1）明间总高：华版上皮高（约等于明间总宽，取柱外侧）≈$\sqrt{2}$；

次间总高：华版上皮高≈$\sqrt{2}$（图10–10）。

（2）明间总高：总宽（取柱外侧）≈2；明间、次间门洞约为正方形（图10–11）。

4．山东曲阜颜庙“复圣庙”牌坊（明）

颜庙“复圣庙”石牌坊为三间四柱冲天式，形制与孔庙“至圣庙”坊相同。通过对《曲阜孔庙建筑》（1987）一书中的实测图进行几何作图，可得如下结论。

（1）明间总高：华版上皮高（约等于明间总宽，取柱外侧）≈$\sqrt{2}$；

次间总高：次间总宽（取柱外侧）≈$\sqrt{2}$（图10–12）。

（2）明间总高：总宽（取柱外侧）≈1：（$2\sqrt{2}-1$）。

明间总高：明间门洞宽≈$2\sqrt{2}-1$。

（3）明间、次间门洞均为正方形（图10–13）。

综上可知，“复圣庙”牌坊比之孔庙诸坊的比例推敲更加严谨而完美。

5．安徽歙县许国石坊（明万历十二年，1584年）*

许国石坊，又名“大学士坊”，因共有八根立柱，故俗称“八脚牌楼”。石坊位于歙县县城中和街与打箍井街十字街口，为纪念武英殿大学士、太子太保许国所建。

该石坊为仿木结构建筑，形制颇为独特，由东南西北四面牌坊围合而成。石坊平面呈长方形，其中东西两座牌坊长11.5米，南北两座牌坊长6.77米，四座牌坊高均为11.4米。整个牌坊系由东西两座“三间四柱三楼式”石牌坊和南北两座“单间双柱三楼式”石牌坊组合而成，四座石坊均为“冲天柱”样式。

通过对《中国古代建筑史》（第四卷：元、明建筑，2009年第二版）一书中的实测图进行几何作图，及安徽省文物局官方网站公布的数据进行分析[1]，可得如下结论。

（1）总高11.4米，取明中期1尺＝31.84厘米，合3.58丈，约3.6丈（吻合度99.4%）；正面总宽11.5米，合3.61丈，约3.6丈（吻合度99.7%）；侧面总宽6.77米，合2.12丈，约2.1丈（吻合度99%）。

1．另据王卫东．徽州牌坊的代表——许国石坊[J]．文物建筑，2007（0）:157–160，许国石坊南北长11.56米，东西宽6.77米，通高11.5米，与本书所采用数据略有差异，但不影响结论。

（2）正立面：

总高（11.4米）：正面总宽（11.5米）≈1（吻合度99.1%）；

明间正脊高：总宽≈7：8≈$\sqrt{3}/2$。

（3）若以总高十分之一（3.6尺）绘制纵横10×10的正立面模数网格，则：明间总宽（取柱外侧）约占4格；明间屋檐高8格；总高的二分之一约位于通长横枋下皮（图10–14）。

（4）平面：

正面总宽（11.5米）：侧面总宽（6.77米）＝1.7≈（$\sqrt{2}$＋1）/$\sqrt{2}$（吻合度99.6%）。

6．安徽歙县棠樾鲍象贤尚书坊（明天启二年［1622］年建，清乾隆六十年［1795］年重修）*

鲍象贤尚书坊为棠樾七坊中由东向西第一坊，位于棠樾村村口位置，为旌表工部尚书鲍象贤而建，是一座“忠”字坊，为三间四柱三楼冲天式石牌楼。

通过对《徽州古建筑丛书——棠樾》（1999 ）一书的实测图进行几何作图及实测数据进行分析，可得如下结论。

（1）总高（11.84米）：总宽（12.08米）＝0.98≈1（吻合度98%）。

（2）总高（11.84米）：明间面阔（4.2米）＝2.819≈2$\sqrt{2}$（吻合度99.7%）。

（3）明间正脊高（10.15米）：总高（11.84米）＝0.857＝6：7≈$\sqrt{3}/2$（吻合度99%）（图10–15）。

7．安徽歙县棠樾鲍逢昌孝子坊（清嘉庆二年，1797年）*

鲍逢昌孝子坊为棠樾七坊中由东向西第二坊，为旌表孝子鲍逢昌外出寻父、割股奉母而建，是一座“孝”字坊，为三间四柱三楼冲天式石牌楼。

通过对《徽州古建筑丛书——棠樾》（1999 ）一书的实测图进行几何作图及实测数据进行分析，可得如下结论。

（1）总高（12.12米）：总宽（12米）＝1.01≈1（吻合度99%）。

（2）明间檐口高（9.3米）：通面阔（9.33米）＝0.997≈1（吻合度99.7%）。

（3）总高（12.12米）：明间面阔（4.27米）＝2.838≈2$\sqrt{2}$（吻合度99.6%）。

（4）明间正脊高（10.35米）：总宽（12米）＝0.8625≈$\sqrt{3}/2$（吻合度99.6%）（图10–16）。

8．安徽歙县棠樾鲍文渊妻节孝坊（清乾隆五十二年，1787年）*

鲍文渊妻节孝坊为棠樾七坊中由东向西第三坊，为旌表鲍文渊继妻吴氏抚养前妻弱子成人、守节三十余载而建，是一座“节”字坊，为三间四柱三楼冲天式石牌楼。

通过对《徽州古建筑丛书——棠樾》（1999）一书的实测图进行几何作图及实测数据进行分析，可得如下结论。

（1）总高（11.83米）：总宽（11.94米）＝0.991≈1（吻合度99.1%）。

（2）明间檐口高（9.29米）：通面阔（9.3米）＝0.999≈1（吻合度99.9%）。

（3）总高（11.83米）：明间面阔（4.26米）＝2.78≈$2\sqrt{2}$（吻合度98.3%）。

（4）明间正脊高（10.25米）：总宽（11.94米）＝0.858≈$\sqrt{3}/2$（吻合度99.1%）（图10-17）。

9．安徽歙县棠樾鲍漱芳父子义行坊（清嘉庆二十五年，1820年）*

鲍漱芳父子义行坊为棠樾七坊中由东向西第四坊，为旌表鲍淑芳、鲍志道、鲍均祖孙三代盐商在赈济灾民、兴修水利以及修建书院、祠堂、牌坊等方面所做杰出贡献而建，是一座“义”字坊，为三间四柱三楼冲天式石牌楼。

通过对《徽州古建筑丛书——棠樾》（1999）一书的实测图进行几何作图及实测数据进行分析，可得如下结论。

（1）总高（11.7米）：总宽（11.95米）＝0.98≈1（吻合度98%）。

（2）总高（11.7米）：明间面阔（4.15米）＝2.819≈$2\sqrt{2}$（吻合度99.7%）。

（3）明间正脊高：总宽≈$\sqrt{3}/2$。

（4）以总高的1/10为正立面模数网格，则：通面阔（取柱外侧）8格，明间檐口高8格（图10-18）。

10．安徽歙县棠樾鲍文龄妻节孝坊（清乾隆三十四年，1769年）*

鲍文龄妻节孝坊为棠樾七坊中由东向西第五坊，为旌表鲍文龄妻汪氏孝敬公婆、守节二十载而建，是一座“节”字坊，为三间四柱三楼冲天式石牌楼。

通过对《徽州古建筑丛书——棠樾》（1999）一书的实测图进行几何作图及实测数据进行分析，可得如下结论。

（1）总高：总宽≈1。

（2）总高（10.5米）：额枋下皮高（等于上层平板枋上皮至柱顶，3.72米）＝2.823≈$2\sqrt{2}$（吻合度99.8%）。

（3）明间正脊高（9.17米）：总高（约等于总宽，10.5米）＝0.873≈$\sqrt{3}/2$（吻合度99.2%）（图10-19）。

11．安徽歙县棠樾慈孝里坊（明弘治十四年［1501年］建，清乾隆十四年

[1749年] 重修)

慈孝里坊为棠樾七坊中由东向西第六坊，为旌表鲍宗岩、鲍寿孙父子遭盗缚争死孝行而建，是一座“孝”字坊，为三间四柱三楼式石牌楼。

通过对《徽州古建筑丛书——棠樾》(1999)一书的实测图进行几何作图，可得如下结论。

(1)一层平板枋上皮以下高：总宽(取柱外侧)≈1：$\sqrt{2}$。

(2)总高：明间门洞宽(取柱内侧)≈3(图10-20)。

12．安徽歙县棠樾鲍灿孝子坊(明嘉靖十三年 [1534年] 建，清乾隆十四年 [1749] 年重修)

鲍灿孝子坊为棠樾七坊中由东向西第七坊，为旌表鲍灿口吮脓疮、为母治病而建，是一座“孝”字坊，为三间四柱三楼式石牌楼。

通过对《徽州古建筑丛书——棠樾》(1999)一书的实测图进行几何作图，可得如下结论。

(1)总高≈通面阔。

(2)总高：通长横枋(类似平板枋)上皮以下高≈$\sqrt{2}$。

(3)通长横枋(类似平板枋)上皮以下高：通面阔≈1：$\sqrt{2}$(图10-21)。

综上可知，安徽歙县诸坊(特别是歙县棠樾前五坊)综合运用了$\sqrt{2}$和$\sqrt{3}/2$比例体系，构图颇为完美。

13．山东泰安岱庙石坊(清)

泰安岱庙前石坊为三间四柱三楼式石牌楼，雕刻繁丽之极。通过对陈从周《岱庙》(2005)一书中的实测图进行几何作图，可得如下结论。

(1)总高：明间龙门枋下皮高≈$\sqrt{2}$。

(2)总高：总宽(取次间额枋端头间距)≈1。

(3)总高：明间总宽(取柱外侧)≈2(图10-22)。

14．陕西华山西岳庙“天威咫尺”坊(清)[*]

西岳庙“天威咫尺”坊为三间四柱五楼式石牌楼。通过对清华大学建筑学院的实测图(CAD文件)进行几何作图以及实测数据分析，可得如下结论。

(1)总高(8.004米)：总宽(取柱础外皮，7.942米)=1.008≈1(吻合度99.2%)。

(2)总高(8.004米)：明间龙门枋上皮高(5.661米)=1.414=$\sqrt{2}$；明间龙门枋上皮高(5.661米)：龙门枋总长(5.578米)=1.015≈1(吻合度98.5%)。

（3）总高（8.004米）：明间总宽（取柱础外侧，4.007米）=1.998≈2（吻合度99.9%）；

明间门洞高（3.987米）：明间总宽（取柱础外侧，4.007米）=0.995≈1（吻合度99.5%）（图10–23）。

故西岳庙“天威咫尺”坊明间门洞高（等于明间柱础外侧间距）、龙门枋上皮高（等于龙门枋长）与总高（等于总宽）呈1∶$\sqrt{2}$∶2之完美构图。

15．北京颐和园宝云阁石牌楼（清）

颐和园宝云阁石牌楼为三间四柱三楼式石牌楼。通过对《颐和园》（2000）中的实测图进行几何作图，可得如下结论。

（1）明间总高∶龙门枋上皮高≈7∶5≈$\sqrt{2}$。

（2）次间总高∶大额枋上皮高≈7∶5≈$\sqrt{2}$（图10–24）。

（三）一开间

1．安徽歙县尚宾坊（明成化十二年，1476年）

尚宾坊为单间二柱三楼式石牌楼，南面华版镌“京闱乡贡进士江衷之门”十字，小额枋镂鲤鱼纹饰图案，大额枋镂双凤朝阳图，栏板镌“尚宾”二字，北面小额枋镂牡丹纹饰图案，华版镌“风云庆会”四字，大额枋镂双鹤翔云图形。其转角处用斜栱和枫栱，保存了宋元旧制。

通过对《中国古代建筑史》（第四卷：元、明建筑，2009年第二版）一书中的实测图进行几何作图，可得如下结论。

（1）总高∶平板枋上皮高≈$\sqrt{2}$。

（2）平板枋上皮高∶总宽（取柱外侧间距）≈$\sqrt{2}$；

故总高∶总宽（取柱外侧间距）≈2（图10–25）。

2．安徽歙县丰口四面坊（明嘉靖年间，1522～1566年）

丰口四面坊平面为正方形，四面围合，每个面皆为单间二柱三楼式石牌坊，在形制上与许国石坊相似，但在等级和规模方面均低于许国石坊——可看作是许国石坊的“先声”。

通过对《中国古代建筑史》（第四卷：元、明建筑，2009年第二版）一书中的实测图进行几何作图，可得如下结论。

（1）总高∶通面阔≈5∶2。

（2）门洞高：小额枋下皮至二层平板枋上皮：二层平板枋上皮至正脊上皮≈2：2：1（图10–26）。

3．北京北海濠濮间石牌楼（清）

北海濠濮间石牌楼为单间二柱一楼式。通过对《中国古建筑测绘大系·园林建筑：北海》（2015）一书中的实测图进行几何作图，可得如下结论。

（1）总高：平板枋下皮以下高≈$\sqrt{2}$。

（2）总高：面阔≈2。

故此坊面阔：平板枋下皮以下高：总高≈1：$\sqrt{2}$：2（图10–27）。

二、木牌楼

（一）三开间

1．北京颐和园“云辉玉宇”牌楼（清）[*]

颐和园“云辉玉宇”牌楼位于万寿山排云殿建筑群轴线的起点处，为三间四柱七楼式木牌楼。通过对《中国古建筑测绘大系·园林建筑：颐和园》（2015）一书中的实测图进行几何作图及实测数据分析，可得如下结论。

（1）通面阔（16.19米）：总高（台基以上，9.565米）=1.693≈1.7（吻合度99.6%）；1.693≈1+1/$\sqrt{2}$（吻合度99.2%）。

（2）总高（台基以上，9.565米）：边楼高（台基以上，6.722米）=1.423≈$\sqrt{2}$（吻合度99.4%）。

（3）柱高（5.34米）：次间面阔（5.33米）=1.002≈1（吻合度99.8%）。

（4）总高（台基以上）的二分之一位于明间小额枋上皮（图10–28）。

2．北京颐和园“涵虚”牌楼（清）[*]

颐和园“涵虚”牌楼为三间四柱七楼式木牌楼，与“云辉玉宇”牌楼十分肖似。通过对《中国古建筑测绘大系·园林建筑：颐和园》（2015）一书中的实测图进行几何作图及实测数据分析，可得如下结论。

（1）通面阔（15.12米）：总高（8.957米）=1.69≈1.7（吻合度99.4%）；1.69≈1+1/$\sqrt{2}$（吻合度99%）。

（2）明间面阔（5.5米）：龙门枋上皮高（5.515米）=0.997≈1（吻合度99.7%）。（图10–29）

3．北京景山寿皇殿牌楼（清乾隆十五年，1750年）*

景山寿皇殿牌楼为三间四柱九楼式（共三座）。通过对1940年代的实测图进行几何作图及实测数据分析，可得如下结论。

（1）明间正楼总高（台基以上）：中央三楼屋檐总宽≈$\sqrt{2}$；次间构图与明间类似。（图10–30）

（2）明间正楼总高（台基以上，10.27米）：台基总宽（18.55米）＝0.554≈5：9（吻合度99.7%）；明间正楼总高（台基以上，10.27米）：明间面阔（5.69米）＝1.805≈9：5（吻合度99.7%）。

（3）明间面阔（5.69米）：明间小额枋上皮高（5.75米）＝0.99≈1（吻合度99%）；次间面阔≈次间门洞高（图10–31）。

4．北京北海陟山牌楼（清）

北京北海陟山牌楼为三间四柱三楼式木牌楼。通过对《中国古建筑测绘大系·园林建筑：北海》（2015）一书中的实测图进行几何作图，可得如下结论。

（1）总高：总宽（取夹杆石外侧）≈$\sqrt{3}/2$。

（2）明间门洞为正方形（图10–32）。

5．山东曲阜孔林“至圣林”牌楼（明清）

孔林“至圣林”牌楼为三间四柱三楼式木牌楼。通过对《曲阜孔庙建筑》（1987）一书中的实测图进行几何作图，可得如下结论：

（1）总高：通面阔≈$\sqrt{3}/2$。

（2）明间面阔：明间门洞高≈$\sqrt{2}$；

次间面阔：次间门洞高≈1：$\sqrt{2}$。

综上可知：孔林“至圣林”牌楼综合运用了$\sqrt{2}$、$\sqrt{3}/2$构图比例，明间为横长的$\sqrt{2}$矩形，而次间为纵高的$\sqrt{2}$矩形（图10–33）。

6．山西五台山塔院寺牌楼（清）*

五台山塔院寺牌楼为三间四柱三楼式木牌楼。通过对清华大学建筑学院的实测图（CAD文件）进行几何作图以及实测数据分析，可得如下结论：

（1）总高（10.994米）：总宽（取夹杆石外侧，12.369米）＝0.889≈$\sqrt{3}/2$（吻合度97.4%）。

（2）总高（10.994米）：通面阔（取柱内侧，11.021米）＝0.998≈1（吻合度99.8%）。

（3）总高（10.994米）：明间总宽（取柱外侧，5.599米）＝1.964≈2（吻合

度98.2%)(图10–34)。

7. 河南登封嵩山中岳庙“崧高峻极”牌楼(清)*

嵩山中岳庙崧高峻极牌楼为三间四柱三楼式木牌楼。通过对清华大学建筑学院的实测图(CAD文件)进行几何作图以及实测数据分析,可得如下结论:

(1)总高(台基以上,7.46米):总宽(取夹杆石外侧,10.38米)=0.719≈5:7(吻合度99.3%);0.719≈1:$\sqrt{2}$(吻合度98.3%)。

(2)总高(台基以上,7.46米):明间门洞宽(3.75米)=1.989≈2(吻合度99.5%)。

(3)总高(台基以上,7.46米):次间柱内侧至明间柱内侧距离(2.64米)=2.826≈2$\sqrt{2}$(吻合度99.9%)(图10–35)。

(二)一开间

北京国子监街牌楼(明清)

北京孔庙与国子监的所在地成贤街,一字排开列有四座牌楼,其形式为独特的“一间二柱三楼垂花柱出头悬山顶”样式,显得尤为轻巧别致,靠街口的两座书“成贤街”;靠里的两座书“国子监”——它们是北京留下的唯一一组街市牌楼,至为可贵。

通过对《东华图志:北京东城史迹录》(2005)一书中的实测图进行几何作图,可得如下结论。

(1)总高(不含蹲兽):总宽(取垂莲柱外侧)≈1。

(2)总高:面阔(取柱外侧,约等于明间檐口高)≈$\sqrt{2}$(图10–36)。

三、琉璃牌楼

1. 北京东岳庙琉璃牌楼(明万历三十五年,1607年)

北京东岳庙琉璃牌楼以砖砌筑三座券门,再以黄绿琉璃构件与琉璃砖包砌成“三间四柱七楼”的仿木牌楼样式,是中国现存最早的一座琉璃牌楼。通过对《中国古代建筑史》(第四卷:元、明建筑,2009年第二版)一书中的实测图进行几何作图,可得如下结论:

(1)设明间门洞净宽=A,则:

明间总高3A，明间门洞高A，牌楼总宽（取柱外侧）5A，故总高：总宽＝3：5——正立面构图以明间门洞尺寸为基本模数。

总高的二分之一约位于龙门枋下皮（图10–37）。

（2）明间总高：柱间净宽≈2；次间总高：柱间净宽≈2（图10–38）。

（3）各间正方形构图：

明间面阔≈明间一层平板枋上皮高；

次间面阔≈次间一层平板枋上皮高；

各门洞净宽≈门洞净高（图10–39）。

2．北京颐和园“众香界”琉璃牌楼（清）

颐和园“众香界”琉璃牌楼位于万寿山顶，为“三间四柱七楼”仿木牌楼样式。通过对《中国古建筑测绘大系·园林建筑：颐和园》（2015）中的实测图进行几何作图以及实测数据分析，可得如下结论：

（1）总高：龙门枋长≈$\sqrt{2}$。

（2）明间总高：明间面阔≈2；总高的二分之一位于小额枋上皮。

（3）次间总高（8.89米）：次间面阔（4.49米）＝1.98≈2（吻合度99%）（图10–40）。

3．北京北海“华藏海”琉璃牌楼（清）

北海“华藏海”琉璃牌楼位于北海西天梵境之前，为“三间四柱七楼”仿木牌楼样式。通过对《中国古建筑测绘大系·园林建筑：北海》（2015）一书中的实测图进行几何作图，可得如下结论。

（1）总高：总宽（取柱外侧）≈1：2。

（2）总高（台基以上）：明间面阔≈$\sqrt{2}$。

（3）次间总高（台基以上）：次间面阔（取柱外侧间距）≈$\sqrt{2}$。

（4）明间小额枋下皮高：明间柱内侧间距≈1：$\sqrt{2}$（图10–41）。

4．北京北海小西天琉璃牌楼（清）

北海小西天琉璃牌楼位于小西天极乐世界大殿四面（东南西北各一座），为“三间四柱七楼”仿木牌楼样式。通过对《中国古建筑测绘大系·园林建筑：北海》（2015）一书中的实测图进行几何作图，可得如下结论。

（1）总高：通面阔≈7：8≈$\sqrt{3}/2$——高宽比与后部极乐世界大殿相同。

（2）龙门枋上皮高：明间面阔≈$\sqrt{2}$（图10–42）。

四、棂星门

1．曲阜孔庙棂星门（清）

曲阜孔庙棂星门三间四柱冲天式。通过对《曲阜孔庙建筑》（1987）一书中的实测图进行几何作图，可得如下结论：

（1）总高（台基以上）：总宽≈2：3。

（2）总高（台基以上）：明间总宽（取柱外侧）≈2；

总高：次间华版上皮≈2。

（3）明间华版上皮高（台基以上）：明间面阔≈$\sqrt{2}$（图10–43）。

2．北京地坛棂星门（明清）

地坛棂星门位于壝墙之上，三座并排。通过对《东华图志：北京东城史迹录》（2005）一书中的实测图进行几何作图，可得如下结论。

（1）中门台基总宽：柱外侧间距（等于大额枋上皮高）：柱内侧间距（等于小额枋下皮高）≈2：$\sqrt{2}$：1。

（2）旁门台基总宽：柱外侧间距（等于大额枋下皮高）：柱内侧间距≈2：$\sqrt{2}$：1（图10–44）。

第十一章　亭

亭为中国古建筑中重要的景观小品，造型丰富多样，构图比例优美。本章选取23例从元至清的亭式建筑进行构图比例分析，其最主要的高宽比类型为$\sqrt{2}$：1和1：1两大类，此外也有不少局部运用方圆作图比例的实例。

一、高宽比＝$\sqrt{2}$：1

1．山东曲阜孔庙十号碑亭（元）

曲阜孔庙十号碑亭方三间，重檐歇山顶。通过对《曲阜孔庙建筑》（1987）一书中的实测图进行几何作图，可得如下结论。

（1）总高：通面阔（约等于上檐口高，取瓦当上皮）≈$\sqrt{2}$（C类；上檐构图甲）。

（2）上檐柱高（含平板枋，等于石碑高）：明间面阔（约等于下檐口高，取瓦当上皮）≈$\sqrt{2}$。（图11–1）

石碑总高与明间面阔呈$\sqrt{2}$比例关系，令人想起前文所述佛像与佛殿建筑空间的比例关系——碑为碑亭之主角，故令碑与亭符合一定比例关系。

2．山西高平炎帝中庙太子殿（元）*

山西高平炎帝中庙太子殿名虽曰殿，实为一座歇山顶方亭，后世加细柱将之改作方三间之小殿，内部有斗八藻井一座，精巧秀丽。通过对清华大学建筑学院的实测图（CAD文件）进行几何作图以及实测数据分析，可得如下结论。

（1）正立面：

总高（不含最下一层小平台，8.984米）：台基总宽（6.3米）＝1.426≈10：7（吻合度99.8%，即“方七斜十”）；1.426≈$\sqrt{2}$（吻合度99.2%，A类）。（图11–2）

（2）纵剖面：

木构架总高（6.812米）：通面阔（4.9米）＝1.39≈7：5（吻合度99.3%，即“方五斜七”）；1.39≈$\sqrt{2}$（吻合度98.3%）。

通面阔（4.9米）：阑额上皮高（3.439米）＝1.425≈$\sqrt{2}$（吻合度99.2%）。

木构架总高（6.812米）：阑额上皮高（3.439米）＝1.981≈2（吻合度99%）。（图11–3）

（3）材分°：

足材＝24.5厘米，由此可知：

通面阔（4.9米）＝20足材；

木构架总高（6.812米）＝27.804≈28足材（吻合度99.3%）；阑额上皮高（3.439米）＝14.037≈14足材（吻合度99.7%）；

檐柱高（含普拍枋，3.064米）＝12.506≈12.5足材（吻合度99.95%）。

综上可知，太子殿在立面、剖面上综合运用了$\sqrt{2}$构图比例，且木构架的主要尺寸皆为足材的倍数。

3．北京紫禁城御花园玉翠亭（明）*

玉翠亭位于御花园西北隅，明万历十一年（1583年）建，亦名毓翠亭，万历十九年（1591年）后重建。玉翠亭为攒尖顶方亭。通过对1940年代的实测图进行几何作图及实测数据分析，可得如下结论。

（1）总高（台基以上，5.54米）：台基边长（平均值3.95米）＝1.403≈$\sqrt{2}$（吻合度99.2%，B类）。

（2）总高（台基以上，5.54米）：面阔（2.72米）＝2.037≈2（吻合度98.2%）——可知此亭面阔：台基边长：总高（台基以上）≈1：$\sqrt{2}$：2。

（3）总高（台基以上）的二分之一约位于檐口（取瓦当下皮）。（图11–4）

4．北京紫禁城御花园千秋亭（清同治十一年，1872年）*

紫禁城御花园万春、千秋二亭，分立御花园东、西两侧。千秋亭始建于明初，清咸丰八年（1858年）毁于火，同治十一年（1872年）重建。平面下层为“亚”字形，方三间，四面各出抱厦一间，上层为圆形；屋顶首层檐随平面形状，顶层则变为圆形攒尖顶，“天圆地方”之寓意极明显。亭内部更有一圈高侧窗带来神秘的光线效果，上部的圆形藻井犹如悬浮一般。

通过对1940年代的实测图进行几何作图及实测数据分析，可得如下结论。

（1）立面/剖面：

总高（13.28米）：通面阔（等于通进深，9.3米）＝1.428≈10：7（吻合度99.96%）；1.428≈$\sqrt{2}$（吻合度99%；C类）。

总高（13.28米）：小额枋下皮以上高（9.38米）＝1.416≈$\sqrt{2}$（吻合度99.9%）。

总高（13.28米）：博脊枋上皮高（6.6米）＝2.01≈2（吻合度99.5%）——即亭上下层高度相等。

总高（13.28米）：中央三间面阔（6.48米）＝2.049≈2（吻合度97.5%）。

总高（13.28米）：上部圆亭直径（4.8米）＝2.77≈$2\sqrt{2}$（吻合度98%）。

总高：下层屋檐总宽≈1。（图11–5～图11–7）

（2）平面：

由上述剖面比例可知：

上部圆亭直径：中央三间面阔：通面阔：屋檐总宽≈1：$\sqrt{2}$：2：$2\sqrt{2}$。（图11–8、图11–9）

综观万春、千秋二亭，平面上圆下方，整个平面和空间布局呈层层方圆相含的构图，一如汉长安明堂辟雍之传统，十分完美。

5．安徽许村大观亭（清康熙二十二年，1633年）

大观亭始建于明嘉靖三十年（1557年），重建于清康熙二十二年（1633年），是一座三滴水歇山顶亭榭建筑，造型独特——其实亭原为一座重檐八角攒尖亭，后在其上加建一层，安歇山顶，故形成现在的外观。一层和二层均为八边形平面，三层为方形平面，寓意为“眼观八方，揽天地于怀；耳听四方，藏忧乐于心”。东北角设楼梯，连通一二层。一层设两圈柱子，内柱向上延伸形成二层廊柱，廊柱内加建一圈内柱，以减小随梁跨度。三层为虚阁，歇山屋顶，飞檐翼角。亭内的彩画极具地方特色。

通过对《中国古代建筑史》（第四卷：元、明建筑，2009年第二版）一书中的实测图进行几何作图，可得如下结论。

（1）正立面、剖面：

总高：台基总宽≈$\sqrt{2}$（A类）；

总高：二层通面阔≈2；

总高：二层内圈通面阔≈$2\sqrt{2}$；

二层内圈通面阔：三层面阔≈$\sqrt{2}$（图11–10）。

（2）平面：

由上述分析可知：三层面阔：二层内圈通面阔：二层通面阔：台基总宽≈1：$\sqrt{2}$：2：$2\sqrt{2}$。（图11–11）

综上可知，许村大观亭与紫禁城御花园千秋亭构图手法可谓异曲同工。

6．北京景山观妙亭（清乾隆十六年，1751年）*

景山五峰之巅各建一亭，中曰万春，东曰观妙、周赏，西曰辑芳、富览。观妙亭为八角重檐攒尖顶，绿琉璃瓦黄剪边。通过对1940年代的实测图进行几何作图及实测数据分析，可得如下结论。

（1）总高（台基以上，11.09米）：外檐柱圈直径（7.82米）=1.418≈$\sqrt{2}$（吻合度99.7%，D类）。

（2）总高（台基以上，11.09米）：上层檐口高（取瓦当上皮，7.67米）=1.446≈$\sqrt{2}$（吻合度97.7%，上檐构图甲）。

（3）总高（台基以上，11.09米）：下檐直径（取飞椽外皮，11.12米）=0.997≈1（吻合度99.7%）。

（4）外檐柱圈直径（7.82米）：内柱圈直径（5.18米）=1.51≈3：2（吻合度99.3%）（图11-12）。

7．北京景山周赏亭（清乾隆十六年，1751年）*

周赏亭为圆形重檐攒尖顶，蓝琉璃瓦紫剪边。通过对1940年代的实测图进行几何作图及实测数据分析，可得如下结论。

（1）总高（12.28米）：外檐柱圈直径（8.52米）=1.441≈$\sqrt{2}$（吻合度98.1%，C类）。

（2）总高：上层檐口高（取瓦当上皮）≈$\sqrt{2}$（上檐构图甲）。

（3）台基直径（10.48米）：内柱圈直径（5.84米）=1.795≈9：5（吻合度99.7%）（图11-13）。

8．北京北海小西天角亭（清乾隆三十五年，1770年）

北海小西天角亭方三间，重檐攒尖顶。通过对《中国古典园林建筑图录·北方园林》（2015）一书中的实测图进行几何作图，可得如下结论。

（1）总高：台基总宽≈$\sqrt{2}$（A类）。

（2）总高：上层檐口高（取瓦当下皮）≈$\sqrt{2}$（上檐构图甲）（图11-14）。

9．北京北海沁香亭（清）

北海沁香亭方三间，重檐攒尖顶。通过对《中国古建筑测绘大系·园林建筑：北海》（2015）一书中的实测图进行几何作图，可得如下结论：

总高：台基总宽≈$\sqrt{2}$（A类）（图11-15）。

10．北京紫禁城文渊阁碑亭（清乾隆四十一年，1776年）

文渊阁碑亭方三间，上覆盝顶，造型独特。通过对刘敦桢、梁思成《清文渊阁实测图说》（《中国营造学社汇刊》第六卷第二期，1935）一文的实测图进行几何作图，可得如下结论。

（1）总高（台基以上）：台基总宽≈$\sqrt{2}$（B类）。

（2）总高：通面阔≈2。

（3）檐口高（取飞椽下皮）：明间面阔≈2（图11-16）。

11．河北承德避暑山庄芳渚临流亭（清）

避暑山庄芳渚临流亭方三间，重檐歇山顶。通过对《中国古典园林建筑图录·北方园林》（2015）一书中的实测图进行几何作图，可得如下结论。

（1）总高：台基总宽≈$\sqrt{2}$（A类）。

（2）总高：上层檐口高（取飞椽下皮）≈$\sqrt{2}$（上檐构图甲）。

（3）总高的二分之一约位于下层檐口（取瓦当下皮）（图11–17）。

12．河北承德避暑山庄烟雨楼八角亭（清）

避暑山庄烟雨楼八角亭单檐攒尖顶。通过对《中国古典园林建筑图录·北方园林》（2015）一书中的实测图进行几何作图，可得如下结论。

（1）总高：台基总宽≈$\sqrt{2}$（A类）。

（2）总高（台基以上）：边长≈4（图11–18）。

13．河南登封中岳庙遥参亭（清）*

中岳庙遥参亭平面八角形，重檐攒尖顶。通过对《中国古建筑测绘十年：2000～2010清华大学建筑学院测绘图集》（下册，2011）一书中的实测图进行几何作图以及实测数据分析，可得如下结论。

（1）总高（取八角形台基底至宝顶，9.129米）：通面阔（6.45米）=1.415≈$\sqrt{2}$（D类，吻合度99.9%）。

（2）总高（10.874米）：上层檐口高（取飞椽下皮，7.605米）=1.43≈10：7（吻合度99.9%）；1.43≈$\sqrt{2}$（吻合度98.9%，上檐构图甲）（图11–19）。

二、高宽比=1：1

1．北京先农坛井亭（明永乐年间）

北京先农坛井亭平面六角形，单檐盝顶，为井亭的标准形制。通过对《中国古代建筑史》（第四卷：元、明建筑，2009年第二版）一书中的实测图进行几何作图，可得如下结论。

（1）总高：通面阔≈1（C类）。

（2）总高：边长≈2。

（3）边长≈檐柱高（图11–20）。

2．北京景山万春亭（清乾隆十六年，1751年）*

万春亭位居景山之巅、明北京内城的中心，形制特殊，为方形三重檐攒尖顶，为全北京城建筑之中屋顶形式独一无二的特例，其顶部距山下地面62米，成为北京“城市中心”的重要象征，同时景山万春亭又是观赏北京城全貌的最佳所在。

通过对1940年代的实测图进行几何作图及实测数据分析，可得如下结论。

（1）总高（17.52米）：台基总宽（17.09米）=1.025≈1（吻合度97.5%）（A类）。

（2）总高（台基以上，16.68米）：顶层檐口高（取瓦当上皮，11.98米）=

1.392≈7：5（吻合度99.4%）；1.392≈$\sqrt{2}$（吻合度98.4%，上檐构图甲）。（图11–21）

（3）中央三间面阔（8.45米）：台基总宽（17.09米）=0.494≈1：2（吻合度98.9%）。（图11–22）

（4）通面阔（14.97米）：台基总宽（17.09米）=0.876≈7：8（吻合度99.9%）；0.876≈$\sqrt{3}/2$（吻合度98.9%）。

综上可知，景山万春亭是综合运用$\sqrt{2}$、$\sqrt{3}/2$和1：1构图比例的佳作。

3．承德普宁寺碑亭（清）

承德普宁寺碑亭方三间，重檐歇山顶。通过对《承德古建筑——避暑山庄和外八庙》（1982）中的实测图进行几何作图，可得如下结论。

（1）总高：台基总宽≈1（A类）。

（2）总高：上层檐平板枋下皮以下高≈$\sqrt{2}$（上檐构图乙）。

（3）总高的二分之一位于下层檐口（取飞椽上皮）。

（4）明间面阔≈檐柱高（含平板枋）（图11–23）。

三、其他高宽比及局部比例关系

1．北京先农坛宰牲亭（明）*

先农坛宰牲亭面阔三间，进深一间，副阶周匝，重檐悬山顶（如同原始的歇山顶），为国内孤例。通过对《北京先农坛研究与保护修缮》（2009）一书中的实测图进行几何作图以及实测数据分析，可得如下结论。

总高（台基以上，8.68米）：台基总宽（20.13米）=0.431≈$\sqrt{3}/4$（吻合度99.6%，B类）（图11–24）。

2．曲阜孔庙杏坛（明隆庆三年，1569年）

孔庙杏坛位于大成殿南侧，象征孔子立学设教，具有重要的纪念意义。亭方三间，重檐歇山十字脊。通过对《曲阜孔庙建筑》（1987）一书中的实测图进行几何作图，及对梁思成《曲阜孔庙之建筑及其修葺计划》（载于《中国营造学社汇刊》第六卷第一期，1935）一文中的实测数据进行分析，可得如下结论。

（1）总高：台基总宽≈$\sqrt{2}$：（$2\sqrt{2}-1$）（A类）——此高宽比与孔庙奎文阁相同（参见第八章）。

（2）总高：上层檐口高（取飞椽下皮）≈$\sqrt{2}$（上檐构图甲）。

（3）总高：明间面阔≈$2\sqrt{2}$。

（4）下层台基边长（平均值15.89米）：上层台基边长（平均值11.15米）＝1.425≈$\sqrt{2}$（吻合度99.2%）（图11–25）。

3．登封嵩阳书院御碑亭（清）*

嵩阳书院御碑亭方三间，重檐攒尖顶。通过对清华大学建筑学院的实测图（CAD文件）进行几何作图及实测数据分析，可得如下结论。

（1）总高（台基以上，9.669米）：通面阔（5.51米）＝1.75＝7：4≈$\sqrt{3}$（吻合度99%）。

（2）总高（台基以上，9.669米）：明间面阔（3.21米）＝3.01≈3（吻合度99.7%）（图11–26）。

4．河北易县清西陵昌陵碑亭（清）*

清西陵昌陵碑亭方三间，重檐歇山顶。通过对清华大学建筑学院的实测图（CAD文件）进行几何作图以及实测数据分析，可得如下结论。

（1）总高（13.56米）：屋檐总宽（13.56米）＝1。

（2）总高（13.56米）：上层平板枋上皮高（9.555米）＝1.419≈$\sqrt{2}$（吻合度99.6%，上檐构图乙）（图11–27）。

5．北京颐和园知春亭（清）*

颐和园知春亭方三间，重檐攒尖顶。通过对《中国古建筑测绘大系·园林建筑：颐和园》（2015）一书中的实测图进行几何作图及实测数据分析，可得如下结论。

（1）总高（11.378米）：下檐博脊上皮以上高（4.726米）＝2.408≈$1+\sqrt{2}$（吻合度99.7%）——即以下檐博脊上皮为界，上部高与下部高之比为1：$\sqrt{2}$。

（2）檐柱顶至地面距离（4.768米）：下檐博脊上皮以上高（4.726米）＝1.009≈1（吻合度99.1%）。

（3）通面阔（7.155米）：明间面阔（4.495米）＝1.592≈8：5（吻合度99.5%）（图11–28）。

6．北京景山寿皇殿碑亭（清乾隆十五年，1750年）*

景山寿皇殿碑亭八角重檐攒尖顶。通过对1940年代的实测图进行几何作图及实测数据分析，可得如下结论。

（1）总高（14.62米）：檐柱圈直径（9.654米）＝1.514≈3：2（吻合度99.1%）。

（2）总高（14.62米）：檐口高（取挑檐桁下皮，10.31米）＝1.418≈$\sqrt{2}$（吻合度99.7%，上檐构图甲）（图11-29）。

7．北京紫禁城御花园井亭（清）*

御花园井亭平面正方形，屋顶为八角盝顶。通过对1940年代实测图进行几何作图及实测数据分析，可得如下结论。

（1）总高（3.88米）：面阔（1.94米）＝2。

（2）总高（3.88米）：交角枋上皮高（2.745米）＝1.413≈$\sqrt{2}$（吻合度99.9%）。

（3）交角桁间距（2.74米）：交角枋上皮高（2.745米）＝0.998≈1（吻合度99.8%）（图11-30）。

第十二章 墓祠、墓阙与墓表

本章讨论中国古代墓葬的地上建筑遗存，主要是石仿木结构的墓祠、墓阙和墓表。在这些石构建筑或纪念物中，同样包含有清晰的方圆作图比例。

由于中国古代木结构建筑单体最古老的遗存为唐代建筑，砖石佛塔最早的遗存为北魏建筑，因此本章分析的东汉石祠、石阙提供了方圆作图比例在中国古代单体建筑中运用的更早期的珍贵实例。

一、墓祠

山东长清孝堂山墓祠（东汉）

山东长清（曾属肥城、历城）孝堂山墓祠为一座仿木结构石祠，面阔二间，进深一间，单檐悬山顶，是中国现存最古老的地上建筑之一。石祠室内还存有大量精美的汉画像。

通过对《中国古代建筑史》（第二版，1984）一书中的实测图进行几何作图，可得如下结论。

（1）正立面：

总宽（取屋脊最宽处）：总高≈（$\sqrt{2}+1$）：$\sqrt{2}$。

正脊至檐口高：檐口高（取椽下皮至台明）≈1：$\sqrt{2}$。

（2）平面：

台基面阔：进深≈（$\sqrt{2}+1$）：$\sqrt{2}$（图12–1）。

综上可知：孝堂山墓祠的立面与平面为相似形，皆为一个正方形和一个$\sqrt{2}$矩形的组合，这一构图比例我们不但可以在西汉长安、未央宫、建章宫等实例中见到，在下文的雅安高颐阙中还将继续出现。

二、墓阙（附庙阙）

现存汉代石阙多建于墓前或祠庙前成对伫立，以石条垒砌，中为神道，故亦称“神道阙”。

（一）墓阙

1. 四川雅安高颐阙（约东汉建安十四年，209年）*

四川雅安高颐阙为双出子母阙形制，其西阙保存尤为完好。阙最下部为台基，台基外侧浮雕蜀柱、栌斗。台基上母阙、子阙之面阔、进深与下文绵阳平阳府君阙几无差别。阙身表面隐出柱、枋，无地栿，横枋浮刻车骑、仪仗。母阙阙身与屋顶之间施雕刻四层。第一层刻栌斗及枋三层，正背两面中央刻饕餮，四隅各镌一力士。第二层刻斗栱，其中两侧斗栱刻曲栱。第三层为一极薄的平板层——但这素平无雕饰的平板层却是立面构图中重要的一层（详见下文分析）。第四层向外斜出，表面雕刻人物故事。屋顶为庑殿式，戗脊与瓦垄均刻作上下两层，颇似重檐。正脊向两端反翘，形似偃月，脊正中刻一鸟，喙衔飘带，极精美。刘敦桢称高颐阙“形制秀丽，镂刻精美，方之现存汉阙，无能与之颉颃者”。[1]

通过对《中国古代建筑史》（第二版，1984）一书中的实测图进行几何作图，并且对清华大学建筑学院中国营造学社纪念馆藏实测图的铅笔底稿中详细的实测数据进行分析，可得如下结论。

（1）正立面模数网格：

实测图底稿中母阙阙身面阔不含角柱凸出部分为1.6米，如包括角柱凸出部分为1.64米；子阙阙身面阔不含角柱凸出部分为1.1米，如包括角柱凸出部分约为1.14米。

若取母阙阙身面阔的1/10即A＝0.164米作为正立面模数网格，则：

总高（5.875米）＝35.82A≈36A（吻合度99.5%）；

母阙阙身面阔（1.64米）＝10A；

子阙阙身面阔（1.14米）＝6.95A≈7A（吻合度99.3%）；

母阙平板层下皮高（3.945米）＝24.05≈24A（吻合度99.8%）。

母阙正立面自下而上：

台基加母阙阙身高（3.13米）＝19.09A≈19A（吻合度99.5%）；

其中阙身四段每段高（平均值66.75cm）＝4.07A≈4A（吻合度98.2%）；

斗栱层高（0.815米）＝4.97A≈5A（吻合度99.4%）；

平板层加斜出层（0.63米）＝3.84A≈4A（吻合度96%）；

屋顶加屋脊高（1.3米）＝7.93A≈8A（吻合度99.1%）。

故整个母阙正立面形成3A、4×4A、5A、4A、8A的韵律。

水平方向上：

母阙两侧挑檐各约7A，屋檐总宽约24A；

子阙左侧挑檐约4A（图12-2）。

（2）母阙阙身面阔（1.64米，10A）：子阙阙身面阔（1.14米，7A）＝1.439≈$\sqrt{2}$（吻合度98.2%）（图12-3）。

（3）母阙平板层下皮高（3.945米，24A）：子母阙阙身总面阔（2.78米，17A）＝1.419≈$\sqrt{2}$（吻合度99.6%）。

（4）总高（5.875米，36A）：母阙平板层下皮高（3.945米，24A）＝1.49≈3：2

1. 刘敦桢. 川、康之汉阙//刘敦桢. 刘敦桢全集·第三卷［M］. 北京：中国建筑工业出版社，2007.

（吻合度99.3%）。

（5）母阙平板层下皮高（3.945米）：子阙阙身高（含台基，2.01米）＝1.96≈2（吻合度98%）。

（6）总高（5.875米）：母阙平板层上皮高（4.125米）＝1.424≈$\sqrt{2}$（吻合度99.3%）（图12–4）。

综上可知：高颐阙正立面构图，以母阙面阔10A与子阙面阔7A之比为$\sqrt{2}$（即“方七斜十”）为设计出发点；继而令母阙平板层以下高24A，与子母阙通面阔17A之比为$\sqrt{2}$；最后令总高（36A）为母阙平板层以下高（24A）的1.5倍，母阙屋顶总宽也接近24A。总高若平均分为三段，则三分之一约在子阙阙身顶部，三分之二位于母阙平板层下皮（图12–5）。

总体看来，高颐阙为现存汉阙通体比例最完美、艺术造诣最卓绝者。其反复运用$\sqrt{2}$比例的手法，实际上与汉长安城、未央宫规划设计也是一脉相承的——小到不足6米高的石阙，大到四点多平方公里的未央宫乃至三十六平方公里的汉长安，却都运用了类似的$\sqrt{2}$比例与构图手法。

2．山东平邑县皇圣卿阙（东汉元和三年，86年）[*]

山东平邑县皇圣卿阙为典型的单出阙，外形极简洁：阙下设极低矮之台基（高4厘米）；阙身形如石碑，面阔72厘米，进深57厘米，高155厘米；阙身顶端置下小上大的斗形石块，其上为四隅刻一斗三升斗栱之铺作层以承上部横枋，最上为庑殿顶。

通过对《中国古代建筑史》（第一卷：原始社会、夏、商、周、秦、汉建筑，2009年第二版）一书中的实测图进行几何作图以及实测数据分析，可得如下结论。

（1）总高（2.23米）：阙身高（含基座，1.59米）＝1.403≈$\sqrt{2}$（吻合度99.4%）。

（2）总高（2.23米）：台基宽（0.78米）＝2.859≈$2\sqrt{2}$（吻合度99%）。

（3）总高（2.23米）：屋檐总宽（1.34米）＝1.664≈5：3（吻合度99.9%）（图12–6）。

3．山东平邑县功曹阙（东汉章和元年，87年）

山东平邑县功曹阙与上例形制极其接近。通过对《中国古代建筑史》（第一卷：原始社会、夏、商、周、秦、汉建筑，2009年第二版）一书中的实测图进行几何作图，可得如下结论。

（1）总高：阙身高（含基座）≈$\sqrt{2}$。

（2）总高：台基宽≈$2\sqrt{2}$。

（3）总高：屋檐总宽≈8∶5（图12-7）。

4．四川渠县冯焕阙（约东汉延光年间，122～125年）*

四川渠县冯焕阙仅余东阙，原来可能是双出子母阙形制，现唯存母阙。基座未施雕镂，自基座以上至屋顶以砂石五块构成，总高4.38米。第一层石即阙身，高2.71米，比例极为挺秀，表面隐出柱、阑额与地栿，正面方柱间有“故尚书侍郎河南京令豫州幽州刺史冯使君神道”隶书两行。第二层石高0.44米，刻栌斗及枋三层，交错重叠，其第二层枋于阙之四隅雕有平面为45度之斜枋。第三层石高0.2米，表面阴刻斜十字纹。第四层石高0.47米，下刻列钱纹，上施蜀柱、斗栱。第五层为庑殿顶。刘敦桢谓之“全体形制简洁秀拔，曼约寡俦，为汉阙中之逸品”。[1]

通过对陈明达《汉代的石阙》（载于《文物》1961年12期）一文中的实测图进行几何作图，以及对刘敦桢《川、康地区汉代石阙实测资料》一文中的实测数据进行分析，可得如下结论。

（1）总高（台基以上，4.38米）：阙身上部第三层枋上皮高（即第二层砂石上皮高，3.15米）=1.39≈7∶5（吻合度99.3%，即“方五斜七”)；1.39≈$\sqrt{2}$（吻合度98.3%）。

（2）总高（台基以上，4.38米）：阙身面阔（取顶宽0.885米）=4.95≈5（吻合度99%）。

（3）阙身面阔（0.885米）：进深（0.58米）=1.526≈3∶2（吻合度98.3%）。

（4）总高（台基以上，4.38米）：阙身高（2.71米）=1.616（接近西方黄金比1.618）（图12-8）。

5．四川忠县丁房阙（东汉）*

四川忠县丁房阙为重楼式石阙（东阙仍存有少量子阙残迹），十分难得。自下而上分作阙身、一层楼、一层腰檐、二层楼、屋顶，东阙通高6.26米，为现存最高的石阙；西阙通高5.55米。

通过对《记四川忠县的两处汉代石阙》（载于《古建园林技术》1996年第6期）一文中的实测图进行几何作图以及实测数据分析，可得如下结论：

东阙：

（1）一层檐口以下高（3.64米）：一层檐口以上高（2.62米）=1.39≈7∶5（吻合

1. 刘敦桢《川、康之汉阙》（刘敦桢. 刘敦桢全集·第三卷［M］. 北京：中国建筑工业出版社，2007）。

度99.3%）；1.39≈$\sqrt{2}$（吻合度98.3%）。

（2）总高（台基以上，6.26米）：一层平板层上皮高（3.12米）＝2.006≈2（吻合度99.7%）。

（3）总高（台基以上，6.26米）：阙身面阔（取底宽0.88米）＝7.11≈7（吻合度98.4%）（图12–9）。

西阙：

（1）总高（台基以上，5.55米）：一层平板层上皮高（2.75米）＝2.018≈2（吻合度99.1%）。

（2）一层檐口以下高（3.47米）：一层檐口以上高（2.08米）＝1.668≈5：3（吻合度99.9%）（图12–10）。

6．四川忠县无铭阙（东汉）*

四川忠县无名阙为重楼式单出阙，自下而上分作台基、阙身、一层楼、一层腰檐、二层楼、屋顶，通高5.66米。通过对《记四川忠县的两处汉代石阙》（载于《古建园林技术》1996年第6期）一文中的实测图进行几何作图以及实测数据分析，可得如下结论。

（1）总高（5.66米）：阙身高（含台基，2.79米）＝2.029≈2（吻合度98.5%）。

（2）总高（5.66米）：阙身面阔（取底宽0.93米）＝6.086≈6（吻合度98.6%）；其中，一层檐以上高：一层檐以下高＝1：2。

（3）总高（5.66米）：台基总宽（1.62米）＝3.494≈3.5（吻合度99.8%）（图12–11）。

7．四川绵阳市平阳府君阙（东汉）*

四川绵阳市平阳府君阙形制与高颐阙十分接近，可惜上部损毁严重，仅能对阙身进行分析。通过对《平杨府君阙考》（载于《文物》1991年第9期）一文中的北阙实测图进行几何作图以及实测数据分析，可得如下结论。

（1）母阙阙身面阔（1.66米）：子阙阙身面阔（1.18米）＝1.407≈$\sqrt{2}$（99.5%）。

（2）子母阙总面阔（2.84米）：台基加母阙阙身高（2.83米）＝1.004≈1（吻合度99.6%）。

（3）子阙阙身高：阙身面阔≈$\sqrt{2}$（图12–12）。

（二）庙阙

河南嵩山太室阙西阙（东汉元初五年，118年）

太室阙位于东岳庙庙门前300米处，为庙前神道阙。东西两阙均为子母阙形式，相距6.72米，西阙高3.93米。通过对陈明达《汉代的石阙》（载于《文物》1961年12期）一文中的实测图进行几何作图及实测数据分析，可得如下结论。

（1）母阙高：子阙高≈$\sqrt{2}$（图12–13）。

（2）平面：

阙身面阔（2.12米）：进深（0.7米）＝3.03≈3（吻合度99%）。[1]

三、墓表（即神道石柱）

1．江苏南京梁萧景墓墓表（南朝梁）

南京梁萧景墓石柱为现存墓表中最完整且最富于艺术造诣的佳作。石柱从下到上分作数段，内容极为丰富。

最下为方形基座，四面均有雕刻纹饰。其上雕类似覆盆状的柱础，外形雕作双螭盘绕的造型。柱础中央为一圆形平台，圆心处雕卯口以承柱身。

再上为柱身主体，断面为方形抹圆角，收分显著。柱身又可细分作上、中、下三段，其中下段为瓜棱柱，造型酷似古希腊石柱。中段雕水平方向的数圈线脚，包括一圈缠龙纹及一圈绳辫纹，再上为三个金刚力士、半人半兽模样的雕像，充满异域风情，用力托着一块突出于立柱之外的长方形石板，板面刻有“正反书”文字。上段则雕作向外突出的若干垂直圆棱，与柱身下段的凹槽形成对比，顶部以一圈缠龙纹饰作为结束。

柱身之上为顶盖，顶盖雕作一个带有覆莲纹样的圆盘，一如后世的覆莲柱础，有学者依据汉武帝建章宫“仙人承露盘”的名称称之为承露盘；盘上雕一小石辟邪，正是萧景墓大石辟邪的“具体而微者”。

通过对《中国古代建筑史》（第二版，1984）一书中的实测图进行几何作图，可得如下结论。

（1）瓜棱柱顶以上高：瓜棱柱顶以下高≈1：$\sqrt{2}$。

（2）总高：瓜棱柱径（取顶部）≈9。

1. 此外，太室阙东阙阙身面阔2.1米，进深0.69米；嵩山少室阙东阙面阔2.135米，进深0.7米；西阙面阔2.08米，进深07米；启母阙东阙面阔2.12米，进深0.71米；西阙面阔2.09米，进深0.69米。三组石阙平面尺寸基本相等。见刘敦桢《河南省北部古建筑调查记》(《中国营造学社汇刊》第六卷第四期，1937)。

（3）顶部覆莲圆盘加辟邪高：瓜棱柱顶至覆莲圆盘底≈1：$\sqrt{2}$。

（4）柱础高：柱础总宽≈1：（$2\sqrt{2}-1$）（图12–14）。

2．河北定兴县义慈惠石柱（约北齐武平元年，570年）

河北定兴县义慈惠石柱下为莲座柱础；上部柱身分作两段，下段为八角石柱，上段断面变成两个角抹角的矩形，正面刻铭文；再上为一造型完整的小石屋，台基、屋身、屋顶俱足，面阔三间，进深二间，单檐庑殿顶。通过对《中国古代建筑史》（第二版，1984）一书中的实测图进行几何作图，可得如下结论。

（1）立面：

石柱下段高（以八角柱与方柱交界处为界，不含大台基）：上段高≈$\sqrt{2}$。

总高（大台基以上）：上部石屋总高（等于台基总宽）≈5（图12–15）。

（2）上部小殿平面：

台基进深：面阔≈$\sqrt{3}/2$。[1]

（3）上部小殿立面：

总高：台基面阔≈1；

总高：檐口高（取飞椽下皮）≈$\sqrt{2}$；

明间面阔：檐柱加大斗高≈1：$\sqrt{2}$（图12–16）。

1．据刘敦桢《定兴县北齐石柱》（原载《中国营造学社汇刊》第五卷第二期，1934；后收入《刘敦桢全集》第二卷）一文，石屋面阔与进深之比为1：0.86。

第十三章　石窟

随佛教由印度传入中国的石窟建筑，为中国古建筑中别具一格的类型：从材料而言，为石构建筑（外部木构窟檐大多毁去，仅有少量留存）；从空间而言，可谓“负建筑”，颇接近中国传统窑洞民居或因山为陵的墓室。

尽管看似与众不同，中国古代石窟建筑却同样在平、立、剖面设计中充分运用了与木结构建筑一脉相承的方圆作图比例关系；并且形成一些自身独特的构图手法，如平面与剖面常常采取相同构图，为石窟建筑一大特征。当然，与前文对佛寺总平面、佛塔的分析类似，石窟建筑中的方圆作图比例究竟源于印度佛教建筑，还是中国传统手法，抑或是二者的交融，尚待深入研究。

一、甘肃敦煌莫高窟

1．敦煌莫高窟第254窟（北魏，隋重修）

莫高窟第254窟凿于北魏中后期（500年前后），窟室为矩形，后部为一中心方柱窟，中心柱四周回廊顶部设一系列斗四天花（斗四天花图案本身即包含$\sqrt{2}$比例）；前半部接一个覆以人字坡顶的前厅，宛如一座仿木结构的前廊，可供僧侣聚集。

通过对《中国古代建筑史》（第二卷：三国、两晋、南北朝、隋唐、五代建筑，2009年第二版）一书中的实测图进行几何作图，可得如下结论。

（1）平面：

通进深：通面阔≈$\sqrt{2}$；通进深的二分之一位于中心柱前沿。

后部（即中心方柱窟）进深：面阔≈7：8≈$\sqrt{3}/2$。

（2）剖面：

后部（即中心方柱窟）进深：高≈$\sqrt{2}$；

后部（即中心方柱窟）高：前部（即两坡顶部分）高≈$\sqrt{3}/2$。

两坡顶部分加上入口甬道部分：

总高：总进深≈1。

综上可知：莫高窟第254窟是中国古代石窟中综合运用$\sqrt{2}$与$\sqrt{3}/2$比例的完美杰作（图13–1）。

2．敦煌莫高窟第285窟（西魏大统四～五年，538～539年；中唐、宋、西夏、元重修）

第285窟为覆斗顶窟（殿堂窟）与僧房窟（禅窟）之结合：主体为方形覆斗顶窟，后壁正中开一大龛，中塑弥勒像，两侧各开一小龛，内塑一禅僧，南北壁各开四个小禅室，整体布局与印度阿旃陀第12窟形式接近。

通过对《中国古代建筑史》（第二卷：三国、两晋、南北朝、隋唐、五代建筑，2009年第二版）一书中的实测图进行几何作图，可得如下结论。

（1）平面：

中心覆斗顶窟面阔（等于进深）：总面阔（包含两侧小禅室，等于包括佛龛、入口的总进深）≈1：$\sqrt{2}$。

（2）剖面：

中心覆斗顶窟高：边长≈1：$\sqrt{2}$；

中心覆斗顶窟覆斗顶以下高（即四壁高）：顶高≈1：$\sqrt{2}$（图13–2）。

综上可知：莫高窟第285窟是$\sqrt{2}$比例体系的完美演绎——四壁高：覆斗顶高：中心室边长：整体面阔（进深）$=1:\sqrt{2}:2:2\sqrt{2}$。

二、新疆拜城克孜尔石窟

克孜尔石窟是古代龟兹（西域东北部地区的佛教中心）石窟的重要代表。

1．克孜尔石窟第38窟（310±80年）

克孜尔石窟第38窟为佛殿窟，由高敞的前室和后部“回”字形甬道组成。前室后壁正中设佛龛，两侧为甬道开口，甬道与前室之间是一个实心方柱。

通过对《中国古代建筑史》（第二卷：三国、两晋、南北朝、隋唐、五代建筑，2009年第二版）一书中的实测图进行几何作图，可得如下结论。

（1）平面：

总进深：面阔$\approx 2\sqrt{2}-1$。

（2）剖面：

前室进深：高≈ 1；

前室高：后部进深$\approx \sqrt{2}$；

故总进深：前室高$\approx(\sqrt{2}+1)/\sqrt{2}$（图13–3）。

2．克孜尔石窟第8窟（685±65年）

克孜尔石窟第8窟为佛殿窟，布局与38窟接近。通过对《中国古代建筑史》（第二卷：三国、两晋、南北朝、隋唐、五代建筑，2009年第二版）一书中的实测图进行几何作图，可得如下结论。

（1）平面：

总进深：面阔≈ 2；

前室面阔：进深$\approx \sqrt{3}/2$。

（2）剖面：

前室进深：高≈ 1；

后部甬道高：进深$\approx 3:2$（图13–4）。

三、甘肃天水麦积山石窟

1．甘肃天水麦积山石窟第30窟（北魏晚期）

麦积山第30窟外立面为三开间单檐庑殿顶带前廊的佛殿形象，后壁正对各间位置开凿带拱门的佛龛。通过对《中国古代建筑史》（第二版，1984）一书中的实测图进行几何作图，可得如下结论。

（1）正立面：

总高：通面阔≈1：2。

总高（至鸱吻）：总宽≈1：2。

阑额上皮高：各间面阔≈1。

（2）平面：

各间面阔：进深（取柱外皮至后壁）≈6：7≈$\sqrt{3}/2$。

（3）剖面：

室内高：进深≈6：7≈$\sqrt{3}/2$——平面与剖面同构（图13-5）。

2．甘肃天水麦积山石窟第4窟（北周保定年间，565年左右）

麦积山石窟第4窟是麦积山规模最大、形象最宏丽之佛殿窟。外立面作石仿木结构大殿，面阔七间、单檐庑殿顶。在后壁上，依各间位置，开凿七座外观与内部均仿帷帐形式的佛龛，龛内各置一佛二弟子六菩萨的整铺雕像——整个石窟的布局表现了佛殿内并列设置七座佛帐的形式。

通过对《中国古代建筑史》（第二版，1984）一书中的实测图进行几何作图，可得如下结论。

（1）正立面：

总高：总宽≈$\sqrt{3}/4$——为木结构大殿之经典比例（见第七章）；

檐口高（取椽下皮）：各间面阔≈2：1；

佛龛顶高：各间面阔≈$\sqrt{2}$：1；

檐口以上高：檐口高（取椽下皮）≈1：$\sqrt{2}$。

（2）平面：

总进深（含立柱前平台）：各间面阔≈2。

（3）剖面：

室内顶高：总进深≈1。

综上可知：麦积山第4窟同样是综合运用$\sqrt{2}$与$\sqrt{3}/2$构图比例的杰作，而其开间的瘦高比例则充分体现了石构建筑与木构建筑的区别（图13-6）。

四、山西大同云冈石窟

1. 大同云冈石窟第9窟第10窟（北魏太和八～十三年，484～489年）

云冈石窟9、10二窟为一组东西并列的双窟，皆为前廊后室格局，二者以石壁相隔，但有门道连通二者的前廊。前廊后室之间有隔墙，墙上设有门洞和明窗。后室后壁正中置佛像，两侧向后开凿回形甬道。

通过对《中国古代建筑史》（第二卷：三国、两晋、南北朝、隋唐、五代建筑，2009年第二版）一书中的实测图进行几何作图，可得如下结论。

（1）剖面：

前廊：

高：进深（包括前廊后室间隔墙）≈$\sqrt{2}$；

进深（包括前廊后室间隔墙）≈隔墙门洞以上高。

后室：

高：进深≈1。

（2）平面：

与剖面相比，平面较为不规则，但也大致满足：

前廊：

进深（包括前廊后室间隔墙）：面阔≈$\sqrt{2}$。

后室：

面阔：进深（含甬道）≈1。

综上可知：此二窟的平面与剖面基本同构，均为一个正方形与一个$\sqrt{2}$矩形的经典组合（图13-7、图13-8）。

2. 大同云冈石窟第6窟（北魏）

云冈石窟第6窟为塔庙窟。窟室为方形平面，面阔13.8米，进深13.4米，正中立方柱，面阔7.9米，进深7.3米，后壁设佛龛。

通过对《中国古代建筑史》（第二卷：三国、两晋、南北朝、隋唐、五代建筑，2009年第二版）一书中的实测图进行几何作图，可得如下结论。

（1）平面：

总进深（包括佛龛和入口）：面阔≈$\sqrt{2}$。

主室面阔（13.8米）：进深（13.4米）=1.03≈1（吻合度97%）。

（2）剖面：

主室高：总进深（包括佛龛和入口）≈1：$\sqrt{2}$；

主室高：进深≈1。

故平面与剖面亦同构（图13–9）。

五、山西太原天龙山石窟

1．太原天龙山石窟第16窟（北齐）

太原天龙山第16窟窟檐保存完整，制作精良。檐柱二根，柱身八角形断面，柱头护斗承阑额，额上是横栱与人字栱相间的铺作层。通过对《中国古代建筑史》（第二版，1984）一书中的实测图进行几何作图，结合《中国古代建筑史》（第二卷：三国、两晋、南北朝、隋唐、五代建筑，2009年第二版）一书中的实测数据分析，可得如下结论。

（1）正立面：

总高：总宽≈1：$\sqrt{2}$。

明间面阔：总高≈$\sqrt{3}/2$。

阑额下皮高：明间面阔≈7：8≈$\sqrt{3}/2$。

（2）平面：

总宽：进深（门廊柱中线至佛龛）≈1：$\sqrt{2}$。

主室进深（2.7米）：面阔（3.04米）=0.888≈$\sqrt{3}/2$（吻合度97.5%）。

（3）剖面：

总高：进深（门廊柱中线至佛龛）≈1：$\sqrt{2}$。（图13–10、图13–11）

综上可知：天龙山第16窟同样是综合运用$\sqrt{2}$与$\sqrt{3}/2$构图比例的杰作。

2．太原天龙山石窟第8窟（隋开皇四年，584年）

太原天龙山第8窟为一座带前廊的中心柱窟。通过对《中国古代建筑史》（第二卷：三国、两晋、南北朝、隋唐、五代建筑，2009年第二版）一书中的实测图进行几何作图以及实测数据分析，可得如下结论。

（1）平面：

总进深（廊柱中线至后壁）：面阔≈$\sqrt{2}$；

面阔：进深≈1。

（2）剖面：

高（3.8米）：进深（4.32米）=0.88≈$\sqrt{3}/2$（吻合度98.4%）（图13–12）。

第十四章 其他类型

除了前述各主要类型之外，中国古建筑还有一些次要的类型，诸如无梁殿、砖拱门楼、铜（仿木结构）建筑、石碑、华表等。在这些砖、石乃至铜建筑（或小品）中，同样蕴含着方圆作图比例，以下略举二十余例加以讨论。

一、无梁殿、砖拱门楼

1．南京灵谷寺无梁殿（明洪武至嘉靖年间）*

灵谷寺无梁殿为该寺正殿，重檐歇山顶，正面三门二窗，背面三门，两山墙各开三窗。内部结构为券洞式，正面广五间，每间一券；侧面进深三间，各为一列半圆形筒拱。

通过对《中国古代建筑史》（第四卷：元、明建筑，2009年第二版）一书中的实测图进行几何作图以及实测数据分析，可得如下结论。

（1）总宽（53.3米）：总深（37.35米）＝1.427≈10：7（吻合度99.9%，即“方七斜十”）；1.427≈$\sqrt{2}$（吻合度99.1%）。

（2）总高（台基以上）：台基进深≈1：$\sqrt{2}$（图14-1、图14-2）。

2．北京大明门（明永乐十八年，1420年）*

大明门位于正阳门迤北，始建于明永乐十八年（1420年），清代称大清门，民国时期称中华门，1950年代扩建天安门广场时拆除。大明门为单层砖拱门楼，开设三道券门，上部为单檐黄琉璃瓦歇山顶。通过对1940年代的实测图进行几何作图以及实测数据分析，可得如下结论。

（1）正立面：

总宽（37.34米）：总高（15.41米）＝2.423≈1＋$\sqrt{2}$（吻合度99.6%）。（图14-3）

总高：通面阔（取柱间距）≈$\sqrt{3}/4$。

总高（15.41米）：明间门洞宽（5.14米）＝2.998≈3（吻合度99.9%）。（图14-4）

（2）平面：

通进深（14.37米）：明间门洞宽（5.14米）＝2.796≈14：5（吻合度99.8%）；2.796≈2$\sqrt{2}$（吻合度98.8%）（图14-5）。

3．北京长安右门（明永乐十八年，1420年）*

天安门南面东、西两侧的长安左门、长安右门形制相同，均为单层砖拱门楼，开三道券门，上部为单檐黄琉璃瓦歇山顶，1950年代拓展长安街时被拆除。通过对1940年代的实测图进行几何作图以及实测数据分析，可得如下结论。

（1）正立面：

总高（13.92米）：总宽（31.94米）＝0.436≈$\sqrt{3}/4$（吻合度99.3%）（图14-6）。

（2）平面：

总宽（31.94米）：总深（13.14米）＝2.43≈$\sqrt{2}+1$（吻合度99.3%）。

通进深（13.14米）：明间门洞宽加两侧墙厚（13.26米）＝0.991≈1（吻合度99.1%）。

通进深（13.14米）：次间门洞宽加外侧墙厚（9.34米）＝1.407≈$\sqrt{2}$（吻合度99.5%）。（图14–7）

4．北京天坛坛门（明）*

天坛坛门[1]为砖砌三拱门楼，单檐歇山顶。通过对1940年代的实测图进行几何作图及实测数据分析，可得如下结论。

（1）总高（11.37米）：通面阔（22.62米）＝0.503≈1：2（吻合度99.4%）。

（2）总高（11.37米）：檐口高（取瓦当上皮，8.15米）＝1.395≈7：5（吻合度99.7%）；1.395≈$\sqrt{2}$（吻合度98.7%，上檐构图甲）——即檐口高与总高呈“方五斜七”关系。（图14–8）

5．北京天坛祈年门前砖门（明）*

天坛祈年门前砖门为砖砌三拱门楼，单檐绿琉璃瓦庑殿顶。通过对1940年代的实测图进行几何作图及实测数据分析，可得如下结论。

（1）总高（台基以上，12.82米）：台基总宽（29.23米）＝0.439≈$\sqrt{3}/4$（吻合度98.6%）。

（2）通面阔（27.39米）：通进深（9.55米）＝2.868≈$2\sqrt{2}$（吻合度98.6%）（图14–9、图14–10）。

6．北京地坛西门（明）

地坛西门为砖砌三座门，单檐歇山顶，三座门洞均为矩形而非拱形，取“天圆地方”含义。通过对《东华图志：北京东城史迹录》（2005）一书中的实测图进行几何作图，可得如下结论。

（1）总高：总宽≈1：（1＋$\sqrt{2}$）——与长安左、右门平面构图相似，高宽比与曲阜孔庙大成门相同。

（2）总高：墙高≈$\sqrt{2}$（图14–11）。

7．北京社稷坛内垣北门（明）*

社稷坛内垣北门为三间砖拱门楼，单檐歇山顶。通过对1940年代的实测图进行几何作图及实测数据分析，可得如下结论。

1. 1940年代实测图中仅称此门为天坛坛门，未言具体为哪座坛门，待考。

（1）总高（台基以上，9.68米）：台基总宽（19.52米）=0.496≈1：2（吻合度99.2%）。

（2）总高（台基以上，9.68米）：明间门洞宽（3.2米）=3.025≈3（吻合度99.2%）。

（3）两次间门洞中线间距（9.6米）：总高（台基以上，9.68米）=0.992≈1（吻合度99.2%）。（图14–12）

（4）总高（9.92米）：檐口高（取瓦当上皮，7米）=1.417≈$\sqrt{2}$（吻合度99.8%，上檐构图甲）。

（5）中央门洞上沿至地面距离（4.54米）：中央门洞宽（3.2米）=1.419≈$\sqrt{2}$（吻合度99.6%）。（图14–13）

8. 北京社稷坛内垣南门（明）*

北京社稷坛内垣南门为单层砖拱门楼，设券门一道，单檐歇山顶。通过对1940年代的实测图进行几何作图及实测数据分析，可得如下结论。

（1）总高（台基以上，9.13米）：通面阔（10.6米）=0.861≈$\sqrt{3}/2$（吻合度99.5%）。

（2）总高（9.37米）：檐口高（取瓦当上皮，6.64米）=1.411≈$\sqrt{2}$（吻合度99.8%，上檐构图甲）。

（3）门洞顶至地面距离（4.24米）：门洞宽（3米）=1.413≈$\sqrt{2}$（吻合度99.9%）。（图14–14）

9. 北京紫禁城御花园天一门（明嘉靖十四年，1535年）*

御花园天一门为钦安殿院落正门，取“天一生水”之意。门为单檐歇山顶砖砌门楼。通过对1940年代实测图进行几何作图及实测数据分析，可得如下结论。

（1）正立面：

总高（台基以上，5.85米）：通面阔（5.86米）=0.998≈1（吻合度99.8%）。（图14–15）

（2）横剖面：

总高（台基以上，5.85米）：内部顶高（4.19米）=1.396≈7：5（吻合度99.7%）；1.396≈$\sqrt{2}$（吻合度98.7%）。（图14–16）

（3）平面：

通面阔（5.86米）：通进深（3.22米）=1.82≈$2\sqrt{2}-1$（吻合度99.6%）。

门洞宽（2.42米）：两侧墙宽（1.72米）=1.407≈$\sqrt{2}$（吻合度99.5%）；门洞

深（3.22米）：门洞宽（2.42米）＝1.331≈4：3（吻合度99.8%）（图14–17）。

10．北京天坛皇穹宇琉璃三座门（明）*

皇穹宇琉璃三座门皆为砖砌单拱门楼，单檐歇山顶。通过对1940年代的实测图进行几何作图及实测数据分析，可得如下结论。

中央门：

（1）总高（台基以上，7.11米）：台基总宽（8.24米）＝0.863≈$\sqrt{3}/2$（吻合度99.6%）。

（2）总高（台基以上，7.11米）：门洞高（5米）＝1.422≈$\sqrt{2}$（吻合度99.4%）。

（3）总高（7.78米）：平板枋上皮高（5.47米）＝1.422≈$\sqrt{2}$（吻合度99.4%，上檐构图乙）。

（4）总高（台基以上，7.11米）：通面阔（6.32米）＝9：8。

（5）总高（台基以上，7.11米）：门洞宽（3.16米）＝9：4。

两侧门：

（1）总高（7.2米）：通面阔（5.42米）＝1.328≈4：3（吻合度99.6%）。

（2）总高（7.2米）：平板枋上皮高（5.07米）＝1.42≈$\sqrt{2}$（吻合度99.6%，上檐构图乙）。（图14-18～14-20）

11．北京天坛皇乾殿前琉璃三座门（明）*

天坛皇乾殿前琉璃三座门皆为砖砌门楼，单檐歇山顶。通过对1940年代的实测图进行几何作图及实测数据分析，可得如下结论。

中门：

（1）中门通面阔（5.84米）：中门总高（6.78米）＝0.861≈$\sqrt{3}/2$（吻合度99.5%）。

（2）中门总高（6.78米）：平板枋上皮高（4.82米）＝1.407≈$\sqrt{2}$（吻合度99.5%，上檐构图乙）；中门总高≈屋檐总宽。

侧门：

总高≈屋檐总宽；总高：平板枋下皮高≈$\sqrt{2}$（上檐构图乙，图14–21）。

12．北京太庙前门（明）*

太庙前门为琉璃三座门（随墙门）形制。通过对1940年代的实测图进行几何作图及实测数据分析，可得如下结论。

（1）三门总宽（24.52米）：中央门总高（台基以上，7.076米）＝3.465≈$2\sqrt{3}$

（吻合度接近100%）——此高宽比与太庙寝殿、后殿相同。

（2）中央门总高（7.396米）：小额枋下皮高（5.202米）$=1.422\approx\sqrt{2}$（吻合度99.4%）（图14–22）。

13. 北京太庙后门（明）*

太庙后门为琉璃三座门（随墙门）形制，与前门外观接近。通过对1940年代的实测图进行几何作图及实测数据分析，可得如下结论。

（1）三门总宽（23.54米）：中央门总高（6.67米）$=3.529\approx2\sqrt{3}$（吻合度98.1%）（图14–23）。

（2）中央门总高（6.67米）：小额枋下皮高（4.73米）$=1.41\approx\sqrt{2}$（吻合度99.7%）。

（3）三门总宽（23.54米）：中央门小额枋下皮高（4.73米）$=4.977\approx5$（吻合度99.5%）。

（4）各门总高：挑檐桁长≈1（图14–24）。

14. 北京紫禁城御花园顺贞门（明）*

御花园顺贞门为三间琉璃花门（随墙门）。通过对1940年代的实测图进行几何作图及实测数据分析，可得如下结论。

（1）中门总高：通面阔≈1。

（2）中门总高（6.8米）：小额枋下皮高（即门洞顶高，4.74米）$=1.435\approx\sqrt{2}$（吻合度98.5%）（图14–25）。

二、铜仿木结构建筑

1. 湖北武当山金殿（明永乐十四年，1416年）

武当山金殿为一座仿木结构铜殿，位于武当山极顶，面阔三间，进深三间，重檐庑殿顶，是明初大木、琉璃、彩画、装修等方面做法的真实表现。

通过对《武当山太和宫金殿——从建筑、像设、影响论其突出的价值》（载于《文物》2015年第2期）一文的实测图进行几何作图，可得如下结论。

（1）正立面：

总高：上檐平板枋下皮高$\approx\sqrt{2}$（上檐构图乙）。

总高：明间面阔$\approx1+\sqrt{2}$。

下层檐口高（取瓦当下皮）：明间面阔$\approx\sqrt{2}$。

下层檐口高（取瓦当下皮）：下层檐口以上高≈$\sqrt{2}$。

明间面阔≈正脊总长（含鸱吻）。

（2）平面：

通面阔（4.4米）：通进深（3.2米）=11：8；

台基总进深（含月台）：总面阔≈$\sqrt{2}$。

台基总进深（含月台）的二分之一位于金殿前檐柱轴线。

（3）剖面及玄武大帝像：

总高：玄武大帝坐像高≈$2\sqrt{2}$。

其中，台基高加像高：像高≈$\sqrt{2}$；像头顶至正脊上皮高：像高≈$\sqrt{2}$。

综上可知：武当山金殿是在平、立、剖面以及神像与建筑空间关系中巧妙运用$\sqrt{2}$构图比例的经典杰作（图14–26～图14–28）。

2．山西五台山显通寺铜殿（明）*

五台山显通寺铜殿为一仿木结构歇山顶二层小阁。通过对清华大学建筑学院的实测图（CAD文件）进行几何作图以及实测数据分析，可得如下结论：

总高（6.786米）：上层檐口高（取滴水下皮，4.784米，等于柱外侧总宽）=1.418≈$\sqrt{2}$（吻合度99.7%，上檐构图甲）（图14–29）。

3．山东泰安岱庙铜亭（明万历四十三年，1615年）

岱庙铜亭亦名“金阙”，原在岱顶碧霞祠内，清初移至山下灵应宫，1972年移入岱庙。亭建于石砌须弥座上，面阔三间，进深三间，重檐歇山顶，与武当山金殿尺度、比例均极其接近。

通过对陈从周《岱庙》（2005）一书中的实测图进行几何作图，可得如下结论。

（1）总高（一层台以上）：通面阔≈$\sqrt{2}$。

（2）总高（一层台以上）：明间面阔≈$2\sqrt{2}$（图14–30）。

三、石作小品

（一）石碑

1．河南登封嵩阳书院石碑（唐）*

通过对清华大学建筑学院的实测图（CAD文件）进行几何作图以及实测数据

分析，可得如下结论。

（1）总高（9.811米）：台基总宽（6.97米）=1.408≈$\sqrt{2}$（吻合度99.5%）。

（2）碑首总宽（4.09米）：碑身宽（2.89米）=1.415≈$\sqrt{2}$（吻合度99.9%）。

（3）碑首以下高（5.866米）：碑身宽（2.89米）=2.03≈2（吻合度98.5%）（图14-31）。

2．辽宁义县奉国寺辽碑（辽）

通过对《义县奉国寺》（2005）一书中的实测图进行几何作图，可得如下结论。

（1）总高：碑首以下高≈$\sqrt{2}$。

（2）总高：碑身宽≈3.5（图14-32）。

3．河北易县清西陵昌陵石碑（清）*

通过对清华大学建筑学院的实测图（CAD文件）进行几何作图以及实测数据分析，可得如下结论。

（1）正立面：

总高（7.23米）：碑首以下高（5.16米）=1.401≈7：5（吻合度99.9%，即“方五斜七”）；1.401≈$\sqrt{2}$（吻合度99.1%）。

（2）侧立面：

总高（7.23米）：碑座总长（5.025米）=1.439≈$\sqrt{2}$（吻合度98.2%）（图14-33）。

4．北京北海“琼岛春阴”碑（清）

通过对《中国古建筑测绘大系·园林建筑：北海》（2015）一书中的实测图进行几何作图，可得如下结论。

（1）总高：碑首以下高≈$\sqrt{2}$。

（2）总高：碑身宽≈4（图14-34）。

5．北京颐和园“万寿山昆明湖”碑（清）*

通过对《中国古建筑测绘大系·园林建筑：颐和园》（2015）一书中的实测图进行几何作图及实测数据分析，可得如下结论。

（1）总高（12.978米）：碑首以下高（9.22米）=1.408≈$\sqrt{2}$（吻合度99.5%）。

（2）总高（台基以上）：碑身宽≈4.5（图14-35）。

（二）华表

1．天安门华表（明永乐十八年，1420年）

天安门南北两侧各有一对华表，应是永乐时期原物，均以洁白无瑕的汉白玉雕成。华表柱最下为高1.32米的八边形须弥座，须弥座外围以石栏，在四角望柱间各用一块雕两个宝瓶云栱的镂雕石栏板。须弥座以上立由整石雕成的高6.59米、直径近1米的八边形巨大柱身，其上承高0.55米的八边形仰覆莲座，座上为高1.1米的坐龙，其中面南者称“望君出”，面北者称“望君归”。整个华表通高9.56米，取明初1丈＝3.173米，合3丈。在柱身上部近顶处横插由“日月版”演化来的云板。

通过对1940年代实测图进行几何作图，可得如下结论。

（1）总高：外栏杆总宽≈$2\sqrt{2}$。

（2）总高：表身总宽≈10（图14-36）。

（三）石基座

1．居庸关云台（元至正二～五年，1342～1345年）*

过街塔为元代喇嘛教的典型建筑，现存的居庸关云台即过街塔之台座，其上相传原有喇嘛塔三座。云台位于居庸关关城内，为一坐北朝南矩形石台，汉白玉砌筑，台顶为平台绕以石栏，中辟券道以通车马。门道内部为梯形券道，门道口券面则为圆拱形，内外造型不一。券面布满浮雕，券顶刻金翅鸟王，两侧对称分布龙众、卷草纹、摩羯鱼、骑羊童子、大象等藏传佛教图案。梯形券洞内壁的雕刻更加蔚为壮观：两侧壁刻有巨大的浮雕四大天王及汉、藏、梵、八思巴、维吾尔、西夏等六种文字的佛教经典；洞顶则刻十方佛及曼陀罗等纹样，十方佛的背景为成百上千的小佛龛。整个云台最精华的部分是四大天王浮雕，位于门道南北两端，作把持城门状，为云台雕刻中之极品，同时也是北京元代雕刻中的巅峰之作。

通过对刘敦桢主编《中国古代建筑史》（第二版，1984）中实测图进行几何作图，以及对《居庸关云台的保护和修缮》（载于《首都博物馆丛刊》1995年第10期）一文的实测数据分析，可得如下结论：

（1）总高（不含栏板，9.5米）：总宽（26.84米）＝0.354≈1：$2\sqrt{2}$（吻合度99.9%）。

（2）券洞宽（6.32米）：券洞高（7.27米）＝0.869≈$\sqrt{3}/2$（吻合度99.7%）。

券洞进深（17.57米）：券洞高（7.27米）＝2.417≈$\sqrt{2}+1$（吻合度99.9%）。

（3）总高（不含栏板）≈门券总宽（图14-37）。

下篇小结

与本书上篇所探讨的都城规划与建筑群布局一样，中国古代建筑单体设计中同样蕴含着丰富之极的运用方圆作图和$\sqrt{2}$、$\sqrt{3}/2$基本构图比例的手法：既有整体层面的，也有局部层面的，既有单独使用某一比例的，也有综合运用多种比例的。一些尤为杰出的建筑作品往往在平、立、剖面设计中综合运用方圆作图比例，并且还能将建筑空间与室内塑像完美结合，典型者如五台山佛光寺东大殿、蓟县独乐寺观音阁和应县佛宫寺木塔等。

与“上篇小结”中归纳的城市规划与建筑群布局的八种主要构图手法一一对应，我们将建筑单体设计的构图手法也概括为以下八种。

一、建筑的平、立、剖面整体运用$\sqrt{2}$、$\sqrt{3}/2$或相关构图比例

一如都城、建筑群在总平面布局中运用$\sqrt{2}$、$\sqrt{3}/2$及相关构图比例，在建筑单体的平、立、剖面整体设计中运用$\sqrt{2}$、$\sqrt{3}/2$及相关构图比例也是极为普遍的基本方法。

（一）正立面（纵剖面）高宽比运用$\sqrt{2}$、$\sqrt{3}/2$或相关构图比例

如本书下篇各章所述，建筑正立面（纵剖面）高宽比的最常用比例包含以下几类。

1．高宽比＝1：$2\sqrt{2}$

包括木结构单层建筑24例，石塔基座1例，共计25例。该比例极为宽阔，主要运用于十一、九和七开间的高等级建筑（少量运用于五开间）。

2．高宽比＝$\sqrt{3}$：4

包括木结构单层建筑34例，牌楼1例，亭1例，石窟（外立面）1例，砖拱门楼3例，共计40例。该比例较为宽阔，主要运用于十一、九、七、五开间的高等级殿堂，中国最高等级的牌楼——明十三陵石牌楼也运用了此比例。

3．高宽比＝1：2

包括木结构单层建筑25例，楼阁1例，牌楼5例，石窟（外立面）1例，砖拱门

楼2例，共计34例。该比例主要运用于七、五开间的殿堂（少量运用于九、三开间），同时也是牌楼中比较常见的比例之一。

4．高宽比＝1：$\sqrt{2}$

包括木结构单层建筑17例，楼阁及城楼5例，牌楼1例，石窟1例，共计24例。该比例主要运用于五、三开间的殿堂，也包括少量楼阁。

5．高宽比＝$\sqrt{3}$：2

包括木结构单层建筑11例，楼阁及城楼7例，牌楼4例，砖拱门楼2例，共计24例。该比例主要运用于三、五间殿堂，同时也是楼阁、牌楼中十分常见的比例。

6．高宽比＝1：1

包括木结构单层建筑4例，楼阁及城楼5例，牌楼11例，亭3例，砖拱门楼2例，共计25例。该比例在殿堂中主要运用于中心对称、极富纪念性的实例（如承德普乐寺旭光阁等），同时是楼阁、牌楼和亭常用的比例之一。

7．高宽比＝$\sqrt{2}$：1

包括楼阁及城楼8例，佛塔2例，亭13例，铜亭1例，石碑1例，共计25例。此外，众多牌楼各间高宽比均为$\sqrt{2}$：1。此比例（包括其他大于1的比例）极少在木结构单层建筑中出现，但却是楼阁与亭最常见的比例，此外也少量见于佛塔等其他类型。

8．高宽比＝2：1

包括楼阁及城楼1例，佛塔7例，牌楼1例，亭1例，共计10例。此比例是佛塔常见的比例。

9．高宽比＝2$\sqrt{2}$：1

包括佛塔7例，石阙2例，华表1例，共计10例。

除了上述最为常见的比例之外，还有一些特殊的高宽比，例如：

1：2$\sqrt{3}$，包括木结构单层建筑3例，楼阁及城楼3例，砖拱门楼2例，共计8例，这是中国古代建筑中最横长的比例。

1：（2$\sqrt{2}$−1），包括木结构单层建筑4例。

1：$\sqrt{3}$，包括木结构单层建筑6例，楼阁及城楼2例，共计8例。

$\sqrt{2}$：（$\sqrt{2}$＋1），包括木结构单层建筑3例，牌楼2例，石祠1例，共计6例。这一比例在都城与建筑总平面布局中运用极广，在单体建筑高宽比中也时有出现。

$\sqrt{2}$：（$2\sqrt{2}$-1），包括亭1例，楼阁1例，共计2例。

1：（$\sqrt{2}+1$），包括木结构单层建筑1例，牌楼2例，砖拱门楼2例，共计5例。

（$\sqrt{2}+1$）：1，包括佛塔1例。

（$2+\sqrt{2}$）：1，包括佛塔1例。

$4\sqrt{2}$：1，包括佛塔1例。

$\sqrt{3}$：1，包括楼阁及城楼3例，佛塔1例，亭1例，共计5例。

有趣的是，上述中国古代建筑的主要高宽比，由1：$2\sqrt{2}$至1：1对应开间由多到少的单层建筑乃至亭榭，倒是和《营造法式》材分八等，由高到低对应不同开间（即等级）的建筑有某种联系，值得深入探析。

（二）平面面阔与进深之比运用$\sqrt{2}$、$\sqrt{3}/2$或相关构图比例

1．通面阔：通进深＝$\sqrt{2}$

包括木结构单层建筑9例：（1）大同下华严寺薄伽教藏殿；（2）大同善化寺海会殿；（3）芮城永乐宫纯阳殿；（4）韩城文庙大成殿；（5）武当山紫霄宫大殿；（6）曲阜孔庙启圣寝殿；（7）承德溥仁寺慈云普荫殿；（8）北京显忠祠后殿；（9）山西五台山显通寺大雄宝殿。

楼阁6例：（1）蓟县独乐寺观音阁；（2）承德普宁寺大乘阁；（3）青海塔尔寺大金瓦殿；（4）青海塔尔寺祈寿殿；（5）青海塔尔寺大经堂；（6）青海塔尔寺小金瓦殿。

无梁殿1例：南京灵谷寺无梁殿。

共计16例。

2．通面阔：通进深＝1：$\sqrt{2}$

包括石窟4例：（1）敦煌莫高窟第254窟；（2）大同云冈石窟第6窟；（3）太原天龙山石窟第16窟；（4）太原天龙山石窟第8窟。

铜殿1例：武当山金殿（台基总面阔与总进深之比为1：$\sqrt{2}$）。

共计5例。

3．通面阔：通进深＝$2\sqrt{2}$　1

包括木结构单层建筑6例：（1）蓟县独乐寺山门；（2）朔州崇福寺弥陀殿；（3）社稷坛享殿；（4）曲阜孔庙大成殿；（5）山西五台山显通寺大雄宝殿（不含抱厦）；（6）紫禁城御花园天一门。

楼阁1例：北京鼓楼（上部城楼）。

此外，克孜尔石窟第38窟通面阔∶通进深＝1∶（$2\sqrt{2}-1$），与上述平面呈90°扭转。

4．通进深∶通面阔＝$\sqrt{3}$∶2

包括：（1）五台山南禅寺大殿；（2）河北定兴慈云阁；（3）太原天龙山石窟第16窟主室（进深与面阔）。共计3例。

此外，克孜尔石窟第8窟前室面阔∶进深＝$\sqrt{3}$∶2，与上述平面呈90°扭转。

5．通进深∶通面阔＝$\sqrt{3}$∶4

包括：（1）明长陵祾恩殿；（2）太庙享殿；（3）紫禁城太和门；（4）山西芮城广仁王庙大殿；（5）紫禁城神武门上部城楼；（6）紫禁城西华门上部城楼。共计6例。

6．通面阔∶通进深＝$\sqrt{2}+1$

包括：（1）紫禁城午门城楼；（2）长安左门（长安右门）；（3）景山北上门。共计3例。

7．通面阔∶通进深＝$2\sqrt{2}$

包括：（1）大同善化寺山门；（2）天坛祈年门前砖门。共计2例。

8．通面阔∶通进深＝（$\sqrt{2}+1$）∶$\sqrt{2}$

包括：（1）大同善化寺三圣殿；（2）山东肥城市孝堂山墓祠。共计2例。

（三）横剖面高深比运用$\sqrt{2}$、$\sqrt{3}/2$或相关构图比例

1．总高[1]∶通进深＝1

包括木结构建筑8例：（1）蓟县独乐寺山门（木构架总高与通进深相等）；（2）明长陵祾恩殿；（3）紫禁城坤宁宫；（4）武当山紫霄宫大殿；（5）曲阜孔庙大成殿；（6）紫禁城太和门；（7）北京社稷街门（木构架总高与通进深相等）；（8）北京景山北上门（木构架总高与通进深相等）。

石窟4例：（1）克孜尔石窟第8窟前室；（2）甘肃天水麦积山石窟第4窟；（3）、（4）云冈石窟9、10二窟后室。

共计12例。

2．总高∶通进深＝1∶$\sqrt{2}$

包括：（1）义县奉国寺大殿；（2）敦煌

1. 下篇小结中讨论的总高包含前文所指的“总高”和“总高（台基以上）”两种情况，特此说明。

莫高窟第254窟（中心方柱窟）；（3）敦煌莫高窟第285窟；（4）大同云冈石窟第6窟；（5）太原天龙山石窟第16窟。共计5例。

3．总高：通进深＝$\sqrt{3}$：2

包括：（1）太庙享殿（木构架高与通进深）；（2）紫禁城保和殿（木构架高与通进深）；（3）社稷坛享殿；（4）甘肃天水麦积山石窟第30窟；（5）太原天龙山石窟第8窟。共计5例。

4．总高：通进深＝$\sqrt{2}$

包括：（1）蓟县独乐寺观音阁（木构架总高与通进深）；（2）云冈石窟9、10二窟前廊。共计2例。

二、高度方向运用$\sqrt{2}$比例构图

如同在建筑群总平面布局中，令总进深与局部进深之比为$\sqrt{2}$或者总面阔与局部面阔之比为$\sqrt{2}$，在建筑单体设计中，令建筑总高与局部高度之比为$\sqrt{2}$也是十分普遍的现象。

本书下篇一共归纳了4种此类常见构图，分别称之为上檐构图甲、上檐构图乙和下檐构图甲、下檐构图乙，这些构图的运用十分普遍，尤其在楼阁和佛塔中更为频繁。

就中国古代单体建筑的整体造型而言，除了上面所讨论的正立面（纵剖面）高宽比以及与此相应的平面、剖面整体比例之外，接下来的重要构图因素就是总高与局部高度的$\sqrt{2}$比例。这些重要的比例分界线（可谓$\sqrt{2}$分割线）通常位于上檐檐口、上檐柱头、下檐檐口和下檐柱头这四个位置，因为这些都是中国古代木结构建筑在高度方向上最重要的水平控制线——当然，重要的水平线还包括地坪线、台明和正脊上皮（这三者是构成建筑总高的基本要素）。本书所讨论的单体建筑实例中，符合上、下檐四类构图的实例一共有82例，可见此类构图在单体建筑高度方向设计中的重要地位。

除了这四类构图之外，单体建筑总高的二分之一通常也会被安排在重要的位置，最常见的是位于檐口处，少量楼阁总高的二分之一位于平坐楼面，还有一些重檐建筑总高的二分之一位于下檐博脊上皮，一些建筑总高的二分之一位于柱头（或平板枋上皮）。

（一）上檐构图甲：总高与上檐口以下高之比为$\sqrt{2}$：1

包括楼阁12例：（1）蓟县独乐寺观音阁；（2）山西陵川崇安寺插花楼；（3）西安钟楼；（4）北京智化寺万佛阁；（5）北京内城东南角楼；（6）四川平武报恩寺万佛阁；（7）山西五台山显通寺大无梁殿；（8）北京钟楼；（9）承德普宁寺大乘阁；（10）承德安远庙普渡殿；（11）北京牛街清真寺望月楼；（12）北京颐和园景明楼。

殿堂3例：（1）北京天坛祈年殿；（2）承德普宁寺大雄宝殿；（3）泉州开元寺戒坛殿。

佛塔2例：（1）五台山佛光寺祖师塔；（2）泉州开元寺仁寿塔。

亭8例：（1）曲阜孔庙十号碑亭；（2）曲阜孔庙杏坛；（3）登封中岳庙遥参亭；（4）北京景山万春亭；（5）北京颐和园知春亭；（6）北京景山观妙亭；（7）北京景山周赏亭；（8）北京景山寿皇殿碑亭。

牌楼2例：（1）北京雍和宫牌楼；（2）北京国子监牌楼。

砖拱门楼2例：（1）北京社稷坛内垣北门；（2）北京社稷坛内垣南门。

铜殿1例：山西五台山显通寺铜殿。

石殿1例：定兴县义慈惠石柱顶部石殿。

共计31例。

（二）上檐构图乙：总高与上檐柱头以下高之比为$\sqrt{2}$：1

包括楼阁11例：（1）北京正阳门城楼；（2）北京紫禁城午门；（3）北京天安门；（4）北京端门；（5）西安鼓楼；（6）曲阜孔庙奎文阁；（7）山西五台山显通寺小无梁殿；（8）山西陵川崇安寺鼓楼；（9）承德避暑山庄丽正门；（10）北京颐和园佛香阁；（11）青海塔尔寺小金瓦殿。

佛塔1例：应县木塔。

殿堂1例：紫禁城钦安殿。

牌楼4例：（1）明十三陵总神道石牌楼；（2）泰安岱庙石牌楼；（3）北京颐和园宝云阁石牌楼；（4）安徽歙县尚宾坊。

亭2例：（1）承德普宁寺碑亭；（2）易县清西陵昌陵碑亭。

砖拱门楼2例：（1）北京天坛皇穹宇三座门；（2）北京天坛皇乾殿前三座门。

铜殿1例：湖北武当山金殿。

共计22例。

（三）下檐构图甲：总高与下檐口以上高之比为$\sqrt{2}$：1

包括楼阁6例：（1）北京雍和宫万福阁；（2）北京紫禁城宁寿宫符望阁；（3）北海西天梵境（俗称大西天）琉璃阁；（4）北京柏林寺藏经阁；（5）天津宁河县天尊阁；（6）山西陵川崇安寺山门。

佛塔6例：（1）登封嵩岳寺塔；（2）云冈第21窟塔心柱；（3）山西灵丘觉山寺塔；（4）北京天宁寺塔；（5）北京万松老人塔；（6）颐和园花承阁琉璃塔。

殿堂3例：（1）五台山显通寺大雄宝殿；（2）北京国子监辟雍；（3）北海小西天极乐世界。

共计15例。

（四）下檐构图乙：总高与下檐柱头以上高之比为$\sqrt{2}$：1

包括殿堂6例：（1）正定隆兴寺摩尼殿；（2）北京紫禁城角楼（名虽曰楼，实为单层）；（3）北京紫禁城午门阙亭；（4）北京紫禁城太和殿；（5）曲阜孔庙大成殿；（6）湖北武当山紫霄宫大殿。

楼阁6例：（1）北京智化寺钟楼；（2）承德普陀宗乘之庙万法归一殿；（3）承德安远庙普渡殿；（4）青海塔尔寺大金瓦殿；（5）五台山塔院寺大藏经阁；（6）北京景山绮望楼。

佛塔2例：（1）五台山佛光寺祖师塔；（2）北京慈寿寺塔（玲珑塔）。

共计14例。

（五）总高二分之一位于檐口

包括木结构单层建筑25例：（1）平遥镇国寺万佛殿；（2）高平崇明寺大殿；（3）大同下华严寺薄伽教藏殿；（4）芮城永乐宫三清殿；（5）陕西韩城文庙大成殿；（6）陕西韩城禹王殿；（7）山西洪洞广胜寺下寺大殿；（8）紫禁城英华殿；（9）紫禁城武英殿；（10）紫禁城咸若馆；（11）北京先农坛具服殿；（12）北京先农坛

庆成宫；（13）北京地坛皇祇室；（14）北京智化寺智化殿；（15）北京东四清真寺；（16）北京怡亲王府（孚王府）寝殿；（17）北京凝和庙享殿；（18）山西陵川崇安寺大雄宝殿；（19）承德溥仁寺慈云普荫殿；（20）北京太庙戟门；（21）北京紫禁城乾清门；（22）北京紫禁城武英门；（23）北京紫禁城文华门；（24）北京社稷坛后殿；（25）高平游仙寺毗卢殿。

楼阁2例：（1）承德小布达拉宫万法归一殿；（2）须弥福寿之庙妙高庄严殿。

亭3例：（1）避暑山庄芳渚临流亭；（2）承德普宁寺碑亭；（3）北京紫禁城御花园玉翠亭。

共计30例。

此外，还有楼阁总高的二分之一位于平坐楼面的，如蓟县独乐寺观音阁、西安钟楼、紫禁城宁寿宫符望阁等。重檐建筑总高的二分之一位于下层檐博脊上皮的，如河北定兴慈云阁、紫禁城保和殿、紫禁城延辉阁、紫禁城御花园万春、千秋二亭，景山寿皇殿等。亦有总高二分之一位于柱头（或平板枋上皮）者。

三、平面运用方圆相含构图

方圆相含构图常见于中心对称建筑的平面布局之中。

包括佛塔11例：（1）北魏洛阳永宁寺塔；（2）山东长清灵岩寺慧崇塔；（3）山西运城泛舟禅师塔；（4）山西平顺海会院明惠禅师塔；（5）应县木塔；（6）苏州虎丘云岩寺塔；（7）苏州罗汉院双塔；（8）河北定县开元寺料敌塔；（9）山西灵丘觉山寺塔；（10）泉州开元寺双塔；（11）北京妙应寺白塔。

楼阁及殿堂6例：（1）西安钟楼；（2）北京紫禁城角楼；（3）北京国子监辟雍；（4）北京颐和园佛香阁；（5）承德普陀宗乘之庙万法归一殿；（6）承德安远庙普渡殿。

亭3例：（1）紫禁城御花园万春、千秋二亭；（2）安徽许村大观亭；（3）曲阜孔庙杏坛。

石窟1例：敦煌莫高窟第285窟。

共计21例。

四、平面核心空间运用$\sqrt{3}/2$或$\sqrt{2}$构图比例

与建筑群总平面布局中，在庭院设计中采用$\sqrt{3}/2$或$\sqrt{2}$构图比例类似，建筑单

体平面中，常常在核心空间中运用上述比例，尤其是$\sqrt{3}/2$比例——这一手法在佛殿中尤其常见，以使信众在大门处获得礼佛的60°视野。而门屋之中，则常令门道进深与面阔（即通进深与明间面阔）之比为$\sqrt{2}$。

（一）$\sqrt{3}/2$矩形

包括：（1）五台山佛光寺东大殿中央五间面阔与各间进深形成$\sqrt{3}/2$矩形；（2）晋祠圣母殿（前五间进深与中央五间面阔）；（3）正定隆兴寺摩尼殿（第二、三进进深与中央三间面阔）；（4）义县奉国寺大殿（通进深与中央五间面阔）；（5）大同下华严寺薄伽教藏殿（前三进进深与中央三间面阔）；（6）大同上华严寺大雄宝殿（通进深与中央五间面阔）；（7）大同善化寺三圣殿（通进深与中央三间面阔）；（8）社稷坛享殿（通进深与中央三间面阔）；（9）五台山显通寺大雄宝殿（前三进进深与中央三间面阔）。

（二）$\sqrt{2}$或$2\sqrt{2}$矩形

包括：（1）五台山佛光寺东大殿（内槽通面阔与通进深之比为$2\sqrt{2}$）；（2）善化寺大雄宝殿（中央三间进深与明间面阔之比为$\sqrt{2}$）；（3）蓟县独乐寺山门（通进深与明间面阔之比为$\sqrt{2}$）；（4）紫禁城协和门（通进深与明间面阔之比为$\sqrt{2}$）；（5）紫禁城武英门（通进深与明间面阔之比为$\sqrt{2}$）；（6）紫禁城阙左门、阙右门（通进深与明间面阔之比为$\sqrt{2}$）；（7）太庙街门、社稷街门（通进深与明间面阔之比为$\sqrt{2}$）；（8）颜庙仰圣门（通进深与明间面阔之比为$\sqrt{2}$）；（9）武当山紫霄宫大殿（明间面阔与明间进深之比为$\sqrt{2}$）；（10）北京大明门（明间门洞进深与面阔之比为$2\sqrt{2}$）。

五、平面以核心开间为面积模数

都城规划和建筑群布局中皆有许多以宫城或主殿为规划设计面积模数的手法。建筑单体平面中，由于木结构柱网开间的特点，许多重复的开间自然可以视为整个平面设计的面积模数。

以下列举一些特殊的案例，以核心空间作为整个平面设计的面积模数。

（1）大明宫含元殿：内槽各间与台基形状为相似形，且互相扭转90°，各间面积均为台基总面积的1/64。

（2）社稷坛享殿：明间面阔与次间面阔（等于梢间面阔）之比为3∶2，次间面阔等于山面三间进深，故建筑平面中央一间面积为总面积的1/10，并且等于次间、梢间各开间面积的2.5倍。

（3）大量呈方圆相含格局的建筑，平面皆以核心空间面积为模数，不再赘述。

六、通面阔（或总宽）与明间面阔成比例

建筑单体的通面阔（或台基总宽）为明间面阔的倍数也是一种常见的设计手法，一如建筑群总面阔与主体建筑通面阔（或台基总宽）常有清晰的比例关系。

包括：（1）五台山佛光寺东大殿（台基总宽，8∶1）；（2）明长陵祾恩殿（台基总宽，8∶1）；（3）北京报国寺大殿（台基总宽，8∶1）；（4）泉州开元寺大殿（8∶1）；（5）四川平武报恩寺大雄宝殿（台基总宽，4∶1）；（6）北京宣仁庙寝殿（4∶1）；（7）北京显忠祠前殿（台基总宽，3∶1）；（8）紫禁城中和殿（台基总宽，$2\sqrt{2}+1$）。

七、总高为面阔的倍数

（一）总高为通面阔（或总宽）的倍数

如同不少建筑群总进深为总面阔的一定倍数，总高为通面阔（或总宽）的倍数在佛塔中大量运用（也包含少量其他建筑类型），实例包括以下29个（按总高与面阔之比从小到大排列，括号中为比值，即总高为总面阔的倍数值）。

（1）佛光寺祖师塔（2倍）；

（2）神通寺四门塔（2倍）；

（3）山东长清灵岩寺慧崇塔（2倍）；

（4）山西运城泛舟禅师塔（2倍）；

（5）西安大雁塔（2.5倍）；

（6）山西平顺海会院明惠禅师塔（2.5倍）；

（7）北京妙应寺白塔（总高与塔身直径）（2.5倍）；

（8）歙县丰口四面坊（2.5倍）；

（9）云冈第21窟塔心柱（3倍）；

（10）云冈第2窟塔心柱（3倍）；

（11）山西灵丘觉山寺塔（3倍）；

（12）辽中京大明塔（3倍）；

（13）北京慈寿寺塔（玲珑塔）（3倍）；

（14）（15）北京颐和园须弥灵境西南塔、东南塔（3倍）；

（16）义县奉国寺辽碑（3倍）；

（17）登封嵩岳寺塔（3.5倍）；

（18）北京万松老人塔（3.5倍）；

（19）北京颐和园花承阁琉璃塔（3.5倍）；

（20）山西代县阿育王塔（4倍）；

（21）北京护国寺西塔（4倍）；

（22）定兴县义慈惠石柱（5倍）；

（23）杭州闸口白塔（6倍）；

（24）大理佛图寺塔（6倍）；

（25）大理宏圣寺塔（6倍）；

（26）大理崇圣寺千寻塔（7倍）；

（27）大理崇圣寺南塔（8倍）；

（28）南京梁萧景墓墓表（9倍）；

（29）天安门华表（10倍）。

（二）总高为明间面阔（或多边形边长）的倍数

1．总高为明间面阔的2倍

包括木结构单层建筑10例：（1）上海真如寺大殿；（2）泉州开元寺戒坛殿；（3）北京东四清真寺；（4）北京雍和宫法轮殿；（5）北京报国寺天王殿；（6）北京宣仁庙寝殿；（7）北京怡亲王府（孚王府）寝殿；（8）曲阜孔庙大成门；（9）曲阜孔府大堂；（10）北京紫禁城武英殿。

牌楼、牌坊11例：（1）山东曲阜孔林“万古长春”牌楼；（2）武当山“治世玄岳”牌楼；（3）曲阜孔庙“至圣庙”牌坊；（4）泰安岱庙石坊；（5）华山西岳庙“天威咫尺”坊；（6）颐和园“云辉玉宇”牌楼；（7）五台山塔院寺牌楼；

（8）嵩山中岳庙崧高峻极牌楼；（9）北京东岳庙琉璃牌楼；（10）颐和园“众香界”琉璃牌楼；（11）曲阜孔庙棂星门。

共计21例。

2．总高为明间面阔的$2\sqrt{2}$倍

包括木结构单层建筑13例：（1）五台山佛光寺东大殿；（2）大同善化寺大雄宝殿；（3）山西高平西里门二仙庙大殿；（4）陕西韩城文庙大成殿；（5）山西洪洞广胜寺下寺大殿；（6）明长陵祾恩殿；（7）泉州开元寺大殿；（8）四川平武报恩寺大雄宝殿；（9）紫禁城保和殿；（10）紫禁城太和门；（11）北京报国寺大殿；（12）北京天坛皇穹宇；（13）北京太庙享殿。

楼阁3例：（1）西安鼓楼；（2）颐和园德合园大戏楼扮戏房；（3）北京宣仁庙钟楼。

牌坊4例：（1）歙县棠樾鲍象贤尚书坊；（2）歙县棠樾鲍逢昌孝子坊；（3）歙县棠樾鲍文渊妻节孝坊；（4）歙县棠樾鲍漱芳父子义行坊。

亭2例：（1）曲阜孔庙杏坛；（2）泰安岱庙铜亭。

共计22例。

3．总高为明间面阔的3倍

包括：（1）曲阜孔庙大成寝殿；（2）四川平武报恩寺万佛阁；（3）北京景山绮望楼；（4）北京柏林寺藏经阁；（5）牛街清真寺望月楼；（6）歙县棠樾慈孝里坊；（7）嵩阳书院御碑亭；（8）承德避暑山庄金山上帝阁（边长）；（9）北京永定门上部城楼；（10）北京紫禁城中和殿。共计10例。

4．总高为明间面阔的4倍

包括：（1）北京天安门；（2）北京端门；（3）北京颐和园德和园大戏楼；（4）山西陵川崇安寺插花楼；（5）避暑山庄烟雨楼八角亭（边长）。共计5例。

5．总高为佛塔底层边长的8倍

包括：（1）苏州虎丘云岩寺塔；（2）河北定县开元寺料敌塔；（3）辽庆州释迦佛舍利塔；（4）泉州开元寺仁寿塔。以上诸例均类似《营造法原》对佛塔构图的记载。

6．总高为佛塔底层边长的8倍以上

包括：北京天宁寺塔（9倍）；颐和园花承阁琉璃塔（10.5倍）；登封嵩岳寺塔（12倍）；山西灵丘觉山寺塔（12倍）；安徽蒙城万佛塔（14倍）；苏州罗汉院双塔（15倍）。

八、明间与次间（梢间）之比例

（一）明间与次间（梢间）面阔之比为$\sqrt{2}$

明间与次间面阔之比为$\sqrt{2}$是中国古代建筑中非常常见的比例。

包括木结构单层建筑16例：（1）福州华林寺大殿；（2）芮城永乐宫三清殿；（3）明长陵祾恩殿；（4）历代帝王庙大殿景德崇圣殿；（5）北京智化寺智化门；（6）紫禁城武英殿；（7）紫禁城武英门；（8）北京太庙街门、社稷街门；（9）北京天坛祈年门；（10）北京景山山右里门；（11）北京雍和宫正殿；（12）北京怡亲王府（孚王府）寝殿；（13）曲阜孔庙大成殿；（14）曲阜孔庙大成寝殿；（15）曲阜孔庙弘道门；（16）河北易县清西陵昌陵隆恩殿。

楼阁7例：（1）蓟县独乐寺观音阁（明间与梢间）；（2）北京天安门；（3）北京端门；（4）北京紫禁城午门；（5）北京鼓楼；（6）曲阜孔庙奎文阁；（7）紫禁城文渊阁。

共计23例。

此外，所有八角形佛塔，从正立面观之，明间（即正面一边）与次间（即侧面两边）面阔之比皆为$\sqrt{2}$。

另外，除了$\sqrt{2}$比例，明间面阔与次间面阔之比为3∶2的实例亦十分常见，如太庙戟门、中殿、后殿，社稷坛戟门、享殿，紫禁城太和殿，先农坛庆成宫大殿等。

明间与次间面阔之比为8∶7也颇为常见，甚至在一些辽代建筑中出现明间、次间、梢间、尽间比例为等比数列（均接近8∶7）的情况。

（二）明间正方形构图

1．檐柱高＝明间面阔

包括：（1）五台山佛光寺东大殿；（2）五台山佛光寺文殊殿（含普拍枋）；（3）朔州崇福寺弥陀殿；（4）大同善化寺山门（含普拍枋）；（5）山西高平炎帝中庙元祖殿；（6）北京天坛皇穹宇；（7）北京凝和庙寝殿（含平板枋）；（8）北京凝和庙享殿（含平板枋）；（9）泰安岱庙配天门；（10）泰山碧霞祠大殿（含平板枋）；（11）登封中岳庙峻极门（含平板枋）；（12）北京颐和园东宫门；（13）北京颐和园排云殿；（14）北京天坛皇穹宇（含平板枋）；（15）河北定兴慈云阁；（16）紫

禁城宁寿宫符望阁；（17）麦积山第30窟外立面；（18）北京太庙享殿；（19）北京紫禁城午门阙亭。

2．台基加檐柱高＝明间面阔

包括：（1）明长陵祾恩殿；（2）青海瞿昙寺隆国殿（含平板枋）；（3）北京天坛皇乾殿；（4）曲阜孔庙大成寝殿（含平板枋）；（5）曲阜颜庙克己门。

3．台明至檐口高＝明间面阔

包括：（1）太原晋祠献殿；（2）北京紫禁城太和殿；（3）北京紫禁城中和殿；（4）北京雍和宫法轮殿；（5）北京宁郡王府正殿；（6）北京显忠祠前殿；（7）曲阜孔庙大成殿；（8）曲阜孔庙启圣寝殿；（9）曲阜孔庙大成门；（10）曲阜颜庙复圣门；（11）五台山塔院寺延寿殿；（12）五台山塔院寺天王殿；（13）五台山罗睺寺天王殿；（14）颐和园德和园大戏楼扮戏房；（15）北京颐和园知春亭；（16）北京紫禁城延辉阁；（17）北京紫禁城御花园玉翠亭。

4．地面至檐口高＝明间面阔

包括：（1）北京先农坛具服殿（地面至檐口）；（2）北京历代帝王庙大殿景德崇圣殿；（3）北京智化寺智化门；（4）五台山显通寺大雄宝殿；（5）北京智化寺钟楼；（6）北京牛街宝月楼；（7）北京紫禁城武英殿。

以上四类明间正方形构图共计48例，为中国古建筑明间最常见的构图比例之一。

此外许多石牌楼、牌坊的明间也常常使用正方形构图，不再一一列举。

（三）明间$\sqrt{2}$矩形构图

1．檐柱高∶明间面阔＝1∶$\sqrt{2}$

包括：（1）蓟县独乐寺山门；（2）太庙享殿；（3）太庙中（后）殿（含平板枋）；（4）紫禁城英华殿；（5）北京天坛祈年门；（6）北京智化寺智化殿（含平板枋）；（7）北海西天梵境大慈真如宝殿；（8）北京景山山右里门；（9）曲阜孔庙大成寝殿（含平板枋）；（10）河北易县清西陵昌陵隆恩殿；（11）北京天安门城楼；（12）四川平武报恩寺万佛阁；（13）北京柏林寺藏经阁；（14）五台山塔院寺大藏经阁。

此外，紫禁城武英门（檐口高∶明间面阔＝1∶$\sqrt{2}$），北海西天梵境（俗称大西天）琉璃阁（台基加檐柱加平板枋高∶明间面阔＝1∶$\sqrt{2}$），属于特殊的明间$\sqrt{2}$构图。

以上三类明间$\sqrt{2}$矩形构图共计16例。

（四）明间$\sqrt{3}/2$矩形构图

1．檐柱高：明间面阔＝$\sqrt{3}/2$

包括：（1）蓟县独乐寺观音阁；（2）薄伽教藏殿；（3）登封少林寺初祖庵大殿；（4）高平开化寺大殿（含普拍枋）；（5）大同善化寺三圣殿（含普拍枋）；（6）曲阜颜庙杞国公殿；（7）紫禁城太和殿；（8）紫禁城延辉阁（含平板枋）；（9）吉安所大殿；（10）景山绮望楼；（11）太原天龙山石窟第16窟外立面。

2．台基加檐柱高：明间面阔＝$\sqrt{3}/2$

包括：（1）曲阜孔府大堂；（2）北京地坛皇祇室（含平板枋）；（3）北京天坛祈年门。

3．地面至檐口距离：明间面阔＝$\sqrt{3}/2$

包括：（1）太庙戟门；（2）先农坛庆成宫；（3）紫禁城武英门。

4．台明至檐口距离：明间面阔＝$\sqrt{3}/2$

包括：紫禁城太和门。

以上四类明间$\sqrt{3}/2$构图共计18例。

除了明间运用一系列方圆作图比例的构图之外，许多实例的次间（或者梢间）亦常常采用正方形构图。并且在不少实例中，采取明间$\sqrt{2}$构图与次间（梢间）正方形构图相结合的方式，在明、清建筑中尤其多见。

结语：从心所欲不逾矩

林徽因曾在《论中国建筑之几个特征》（1932）一文中提出：

“这结构简单、布置平整的中国建筑初形，会如此的泰然，享受几千年繁衍的直系子嗣，自成一个最特殊、最体面的建筑大族，实是一桩极值得研究的现象。”[1]

梁思成在1943年完成的《中国建筑史》中也写道：

“中国建筑乃一独立之结构系统，历史悠长，散布区域辽阔。……建筑之基本结构及布署之原则，仅有和缓之变迁，顺序之进展，直至最近半世纪，未受其他建筑之影响。”[2]

本书的研究试图揭示：基于规矩方圆作图、以$\sqrt{2}$与$\sqrt{3}/2$为代表的经典构图比例，是中国古代都城规划、建筑群布局与单体建筑设计的一项基本的设计方法和悠久的文化传统——这一设计手法背后蕴含的文化内涵即中国古人“天圆地方”的宇宙观与追求天地之和的文化理念。中国古建筑能如梁、林等学者所赞叹的那样，延绵数千年，成一建筑大族，成一独立之系统，与这一基本设计方法及其所代表的文化理念是有着密切的因果关系的。

这套基本构图方法贯穿了从五千年前的辽宁牛河梁红山文化圜丘、方丘直到清末的四百余个案例，案例中包含了中国古代一批最重要的都城、建筑群和单体建筑杰作，同时又涵盖了从都城规划到各类型建筑群布局，从多种多样的单体建筑的平、立、剖面设计到北宋《营造法式》的“材分°制”与清工部《工程做法》的“斗口制”所规定的建筑构件比例之中，真可谓“吾道一以贯之”——无怪大匠李诫以“圆方方圆图”作为《营造法式》的第一图。

寓方圆于格网

正如本书引言所述，基于方圆作图的比例如$\sqrt{2}$、$\sqrt{3}/2$等，均可以用整数比（如5：7、7：8）取而代之，这就使得方圆作图比例与中国古代城市规划、建筑群布局与建筑设计中广泛运用的模数网格可以并行不悖、相辅相成。经过前文对数百个实例的分析，这一点更加清晰可辨。

先来看《营造法式》的“材分°制”。张十庆已经指出，单材广（15分°）与足材广（21分°）呈“方五斜七”之比例关系，这其实蕴含着方圆比例即1：$\sqrt{2}$。从模数网格的角度看，法式的“材分°制”可以看作是以“分°”为模数网格，则材厚10格，单材广15格，足材广21格。与此类

1.《中国营造学社汇刊》第三卷第一期，1932.
2. 梁思成. 梁思成文集（三）[M]. 北京：中国建筑工业出版社，1985：3.

似，清工部《工程做法》规定的斗口10分°、单材14分°、足材20分°，其实接近1∶$\sqrt{2}$∶2。

再看单体建筑。以五台山佛光寺东大殿为例，据勘测报告，佛光寺东大殿中央五间面阔均为240分°，两尽间及山面各间进深均为210分°。依前文分析，正立面（纵剖面）以48分° 为模数网格：中央五间面阔均为5格，台基总宽40格，立面总高14格，总高∶台基总宽＝14∶40（相当于两个“方七斜十”的$\sqrt{2}$矩形并列，高宽比≈1∶2$\sqrt{2}$）；总高∶明间面阔＝14∶5（相当于两个“方五斜七”的$\sqrt{2}$矩形叠加，比值约2$\sqrt{2}$）。这正是运用正立面（纵剖面）模数网格实现方圆作图比例的方法（并且与材、分°模数相结合）。前文还列举了不少此类实例，不再赘述。

接着看建筑群。以西汉长安未央宫为例：总平面以40丈网格布局，面阔24格，南北干道分东、西两部分面阔为10格和14格，二者呈“方五斜七”即1∶$\sqrt{2}$关系，其理想规划设计构图应是由一个边长10格的正方形、一个边长14格的正方形与两个长宽分别为14格、10格的$\sqrt{2}$矩形组成一个边长24格的大正方形。再看唐长安太极宫：太极宫（含东宫）面阔2117.8米，进深1492.1米，为$\sqrt{2}$矩形；如果以16丈作为太极宫规划的模数网格，则东西45格，南北32格。与此类似，大明宫（如果以规则的西半部作镜像对称取得理想布局）以64丈网格布局，前部东西7格，南北5格，呈“方五斜七”即$\sqrt{2}$比例，后部为边长7格的正方形，整体为12∶7即（$\sqrt{2}$＋1）∶$\sqrt{2}$的矩形构图。北魏洛阳永宁寺则以塔身首层平面为规划模数网格，全寺东西7格，南北10格，呈“方七斜十”的1∶$\sqrt{2}$构图。再如雍正时期的圆明园，总面阔与总进深之比为$\sqrt{2}$，同时以东西10丈、南北10.4丈的模数网格布局，东西53格，南北36格。此外如前文所述，许多坛庙、寺观、陵寝、民居、祠堂等皆以整丈数网格布局，并以网格数之整数比实现方圆作图比例。

最后来看规模宏大的都城。以隋大兴—唐长安为例：其外郭北区为一个2$\sqrt{2}$∶1的横长矩形，整个外郭进深为北区进深的2.5倍。若以50步作为外郭规划之模数网格（50步同样是各居住里坊规划的模数网格），则外郭东西132格，北区进深47格（二者之比为2.809，接近2$\sqrt{2}$），整个郭城进深117.5格——隋大兴—唐长安将方圆作图比例与50步模数网格完美融合。再看元大都，其整体形状接近$\sqrt{3}/2$矩形，并且各城门将其南北4等分、东西3等分，形成12个小$\sqrt{3}/2$矩形；其标准街区面阔480步（等于宫城面阔）、进深1225步（约2倍于宫城进深），总平面为36倍标准街区——故元大都的总平面分别以步、居住街区（或者宫城）为不同尺度的模数进行规划设计，是将模数网格与方圆作图比例相融合的又一经典之作。

综上可知：中国古代都城、建筑群、单体建筑（包括木构架的“材分°”制或“斗口”制）中所蕴含的方圆作图比例，在实际规划与营建中，均可用整数比例的模数网格加以实现——可谓是“寓方圆于格网”，这正是《周髀算经》所谓“**圆出于方，方出于矩，矩出于九九八十一**”的直接体现。如此一来，既获得了运用模数网格的效率与便捷，同时又深深寄托了中国古人“天圆地方”的宇宙观与追求“天地之和”的文化理念。

“天地之和比”

中国古人“天圆地方”的宇宙观及追求天、地、人和谐的文化理念是中国传统文化的重要组成部分。这一传统文化理念以方圆作图形成之经典比例，蕴含于从新石器时期直至清末的一系列古代城市、建筑遗物（或遗址）之中，是无比珍贵的文化遗产。

著名艺术史家贡布里希曾声称：

“如果一个民族的全部创造物都服从于一个法则，我们就把这一法则叫作一种‘风格’。”[1]

按照这个意义来讲，方圆作图及其经典比例显然是中国古代城市与建筑的重要艺术“风格”，而且是一贯几千年的经典“风格”。

西方古代建筑史（乃至造型艺术史）同样有着悠久的重视比例的传统，从古罗马维特鲁威的《建筑十书》，到文艺复兴时期阿尔伯蒂的《建筑论——阿尔伯蒂建筑十书》、帕拉第奥的《帕拉第奥建筑四书》，都大量涉及古典建筑的经典比例与法式（即Order）。而所谓的“黄金比”或曰“黄金分割率”更是被西方人奉为最美的比例。黄金比指当一条线段被分成长短不同的两段时，如果总长与长的一段之比等于长的一段与短的一段之比，则称作黄金比，比值为总长：长段＝2：（$\sqrt{5}$-1）≈1.618。黄金比在数学上的奇妙之处在于，1：1.618≈0.618；1：0.618≈1.618——换言之，一个黄金比矩形（即长宽分别为1.618和1的矩形），如果扣除一个边长为1的正方形，剩下的小矩形（长宽分别为1和0.618）依然是黄金比矩形。如果重复不断地进行这一划分，就会形成著名的黄金分割螺线，一种在自然界经常会出现的奇妙曲线（图15-1）。西方人在人体中也找到黄金比的存在，他们认为最美的人体以肚脐为黄金分割点，人的身高与肚脐以下之比等于肚脐

1.［英］E.H.贡布里希 著. 范景中 译. 艺术的故事［M］. 北京：生活·读书·新知三联书店，1999：64-68.

以下与肚脐以上之比——许多画家、雕刻家都以此为原则来塑造完美的人体（图15–2）。黄金比在西方古典建筑中也是十分常用的经典比例（图15–3）。

与西方人钟爱的黄金比（基于自然美、人体美）相比，深受中国古人青睐的$\sqrt{2}$、$\sqrt{3}/2$这种基于规矩方圆作图的比例，应该当之无愧地称作“天地之和比”。[1]这些从方圆作图“化生”出的构图比例，深深蕴含着中华民族的宇宙观、文化观，与此同时亦深具造型与审美上的意义——即“象天法地”，追求“天地之大美”（《庄子·知北游》称“天地有大美而不言”）。

中国古代“制器”（当然也包括城市、建筑）有着悠久的“象天法地”之传统。正如孙原湘为中国另一部重要的建筑学专著《营造法原》所作的跋中所云：

“从来制器尚象，圣人之道寓焉，规矩准绳之用，所以示人以法天象地……”

中国古代描写城市与建筑的文献中充满了“象天法地”的记载——

班固《西都赋》：“仰悟东井之精，俯协河图之灵”；“其宫室也，体象乎天地，经纬乎阴阳。据坤灵之正位，放太紫之圆方。”

何晏《景福殿赋》：“规矩即应天地，举动顺乎四时。”

范仲淹《明堂赋》：“广大乎天地之象”；“亦规上而天覆，复矩下而坤厚。”

除了追求“天地之大美”、“广大乎天地之象”以外，方圆作图比例本身，与黄金比一样，也蕴含着数学的奇妙。最典型的就如“圆方图”与“方圆图”所示，如果以重重方圆相含反复作图，将会得到$1:\sqrt{2}:2:2\sqrt{2}:4:4\sqrt{2}:8$……的以$\sqrt{2}$为比值的等比数列。而$\sqrt{2}$矩形也十分奇妙——将$\sqrt{2}$矩形二等分，将得到两个小$\sqrt{2}$矩形，方向扭转90度。这一分割也可以反复进行下去，永无止境——这是因为$\sqrt{2}/2=1/\sqrt{2}$。现代标准纸张即据此设计为$\sqrt{2}$矩形，于是A0之半为A1，A1之半为A2，A2之半为A3……形成高度标准化（图15–4、15–5）。中国古代城市、建筑群、建筑单体多为对称布局，采取$\sqrt{2}$矩形构图同样可以收到二等分之后仍为相似形的效果，易于取得内在和谐。

至于$\sqrt{3}/2$矩形，由于内含等边三角形，因此用于庭院与建筑空间时可以获得极好的视觉效果，前文已论及。

西方人关于“黄金比”的论著可谓连篇累牍。相比之下，中国古代匠人运用长达数千年之久的“天地之和比”却太过于默默无闻，尚亟待各造型艺术领域之学者进行深入挖掘与阐发。

1. 日本人将$\sqrt{2}$称作大和比或者白银比，都未能阐发这一比例的真谛。

大匠规矩

中国古代大匠通过“象天法地”，运用方圆作图形成的“天地之和比”，在城市规划、建筑群布局、建筑单体设计与构件模数方面均严格遵循“规矩”，不但造就了城市与建筑的整体和谐之美，同时深刻反映出中华民族对于“天地大美”之不懈追求，不啻为中华五千年文明史中浓墨重彩的一笔。

陈明达曾有言曰：

“我们研究古代建筑史的目标，就是要探求各时代的建筑学理论。……古代建筑的理论，不是我们的创造发明，那是古代人的创造发明。不过，年代久远，时过境迁，被后人所遗忘。我们的任务，是重新去发现它。”[1]

本书的所有尝试与努力，其实就是要寻找古代大匠们创造中国历代都城、建筑群与单体建筑杰作的“规矩”（规矩一词似乎比“理论”更适合古代匠人）——所谓“予尝求古匠人之心也”！

通过前文的分析与讨论，我们知道在中国古代城市与建筑的规划、营造历程中，通过运用方圆作图及其经典比例体系，源远流长的传统在工匠师徒之间稳定传承，成为一种不言而喻的“规矩”。历代匠人们灵活而巧妙地运用这套看似平淡无奇的“规矩”，却创造出千变万化的建筑形式（这一点在建筑群的组合中以及在楼阁、佛塔的造型中表现得尤为突出），真是达到了“从心所欲不逾矩”之境地。

古代匠师是否真正能够驾驭本书所归纳整理出的规矩、比例和设计方法呢？对于古代都城（包括郭城、皇城、宫城）轮廓尺寸及比例关系的计算，对于建筑群总面阔、总进深，院落尺寸，进深或面阔方向比例的分配，对于单体建筑平、立、剖面大尺寸的控制与比例计算，包括通面阔、通进深、台基高宽、檐柱高、檐口高（包括上下檐）、木构架高、正脊高，对于木构架“材分°”或“斗口”的计算……所有这些，均是规划设计中需要考虑的基本问题，而且不涉及复杂的数学运算（如本书引言所述，简单的整数比口诀或者规矩作图均可轻松应对），更不涉及超出匠人文化水平的高深理论（“天圆地方”的朴素观念在中国简直是家喻户晓）——而且主持都城或重要建筑群规划设计的往往还是通晓天文地理、周易数术的官员或学者[2]——因此，我们可以比较有把握

1. 陈明达《我的业务自传》（1980），收入陈明达. 陈明达古建筑与雕塑史论［M］. 北京：文物出版社，1998：301-302.

2. 中国古代参与都城规划的往往是精通传统规划与营造知识的大匠甚至官员。从汉长安与未央宫互相关联的几何构图，我们可以看到萧何、阳成延的巧思；从隋大兴与隋洛阳一以贯之的构图比例，包括对汉长安规划之传承，我们可以见出宇文恺的大器；而元大都精妙的几何关系，使我们确信刘秉忠深谙数术之学。除了上述这些见于史籍的对都城规划有着深刻理解的大匠，中国历史上数不清的无名匠师也在默默传承着匠人的“规矩”——明清之交，著名匠师冯巧与梁九师徒的故事，为我们了解古代匠人的师徒传承提供了极好的案例。

地认为，古代大匠完全具备运用本书所言“方圆作图”、“天地之和比”的能力。不仅如此，由于他们才是中国古代建筑“规矩”的发明者、创作者和传承者，因而他们只会比我们目前所能初步设想的更加富于智慧，他们知晓的“奥秘”只会比我们更多。一个重要例证是，日本当代著名的“栋梁”（即主持大型佛寺建筑工程的总木匠）西冈常一师徒二人在其口述史中，曾不止一次提到作为“栋梁”需要熟练掌握“规矩数”的计算，而所谓规矩数即指可以用尺规作图方式做出的实数。[1]由此笔者以为，如果能加强对中国传统大木作老匠师口述历史之调查与记录，理应会找到更多相关线索，亦将是本项研究的一个重要的补充与发展。

王贵祥在《唐宋单檐木构建筑平面与立面比例规律的探讨》（1989）一文中写道：

“镇国寺大殿为北汉朝遗物，华林寺大殿为吴越国建造，同时又有着不同的平面与构件尺寸的建筑，其基本的造型比例竟是如出一辙。由这两个实例，我们可以推知，在中国古代，或者说至少在唐宋时代，在建筑的设计与建造上，曾经有着许多严谨而细致的设计与施工规则，以用来把握相同等级建筑的比例与造型。值得注意的是，这两座建筑都是建造于宋《营造法式》颁行前一百多年的例证。而《营造法式》中恰恰没有这方面的论述，这或许说明了，在《营造法式》的编撰者看来，关系‘屋宇之高深，名物之短长，曲直举折之势，规矩绳墨之宜’的建筑各部分及各主要构件的材分与比例，对于熟悉‘以材为祖’的工匠们而言，已经是口传成碑、耳熟能详的事情，不必在官方颁布的法式中再作赘述。”

值得一提的是，“规矩”在中国文化中的含义还不仅限于匠人之准则。张光直曾经指出商代金文中，“巫”字以十字相交的两把矩尺表示，因为在古时“巫”就是掌握规矩方圆之道，知晓天地之理，可以沟通天地的智者、圣者。[2]矩可为方，亦可为圆，所谓“合矩以为方，环矩以为圆”（《周髀算经》语），故执矩之人，即可规天矩地。东汉武梁祠汉画中的《伏羲女娲图》中即有女娲、伏羲分执规、矩，规天矩地的形象（图15-6、图15-7）。《史记》中亦有大禹“左准绳，右规矩”（《史记》卷二.夏本纪第二）的记载——这些文献史料都证明了“规矩”直通天地，在中国传统文化中具有重要意义。

当代法式

梁思成曾经在《中国建筑史》（1943）

1. 参见［日］盐野米松著. 英珂译. 树之生命木之心［M］. 桂林：广西师范大学出版社，2016.

2.《周髀算经》：“知地者智，知天者圣。”参见张光直. 中国青铜时代［M］. 北京：生活·读书·新知三联书店，2013：261-267.

第一章“绪论”中指出：

“建筑显著特征之所以形成，有两因素：有属于实物结构技术上之取法及发展者；有缘于环境思想之趋向者。对此种种特征，治建筑史者必先事把握，加以理解，始不至淆乱一系建筑自身优劣之准绳，不惑于他时他族建筑与我之异同。治中国建筑史者对此着意，对中国建筑物始能有正确之观点，不作偏激之毁誉。”[1]

本研究正是试图结合中国古代建筑之“结构技术”与“环境思想”进行综合研究的一次尝试。上、下篇中所探讨的都城规划、建筑群布局与建筑设计中的方圆作图比例之运用为结构技术层面的内容，但这套设计方法背后蕴含的却是中国古人的环境思想。

这项研究的目的在于探索中国古代建筑设计与城市规划的基本理论与方法，其结论尚有待更多精细测绘的考古与古建筑实测图及实测数据的检验。但书中对四百余例中国古代都城、建筑群和单体建筑构图中方圆作图比例的分析，或许将有助于为今后的考古发掘工作、古建筑修缮工作提供参考，或者为历史建筑的复原设计提供一些新的视角。

尤其重要的是，希望本书对中国古代城市与建筑规划设计“规矩”的研究，能够为当代城市与建筑新“法式”的建立贡献一份力量，以重塑中国城市与建筑的秩序与和谐。

现代主义建筑的旗手柯布西耶也十分钟爱比例研究。在《走向新建筑》一书中他重点讨论了“基准线”（从柯布西耶书中之论述可知，所谓基准线是形成建筑平、立面构图比例的一些重要控制线）的作用：

“很原始的人用模数和基准线来使他的劳作容易一些。希腊人、埃及人、米开朗琪罗或勃隆代使用基准线来校正他们的作品，满足他们艺术家的感觉与数学家的思维。”

“对建筑师来说，‘基准线’也是一种手段，它把建筑提高为可感知的数学，可感知的数学给我们关于秩序的有益的认识。”

“基准线是反任意性的一个保证。……是精神领域里的满足，它导致探索精巧的比例和和谐的比例。它给作品以协调。……选择基准线是灵感的决定性时刻之一，是建筑学的重大程序之一。……它们可用来做出非常美的东西，它们是这些东西为什么非常美的原因。”[2]

在《模度》一书中，他进一步以“黄金分割”矩形和$\sqrt{2}$矩形叠加，得到近似1：2矩

1. 梁思成. 梁思成全集（第四卷：中国建筑史）[M]. 北京：中国建筑工业出版社，2001：7.
2. [法]勒·柯布西耶 著. 陈志华 译. 走向新建筑[M]. 西安：陕西师范大学出版社，2004：16、64-65.

形（即1.414＋1.618–1＝2.032≈2），以此作为出发点，逐渐发展出其整个模度体系的几何/数学基础。这部讨论现代建筑标准化、模数化和比例关系的经典著作，简直就像是西方现代建筑的“营造法式”。柯布西耶在书中描述了他梦寐以求的建造图景，在每个工地上都有“一个在墙上标出或靠在墙上用铁条焊接的‘比例格子’，将作为工地的标尺准则及作为一个展示比例的基准；泥瓦工、木工、细木工将不时来到这一‘比例格子’处，选择他们作品的尺寸，所有各种作品及其细化将作为这一协调的证明。我的梦想就是这样的。”[1]这工地上的“比例格子”不正是中国古代建筑中无所不在的方圆作图比例与模数网格吗？不正是李诫《营造法式》中的“以材为祖”的模数制和诸作制度吗？柯布西耶要是见到过中国古代匠人的工地，要是读到过《营造法式》，一定会视中国古人为知己——正像这位现代建筑的先驱者致力于构建一个基于“黄金比”的模度体系一样，中国古代匠师亦通过长期的实践与思考，建立起一个完整的基于方圆作图比例的模度体系，并且这一体系所覆盖的尺度范围从城市规划、建筑群布局、建筑单体设计直至最细微的“材分°”或“斗口”。

最有意思的是当柯布西耶将自己这套精心构思的模度体系解释给同时代的科学巨人爱因斯坦时，后者热情地评价道：

“这是难以带来坏处、易于带来好处的一系列比例。”

这个言简意赅的评价对于本书所讨论的中国古代城市规划与建筑设计的经典比例应该也同样适用。

尽管随着人类对宇宙空间的认知，“天圆地方”的宇宙观念早已经离我们远去，但是追求天地之和（即人与自然、宇宙之和谐）却仍然是不变的主题。通过方圆几何作图或者数学的方法追求建筑、城市与自然的和谐，在当代仍具有高度的现实意义。

本书指出的一系列方圆作图手法，犹如中国古代城市、建筑的“格律”（格律其实就是作诗的规矩），虽然规矩严格，但保证了城市、建筑群皆获得整体和谐（天地之和），一如爱因斯坦对柯布西耶模度研究的评价。美国城市规划学者埃德蒙·N·培根在其名著《城市设计》中高度赞美明清北京城的规划设计呈现出“从一种比例到另一种比例的流动”：

“北京古城的规划可能是绝无仅有的规划，它可以从一种比例放大到另一种比例，并且任何比例都能在总体设计方面自成一体。”[2]

本书所讨论的从城市规划、建筑群布局

1.［法］勒·柯布西耶著；张春彦、邵雪梅译. 模度［M］. 北京：中国建筑工业出版社，2011：18.

2.［美］埃德蒙·N·培根著；黄富厢、朱琪译. 城市设计（修订版）［M］. 北京：中国建筑工业出版社，2003：250.

到建筑设计中对方圆作图比例一以贯之的运用，实际上已经在相当程度上揭示了培根对古代北京城市规划直观感受的根源。通过方圆作图比例、模数网格等规划设计手法获得城市、建筑群与单体建筑的整体和谐是中国古代建筑学的伟大遗产。

在继承传统遗产的基础上重新制定当代城市与建筑新的“法式”、“规矩”或“模度”，不但不会限制建筑师、规划师的“创新”，反而只会带来好处，成为自由创作的基础。1932年，当梁思成据古代匠人手抄本整理完成《营造算例》一书时即在“序言”中写道：

“这算例的刊行，编者希望他不要立下圈套来摧残或束缚我们青年建筑家的创造力，希望的是我们的新建筑家‘温故而知新’，借此增加他们对于中国旧建筑的智识，使他们对于中国建筑的结构法有个根本的、整个的了解，因而增加或唤起他们的创造力，在中国建筑史上开一个新纪元。”[1]

1. 梁思成. 梁思成全集（第六卷）[M]. 北京：中国建筑工业出版社，2001：124.

参考文献

[1] 辽宁省文物考古研究所. 辽宁牛河梁红山文化“女神庙”与积石冢群发掘简报［J］. 文物，1986（8）.

[2] 冯时. 红山文化三环石坛的天文学研究——兼论中国最早的圜丘与方丘［J］. 北方文物，1993（1）.

[3] 冯时. 中国天文考古学［M］. 北京：中国社会科学文献出版社，2001.

[4] 冯时. 中国古代的天文与人文［M］. 北京：中国社会科学出版社，2006.

[5] 王其亨、成丽.《营造法式》“看详”的意义［J］. 建筑师，2012（4）：66-69.

[6] 梁思成. 营造法式注释（卷上）［M］. 北京：中国建筑工业出版社，1983.

[7] 程贞一、闻人军　译注. 周髀算经译注[M]. 上海：上海古籍出版社，2012.

[8] 梁思成. 梁思成文集［M］. 北京：中国建筑工业出版社，1985.

[9] 梁思成. 梁思成全集［M］. 北京：中国建筑工业出版社，2001.

[10] 梁从诫编. 林徽因文集（建筑卷）［M］. 天津：百花文艺出版社，1999.

[11] 林徽因. 论中国建筑之几个特征［J］. 中国营造学社汇刊，1932，3（1）.

[12] 刘敦桢. 北平智化寺如来殿调查记［J］. 中国营造学社汇刊，1932，3（3）.

[13] 刘敦桢. 刘敦桢全集［M］. 北京：中国建筑工业出版社，2007.

[14] 刘敦桢. 定兴县北齐石柱［J］. 中国营造学社汇刊，1934，5（2）.

[15] 陈明达. 营造法式大木作制度研究（上下册）［M］. 北京：文物出版社，1981.

[16] 陈明达. 陈明达古建筑与雕塑史论［M］. 北京：文物出版社，1998.

[17] 陈明达. 应县木塔［M］. 北京：文物出版社，2001.

[18] 陈明达. 蓟县独乐寺［M］. 天津：天津大学出版社，2007.

[19] 陈明达. 独乐寺观音阁、山门的大木作制度（上）//张复合主编. 建筑史论文集（第15辑）［M］. 北京：清华大学出版社，2002:71-88.

[20] 陈明达. 独乐寺观音阁、山门的大木作制度（下）//张复合主编. 建筑史论文集（第16辑）［M］. 北京：清华大学出版社，2002:10-30.

[21] 陈明达. 独乐寺观音阁、山门建筑构图分析//文物与考古论集——文物出版社三十年纪念专刊［M］. 北京：文物出版社，1986.

[22] 傅熹年. 中国古代城市规划、建筑群布局及建筑设计方法研究（上下册）［M］. 北京：中国建筑工业出版社，2001.

[23] 傅熹年. 傅熹年建筑史论文集［M］. 北京：文物出版社，1998.

[24] 王贵祥. $\sqrt{2}$与唐宋建筑柱檐关系//中国建筑学会建筑历史学术委员会. 建筑历史与理论（第三、四辑）［M］. 南京：江苏人民出版社，1984：137-144.

[25] 王贵祥. 唐宋单檐木构建筑平面与立面比例规律的探讨[J]. 北京建筑工程学院学报，1989(12)：49-70.

[26] 王贵祥. 唐宋单檐木构建筑比例探析//营造(第一辑：第一届中国建筑史学国际研讨会论文选辑)[M]. 北京：文津出版社，1998：226-247.

[27] 王贵祥、刘畅、段智钧. 中国古代木构建筑比例与尺度研究[M]. 北京：中国建筑工业出版社，2011.

[28] 龙庆忠. 中国建筑与中华民族[M]. 广州：华南理工大学出版社，1990.

[29]《龙庆忠文集》编委会. 龙庆忠文集[M]. 北京：中国建筑工业出版社，2010.

[30] 张十庆.《营造法式》材比例的形式与特点——传统数理背景下的古代建筑技术分析//建筑史(第31辑)[M]. 北京：清华大学出版社，2013：9-14.

[31] 王其亨主编. 风水理论研究[M]. 天津：天津大学出版社，1992.

[32] 王其亨. 当代中国建筑史家十书：王其亨中国建筑史论选集[M]. 沈阳：辽宁美术出版社，2014.

[33] 孙大章. 承德普宁寺——清代佛教建筑之杰作[M]. 北京：中国建筑工业出版社，2008.

[34] 刘畅. 浙江宁波保国寺大殿大木结构测量数据解读//中国建筑史论汇刊(第一辑)[M]. 北京：清华大学出版社，2010.

[35] 刘畅. 河南登封少林寺初祖庵实测数据解读//中国建筑史论汇刊(第二辑)[M]. 北京：清华大学出版社，2010.

[36] 刘畅. 福建福州华林寺大殿大木结构实测数据解读//中国建筑史论汇刊(第三辑)[M]. 北京：清华大学出版社，2011.

[37] 王树声. 隋唐长安城规划手法探析[J]. 城市规划，2009(6)：55-58.

[38] 张杰. 中国古代空间文化溯源[M]. 北京：清华大学出版社，2012.

[39] 王世仁. 金中都历史沿革与文化价值//中国建筑史论汇刊(第八辑). 北京：中国建筑工业出版社，2013.

[40] 武廷海、王学荣. 秦始皇陵规划初探[J]. 城市与区域规划研究，2015(2)：147-203.

[41] 小野胜年. 日唐文化关系中的诸问题[J]. 考古，1964(12).

[42] [日]盐野米松著. 英珂译. 树之生命木之心[M]. 桂林：广西师范大学出版社，2016.

[43] 王军. 北京历史文化名城保护与文化价值研究(北京市总体规划专题研究报告)[R]，2016.

[44] 中国科学院考古研究所二里头工作队. 河南偃师二里头早商宫殿遗址发掘简报[J]. 考古，1974(4).

[45] 中国科学院考古研究所二里头工作队. 河南偃师二里头二号宫殿遗址[J]. 考古，1983(3).

[46] 中国社会科学院考古研究所 编著. 偃师二里头：1959年-1978年考古发掘报告[M]. 北京：中国大百科全书出版社，1999.

[47] 中国科学院考古研究所二里头工作队. 河南偃师市二里头遗址宫城及宫殿区外围道路的勘察与发掘[J]. 考古，2004(11).

[48] 中国社会科学院考古研究所洛阳汉魏故城工作队. 偃师商城的初步勘探和发掘[J]. 考古，1984(6).

[49] 中国社会科学院考古研究所河南第二工作队. 1983年秋季河南偃师商城发掘简报 [J] . 考古，1984 (10) .

[50] 中国社会科学院考古研究所河南第二工作队. 1984年春偃师尸乡沟商城宫殿遗址发掘简报 [J] . 考古，1985 (4) .

[51] 中国社会科学院考古研究所河南第二工作队. 河南偃师尸乡沟商城第五号宫殿基址发掘简报 [J] . 考古，1988 (2) .

[52] 中国社会科学院考古研究所河南第二工作队. 河南偃师商城小城发掘简报 [J]. 考古，1999 (2).

[53] 杜金鹏、王学荣 主编. 偃师商城遗址研究 [M] . 北京：科学出版社，2004.

[54] 王学荣、谷飞. 偃师商城宫城布局与变迁研究 [J] . 中国历史文物，2006 (6)：4–15.

[55] 谷飞、曹慧奇. 2011～2014年偃师商城宫城遗址复查工作的主要收获 [J] . 三代考古，2015：192–207.

[56] 中国社会科学院考古研究所河南第二工作队. 河南偃师商城宫城第三号宫殿建筑基址发掘简报 [J] . 考古，2015 (12)：38–51.

[57] 中国社会科学院考古研究所 编著. 汉长安城未央宫：1980–1989年考古发掘报告 (上下册) [M]. 北京：中国大百科全书出版社，1996.

[58] 刘庆柱、李毓芳. 汉长安城 [M] . 北京：文物出版社，2003.

[59] 中国社会科学院考古研究所、陕西省考古研究院、西安市文物保护考古所 编. 汉长安城考古与汉文化：汉长安城与汉文化——纪念汉长安城考古五十周年国际学术研讨会论文集 [M]. 北京：科学出版社，2008.

[60] 刘致平. 中国建筑类型及结构 [M] . 北京：中建筑工业出版社，1957.

[61] [美] 巫鸿 著. 李清泉、郑岩 等译. 中国古代艺术与建筑中的"纪念碑性" [M] . 上海：上海人民出版社，2008.

[62] [汉] 司马迁. 史记 [M] . 北京：中华书局，2006.

[63] 何清谷　撰. 三辅黄图校释 [M] . 北京：中华书局，2005.

[64] [南朝宋] 范晔　撰. 后汉书 [M] . 北京：中华书局，2007.

[65] 陈戍国　点校. 周礼 • 仪礼 • 礼记 [M] . 长沙：岳麓书社，2006.

[66] 方勇、李波　译注. 荀子 [M] . 北京：中华书局，2011.

[67] 陕西省文物管理委员会. 唐长安城地基初步探测 [J] . 考古学报，1958 (3)：79–93.

[68] 中国社会科学院考古研究所西安唐城发掘队. 唐代长安城考古纪略 [J] . 考古，1963 (11) .

[69] 马得志、杨鸿勋. 关于唐长安东宫范围问题的研讨 [J] . 考古，1978 (1) .

[70] 马得志. 唐大明宫发掘简报 [J] . 考古，1959 (5) .

[71] 马得志. 1959–1960年唐大明宫发掘简报 [J] . 考古，1960 (7) .

[72] 马得志. 唐长安城发掘新收获 [J] . 考古，1987 (4) .

[73] 中国社会科学院考古研究所西安唐城工作队. 陕西唐大明宫含耀门遗址发掘记 [J] . 考古，1988 (11) .

[74] 中国科学院考古研究所西安唐城工作队. 唐大明宫含元殿遗址1995–1996年发掘报告 [J] . 考古

学报，1997（3）：89–186.
［75］中国科学院考古研究所西安唐城工作队. 西安市唐长安城大明宫丹凤门遗址的发掘［J］. 考古，2006（7）.
［76］中国社会科学院考古研究所、西安市大明宫遗址区改造保护领导小组　编. 唐大明宫遗址考古发现与研究［M］. 北京：文物出版社，2007.
［77］中国社会科学院考古研究所 编著. 隋唐洛阳城（1959～2001年考古发掘报告，全四册）［M］. 北京：文物出版社，2014.
［78］中国科学院考古研究所、北京市文物管理处 元大都考古队. 元大都的勘查和发掘［J］. 考古，1972（1）.
［79］赵正之. 元大都平面规划复原的研究//科技史文集（第2辑）［M］. 上海：上海科学技术出版社，1979:14-27.
［80］北京市文物研究所 编. 北京考古四十年［M］. 北京：北京燕山出版社，1990.
［81］中国社会科学院考古研究所 编辑. 徐苹芳 编著. 明清北京城图［M］. 上海：上海古籍出版社，2012.
［82］姜东成. 元大都城市形态与建筑群基址规模研究［D］. 清华大学博士学位论文，2007.
［83］刘畅. 北京紫禁城［M］. 北京：清华大学出版社，2009.
［84］王其亨主编. 中国古建筑测绘大系・园林建筑：颐和园［M］. 北京：中国建筑工业出版社，2015.
［85］陕西省雍城考古队. 凤翔马家庄一号建筑群遗址发掘简报［J］. 文物，1985（2）：1–16.
［86］陕西周原考古队. 陕西岐山凤雏村西周建筑基址发掘简报［J］. 文物，1979（10）：27–34.
［87］中国社会科学院考古研究所 编著. 西汉礼制建筑遗址［M］. 北京：文物出版社，2003.
［88］杨慎初、湖南省文物事业管理局等　编. 湖南传统建筑［M］. 长沙：湖南教育出版社，1993.
［89］故宫博物院、中国文化遗产研究院　编. 单霁翔、刘曙光　主编. 北京城中轴线古建筑实测图集［M］. 北京：故宫出版社，2017.
［90］河北省文物管理处. 河北省平山县战国时期中山国墓葬发掘简报［J］. 文物，1979（1）：1–31.
［91］傅熹年. 战国中山王墓出土的《兆域图》及其陵园规制的研究［J］. 考古学报，1980（1）：97–118.
［92］杨鸿勋. 战国中山王陵及兆域图研究［J］. 考古学报，1980（1）：119–137.
［93］［战国］吕不韦 著. 陈奇猷 校释. 吕氏春秋新校释［M］. 上海：上海古籍出版社，2002.
［94］陕西省考古研究所、秦始皇兵马俑博物馆 编著. 秦始皇帝陵园考古报告（1999）［M］. 北京：科学出版社，2000.
［95］咸阳市文物考古研究所 编著. 西汉帝陵钻探调查报告［M］. 北京：文物出版社，2010.
［96］刘敦桢. 易县清西陵［J］. 中国营造学社汇刊，1935，5（3）.
［97］孙大章　主编. 中国古代建筑史・第五卷：清代建筑（第二版）［M］. 北京：中国建筑工业出版社，2009.
［98］中国科学院考古研究所洛阳工作队. 汉魏洛阳城初步勘查［J］. 考古，1973（7）.
［99］中国社会科学院考古研究所洛阳工作队. 北魏永宁寺塔基发掘简报［J］. 考古，1981（5）.
［100］中国社会科学院考古研究所. 北魏洛阳永宁寺1979–1994年考古发掘报告［M］. 北京：中国大

百科全书出版社，1996.

[101]中国社会科学院考古研究所西安唐城队. 唐长安青龙寺遗址［J］. 考古学报，1989（2）.

[102]山西省古建筑保护研究所 柴泽俊、李正云 编著. 朔州崇福寺弥陀殿修缮工程报告［M］. 北京：文物出版社，1993.

[103]柴泽俊. 中国古代建筑：朔州崇福寺［M］. 北京：文物出版社，1996.

[104]刘敦桢. 北平护国寺残迹［J］. 中国营造学社汇刊，1935，6（2）.

[105]柴泽俊. 解州关帝庙［M］. 北京：文物出版社，2002.

[106]贾珺. 北京四合院［M］. 北京：清华大学出版社，2009.

[107]单德启. 安徽民居［M］. 北京：中国建筑工业出版社，2009.

[108]段进等著. 世界文化遗产西递古村落空间解析［M］. 南京：东南大学出版社，2006.

[109]苏州市房产管理局 编著. 苏州古民居［M］. 上海：同济大学出版社，2004.

[110]黄汉民. 福建土楼：中国传统民居的瑰宝（修订本）［M］. 北京：生活·读书·新知三联书店，2009.

[111]周维权. 中国古典园林史（第二版）［M］. 北京：清华大学出版社，1999.

[112]周维权. 中国古典园林史（第三版）［M］. 北京：清华大学出版社，2008.

[113]郭黛姮、贺艳. 圆明园的“记忆遗产”——样式房图档［M］. 杭州：浙江古籍出版社，2010.

[114]刘敦桢. 苏州古典园林［M］. 北京：中国建筑工业出版社，1979.

[115]陈从周编著. 路秉杰、［日］村上泰昭、沈丽华译. 扬州园林：汉日对照［M］. 上海：同济大学出版社，2007.

[116]赵辰. “立面”的误会：建筑·理论·历史［M］. 北京：生活·读书·新知三联书店，2007.

[117]梁思成. 记五台山佛光寺建筑［J］. 中国营造学社汇刊，1944，7（1）（2）.

[118]清华大学建筑设计研究院、北京清华城市规划设计研究院文化遗产保护研究所 编著. 佛光寺东大殿建筑勘察研究报告［M］. 北京：文物出版社，2011.

[119]胡汉生. 明十三陵［M］. 北京：中国青年出版社，1998.

[120] 闫凯、王其亨、曹鹏. 北京明清皇家三大殿之比较研究［J］. 山东建筑工程学院学报，2006（2）：116-128.

[121] 北京市建筑设计研究院《建筑创作》杂志社主编. 北京中轴线建筑实测图典［M］. 北京：机械工业出版社，2005.

[122] 郭华瑜. 明代官式建筑大木作［M］. 南京：东南大学出版社，2005.

[123] 王世仁主编；北京市宣武区建设管理委员会、北京市古代建筑研究所编. 宣南鸿雪图志［M］. 北京：中国建筑工业出版社，1997.

[124] 北京传统建筑发展中心 编. 陈旭、李小涛 著. 北京先农坛研究与保护修缮［M］. 北京：清华大学出版社，2009.

[125] 滑辰龙. 佛光寺文殊殿的现状及修缮设计［J］. 古建园林技术，1995（4）:33-44.

[126] 建筑文化考察组编著. 义县奉国寺［M］. 天津：天津大学出版社，2008.

[127] 梁思成、刘敦桢. 大同古建筑调查报告［J］.中国营造学社汇刊，1934，4（3）（4）.

[128] 国家文物局主编. 中国文物地图集•北京分册（上下册）[M]. 北京：科学出版社，2008.

[129] 建筑科学研究院建筑史编委会组织编写；刘敦桢主编. 中国古代建筑史（第二版）[M]. 北京：中国建筑工业出版社，1984.

[130] 王贵祥. 北京天坛 [M]. 北京：清华大学出版社，2009.

[131] 北京市古代建筑研究所编. 坛庙 [M]. 北京：北京美术摄影出版社，2014.

[132] 北京市东城区文化委员会编著；陈平、王世仁主编. 东华图志：北京东城史迹录（上下册）[M]. 天津：天津古籍出版社，2005.

[133] 王贵祥、贺从容、廖慧农主编. 中国古建筑测绘十年：2000～2010清华大学建筑学院测绘图集（上下册）[M]. 北京：清华大学出版社，2011.

[134] 戴志坚、陈琦. 福建古建筑 [M]. 北京：中国建筑工业出版社，2015.

[135] 梁思成. 宝坻县广济寺三大士殿 [J]. 中国营造学社汇刊，1932，3（4）.

[136] 贾珺. 中国皇家园林 [M]. 北京：清华大学出版社，2013.

[137] 陈从周. 岱庙 [M]. 济南：山东科学技术出版社，1992.

[138] 李越、刘畅、王时伟、孙闯、雷勇.青海乐都瞿昙寺隆国殿大木结构研究补遗 [J]. 故宫博物院院刊，2010（4）:47-66.

[139] 南京工学院建筑系、曲阜文物管理委员会.曲阜孔庙建筑 [M].北京：中国建筑工业出版社，1987.

[140] 梁思成. 曲阜孔庙之建筑及其修缮计划 [J]. 中国营造学社汇刊，1935，6（1）.

[141] 天津大学建筑学院编. 中国古典园林建筑图录•北方园林 [M]. 南京：江苏凤凰科学技术出版社，2015.

[142] 于倬云主编. 紫禁城宫殿 [M]. 北京：生活•读书•新知三联书店，2006.

[143] 青海塔尔寺维修工程施工办公室、中国文物研究所 姜怀英、刘占俊. 青海塔尔寺修缮工程报告 [M]. 北京：文物出版社，1996.

[144] 李群主编. 青海古建筑 [M]. 北京：中国建筑工业出版社，2015.

[145] 潘谷西主编. 中国古代建筑史•第四卷：元、明建筑（第2版）[M]. 北京：中国建筑工业出版社，2009.

[146] 山西省古建筑保护研究所、山西省晋祠博物馆. 晋祠文物透视——文化的烙印. 太原：山西人民出版社，1997.

[147] 柴泽俊等编著. 太原晋祠圣母殿修缮工程报告 [M]. 北京：文物出版社，2000.

[148] 彭海. 晋祠圣母殿勘测收获——圣母殿创建年代析 [J]. 文物，1996（1）:66-80.

[149] 杜仙洲. 永乐宫的建筑 [J]. 文物，1963（8）.

[150] 清华大学建筑学院编. 颐和园 [M]. 北京：中国建筑工业出版社，2000.

[151] 湖北省文物局编著. 武当山紫霄大殿维修工程与科研报告 [M]. 北京：文物出版社，2009.

[152] 刘畅、廖慧农、李树盛. 山西平遥镇国寺万佛殿与天王殿精细测绘报告 [M]. 北京：清华大学出版社，2013.

[153] 孙世同、潘德华. 扬州西方寺明代大殿的地方做法 [J]. 古建园林技术，1996（12）.

[154] 祁英涛、柴泽俊. 南禅寺大殿修复 [J]. 文物，1980（11）：61-75.

[155] 王贵祥主编. 中国建筑史论汇刊·第捌辑 [M]. 北京：中国建筑工业出版社，2013.

[156] 郭黛姮主编. 中国古代建筑史·第三卷：宋、辽、金、西夏建筑（第2版）[M]. 北京：中国建筑工业出版社，2009.

[157] 丁垚. 蓟县独乐寺山门 [M]. 天津：天津大学出版社，2016.

[158] 河北省正定县文物保管所编著. 正定隆兴寺 [M]. 北京：文物出版社，2000.

[159] 傅熹年主编. 中国古代建筑史·第二卷：三国、两晋、南北朝、隋唐、五代建筑（第2版）[M]. 北京：中国建筑工业出版社，2009.

[160] 天津大学建筑系、承德市文物局编著. 承德古建筑——避暑山庄和外八庙 [M]. 北京：中国建筑工业出版社，1982.

[161] 杨新编著. 蓟县独乐寺 [M]. 北京：文物出版社，2007.

[162] 赵立瀛主编. 陕西古建筑 [M]. 西安：陕西人民工业出版社，1992.

[163] 郭敦桢. 河北省西部古建筑调查记略 [J]. 中国营造学社汇刊，1935，5（4）.

[164] 北京市颐和园管理处、中国科学院遥感与数字地球研究所. 颐和园佛香阁精细测绘报告 [M]. 天津：天津大学出版社，2014.

[165] 贾珺. 北京颐和园 [M]. 北京：清华大学出版社，2009.

[166] 刘敦桢、梁思成. 清文渊阁实测图说 [J]. 中国营造学社汇刊，1935,6（2）.

[167] 梁思成. 浙江杭县闸口白塔及灵隐寺双石塔//梁思成文集（第二卷）[M]. 北京：中国建筑工业出版社，1984：136–151.

[168] 王寒枫. 泉州东西塔 [M]. 福州：福建人民出版社，1992.

[169] 王军、李钰、靳亦冰编著. 陕西古建筑 [M]. 北京：中国建筑工业出版社，2015.

[170] 左满常主编. 河南古建筑（上下册）[M]. 北京：中国建筑工业出版社，2015.

[171] 张汉君. 辽庆州释迦佛舍利塔营造历史及其建筑构制 [J]. 文物，1994（12）：65-72.

[172] 祝纪楠.《营造法原》诠释 [M]. 北京：中国建筑工业出版社，2012.

[173] 河南省古代建筑保护研究所. 登封嵩岳寺塔勘测简报 [J]. 中原文物，1987（12）：7–20.

[174] 曹汛. 嵩岳寺塔建于唐代 [J]. 建筑学报，1996（6）：40–45.

[175] 云南省文化厅文物处、中国文物研究所 姜怀英、邱宣充. 大理崇圣寺三塔 [M]. 北京：文物出版社，1998.

[176] 云南省文物工作队. 大理崇圣寺三塔主塔的实测和清理 [J]. 考古学报，1981（2）：246–267.

[177] 邱宣充. 大理崇圣寺三塔 [J]. 中国文化遗产，2008（6）：58–62.

[178] 刘敦桢. 云南之塔幢 [J].中国营造学社汇刊，1945，7（2）.

[179] 刘敦桢. 南京及附近古建遗址与六朝陵墓调查报告//刘敦桢. 刘敦桢全集（第四卷）[M]. 北京：中国建筑工业出版社，2007：94–99.

[180] 王春波. 山西灵丘觉山寺辽代砖塔 [J]. 文物，1996（2）：51–62.

[181] 王世仁. 北京天宁寺塔三题//吴焕加、吕舟. 建筑史研究论文集 [M]. 北京：中国建筑工业出版社，1996.

[182] 姜怀英、杨玉柱、于庚寅. 辽中京塔的年代及其结构 [J]. 古建园林技术，1985（2）：32–37.

[183] 北京市古代建筑研究所编. 桥塔 [M] . 北京：北京美术摄影出版社，2014.

[184] 黄国康. 四门塔的维修与研究 [J] . 古建园林技术，1996 (6)：53-56.

[185] 黄国康. 灵岩寺慧崇塔的修缮及其特点 [J] . 古建园林技术，1996 (3)：49-51.

[186] 谢燕. 山东长清灵岩寺慧崇塔调查与研究 [D] . 中央美术学院人文学院文化遗产系硕士论文，2013.

[187] [清] 于敏忠等编纂. 日下旧闻考 [M] . 北京：北京古籍出版社，1983.

[188] 王金平、李会智、徐强. 山西古建筑（上下册）[M] . 北京：中国建筑工业出版社，2015.

[189] 杨大禹　编著. 云南古建筑（上下册）[M] . 北京：中国建筑工业出版社，2015.

[190] 高介华. 广德寺多宝佛塔 [J] . 华中建筑，1996 (3) .

[191] 李晓峰、谭刚毅 编著. 湖北古建筑 [M] . 北京：中国建筑工业出版社，2015.

[192] 胡一红. 居庸关云台的保护和修缮 [J] . 首都博物馆丛刊，1995 (10)：117-119.

[193] 安徽省文物局网站：www. ahww. gov. cn.

[194] 王卫东. 徽州牌坊的代表——许国石坊 [J] . 文物建筑，2007 (0)：157-160.

[195] 东南大学建筑系、歙县文物事业管理局 编著. 徽州古建筑丛书——棠樾 [M] . 南京：东南大学出版社，1999. .

[196] 刘敦桢. 河南省北部古建筑调查记 [J] . 中国营造学社汇刊，1937，6 (4) .

[197] 刘敦桢. 川、康之汉阙//刘敦桢. 刘敦桢全集・第三卷 [M] . 北京：中国建筑工业出版社，2007.

[198] 刘敦桢. 川、康地区汉代石阙实测资料//刘敦桢. 刘敦桢全集・第三卷 [M] . 北京：中国建筑工业出版社，2007.

[199] 刘敦桢. 山东平邑汉阙//刘敦桢. 刘敦桢全集・第四卷 [M] . 北京：中国建筑工业出版社，2007.

[200] 刘叙杰主编. 中国古代建筑史・第一卷：原始社会、夏、商、周、秦、汉建筑（第二版）[M] . 北京：中国建筑工业出版社，2009.

[201] 刘敦桢. 定兴县北齐石柱//刘敦桢. 刘敦桢全集・第二卷 [M] . 北京：中国建筑工业出版社，2007.

[202] 陈明达. 汉代的石阙 [J] . 文物，1961 (12)：9-23.

[203] 王其明. 记四川忠县的两处汉代石阙 [J] . 古建园林技术，1996 (6)：25-31.

[204] 孙华、巩发明. 平杨府君阙考 [J] . 文物，1991 (9)：61-73.

[205] 敦煌研究院主编. 敦煌石窟全集22：石窟建筑卷 [M] . 香港：商务印书馆（香港）有限公司，2003.

[206] 敦煌研究院编. 中国石窟：敦煌莫高窟（1～5）[M] . 北京：文物出版社，2013.

[207] 李裕群. 天龙山石窟调查报告 [J] . 文物，1991 (1)：32-55.

[208] 张剑葳. 武当山太和宫金殿——从建筑、像设、影响论其突出的价值 [J] . 文物，2015 (2)：84-96.

[209] 湖北省建设厅编著；总主编 张发懋；本卷主编 祝建华. 世界文化遗产——武当山古建筑群 [M] . 北京：中国建筑工业出版社，2005.

[210] [英] E.H. 贡布里希　著. 范景中　译. 艺术的故事 [M] . 北京：生活・读书・新知三联书店，1999.

[211][意]莱昂·巴蒂斯塔·阿尔伯蒂　著. 王贵祥　译. 建筑论——阿尔伯蒂建筑十书[M]. 北京：中国建筑工业出版社，2009.

[212][意]安德烈亚·帕拉第奥　著. 李路珂、郑文博　译. 帕拉第奥建筑四书[M]. 北京：中国建筑工业出版社，2014.

[213]张光直. 中国青铜时代[M]. 北京：生活·读书·新知三联书店，2013.

[214][美]金伯利·伊拉姆著；李乐山译. 设计几何学——关于比例与构成的研究[M]. 北京：知识产权出版社，中国水利水电出版社，2013.

[215][法]勒·柯布西耶著；陈志华译. 走向新建筑[M]. 西安：陕西师范大学出版社，2004.

[216][法]勒·柯布西耶著；张春彦、邵雪梅译. 模度[M]. 北京：中国建筑工业出版社，2011.

[217][美]埃德蒙·N·培根著；黄富厢、朱琪译. 城市设计（修订版）[M]. 北京：中国建筑工业出版社，2003.

后记

本书研究与写作的缘起，是2013年1月我对北京正觉寺明代金刚宝座塔的测绘（从2012年春开始，为了作北京古建筑的专题研究，我与友人及学生们常常利用周末测绘北京古迹），在整理测绘数据时，无意中发现金刚宝座塔整体高宽比和基座高宽比均呈现为精确的整数比例（分别为7:5和3:5）。不过当时以为金刚宝座塔为印度传入样式，其造型比例或许为印度手法。然而此后在测绘碧云寺、北海古建筑时，又一再发现类似规律，而且大量出现在中国传统木结构建筑中，于是仿佛获得一次“顿悟”，产生了一个大胆的猜测：即中国古建筑的正立面（亦即纵剖面）高宽比例会不会有着严格的控制？

在这一大胆假设的驱使下，我花了相当长一段时间，把当时能够找到的已发表的中国古建筑实测图统统收集起来，并对数以百计的平、立、剖面图纸进行了作图分析，并且居然在大多数实例中都发现了类似的构图比例规律。如此一来，我更是精神百倍，又进一步将研究范围拓展到一些都城与建筑群的总平面规划。当时的主要工作方法深受傅熹年先生的《中国古代城市规划、建筑群布局及建筑设计方法研究》（上下册，2001）一书的影响。这项初步研究花费了近两年时间，绘制了不下500幅分析图，所得初步结论是：中国古代都城规划、建筑群布局和单体建筑设计中大量运用模数网格，并且具有精确的比例控制——这一结论实际上傅熹年先生的研究中早已提出，我在这一阶段的工作，一方面是增加了实例的数量，并且将一些实例的分析推向深入，更重要的是指出中国古代单体建筑设计尤其是正立面（纵剖面）之高宽比惯用一些经典的整数比例。不过当时我也已经注意到：实例中有许多比例并不十分精确，而且有不少经典建筑实例并不具备上述整数比例；还有大量出现的一种内含等边三角形的矩形构图（率先由王树声提出）也比较奇特，不属于整数比范畴。尽管如此，当时对自己的“最新发现”已是激动万分，颇有哥伦布发现新大陆之感。

2014年底是本项研究获得重大突破的决定性时刻。

12月29日，我在老北京的一座四合院中，向老友王军、鞠熙等几位经常一起交流学术的朋友以及庄虹老师做了一次持续了一整天的学术报告，全面汇报了我这两年来的研究成果。大家在激动、鼓励之余，也提出了对该项研究的进一步期待：除了对以傅熹年先生为代表的前辈学者的模数化设计研究进行深耕细作与继续拓展之外，本项研究有没有属于自己的重大原创性贡献？目前揭示出来的这些构图比例背后的文化内涵又是什么？等等。

当天晚上我彻夜难眠，对这些问题进行了深入思考，也对两年来的研究成果进行了全面审视与反思。12月30日中午，我与王军在一家咖啡馆又进行了一次长谈。我指出研究中零星注意到的一些基于方圆作图的比例（诸如$\sqrt{2}$、$\sqrt{3}/2$），或许是试图表达中国古人“天圆地方”的观念，希望追求天地之间的某种象征关系。王军敏锐地指出这可以称作“天地之和比”（引用董仲舒的“天地之和”语）。这时我们同时有一种醍醐灌顶之感，觉得一下子悟出了中国古代城市与建筑规划设计中的重要“密码”——一时间，过去我们零散读过的王贵祥、冯时、王树声、张杰、张十庆等许多学者在这一领域的相关研究，一下子连成了一条主线。那真是一个令人终生难忘的学术研究思想火花大爆发的时刻！

在掌握了方圆作图比例这把“钥匙”之后，我对原有的数以百计的实例全部进行了重新分析和绘图，虽然一切推倒重来难免遗憾，但最终结果却令人无比惊喜：所有过去遇到的难题基本都迎刃而解，所有本来试图用整数比例解释但结果并不理想的实例，皆可用方圆作图比例得到精确得多的结论。这时我终于得以发现本书的最重要结论：即基于规矩方圆作图的一系列构图比例，尤其是$\sqrt{2}$、$\sqrt{3}/2$比例，是中国古代都城规划、建筑群布局和单体建筑设计中广为运用的经典比例。不仅如此，通过对五台山佛光寺大殿、蓟县独乐寺观音阁等实例的深入研究，我发现中国古代匠师甚至在宗教建筑的设计中，将方圆作图比例运用于建筑空间与塑像的整体设计，以达到“度像构屋”之目的，实在令人惊叹。并且由于古人使用“方五斜七”之类的整数比近似值来代替$\sqrt{2}$等方圆作图比例，从而使得前人做过大量深入研究的模数网格设计手法与本研究提出的方圆作图比例可以极好地融合，二者相辅相成。新的思想武器，使得进一步的研究势如破竹，研究实例的数量与范围也逐渐拓展到最后书中所呈现的规模。

本研究的另一个重要决定性瞬间也来得非常偶然。研究过程中，我一直期待能够找到讨论方圆作图比例的代表性文献证据。尽管以往有学者在研究中已经援引班固《两都赋》中“放太紫之圆方”等名句，似乎与方圆作图比例相关，但这毕竟只是文人的辞藻。直到有一天，我无意中取出书架上一本重印的《营造法式》图集，赫然“发现”《营造法式》全书第一幅插图竟然就是“圆方方圆图”——真是“踏破铁鞋无觅处，得来全不费工夫”啊！过去研读《营造法式》，总是高度重视“大木作制度图样”，竟而从未留意到全书第一幅插图的重要性。将此图与全书开篇“方圆平直”条目下援引的《周髀算经》、《墨子》等书中关于规矩方圆的讨论参照来看，真有天地为之一阔的感觉。《周髀算经》、《营造法式》对于“圆方方圆图”的诠释，正是我数年来在数百个实例中发现的方圆作图比例的绝佳注脚。

本书的实际写作过程，基本上就是一个大胆假设、小心求证的过程。

经历了上述一系列思想火花之后，实际写作则是对四百多个实例（这是选入书中的数量，实际上还要更多一些）的仔细分析论证，尤其是对实测图的几何作图分析，并结合实测数据的演算加以综合论证。本书所选取的实测图，一部分采自考古学界的研究成果，尤其是都城和早期建筑群的遗址；另一部分则来自中国古建筑的研究成果，也包括少量我自己主持测绘的成果。相比于考古界的实测图、实测数据相对完备（发表于各类考古发掘报告）的状况，中国古建筑的测绘成果发表现状并不理想，同时兼具详细实测图和实测数据的实例还是比较难求，许多实例仅有实测图（带比例尺）而无实测数据，有些实例连清晰的实测图都难得一见。甚至有许多相当重要的古建筑至今尚未发表实测图和数据，情况颇令人堪忧。还有一些已发表的实测图，由于排版的原因，竟然被改变了形状（或被压扁或被挤瘦），在这些年的研究中时有发现，让人十分无奈。因此需要指出的是，本书中一部分仅有实测图，没有实测数据的实例，其分析结果仅能作为参考，有待将来以实测数据对其加以检验。而即便是书中的二百多个同时具有实测图和数据的实例，由于年代不同，测绘手段不同，测绘精细程度不同，准确程度亦是参差不齐。其中，早年的测绘成果以中国营造学社测图和1940年代由张镈主持的北京中轴线主体建筑测图最佳，图纸质量以及数据详实程度俱高；而近年来一些采用激光三维扫描仪（结合全站仪和手工测量）获得的精细测绘图纸和数据，则是目前所能得到的最准确的测绘成果。期待未来能有更多中国古建筑精细测绘的成果发表，那将是继续深入开展此类研究的重要基础。本书的研究与写作，首先要感谢的就是书中引用的数百幅实测图的作者，我要向这些建筑界、考古界的学者们致以崇高的敬意，如果没有他们辛勤的测绘工作，完全不可能有本书对中国古代城市、建筑规划设计构图比例的研究成果；另一方面，尽我所能充分运用前人的测绘成果来探索中国古人的规划设计手法，也是我继承和延续前人研究工作的一种努力。

下面我要特别感谢对本书写作进行过帮助的为数众多的前辈和朋友们。

首先要感谢尊敬的张锦秋院士，她是本书初稿的第一批读者之一。张先生在繁忙的设计工作之余，牺牲了整个五一节假期通读全书，并欣然为本书作序。她还积极推动本书的出版和国家出版基金的申报，甚至已经关注到本书英文翻译的工作，实在令晚辈感激不尽。

其次要感谢清华大学建筑学院的王贵祥教授。王老师既是我工作中的领导，更是我治学的楷模——本书的研究在一定程度上正是对王老师关于$\sqrt{2}$比例重大发现的继承与开拓。感谢王老师为本书作序并为申请国家出版基金进行的推介，以及在日常研究工作中对我的多方提携、指导与鼓励。

本书的写作，尤其要感谢我近二十年的老友，故宫博物院的王军先生。我对本书从酝酿、构思纲要到正式写作、修订之全过程，都是在与王军的不断讨论中度过的。对我而言，此书写作的一半功劳都应归属这位挚友。具体而言，王军兄对本书的贡献约略如下：首先，他不计任何回报地参与了我的全部古建筑测绘工作（甚至把自己的家人都发展成了志愿者）。其次，我研究中的全部重要发现和观点，都是在与他的不断讨论中发酵成型的——这些年来，我们交流学术的短信早已超过洋洋万言，而互通电话更是不计其数，每次通话超过一两个小时则是家常便饭。其三，当我一度沉浸在中国古建筑实例分析的汪洋大海中不能自拔时，王军及时对我进行了“当头棒喝”，督促我在类型已经完备的情况下，应该尽快动笔，及时发表研究成果——现在想来，如果不是他的一再“鞭策”，这本书的写作不知道要拖延到何年何月。其四，本书的主要章节，以及我所发表的与本研究相关的各篇论文都经过王军的仔细校阅，并提出了大量中肯的修改意见。其五，他总是抓住一切机会向学术界（包括建筑界与考古界）大力推介我的研究成果。最后，我们多次同游中国各地古建筑的美好经历，成为各自学术研究中取之不尽、用之不竭的灵感源泉；我们在并肩学习、研究中国古建筑中产生的深厚友谊，以及共同感受到的身为中国人的无限自豪与幸福，则是研究成果之外的额外犒赏。

另一位要特别感谢的多年老友，是我的大学同窗袁牧。与王军一样，袁牧同样是本研究全过程的见证者。由于合写其他书籍的缘故，近年来我们常常有机会一起出差，我已记不清有多少次出差时与他彻夜畅谈（如同回到我们读博士、同宿舍的年代），终于把这项研究一段一段地与他进行了分享，并得到老友的热情回应、支持与启发。今年5月，袁牧在知乎撰写了数千字的宏文，对本书的研究进行了全面、综合、深入地介绍，是一篇先于本书出版的高水准书评。

我还要感谢清华建筑学院的多位领导及同仁。感谢庄惟敏院长一直以来对我研究大方向的支持与鼓励。感谢贾珺、刘畅、贺从容、李路珂、罗德胤、荷雅莉，他们都是本研究的第一批读者或听众，并向我提出过重要的意见与建议。贾珺兄除了长期与我交流学术思想之外，更让我在由他主编的《建筑史》期刊连续发表了三篇与本书研究相关的长文，使得部分研究成果得以率先问世。刘畅兄不仅为本书提供了大批珍贵的实测图，更多次带我参加他的古建筑测绘队伍，让我学到诸多大木作及测绘的知识，同时长期无偿向我提供测绘仪器；而他本人的研究成果也是本书写作重要的灵感源泉。贺从容老师不仅参与并指导了我们的正觉寺金刚宝座塔测绘工作，而且常在她讲授的《中国古代建筑史》课上向学生推介我的研究成果。还要特别感谢王贵祥老师工作室的唐恒鲁副所长，他既是我的学生，也是学友，本书的大量测绘图和相关数据都凝结着他的心血；他也是最早通晓这项研究的人之一，并且一直尝试在当代仿古建筑设计实践中运用本书提出的方圆作图比例。感谢莫涛先生对我研究的支持与鼓励，并与我分享莫宗江先师对比例研究的相关探索。感谢历史所的博士生姜铮、赵寿堂在中日古建筑、大木作等方面对我的启发与帮助。

特别要感谢梁鉴、冯时、姚仁喜、赵燕菁、赖德霖、朱小地、王辉等前辈及学长，作为本研究的早期听众，他们皆给予我巨大的鼓励与支持，并提出诸多宝贵意见。梁鉴先生是梁思成、林徽因二位先贤之嫡孙，向他汇报我的研究成果时，我恍惚觉得是在向尊敬的祖师爷夫妇汇报一样，激动万分；而梁鉴先生以其广博的学识（尤其是考古学、艺术史方面）给予我许多指点。冯时老师对辽宁牛河梁红山文化遗址的创造性研究，简直如同我研究中的一盏指路明灯，正是在其指引下，我得以充满信心地去寻找夏、商、周古老都城及建筑遗址中蕴含的方圆作图比例。赖德霖学长此前对杨廷宝作品中惯用构图比例的揭示，在很大程度上启发了我的研究灵感。赵燕菁老师从规划的视角为本研究提供了极好的意见，同时不遗余力地向规划学界推介我的研究发现。姚仁喜先生、王辉先生和朱小地先生均以其杰出建筑师的视角，对我的研究提出了富于启发性的建议。朱小地先生不仅对本研究给予高度评价，甚至提出将来一起在当代建筑设计中尝试运用这套比例的设想。今年8月，王辉先生邀请我参与策划了蛇形画廊北京展亭内的一次展览，我们一起在1∶1000的乾隆京城全图上，用规矩绳墨的古老方式，现场为观众绘制我对北京城构图比例的研究成果，效果极佳，仿佛一次现代人与古代规划匠师的互动。

感谢日本东京大学的藤井惠介教授、包慕平研究员对我的中日佛塔构图比例分析提出的宝贵意见（限于篇幅和研究主题，本书未收入日本古建筑构图比例研究的相关内容，我将另外撰文述之）。特别要感谢东京大学的冈村健太郎老师，他在了解我的研究之后，特地告诉我直至今日，日本木工仍在使用一种曲尺（亦称指矩），其刻度既包括正常尺寸的刻度，同时还刻有正常尺寸的$\sqrt{2}$倍的刻度，这样可以十分方便地实现$\sqrt{2}$比例的测量与相关设计。感谢东京大学博士生蔡安平（过去曾是我的学生）帮我在网络上直接查询、购买日本曲尺；感谢清华大学叶晶同学对曲尺相关信息的日文翻译。这种仍在继续使用的曲尺，简直就是$\sqrt{2}$比例在日本木匠匠作中活生生的例证——本书“引言”所引小野胜年的演讲中也提及此事，它与日本法隆寺当代“栋梁”西冈常一、小村三夫提到的“规矩数”亦可相互印证。

感谢参与我的古建筑测绘工作的伙伴们。除了王军和唐恒鲁之外，还要感谢山西大学艺术学院的张晓老师及其团队为我们提供三维激光扫描仪，感谢我的学生孙广懿、司薇、李旻华、周翘楚、卢清新、王希尧、池旭、蔡安平、高琪、李诗卉等，感谢友人李沁园、张彦、刘勐、王适昭等。同时要感谢对我们测绘工作提供大力支持的北京规划委员会西城分局倪锋局长、正觉寺王丹馆长、云居寺张爱民老师、杜颖先生、杜娟女士等。

感谢长期以来一起考察古建筑、交流讨论学术的朋友们，包括北京理工大学庄虹老师（庄老师的一句关于等边三角形方圆作图的话，真是起到了“一语点醒梦中人”的作用）、南京大学姚远博士、北京师范大学鞠熙博士、中央美术学院王敏庆博士、中国社会科学院关笑晶博士、北京大学刘长颖和郭翔老师，老友田欣、任浩、孙凌波、江权、赵大海、毛勇，以及徐颖、王飞宁、张昊媛等各位编辑老师。

还要特别感谢建筑学报黄居正主编、李晓红副主编及其编辑团队。2017年4月，学报编辑部邀请我参与五台山佛光寺东大殿发现八十周年专辑的论文写作，使我得以发表本研究的第一篇学术论文，探讨了佛光寺东大殿建筑及其塑像的构图比例问题。感谢张荣学弟惠赠佛光寺东大殿三维激光扫描的实测图，感谢天津大学丁垚老师、东南大学任思捷老师向我提供东大殿塑像的三维扫描点云图。

此外要特别感谢年轻的“一席”演讲视频团队。在今年3月与他们合作的上海“一席”演讲中，我首次尝试用通俗的语言，结合现场绘图，向大众讲述本书研究发现之大意，未曾想效果出奇之好（竟有数十万人观看），算是以新时代的新模式对这部学术著作的一次提前科普。

当然还要特别感谢中国建筑工业出版社的唐旭、李东禧二位主任及其编辑团队对本书的精心编辑。我和唐、李二位老师合作的第一本书是我的《北京古建筑》（上下册，2016），此次二度合作，更加默契十足。尤其感谢二位老师对我一再修改文稿、图片保持了高度容忍和全力配合。本来全书书稿已于2017年8月提交，可是由于此后不久出版了1940年代张镈主持测绘的北京中轴线重要古建筑实测图（共计七百余幅），于是我又往书中增加了大批实例和分析图，导致已经完成全部排版的书稿需要经历一次“大手术”，可是唐、李二位老师毫无怨言，李东禧老师甚至利用2018年春节的休息时间重理文稿。由于本书插图众多，其中不乏反复修改、调整线型等琐碎工作，感谢唐旭老师长久以来的耐心付出。在这里要向二位老师的专业精神致敬！还要感谢张悟静编辑对本书版式的用心设计，尤其是在设计中突出了“圆方方圆图”的主题。感谢中国城市出版社、中国建筑工业出版社对本书申请国家出版基金所做的努力。感谢国家出版基金的大力支持。

最后，必须深深感谢我的家人们对我的学术研究一如既往的大力支持。学术研究是一种常常需要废寝忘食、没日没夜的工作。出于个人习惯，我的研究工作经常需要在家里开展，并且总是把家中好几处地方变成“书堆”。而且恰好在写作本书的过程中，我的儿子也经历了孕育、出生和成长的历程——全心全意投入学术研究和养育新生儿会产生出怎样的矛盾冲突，就留给读者们自己想象吧。为此我要特别感谢我的妻子曾佳莉，她包揽了绝大部分日常家务琐事和养育孩子的大部分重担（可是她本人和我一样也是大学老师，同时还身兼钢琴家，也有自己的教学、研究甚至演出事业），使得我能够在大部分时间里毫无顾虑地投入到废寝忘食的写作之中。当然也要特别感谢我们双方的父母，尤其是两位母亲，在照顾我们的家庭生活和新生儿方面同样付出了大量心血。不仅如此，曾佳莉还参与了我的几乎所有古建筑考察和测绘工作，她一直担任我们整个测绘团队的“总监”——即便是在她怀孕期间也不例外。我研究过程中遇到的各种各样的灵感、兴奋与苦恼，也常常是第一时间向她报告与倾诉；她总是这本书中每一幅最新出炉的分析图的第一位观众。更神奇的是，她有时甚至用琴声给我带来灵感：记得有一天上午我忽然解开了长期困扰我的唐长安城总平面规划的比例问题，后来得知那时候她正在屋外排练即将演出的莫扎特名曲，就是有着著名的“莫扎特效应”（据说可以提高人的智商）的那首！我还要感谢我们年仅五岁的儿子王畅然小朋友。尽管他的出现，有时候会影响我的研究工作（尤其他小时候哭闹之际），可是大部分时候，我们之间的玩闹也成为我紧张工作之余的轻松插曲。我记得在他小时候，我常常在有重大发现时激动地跑到他和他妈妈跟前大喊大叫、手舞足蹈，他有时会觉得特别可乐，咯咯地笑，有时候也会害怕到吓哭，以为爸爸疯了；有时我有冥思苦想也想不出来的问题，会跑去直接问他，那时还不会说话的他居然会伸出手指头来象征性地回答我……随着年龄的增长，由于常常翻看我的分析图纸，现在只要看到佛光寺大殿或者独乐寺观音阁的图纸，他立刻脱口而出："天圆地方！"让我有一种有了接班人的欣慰之感。

范仲淹曾经在《岳阳楼记》中称"予尝求古仁人之心"，回首写作本书的六年时光，我自己可谓是"予尝求古匠人之心"。随着分析了一个又一个中国古代伟大的都城或者建筑杰作，我越来越有一种强烈的愿望，期望可以"穿越"回到梁思成、林徽因的时代，去向他们二位汇报我的最新发现；甚至如果能直接"穿越"回古代更好，去向萧何、宇文凯、李诫、刘秉忠、蒯祥、"样式雷"，乃至设计建造佛光寺东大殿、独乐寺观音阁、应县木塔这些千古杰作的不知名的大匠们求教，问问他们我的分析可有道理？他们将如何评价我的这些大胆假设（当然也辅以一定程度的小心求证）？我想这些古代哲匠应该会会心一笑，答曰："小朋友，你还是挺敢想的嘛！不过还有很多秘密你还没有发现呢，继续努力吧！"真希望能够在今后的研究生涯中继续探索中国古代建筑博大精深的营造密码。同时，也衷心期待得到读者们的批评与指正！

王南

2018年9月30日

于美国波士顿剑桥

图书在版编目（CIP）数据

规矩方圆　天地之和：中国古代都城、建筑群与单体建筑之构图比例研究：全2册 / 王南著. —北京：中国城市出版社，2018.8
ISBN 978-7-5074-3144-5

Ⅰ. ① 规… Ⅱ. ① 王… Ⅲ. ① 都城-城市规划-研究-中国-古代 Ⅳ. ① TU984.2

中国版本图书馆CIP数据核字（2018）第142275号

责任编辑：唐　旭　李东禧
书籍设计：张悟静
责任校对：王　烨

规矩方圆　天地之和
中国古代都城、建筑群与单体建筑之构图比例研究
王　南　著
*
中国城市出版社
中国建筑工业出版社　出版、发行（北京海淀三里河路9号）
各地新华书店、建筑书店经销
北京锋尚制版有限公司制版
北京富诚彩色印刷有限公司印刷
*
开本：880×1230毫米　1/16　印张：59¾　字数：1454千字
2018年12月第一版　2018年12月第一次印刷
定价：498.00元（文字版、图版）
ISBN 978－7－5074－3144－5
（904097）